U0316328

缘 起 农 业

忠 于 农 业

奉 献 农 业

屈振国 著

农缘

江苏大学出版社
JIANGSU UNIVERSITY PRESS
镇 江

图书在版编目(CIP)数据

农缘 / 屈振国著. —镇江:江苏大学出版社,
2016.11
ISBN 978-7-5684-0348-1

Ⅰ.①农… Ⅱ.①屈… Ⅲ.①农业技术–文集 Ⅳ.
①S–53

中国版本图书馆 CIP 数据核字(2016)第 278607 号

农 缘
Nong Yuan

著　者/屈振国
责任编辑/常　钰　孙文婷
出版发行/江苏大学出版社
地　　址/江苏省镇江市梦溪园巷 30 号(邮编:212003)
电　　话/0511-84446464(传真)
网　　址/http://press.ujs.edu.cn
排　　版/镇江文苑制版印刷有限责任公司
印　　刷/虎彩印艺股份有限公司
开　　本/718 mm×1 000 mm　1/16
印　　张/28
字　　数/582 千字
版　　次/2016 年 11 月第 1 版　2016 年 11 月第 1 次印刷
书　　号/ISBN 978-7-5684-0348-1
定　　价/79.00 元

如有印装质量问题请与本社营销部联系(电话:0511-84440882)

序 一

PREFACE

　　屈振国同志是江苏农学院恢复高考后的第二届学生,我担任他们的作物栽培学教学任务,他和其他往届考生一样,特别勤奋刻苦,这是 20 世纪 70 年代恢复高考后起初几届学生的共同特征。1980 年的暑假,他留校勤工俭学,到我所在的水稻叶龄模式课题组做助研,我们熟识了,做事认真的他给我留下很深的印象。他们在校外邗江县湾头镇田庄村教学科研实验基地进行毕业实习时,吃住均在农家。当时我是他们的指导老师,由于时间短,试验不能做完作物的一个生长周期,但他仍选择了裸大麦开花灌浆规律的研究课题,通宵达旦地观察,认真细致地考察记录,回院图书馆查阅了大量参考资料,完成的论文质量很高,我给的成绩是"优"。

　　他毕业工作后,我们保持着一定的联系。江苏省农学会、作物学会、省农林厅开会时,我们会共同讨论一些学术技术问题;农业部、省农林厅开展丰收竞赛,我也有机会到镇江考察、验收;镇江有沿江、有太湖、有丘陵,生态类型多样,我院在镇江布有稻麦超高产栽培、精确施肥等示范点,是一个出经验的地方;我在响水县挂职科技副县长时,他在镇江搞稻田稳粮增效技术的试验,响水县也引种了他们筛选的"二水早"大蒜,对提高农田效益和农民收入起到了一定作用;他也参加了我院牵头的"新型耕作栽培技术及其应用研究"重大攻关项目,镇江的子课题包括耕作制度和稻麦轻型栽培,他们完成得很好,对整个项目的圆满结题做出了有亮点的贡献。

　　他走上农业行政岗位后,我们的联系渐少了些,但作为同行、朋友我始终关注着他。正如该书中所记录的那样,他在改进镇江农作制度、作物品种选用与因种栽培、推广先进实用技术、发展生态有机农业、开展国际技术合作、研究农业农村政策、推进新农村建设、推动农业经营管理服务、促进农民增收等方面做了许多富有成效的工作;他发表的《浅谈水稻轻简高产栽培中的品种应用问题》《水稻裂纹米的成因与防止对策研究》等论文，被黑龙江省农垦科学院等国内外同行大量引用，被收录于《Field Crop Abstracts》等国际期刊；他所参与研究的丘陵农业开发、有机农业、防虫网应用、醋糟农用资源化利用等技术在江苏省乃至全国处于先进水平，"镇江丘陵地区驸马庄村资源综合利用单元模式"被 IRRI(国际水稻研究所)、IDRC(加拿大国际发展研究中心)和 FAO(联合国粮农组织)等国际组织建议在东南亚各国推广应用；他的努力工作也得到了省、市政府和相关部门给予的肯定和荣誉。

　　屈振国同志以自己的朴实感情，习农、研农、一生为农，特别是立足本职，认真工作，研究工作，做好工作，对镇江地区农业发展做出了自己的卓越贡献。我为有这样的学生、校友感到自豪、高兴，故为本书作序。

张洪程

中国工程院院士、扬州大学教授

2016 年 9 月 15 日

序 二

PREFACE

　　前些日子,老朋友屈振国送来了记录他从事"三农"工作33年的有关文章和资料,这些是他退职(退居二线)以后整理出来准备出版的,想请我作序。我与他相识是1983年在农科所(1982年他来所时我在日本研修),虽然在农科所共事时间很短,但后来始终保持着工作联系,他在农业局,我在农科所,都是在农业战线上为发展镇江农业这一共同目标而努力。有趣的是,我在农科所是搞稻麦技术研究的,他在农业局是搞稻麦技术推广的,可是不久,他也搞起了农业科研,而我也搞了农技推广,而且都深入农村,在农村驻点,和农民一起搞研究,搞示范推广。不仅如此,两人还都不约而同地把工作领域扩大了,除了稻麦以外,扩大到了果树、蔬菜、畜禽、牧草等农产品,扩大到了丘陵山区综合开发,搞农牧结合、生态农业、有机农业,后来更扩大到了农产品销售,还参与了农村扶贫,研究了农业政策、农业经营管理,后来他到供销合作社当主任,我在句容戴庄村帮助农民搞共同富裕的合作社,又一起研究起合作社来。他说是"农缘",我补充一下,这个"农缘",是"学农、爱农之缘",是"为农民服务之缘"。我们的工作领域和研究方向是跟着农民跑的,农民需要我们做什么,只要是和镇江农业、农村有关的,我们就会自觉地去做。不懂、不熟悉怎么办? 就得去学、去研究,尽可能地多学一点儿,多研究一点儿,为农民多做一点儿事,为镇江农业发展多出一点儿力。在这方面我们俩是有很多共同语言的,当然有时在具体问题上也会有些分歧甚至争论。阅读他辛苦整理出来的这些文章资料时,思路把我带到了过去,重新激起了当年的回忆,既有成功的欢乐,又有失败的遗憾,还有忘不掉的种种友情,农民朋友、老领导、老同事的欢声笑语,镇江农村的美丽风光……感慨万千! 年纪大了,整理整理资料,回顾回顾过去,确实是一件能丰富退职或退休生活的乐事。

　　镇江解放已经67年了。在中国共产党的领导下,镇江的农村、农业经历了天翻地覆的变化,农民的生活普遍从贫困到温饱再到小康,正在奔向现代化。当然,前进中也有曲折,有经验也有教训,这段镇江农村、农业、农业科技的发展史,应该是有史以来变化最快、变动最激烈的一段,把它力求真实地搜集和记录下来,应该是很值得做的有意义的一件事。我觉得屈振国同志带了个头,帮镇江农业积累了不少宝贵的资料。我们农业战线上经历过各个不同发展阶段的老人,尤其是对镇江农业发展做出过较大贡献的老领导、老专家们,多少都可能有一些文字资料,能否请有关部门组织一下,如果也能把它整理出来,应该会对新中国镇江农业史的撰写有很大帮助,会对后人了解镇江农业的过去和研究镇江农业的未来提供重要的参考,同时也了却了我们作为镇江老农人的一桩心愿!

有感而发,就算作本书的序言吧!

全国道德模范、优秀共产党员、时代楷模、国务院特殊津贴获得者、镇江市人大常委会原副主任、江苏丘陵地区镇江农科所原所长、研究员

2016 年 9 月 5 日

前　言

我，农家出生，自幼与农活打交道，对农业和农村颇有感情，但深知农事劳作的苦累，试图通过高考离农，却未能如愿，再图考研、留学脱农，同样未能圆梦，无奈沉下心来为农、习农、研农、务农，直至整个职业生涯，或许这就是农缘。

自1982年7月参加工作以来，先后从事农业科研、农技推广、国际合作、农业管理、农业政策研究和经营服务等工作，也作为兼职教员参与过农业教育，几乎涉及"三农"全领域，可谓真正的农业工作者。从技术员做起，先后任农艺师、高级农艺师、农业技术推广研究员、中国农业技术专家，可谓真正的农业科技工作者。自1989年开始先后任市农业技术推广站副站长、农技推广站站长、援坦桑尼亚农业技术组生产组组长、市种子管理站站长、种子公司经理、市农业局（农林局）副局长、市委农办副主任、市委研究室副主任、市供销合作总社党委书记、理事会主任，从事业到企业、从国内到国外、从技术到行政，可谓真正的农业管理者。

工作期间，先后发表农业文章120余篇，译文5篇，主编《创新·转型·服务——镇江市供销合作社改革发展纪实》和合著《杂交中籼稻高产诊断指标与调控技术实用手册》《水稻栽培实用新技术》《江苏率先发展研究——镇江的实践与探索》共4部，获江苏省农业经济优秀学术成果奖3项，各级各类论文奖15篇；先后主持、主要完成和参与完成30多项农业应用技术研究项目，获得各级各类农业科技成果奖22项，其中主持和作为主要完成人的16项，参与的6项；先后获得"援外先进工作者""江苏省有突出贡献的中青年专家"等各类个人荣誉表彰26项；作为工作主持人或主要负责人，获得农业部振兴农业先进集体、省供销合作社系统综合考评特等奖、市科技进步先进单位、市农业现代化建设先进单位等多项集体荣誉称号。无论是做独当一面的技术工作，还是干分管领域的条线工作，抑或是主持部门的全面工作，奋发进取、创先争优、全省一流，始终是我工作的追求，也多半取得了理想结果。

《农缘》分为十大部分，前九个部分均简要地回顾工作经历，略谈工作感悟，并按时间顺序选择各个时期主要工作的代表作(作者为独立作者、第一作者或主要执笔者)汇文成集；第十部分附录主要反映的是工作成果和成长经历。这些成果是领导关心、先辈指导、同事支持、同行共同努力的结果。

33年的职业生涯转瞬即逝，回望历程，虽无惊天动地的事业，对比性格与能力，或许还能做得更好，但总体来说，无论在什么岗位都能兢兢业业、尽职尽责、尽力作为，因而对我个人而言，无愧职业，无悔人生。谨以此书，聊表纪念。希冀书中只言片语能对未来镇江农业或类似生态区农业农村现代化建设提供些许参考。

屈振国
2016年6月于江苏镇江

目　录 CONTENTS

农业生产管理

农村政策研究

农业专业学习

我出生于农家，自幼习农、务农。在我幼童时期，农村没有幼儿园。由于家庭经济困难，家里每年会喂养一两头猪、几只羊、一些兔和鸡，兔毛和鸡蛋成为家庭日常收入来源，零用于生活用品，猪、羊则是在年末成为家庭主要收入来源，但不能多喂养，喂养多了就成了"资本主义尾巴"，会被割掉。作为长子，打草、切草、煮食、饲喂家禽家畜及烧饭、带弟妹便成为我学前的主要生活内容，并渐渐成了我的生活习惯和兴趣，以至到了学龄，哭闹着宁愿在家做家务，也不愿去上学。小学二年级时，"文化大革命"开始了，整个小学阶段的语文主要是"文革"口号加毛主席语录，到初中才有《为人民服务》《纪念白求恩》及鲁迅的杂文等文章可学，几乎没有家庭作业，学习任务不重，一放学就直接去打猪草。印象最深刻的是小学三年级，因母亲孕产弟弟，6月盛夏，中午放学后还得冒着高温烈日、汗流浃背地打满一篮子草才能回家吃午饭；冬季天寒地冻，下午放学后还得在冰天雪地里披星戴月地扒雪挖胡萝卜，手腕因冻疮肿得像馒头、手指肿得像胡萝卜，冻疮留下的疮疤至今都未消失。从小学四年级开始，就跟着父母学插秧、割麦收稻、脱粒等，做些力所能及的农活。小学五年级到初中，学校办有广播喇叭生产厂，放学后及晚上还得到工厂绕线圈、组装舌簧喇叭，以增加一点儿收入贴补家用。进入高中，语文、数学、英语虽然学了些，但不扎实，物理和化学被"三机一泵"、制皂占据了主要内容，生物成了家禽家畜养殖、科学种田的主要课堂，因此，使用手扶拖拉机耕田耙地、栽秧挖沟、平田整地、挑粪做（江、河）堤等农活我几乎全做过，而且质量不错，只是体力跟不上，耐力不够，工分挣得没同龄人多。记得高二时，在生物课上学了杂交育种，回家后在自留地的小麦上做杂交试验，获得了成功，很有成就感。

　　1975年高中毕业时，国家实行的是工农兵推荐上大学，我自以为出身贫农，又积极务农，做最脏、最苦的活，再加上从小学到高中我的学习成绩一直名列前茅，被推荐上大学的可能性会很大，因此，回乡后就直接到生产队的集体养猪场养猪；一年后，因建立"四级农科网"的需要，到大队农科队垦江滩建杂交稻制种基地；其间，还间断地到"五七"学校做代课老师，到大队做政治辅导员，兼广播线路维护员，总之，不管干什么活，都能干得很好。不过，被推荐上大学的梦还是没能实现。1977年恢复高考，我也曾去尝试，可一天都没复习，连考试大纲也没看过，预考没通过当属自然。1978年春，大队"五七"学校的校长三番五次登门劝我参加高考，可父亲认为大学不是一般人能考取的，不要浪费了工分，一直不同意，还是母亲说"考得上考不上让他去试试"，于是我白天上工，晚上回来看看书。可我干了一天的农活，晚上看书一会儿就累睡着了，根本看不进书。到了清明后，父母看着我边劳动边看书很辛苦，效果也不好，总算同意我歇下来复习。我对照着考试大纲，发现相当一部分内容都没学过，甚至连教科书都没有，只能找当初学过的内容认真复习一下。经过不到3个月的复习，参加了高考前的报名志愿填报，那时没有老师指导，自己也不知道天高地厚，甚至弄不清大学、中专的区别，更不清楚学校的优劣、专业的差异，只有一个信念，跳出农门、转定量户口就行。因此，根据那时农村缺医少药的实际，就想学个医或药，所以第一志愿就是医科类大学，第二志愿根据自己做过代课老师的经历，就报了师范院校，第三志愿很不情愿地填报了农林院校，但专业也不是学农。高考后一个月，成绩单被送到了大队，不可置信地居然考上了，可在漫长的等待通知书中却失望了，被告知推迟到1979年入学。1979年春，在迟迟等不来入学通知书的情况下，我又准备投入新一年度的高考复习，但在报名时却被告知，1978年已经预录取的不得报名，同时告知我们将与1979年新生一起入学。1979年8月，终于等来了期盼已久的入学通知书，但录取院校是江苏农学院农学系农学专修科，专业是农学。这对我来说，既有被录取的喜悦，又有对专业的失望，寄希望于通过高考离农的愿望被打破了。但事已至此，只能去学了，也许这就是农缘。在学习期间我告诫自己，既然如此，只能学好不能学差，因此大学阶段的学业成绩总体处于上游。由于家庭经济困难，暑假我留在学校帮助老师做科研辅助工作，既增加了个人收入，又学到了一些科研的基本方法。1982年4月，我们到学校试验基地邗江县湾头镇田庄村实习，吃住在农民家，由于实习期只有不到3个月，我们在张洪程老师（现为中国工程院院士）的指导下，根据季节各自选择课题，我选择了正处于孕穗阶段的裸大麦开花灌浆结实问题的研究。通过连续几天对田间定穗不间断的观察，了解到裸大麦开花规律；通过持续烘干称重，观察到裸大麦灌浆规律；通过对观察到的数据进行整理，到学校图书馆查找资料，撰写成毕业论文，最终通过答辩，并获得优秀。

1982年春，中国植物生理学年会在扬州举办，在这次会上上海植物生理研究所沈允钢教授的报告让我很感兴趣，加上实习阶段对植物的观察，使我对作物栽培生理产生了兴趣。1982年7月毕业后，我被分配到镇江地区农科所工作，我向所领导提出从事作物栽培研究工作的愿望，同时，复习功课，积极准备参加研究生考试，希望考入上海植物生理研究所，但所领导没有批准我的申请，未能获得单位介绍信，导致考研梦破灭。1983年11月，我被调入镇江市农业局工作，考研梦依旧在发酵，但局领导同样未批准。至此,考研彻底无望。1984年1月,江苏省高教局、江苏省科技干部局联合举办外语培训班,旨在为选拔公派出国留学人员做准备,我通过考试被录取学习日语。由于大学阶段我学过日语,在经过一年脱产培训后,我参加了由国家教委和国家科委联合在上海外国语学院举行的外语水平测试,达到了A线,即可以随时派出,但最终因单位不同意、加上个人身体原因而未能留学。经过考研、留学两起事件后,我对进一步深造彻底失望。

随后,我迅速调整心态,沉下心来工作,一方面在实践中学习,向老同志学习,另一方面继续自学、向书本杂志学、外出参观学,跟踪先进科技,参加继续教育。1991年11月,我参加了由国家人事部和农业部联合委托中央农业管理干部学院华中农业大学分院举办的南方优化耕作栽培技术高级研修班,这期高研班的学员来自南方14个省、市、自治区,华中农大的教授、湖北省农业厅的领导和江苏省、安徽省、湖北省农科院的专家给我们讲授了最新耕作栽培制度与技术,我提交了《苏南丘陵稻田持续高产的种植模式研究——兼谈合理轮作的生态效能》论文进行交流,还执笔撰写了集体论文《南方吨粮田建设的现状与发展对策》。2001年7月,我参加了由中央组织部、农业部联合委托浙江大学举办的沿海发达地区农业和农村现代化建设专题研修班,学员来自沿海9个省、市,由浙江大学的教授,江苏、上海、浙江的专家学者和领导对中国经济发展战略、农业现代化评价指标体系、经济全球化对我国农业的影响、农业新技术革命和农业可持续发展等方面进行了深入研讨,这期间我提交了《改善生态环境发展持续农业》的论文进行交流。2000年3月—2002年12月,我通过考试参加了中共江苏省委党校举办的政治经济学专业、经济管理研究方向的在职研究生学习,修完硕士研究生培养计划规定的全部课程后,选择了农业产业化经营作为研究课题,毕业论文《农业产业化经营研究》通过答辩并获得优秀,同时被评为优秀研究生。2006年4月赴香港理工大学参加了由江苏省人事厅组织的江苏省服务业管理培训班,学习了现代服务业知识。2008年11月,在南京农业大学参加了由省委组织部、省委农工办组织的新农村建设专题研究班,我作为镇江市领队,与学员们一起就城乡统筹发展进行了研讨。

此外,在任农业局(农林局)副局长、市委农工办(市委研究室)副主任和市供销社主任期间,我先后于1998年,2004年,2007年,2010年和2012年参加了省委、市委党校县处级领导干部进修班,除了学习政治理论外,还学习了领导科学、市场经济、法律法规等知识,每次进修都能结合农业农村

工作实际,通过调查研究,提交调研报告,进行交流研讨。

通过这些不定期的继续教育,我更新了知识,扩宽了视野,也为更好地工作提供了原动力。

学习是终生的事业,正所谓活到老,学到老,知识是个海洋,学无止境。从小学到大学整个学校阶段的学习,因家庭经济困难,我主要是靠减免学费和助学金完成的学业,课余时间和假日又主要用于家务和农活,因而格外珍惜读书时间,特别注重课堂的学习效率,这也是我学习一直处于上游的根本原因。工作后的学习既具有广泛性又具有针对性。广泛性既有知识面的扩大,学习对象的扩大,也有社会经验的学习;针对性则是在工作生活中遇到问题的急用先学。学校的学习只是基础的学习和学习能力的学习,社会的学习、工作的学习才是能力的学习和对社会有用的学习。长知识、用技能、积经验、解问题,一切靠学习,学习到永远。

裸大麦生育后期物质积累与运转规律的初步探讨

1 引言

光合产物的分配是作物生长与产量的共同基础。裸大麦抽穗后的干物质积累和分配则直接影响经济产量。高产裸大麦必须有较高的总干物质产量,但裸大麦产量的增加并非仅与总干物质积累量的增加成正比,还与积累的有机物运转到籽粒中去的能力高低及籽粒容积大小、灌浆过程密切相关。如何使裸大麦具有较高的总干物质积累量,并有较多的有机物质向籽粒运转,这是国内外植物生理学家、栽培学家共同关心的问题,但在裸大麦上,这方面的研究报道尚见甚少。因此,为探讨裸大麦生育后期干物质的分配与积累规律,我们进行了初步研究,试图为采取合理的高产栽培措施,提高经济产量,使裸大麦向着"高、稳、优、低"方向发展提供理论依据。

2 材料、方法与内容

本试验以"村农 2 号"裸大麦品种为研究对象,设置了 5 万、15 万、25 万不同密度试验。田间选取典型的旺苗、弱苗,以 15 万密度苗为壮苗代表。具体测定方法与内容如下:

先经大田调查和定株观察,了解到裸大麦于穗颈长 2.5 ~ 3.5 cm 时始花。然后在各处理中,选生态条件、植株性状相对一致,单株中至少有一穗颈长为 2.5 ~ 3.5 cm 的单茎,系上纸牌。除 15 万苗挂 400 个单茎外,每处理均挂 200 个单茎,并做第一次取苗,以后每隔 5 天测定一次,每次均取标记植株 20 株,室内严格选苗 10 株,去根,测量株高、各节间长度、叶鞘长度、叶片面积、穗颈长、穗轴长;记录所取植株绿叶数、叶色变化情况;数出实粒数和可见小花数;将各节间、各叶片、各叶鞘、颖壳、穗轴、芒、子房或籽粒分别装入纸袋,烘干;分别称干重。在子房或籽粒装袋前,称其鲜重。又用同样方法研究了大田 50 株单茎的情况,以便了解一般规律。同时,用 15 万密度苗测定穗上不同粒位籽粒的灌浆进程。具体做法是:把全穗分成 6 个部分:上部三排小穗的中位、侧位粒,以下简称为中上、侧上;基部三排小穗的中位、侧位粒,简称为中下、侧下;其余中部小穗的中位、侧位粒,简称为中中、侧中。均分别计数,测定鲜重,分别袋装、烘干,称量干重。

本文系 1982 年 4—6 月在江苏农学院试验基地邗江县湾头镇田庄村实习形成的毕业论文(原文中附试验数据表 23 张,因保管不善已丢失,此处略)。

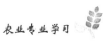

另外,在大田选同样标准的植株,进行了遮光(用锡箔纸)、剪芒的辅助试验,每处理 15 个单茎。

3 结果与分析

3.1 穗部各器官的物质积累与运转

裸大麦穗部干物重与籽粒灌浆规律的趋势基本一致,即"慢、快、慢"。从灌浆初期到盛期,穗部、籽粒干重均呈直线上升,至蜡熟期才趋于缓慢上升(见图 1)。从始花到成熟,每 50 粒穗日增重平均在 30 mg 左右,最高达 63 mg。不同密度、不同苗型处理的穗部干物重平均日增重 23.1 ~ 32.4 mg。灌浆期穗部干物质的积累,主要是因籽粒干重增加,其增长的强度大、速度快。颖壳、穗轴和芒的干物重则增加平缓,后期略有下降(见图 1)。

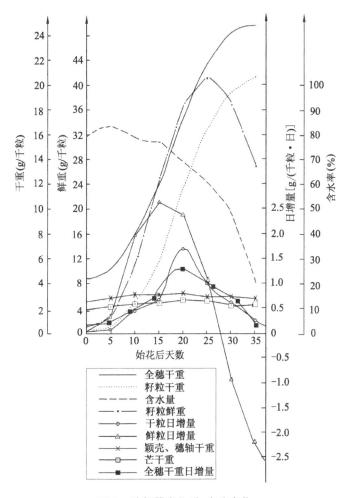

图 1 穗部器官物质、水分变化

由图 1 可以看出:

3.1.1 籽粒鲜重变化

籽粒形成期(盛花后 15 天内),籽粒鲜重增长很快,以平均日增 2.252 mg/粒的速度由 2.426 mg 增至 36.2 mg,占鲜重最大值的 88.4%,其中,最高日增量达 2.563 mg/粒,最低日增量也达 1.838 mg/粒。进入灌浆期,增长速度渐缓,平均日增量为 0.951 mg/粒,比籽粒形成期低 1.301 mg/粒。蜡熟期,籽粒鲜重开始缓慢下降,最后 3 ~ 5 天急剧下降,呈现出"快增、慢增、慢降、快降"的趋势。

3.1.2 籽粒干重变化

籽粒形成期,籽粒干重增长缓慢,平均日增 0.523 mg/粒。进入灌浆期,籽粒干重日增加快,始花后 20 ~ 30 天为灌浆盛期,日增量达 1.2 mg/粒。蜡熟期则增加甚少,日增量仅 0.248 mg/粒。籽粒干重日增量变化,近似呈正态分布。

3.1.3 含水率变化

始花后 5 天内,籽粒含水率处于增长阶段,由 78.9% 增加到 82.6% 以上,以后便缓慢下降,到始花后 15 天前后,下降到 75% 左右,开始进入灌浆期,随着干物重的迅速增加,于始花后 30 天下降到 45% 左右,标志着灌浆过程基本结束。蜡熟期,含水率迅速下降,至始花后 35 天下降到 18% 左右。含水率的变化总趋势是:籽粒形成期先增后降,灌浆期平稳下降,蜡熟期骤降。

不同密度、不同苗型处理的籽粒鲜、干重,含水率变化也均大致相同(见图 2、图 3、图 4)。5 万苗、旺苗处理因倒伏严重,开花迟,灌浆期短,致使鲜、干重最大值均低于其他处理。与 15 万苗相比,这两种处理的籽粒鲜重峰值分别下降了 11.3% 和 24.6%,干重峰值分别下降了 17.55% 和 18.37%,含水率则表现为过早下降,日增重变化趋势虽类同,但在灌浆强度上有差异(见图 5)。最大日增重在 0.904 ~ 1.913 mg/粒之间波动,以 5 万苗为最高,旺苗为最低。这与旺苗在籽粒形成期就发生了一次严重根倒伏现象有关。

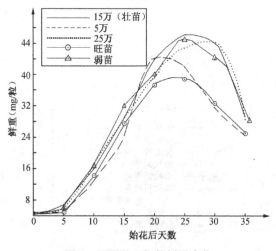

图 2 不同处理籽粒鲜重变化

8

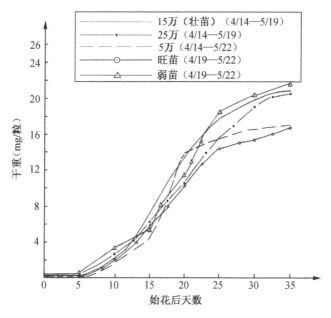

图3 不同处理籽粒干重变化

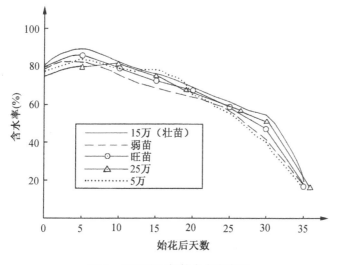

图4 不同处理籽粒含水率变化

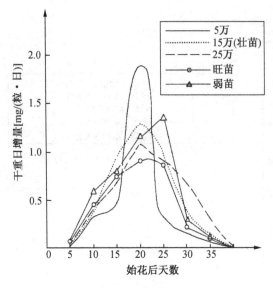

图5 不同处理籽粒干重日增量变化

3.2 不同着生部位籽粒的物质积累变化

在同一麦穗上的籽粒,由于小花分化、幼穗发育早晚不同[1],早期子房生长的差异,开花早迟[2],进入灌浆期的时间及灌浆强度的不同,造成籽粒重量上明显的不均衡性[1]。

3.2.1 不同部位籽粒鲜重变化

不同粒位籽粒鲜重起点不同,亦即子房大小有差异。其大小依次为:中位粒 > 侧位粒;中部 > 下部 > 上部;中中 > 中下 > 中上 > 侧中 > 侧下 > 侧上。可能正是此原因造成了不同粒位籽粒大小的差异。籽粒鲜重的变化规律是:穗上两列中位粒始终领先于四列侧位粒,全穗粒均鲜重则介于两者之间(见图6)。在穗子的上、中、下三部分小穗上,中部粒始终领先,上、下部粒重则有赶超现象(见图7)。始花后 20 天内,上部鲜重大于下部,随着灌浆强度的改变,上部籽粒重量相对地下降,于始花后 20~25 天下部粒超过了上部粒,直至成熟(见图8)。在穗上各不同粒位间,中中始

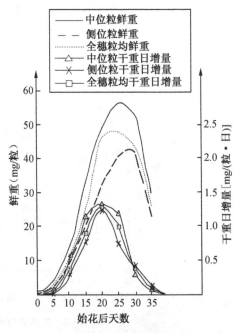

图6 中位、侧位、全穗粒均
鲜重及其干重日增量变化

10

终领先,其他各粒位均有赶超现象(见图9)。始花后15天内,中上 > 中下 > 侧中 > 侧上 > 侧下,以后随各粒位干物日增量的不同,籽粒鲜重次序发生改变,至始花后20天,中下赶上了中上,侧下则在始花后25天超过侧上,直至成熟(见图10)。至此,鲜重峰值依次为:中中 > 中下 > 侧中 > 中上 > 侧下 > 侧上。鲜重到达峰值的时间有先后,但均在始花后25～30天内到达。由于水分丧失程度和干物积累量的不同,最后鲜重值也不同,依次为:中中 > 侧中 > 中下 > 中上 > 侧下 > 侧上(见图11)。

3.2.2 不同部位籽粒干重变化

在始花后27天内,穗上中、侧位粒,上、中、下三部分籽粒的干重与鲜重变化趋势一致(见图7、图12)。始花27天后鲜重值在不断下降,而干重值在不断上升,最终峰值也不同于鲜重峰值。任一籽粒干重均在蜡熟末期达到最大值。穗上不同部位籽粒干重在始花后20天内与鲜重变化趋势一致。所不同的是:中下、侧下籽粒干重均在始花后20天左右赶上中上、侧上(见图13)。干重

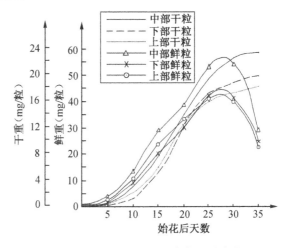

图7　上、中、下三部分籽粒鲜干重变化

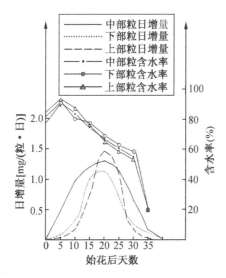

图8　上、中、下三部分干粒日增量和籽粒含水率的变化

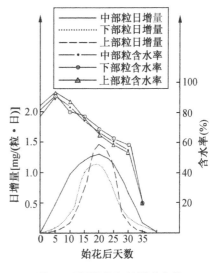

图9　不同部位籽粒鲜重变化

峰值依次为：中中＞中下＞中上＞侧中＞侧下＞侧上。由此看出，最重的籽粒都是在小花首先开始发育的穗子近中央处形成的，而穗顶端小穗维管束系统发育不良可能对同化物质运输呈现高度阻力，因而表现为籽粒最轻[1]。任一籽粒的灌浆过程均呈现出"S"型变化规律。

3.2.3 不同部位籽粒含水率变化

不同部位籽粒含水率的变化规律大致相同，均经过"略增—缓降—骤降"的过程，仅在程度和时间先后上稍有差异（见图8、图11、图12）。穗上侧位、上部籽粒有失水早而快的趋势，中位、中部、中下部籽粒则有失水迟而缓慢的趋势。

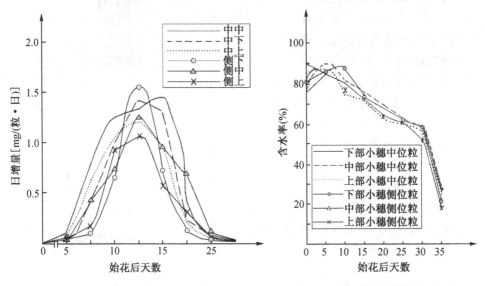

图 10　不同部位籽粒干重日增长量变化　　　图 11　不同部位籽粒含水率变化

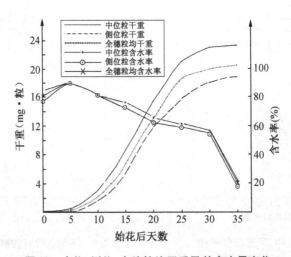

图 12　中位、侧位、全穗粒均干重及其含水量变化

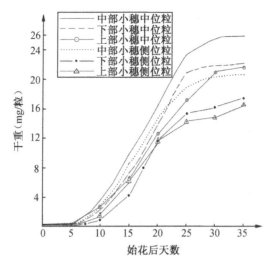

图13 不同部位籽粒干重变化

3.2.4 不同部位籽粒干重日增量变化

由图6、图8、图10可以看出：任一籽粒日增重变化均近似于常态分布。中位粒、侧位粒、全穗籽粒平均日增重峰值均于始花后20天前后出现，分别为1.316 mg/粒、1.28 mg/粒、1.3 mg/粒。灌浆全过程日均增重分别为0.66 mg/粒、0.536 mg/粒、0.585 mg/粒。上、中、下三部籽粒日增重峰值出现期稍有先后，也在始花后20天前后按上、中、下顺序依次出现。峰值大小分别为1.14 mg/粒、1.274 mg/粒、1.46 mg/粒；全期日均增重分别为0.518 mg/粒、0.66 mg/粒、0.554 mg/粒。穗上不同粒位籽粒日增重峰值也都于始花后18～24天内先后到达，其峰值波动于1.076～1.55 mg/粒之间，其大小依次为：侧下＞中下＞中中＞侧中＞中上＞侧上。这可能与水稻一样，强势粒领先增重，且最早进入增重高峰。俟强势粒增重高峰渐缓或下降后，弱势粒才开始旺盛增重。强、弱势粒间出现"阶梯式灌浆"现象[3]。全期日均增重变幅在0.472～0.735 mg/粒之间，其大小依次为：中中＞中下＞侧中＞中上＞侧下＞侧上。这与籽粒干重顺序大致相同。侧下和中上位置的变化是由于侧下小穗进入灌浆期晚所致。所有这些充分表明了各部籽粒灌浆强度的大小。

综上所述，粒重的差异是灌浆强度和灌浆期长短两因素综合作用的结果，但以灌浆强度为主。灌浆强度要高，灌浆期要长，就必须在灌浆期内使籽粒含水率高，下降缓慢，但要指出的是，下部籽粒含水率变化幅度平缓，理应粒重最高，然而事实并非如此。因为基部小穗开花迟，进入灌浆期短，灌浆峰期出现得晚，到成熟时，虽仍有较高含水量，但因众粒成熟而收获，其粒重仍低于中部。

3.3 主要营养器官的物质积累与运转

3.3.1 单茎各叶片的物质积累与运转

麦叶是光合作用的主要器官,后期绿色茎鞘虽能参与光合工作,但光合强度与合成的绝对量均低于叶片。就定型了的单蘖各叶来看,在功能期由于物质的合成与输出同时进行,重量变化较为平缓,直至叶片衰老时才有下降趋势。但在盛花期,由于植株代谢旺盛,各叶干重均有下降,在籽粒形成期,功能叶又有回升。其中,以 1,2[①] 叶积累较多,而 5 叶在始花后一直减少,至成熟前 5 天植株已失去全部绿叶。

试验表明,各叶干物减少量为 2 > 3 > 4 > 1 > 5。这是由它的叶面积大小和所处地位决定的,且主要是开花前贮藏物的转运。可以设想,2,3 叶在籽粒物质积累中贡献是较大的,而 4,5 叶的光合物向茎秆、叶鞘、叶片及根的输出量较多,向种子方向的输出量较少[4]。并且,愈是茎下位叶,衰老愈早,光合强度愈小,干重迅速下降[5]。这些也被我们的试验所证实。后期无论是去 1 叶、2 叶、3 叶,均显著地影响到粒重。然而,试验资料指出,各叶片单位面积干重最大、最小值和叶重减少量是 1 > 2 > 3 > 4 > 5。这表明,茎上下位叶片素质、叶绿体数目、结构、贮藏能力、光合效率是不同的[6]。遮光试验也说明了这一问题。但因各叶片所负担的籽粒数、粒重不同,故其贮藏物对籽粒的实际贡献大小顺序并未改变。综上所述,叶面积大、叶片素质好、处于茎上层的叶片,因受光和通风条件好,光合效率高,贮藏力大,对籽粒的贡献较大。各叶光合物对于籽粒的贡献大小应为 2 > 3 > 1 > 4 > 5。这与 Biscoe 等人研究得到的结果是一致的。他们的结果是,各叶光合物按占总光合作用量的比率表示为:剑叶 10%,倒 2 叶 21%,倒 3 叶 8%。

不同密度、不同苗型处理的叶片内物质的积累与运转动态也是基本一致的(见图 14、图 15)。所不同的是在盛花期,弱苗因苗体弱,旺苗、5 万苗因仍有较大生长量和代谢特旺,导致叶内贮藏物猛跌。25 万苗密度大,旺苗过早倒伏,表现出早衰现象。另外,不同处理单茎上同位叶因叶片素质不同、叶绿素含量不同[7]、叶面积大小不同,光合力产生差异,输出量也就不同。就 1 叶来讲,输出量变幅在 $2.5 \sim 3.3 \text{ mg/cm}^2$ 之间。但由于各自所负担的籽粒数、粒重不同,它们对籽粒贡献的大小与单位面积叶片干重绝对减少量也就不尽相同。旺苗、5 万苗处理 1 叶较大,它们对籽粒的贡献明显大于其他处理和大田平均值,因而使 1,4 位置发生变动。在不同处理的单茎各叶之间也是如此。然而,不同处理茎上各叶贮藏物对籽粒的贡献大小顺序却未改变,仍为 2 > 3 > 4 > 1 > 5。不仅如此,不同处理茎群体的各叶暂贮物对产量的贡献次序也表现出与单茎情况一致的趋势。因此,保持 2、3 叶较长的功能期和扩大 1 叶面积是裸大麦高产栽培和育种的关键。

---

① 1,2,3,4,5 均为叶片、叶鞘、节间的倒数序。

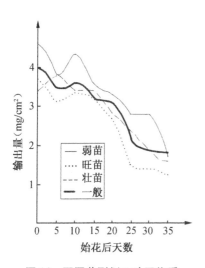
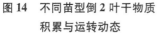

图 14　不同苗型倒 2 叶干物质
积累与运转动态

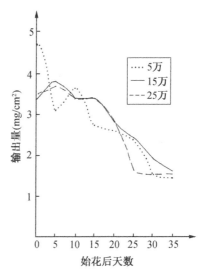

图 15　不同密度倒 2 叶干物质
积累与运转动态

3.3.2　单茎各叶鞘的物质积累与运转

叶鞘紧抱茎秆,与茎一起构成裸大麦的重要支持器官和暂贮器官,与叶类似,有较强的光合作用,同时对生长器官的营养平衡起调节作用,鞘内物质变化也与叶一样,功能期的干重变化平缓,至乳熟初期才有缓慢下降的趋势。盛花期因穗部、根系呼吸旺盛,故 1,2,5 鞘均有输出,而在籽粒形成期又有较多积累。3,4 鞘在始花后 10 天内一直增加,1 鞘则到蜡熟期末才变黄。收获时,叶片中有部分干物来不及转运到籽粒中去而保留于叶鞘中,致使叶鞘干重略有回升。

试验表明,各叶鞘干物减少量为 1 > 2 > 3 > 4 > 5。其中,5 鞘全是开花前的贮藏物,1 鞘开花后积累最多,其余各鞘贮藏物开花前后各占 50% 左右。此顺序与各叶鞘长短顺序一致,也与其绿色表面积大小及保持绿色时间长短有关。可以看出,1 鞘对籽粒贡献是相当大的。Biscoe 等指出,1 鞘的光合量占总光合量的 34%[1]。可是,若按单位长度叶鞘输出量表示各鞘对籽粒的相对贡献则为 3 > 2 > 1 > 4 > 5,就会产生误解,这只表明了各叶鞘单位长度内的贮藏力不同。高产裸大麦必须要能使各鞘内贮藏物顺利转运到籽粒中去。由干重最大和最小值可以看出,各叶鞘的素质优劣依次为 2 > 1 > 3 > 4 > 5,说明它们的叶绿素含量和光合效率是不同的。所以,2 鞘的光合量看来还是值得重视的,要设法保持它有较长的绿色时间。综上所述,叶鞘长、素质好、贮藏力大的叶鞘对籽粒的贡献相对较大。

不同密度、不同苗型处理的各叶鞘内物质的积累与运转情况也是相似的(见图 16、图 17)。我们可以看到,15 万苗(壮苗)的 1 鞘在始花后 15 天内还缓慢积累物质,以后随籽粒灌浆强度的提高,它才缓慢下降。5 万苗、旺苗的鞘内物质变化趋势与叶相同。弱苗、25 万苗则有早衰趋势,且开花后积累的峰值也低于其他处理。与叶一样,各不同处理茎上同位叶鞘素质有优劣之分,叶鞘的长短、表面积大小,光合力、贮藏力也表现不同,故输出量也不同。比如,1 鞘输出量波动在 1.42~3.57 mg/cm² 之间,非常悬殊。但各处理单位鞘长所负担的籽粒数、粒重不同,因而它们对籽粒的相对贡献与单位鞘长干重绝对减少量的次序不尽一致。在不同处理茎上各叶鞘也是这样。试验资料还可以看出,弱苗的 1 鞘对籽粒的贡献尤其重要,它显著大于其他处理。但无论哪个处理,各叶鞘贮藏物对籽粒贡献大小的次序都未改变,仍为 1 > 2 > 3 > 4 > 5。这可从叶鞘干重减少量占单位鞘长所负担的粒重增加量的比率看出。再看不同处理群体茎上各鞘贮藏物对产量的贡献也不例外,其趋势与单茎情况相同,所不同的是旺苗因 5 鞘长于其他处理,故表现出对籽粒产量的贡献相对较大。茎上各叶鞘的光合物和鞘内贮藏物对籽粒贡献的大小顺序可能是一致的,有待进一步研究确定。

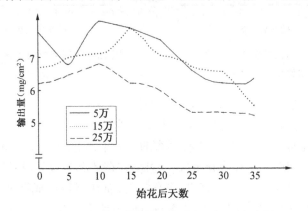

图 16　不同密度倒 1 鞘干物质积累与运转动态

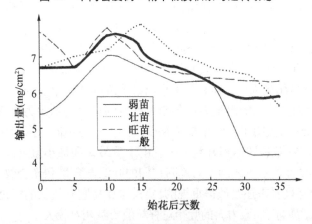

图 17　不同苗型倒 1 鞘干物质积累与运转动态

3.3.3　单茎各节间的物质积累与运转

茎秆是重要的支持器官。其部位上的差异,决定了功能的不同,分别以支持、贮存、合成为主。由试验数据可以看出:各节间在始花后 10 天内均有不少积蓄,其积累量为 1 > 2 > 3 > 4 > 5。穗颈节干重在始花后 15 天左右才达最大值,这与其定型时间晚有关。以后各节间均以"慢、快、慢"的速度下降,但快速运出时间有先后,以上部三节下降较为迅速。这些说明,1 节以合成为主,2,3 节以贮存为主。而 5 节干重变幅小,输出量少,表明其以支持地上部为主。各节间输出量为 2 > 1 ≥ 3 > 4 > 5。由此可见各节间贮藏物对籽粒贡献的大小,也可间接地看出各叶片在总光合作用中的地位。但开花前茎内贮藏物仅 3,4,5 节间对籽粒有贡献。然而,试验资料指出,各节间单位茎长干重最大值、最小值、贮藏物减少量为 5 > 4 > 3 > 2 > 1。这说明,各节间在茎质系数①、贮藏力上有差异。可能正是这种原因削弱了基部节间机械强度,使裸大麦容易发生倒伏,这在不同处理已得到初步证实(见图 18)。5 万苗、旺苗 5 节间物质输出早而快,故倒伏也早且严重。弱苗输出迟就未倒伏,壮苗、大田于乳熟后期有部分倒伏。

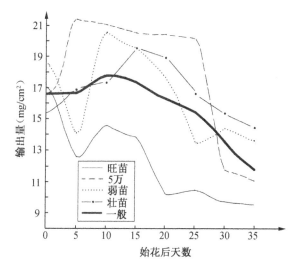

图 18 不同处理倒 5 节间干物质积累及运转动态

各不同处理单茎各节间内物质运转动态是近于一致的(见图 19、图 20)。仅 5 万苗、旺苗在盛花期表现出与叶、叶鞘皆同下降的趋势。另外,在干重峰值、到达峰值的时间及快速下降的时间上也有所不同。旺苗因倒伏早,叶片光合作用削弱早,茎内物质运出也早。再者,不同处理茎上同位节间的茎质系数和输出量也有差异。例如,2 节间输出量变幅为 2.82 ~ 5.13 mg/cm²。但是,由于节间长短不一,所负担的粒数、粒重不同,故对籽粒贡献的大小与单位茎长绝对减少量的次序也不一样,在茎上各节间也是如此。然而,从单位长度茎重减少量占单位茎长所负担的粒重增量比率来看,各节间贮藏物对籽粒的贡献大小顺序并无改

―――――――――――――――

① 茎质系数 = 茎秆干重/茎秆长度。

变,仍为 2 > 1 > 3 > 4 > 5。不同处理群体条件下茎上各节间暂贮物对产量的贡献也是这样。旺苗因株型的改变,茎内暂贮物对籽粒产量的贡献大小顺序发生了改变;弱苗虽未倒伏,但叶片早衰,各节间暂贮物对籽粒产量的贡献比其他处理均大。但有一点需特别提出,穗颈节受光面大,内含叶绿素高于其他节间,光合能力大于其他节间,光合物就近运输,从单位茎重减少量来看,似乎 2 > 1,而光合物的实际贡献可能应为 1 > 2,尚待研究证实。可以看出,高产裸大麦必须是穗颈和穗颈节长,光合力强,中部节间贮藏力大,后期能顺利转运,基部节间短粗、茎质系数大、抗倒,成熟时秆青籽黄的才行。

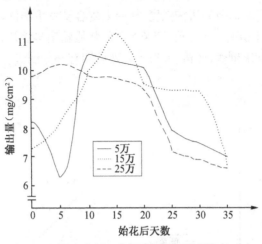

图 19　不同密度倒 2 节间干物质积累及运转动态

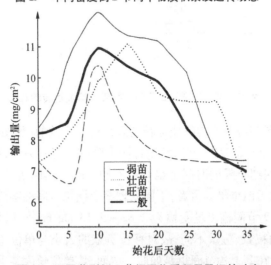

图 20　不同苗型倒 2 节间干物质积累及运转动态

3.4　地上各部器官在物质积累与运转上的关系

籽粒的灌浆过程,就是营养物质在籽粒中的积累过程。这些营养物质除抽穗开花后光合作用直接积累外,还有部分是从叶片、茎、鞘等器官临时贮藏物重新分解运转而来。灌浆期间,叶片、茎、鞘干物重下降,穗、粒干物重直线上升,直至成熟。

试验表明,各部器官在盛花后都有积累,这可能与输导组织的运输能力有限和当时籽粒囊尚未建成,糖分转化为淀粉的速度还很慢有关;机能旺盛的绿色器官合成物不能全被穗所容纳,部分暂贮藏于营养体中,至灌浆盛期再陆续运往穗部[8]。叶、叶鞘干重在盛花期稍降,以后又有回升。叶积累很少,且随着单茎绿叶面积的减少,干重显著降低;叶鞘积累则较多。茎秆内贮藏物则晚于叶、叶鞘向籽粒中运转。芒、颖壳、穗轴内贮藏物输出更晚。它们的功能是:至蜡熟期叶片输出199.6 mg、叶鞘输出117.4 mg、茎秆输出288.2 mg,分别占每穗粒重的19.1%,11.2%和27.6%;颖壳、芒、穗轴的输出量分别为40.2 mg,24.9 mg 和5.1 mg,分别占每穗粒重的3.8%,2.4%和0.5%。综上所述,贮藏物向籽粒中输入的时间顺序是:叶—鞘—茎—颖壳—芒—穗轴。对籽粒贡献的大小是:茎>叶>鞘>颖壳>芒>穗轴。但开花前贮藏物对籽粒贡献的大小则是:叶>鞘>茎。

结果还表明,临时贮藏物对籽粒的贡献占64.7%,其中开花前占30.1%,开花后光合物对籽粒的贡献占69.9%,包括直接输入籽粒的35.3%在内。这与水稻的研究结果基本一致,即穗部干物质的1/3来自于茎、叶、鞘原有贮藏物,2/3来自于抽穗后光合作用的结果[9]。该研究结果有别于高产小麦,同于250~350 kg/亩的低产小麦[10-11]。另外,与小麦一样,不同产量水平开花前后光合物对籽粒贡献大小有差异。这在不同密度、不同苗型处理的产量构成上也有说明。弱苗因苗体小未倒伏,茎秆中物质得以顺利运转;旺苗因早期倒伏,都表现出叶片早衰,开花后光合物少,开花前贮藏物对籽粒贡献相对较大。15万苗(壮苗)各叶功能期长,只发生轻度根倒,因而表现出后期光合物对籽粒贡献较大。群体条件下不同处理的情况也与单茎结果相同。由试验结果还可以看出,5万苗、弱苗、旺苗开花后叶片制造的光合物直接运往籽粒的少,以暂贮物形式运转的较多。这就启示我们,后期保持较大、较长时间的绿色叶面积,有较多光合物直接输入籽粒,并使暂贮物顺利彻底运转很重要。但关键在于前期要培育出健壮的植株,建立起一个合理的群体结构。而植株健壮的程度、群体结构合理与否,又集中反映在干物质积累总量与谷草分配上(见图21)。5万苗的单茎生物学产量最高,弱苗最低,其他处理均介于两者之间。但经济系数却悬殊得很,由旺苗的0.322到弱苗、壮苗的0.42。这主要是在粒重上发生了显著性差异。其原因在于,密度愈稀,个体愈壮,氮肥过多,群体过大,营养生长旺盛,开花期推迟,后期又遇上两次大风大雨引起倒伏,加上干热风、高温,缩短了灌浆时间,影响灌浆强度,导致物质积累和运转不良,再加上稀植和旺苗前期幼穗发育好,穗大、粒多,后期的恶劣环境造成"库""源"失调,迫使粒重下降。而弱苗苗体虽小,但负担粒数也少,通风透光不倒伏,灌浆时间较长,环境条件适宜,又有一定的灌浆强度,"库""源"协调,故经济系数高。但必须看到,弱苗结实率为82.2%,比壮苗结实率89.2%低7个百分点,且每穗粒数比壮苗少27%以上,单茎生产力差,纵然穗数多些,也难夺取高产。15万苗(壮苗)则既有适宜穗数,又有较高总生物学产量和经济系数,故产量最高。

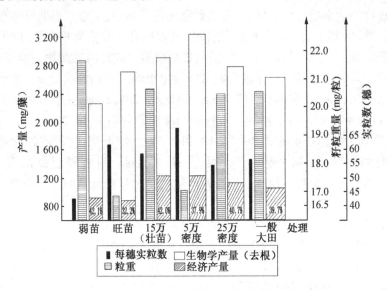

图21 裸大麦总的、籽粒的干物生产和产量成分(单蘖)

群体条件下不同处理的最终产量结果是最好的说明。15万苗产量最高,达到448.75 kg/亩;弱苗产量最低,仅232 kg/亩。而生物学产量、经济系数与个体研究结果稍有差异。生物学产量以旺苗最高,但其经济系数小,由于穗数、穗粒数多,仍获得较高产量;弱苗虽生物学产量最低,其经济系数却最高,但由于穗数、穗粒数少,产量最低;5万苗则表现为生物产量和经济系数都小,产量较低,说明苗数不足时,倒伏对产量影响甚大。造成不同处理经济系数上的差异的原因前已述及,不再赘述。15万苗(壮苗)的产量构成看来是最佳的,但尚需进一步研究探索。

4 讨论

4.1 籽粒灌浆最终停止的原因

对于灌浆良好、光照充足、养分供应充分的植株,籽粒的生长可能因淀粉合成酶活力下降而停止[1]。但在多数年份,一般大田常因高温、干旱、病虫害或倒伏、早衰导致同化物不足,迫使籽粒灌浆提早停止。后期的高温、干热风、倒伏使植株失水严重,叶片早枯,降低了同化力,并且影响了营养体细胞内含物的彻底运转,因而灌浆提早停止,粒重、品质显著降低。在同一穗上,小穗同化物质的供应,通过穗的基部,穗中央长得快的小穗为顶端小穗的生长留下的同化物质可能不多,并且顶端小穗维管束系统发育不良,因而养分供应不足,灌浆最早停止,粒重表现为最低。

4.2 基部节间的干物质减少量大是倒伏的重要原因

以单位节间输出量表示各间对籽粒的贡献大小,似乎 5 节间很小,但事实上,它的贡献颇大,它起重要的支持作用,其贮藏物既是根系呼吸的能量来源,又是籽粒产量的构成部分。它在单位茎长的输出量上是不小的。细胞内含物的大量外运,导致茎壁变薄,机械强度的削弱是裸大麦容易倒伏的根本原因所在。当然,也不可忽视根系在固持地上部所起的重要作用。

4.3 主要器官贮藏物对籽粒贡献大小的研究方法

本试验指出,以单位叶片、茎、鞘干物减少量表示对籽粒贡献的大小和以单位面积叶、单位茎长、单位鞘长干物减少量表示对籽粒贡献的大小是不尽一致的。所以,在讨论单茎各叶片、各节间、各叶鞘贮藏物对籽粒贡献的大小时,不能单从单位面积叶、单位茎长、单位鞘长内的干物减少量来看,而要把各叶片、叶鞘绿色面积的大小,光合力的强弱,各节间长度、各叶、各叶鞘、各节间茎秆素质的优劣、贮藏力的大小等联系起来看,或用单位面积叶、单位长度的节间、叶鞘干重减少量占它们各自所负担的粒重增加量的比率来表示,这样会更好地反映出各叶、各节间、各鞘贮藏物对籽粒贡献的大小。但要比较茎上各叶片、各节间、各叶鞘或不同处理苗的茎上同位叶、同位鞘、同位节间茎秆的素质好坏、贮藏力大小等,必须通过单位面积叶、单位茎长、单位鞘长的干重变化才能看出。然而,要表示茎上各叶、各鞘、各节间、穗部各器官光合物对籽粒贡献的大小,则必须通过遮光、剪叶、去芒、同位素示踪等试验手段才能确定。

4.4 主要器官对籽粒贡献的大小

试验证明,各器官贮藏物对籽粒贡献大小的顺序与各器官光合物贡献大小的顺序是不完全一致的。遮光、去芒试验表明,穗在总光合作用中所起的作用是重大的。遮全穗的比对照结实率下降 45.6%,结实籽粒千粒重减少 4.074 g,降低 16%;而在穗的总光合量中,芒又占了很大比例,去芒的比对照千粒重减少 5.64 g,降低 22.4%,这与 Biscoe 等人研究得到的结果是很相近的[1];但颖壳、穗轴的光合量却是较小的。这是由裸大麦的芒较多,绿色面积大,富含叶绿素,维管束发达,芒的表面气孔多,以及穗、芒所处的特殊位置、有特殊的功能所决定的[1,4,12]。与其他作物一样,叶是裸大麦的主要光合器官,遮光试验指出,全遮叶的比对照千粒重减少 4.292 g,降低了 17.01%,占后期总光合量的 28.5%,表明后期叶在总光合作用中是很重要的,在茎上各叶中,作用大小依次为 2 > 3 > 1 > 4 > 5。茎鞘绿色受光部分的光合作用在总光合作用中也占很大比例。全遮茎鞘的比对照千粒重减少了 3.11 g,降低了 12.3%,占后期总光合量的 20.5%。茎上各鞘、各节间的作用,穗颈节特别是穗颈和1叶鞘的作用之大是可想而知的。

综上所述,裸大麦生育后期不同器官光合物对籽粒做出的相对贡献,按占总光合量的比率来说,其大小可能为:穗(主要是芒) > 叶 > 鞘 > 茎。各叶、各鞘、各节间、穗部各器官光合物对籽粒的贡献大小顺序尚待进一步研究确定。另外,以个体为研究对象和以群体为研究对象,各器官对籽粒产量的贡献大小次序可能不尽一致,也有待研究确认。

4.5　提高粒重的途径

由本试验籽粒鲜、干重对比可以看出,鲜重峰值是干重峰值的2.5倍;据灌浆过程中对籽粒体积变化的观察可知,籽粒最大体积是最终体积的2倍。由此可见,颖果皮的弹性很大。另据观察,裸大麦有部分开颖开花的习性,因而要进一步提高单产,"库"是不成问题的。这就启示我们,在难以改变的30～40天的灌浆期内,如果最大限度地提高灌浆强度,提早灌浆峰期,尽量延长灌浆时间,尤其是保持高强度灌浆一段较长的时间,就能显著提高粒重。而这3个因素是可人为地适当调节和改变的,因此,灌浆研究的重点应放在这3个因素的调节和改变上。是经过育种,还是通过栽培手段来调节改变,有待进一步研究探讨。

笔者认为,灌浆强度的大小,关键在于"源"足与否。"源"足"库"就饱,光合产物愈多,供应潜力愈大,灌浆强度就愈高。在"源"足的基础上,再发挥籽粒间竞争力和茎、叶、鞘输导组织的运转力作用,就会显著提高灌浆强度。这在所设不同密度、不同苗型处理的试验中已有所显示。

灌浆峰期的调节和保持较长时间的高强度灌浆很有必要。今年的天气情况是最好的说明。大风大雨、高温、干热风的提前到来,致使裸大麦灌浆中断或者青枯死亡,粒重严重下降。因此,必须设法使灌浆峰期调节到气温正常偏低、风和日暖温差大、水分适中的时刻。据弱苗、壮苗(15万苗)、25万苗3个处理试验可知,灌浆峰期在4月下旬初开始出现为宜,抽穗期必须在4月上、中旬。但最适灌浆期的确定,必须通过对数十年气象因子与最适灌浆日期相关关系的统计分析才能得出,这一问题有待研究解决。

调节和改变上述3个因素的方法很多,诸如:① 早熟育种,适期早播,使抽穗、开花、灌浆提前;② 培育出基部节间短、粗、硬,穗颈节长、粗度适中,上三叶大而挺举,芒长,其他性状也都好的理想株型,保证源足、流畅、库大;③ 加强灌浆后期的水肥管理,维持较长时间、较大绿叶面积,保持土壤适宜含水量,推迟籽粒缩水时间,维持较高的籽粒含水量,缩小缩水幅度,以延长灌浆时间,提高灌浆强度,防止籽粒中途退化,从而提高粒重和穗粒数,方能充分发挥穗部潜力。此外,还可以创造合理的群体结构,培育壮苗,配置合理的播种方式,改善通风透光条件,对于上述3个因素的调节和提高粒重、提高产量具有同等重要性。

参考文献

［1］Biscoe P V,等:《禾谷类作物产量的生理分析》,《農業进展》,1978 年第 53 卷。

［2］Φ·M·库别尔曼,等:《禾本科植物结实器官的形成阶段》,第 1 卷,蔡可译,科学出版社,1958 年。

［3］顾自奋,等:《水稻结实率的研究》,《江苏农学院学报》,1980 年第 1 卷第 4 期。

［4］［日］北条良夫:《作物的物质生产过程中源和库的相互关系》,《農業技術》,1977 年第 33 卷第 7 号。

［5］许桌民:《高产小麦灌浆生理研究初报》,《山西小麦通讯》,1980 年第 1 期。

［6］北京农业大学:《植物生理学》,农业出版社,1980 年。

［7］高瑞玲,王化岑:《高产小麦生理指标的初步探讨》,《河南农学院学报》,1981 年第 4 期。

［8］王怀智,等:《小麦的物质积累和运转与结构上的关系》,《小麦丰产研究论文集》,1962 年。

［9］殷宏章,等:《水稻开花后干物质的积累和运转》,《植物学报》,1956 年第 5 卷第 2 期。

［10］黄庆榴,等:《小麦籽粒灌浆过程的研究》,《小麦丰产研究论文集》,1962 年。

［11］钱维朴,黄德明:《高产小麦物质积累、分配与产量形成》,《南京农学院学报》,1980 年第 2 期。

［12］［日］北条良夫:《大、小麦穗部光合作用对结实器官养分的供应》,《農業技術》,1978 年第 34 卷第 3 号。

南方吨粮田建设的现状与发展对策

南方 14 省(市、区)的粮食生产在全国占有重要地位。1988 年,南方耕地面积 5.69 亿亩,占全国 39.62%,其中粮食耕地 4.28 亿亩,占全国 38.68%,人口 6.27 亿,占全国 57.69%,人均耕地 0.907 亩、粮地 0.68 亩,分别较全国平均值少 0.403 亩和 0.35 亩。境内光温资源丰富,大于 10 ℃的年活动积温 4 500 ℃以上,无霜期 220 天以上,年日照 2 000 小时以上,年降水量 1 000 mm 以上,土壤肥沃、劳力充裕,有利于多种作物和多熟种植。据 1986 年的统计,粮食总产 2 299.7 亿 kg,占全国 58.7%,人均占有 378.2 kg,较全国平均多 6.75 kg。但是,自 20 世纪 80 年代以来,随着国民经济的发展和耕作制度的改革,1988 年比 1979 年耕地减少了 3.89%,播种面积减少了 4%,复种指数下降了 2 个百分点,其中粮食播种面积减少 7%,复种指数由 189% 上升为 194%,由于单产的提高,粮食总产提高 17%,然而,由于同期人口增长 8.5%,人均耕地和粮地分别减少 0.115 亩和 0.13 亩,人均占有粮食量至 1990 年仍未达到历史最高水平,并有下降趋势,人地矛盾日益突出。随着人民生活水平由温饱型向小康型和营养型过渡,粮食需求量猛增,这种矛盾还将进一步加剧。据有关专家预测,到 2000 年,南方人口将比 1986 年增加 10 949.9 万人,耕地减少 3 036.6 万亩,其中粮食耕地将减少 2 334.92 万亩,即使人均占有粮食量保持 400 kg,粮食总产仍需要 2 870.05 亿 kg,粮食耕地单产要达到 703 kg,比 1986 年要增产 170.15 kg,任务十分艰巨。诚然,提高粮食产量可通过开发土地后备资源,扩大面积,提高耕地年单产等途径加以解决,但南方土地资源有限,尽管经过开发和加强土地管理,可减缓耕地面积减少的速度,其面积减少的趋势已不可逆转。复种指数亦已有较高基数,虽然经过适当调整可提高一些,但是潜力已不是很大。历史经验表明,主攻各季作物单产与增加复种并举,是提高年单产、增加粮食总产的最有效途径。据中科院专家测算,南方作物的潜在产量为 1.2 ~ 1.6 t/(亩·年)。因此,从充分利用光、温、水、土等自然资源,提高农田生产力,适应社会经济发展的需要的角度出发,建设吨粮田,改造低产田已迫在眉睫、势在必行。

1 南方吨粮建设的现状与存在的问题

南方历来是我国粮食生产的高产区。早在 20 世纪 60 年代初,随着水稻高

本文系 1991 年 11 月人事部、农业部委托中央农业管理干部学院华中农业大学分院举办的"南方优化耕作栽培技术高级研修班"集体论文,由作者执笔撰写,李泽炳、刘承柳教授指导并审阅。

秆换矮秆,单季改双季,就出现过小面积超吨粮的高产田;70年代后期,随着杂交稻的推广,亩产吨粮的面积逐步增加,出现过吨粮村组;进入80年代,耕作栽培技术日趋完善配套,至80年代中期,南方各省(市、区)即开始了较大规模的吨粮田、吨粮工程和成建制吨粮技术的开发,吨粮面积有了很大发展,先后出现了一批吨粮村、吨粮乡和吨粮县。如湖南省1980—1985年进行了有组织的吨粮试验示范,1986年后即以每年100万亩的速度扩展,1990年省政府提出抓"成建制过吨粮",建成了120个吨粮乡,3 946个吨粮村和一个以肥(油)—双季稻为主体、面积为46.5万亩的吨粮县——醴陵市,平均亩产1 024.3 kg,成为湖南省及长江流域双季稻区的第一个吨粮县;湖北省今年验收通过了以小麦—杂交稻为主体形式,面积达47.19万亩的全省第一个吨粮县——宜城县,平均亩产1 005.9 kg;福建省龙海县30多万亩稻田以麦—稻—稻为主,实现了吨粮县;广东省澄海、揭阳、南澳等三县近100万亩粮田,以稻—稻—薯为主体形式实现了吨粮县。这些吨粮县的建成,为大面积、大范围的吨粮建设提供了范例,积累了经验,展示了吨粮建设的广阔前景。据南方14省(市、区)不完全统计,今年在各地遭受洪涝、水灾、干旱、台风及病虫害等多种自然灾害的情况下,仍有1 870万亩左右的粮田亩产超一吨,约占粮食耕地面积的4.40%,其中湖南省吨粮面积突破600万亩,约占稻田面积的15%。此外,出现了年亩产吨半粮的高产更高产典型,浙江省嵊县博济镇孔村1990年100.8亩麦—稻—稻丰产方亩产1 501.9 kg;浙江省黄岩市院桥镇高洋村农户蔡继青1.028亩麦—稻—稻攻关田亩产高达1 720.7 kg,充分揭示了粮食发展的巨大潜力。

从现有吨粮田的分布来看,江海湖滨、山区丘陵、平原圩区皆有,水田、旱地并存。根据分析,各地实现吨粮的途径大致有以下几种类型:① 从熟制看,一熟、二熟、三熟至多熟都有,如云南省,水稻、玉米都曾有一季过吨粮的事例,但是以二至多熟实现吨粮的比重和概率较大。据湖南省1988年调查统计,在年亩产吨粮面积中,三熟制占63.96%,二熟制占36.40%;三熟制年亩产吨粮的概率平均为77.6%(73.8%~92.7%),比两熟制过吨粮的概率32.0%(31.6%~84.4%)高1.43倍。② 从作物组合来看,有纯粮型,如麦—稻,麦—稻—稻,麦—杂交稻—再生稻,麦—豆—薯,稻—稻—薯,麦—豆—稻等;纯饲型,如大麦—玉米等;粮饲型,如稻—稻—玉米,麦/玉米—稻,麦—玉米—薯,薯—玉米—薯,麦—豆—玉米等;粮经型,如油—稻—稻,麦/瓜—稻等;粮肥型,如肥—稻—稻等;粮饲经型,如油—玉米—稻,麦/瓜+玉米—稻等,以及粮经饲肥多元结构型和年亩产吨粮、千元产值的粮钱型,如粮鱼共作、粮菌共生、粮菜复种和粮食与多种作物间套混插种或与其他生物体在同一田块种植与养殖结合等形式。③ 从作物品种来看,麦有大麦和小麦,稻有杂交稻、常规稻和早中晚稻,油菜有白菜型、芥菜型、甘蓝型,薯有马铃薯和甘薯,肥有纯绿肥和经济绿肥(如蚕豆、豌豆),作物种类及其品种的多样性,构成了吨粮组合的复杂性。

近几年来,各地在吨粮田建设上虽然已取得很大的成绩,但也普遍存在着持续稳定性较差的问题。其原因在于,农田水利吃老本多,新上项目少,抗灾能力弱;在吨粮组合中,用地作物多,养地作物少;在肥料结构上,无机肥投入多,有机肥投入少;在养分配比上,氮素投入多,磷钾微肥投入少;在劳动投入上,物化投入多,活化投入少;在田间管理上,分散经营多,统一管理少;在农田效益上,粮食产量高,农民收入低,因而社会效益高,经济效益低。如此种种,造成一些地方的部分田块靠大水大肥大成本拼吨粮。

2 吨粮田建设的目标与发展对策

吨粮田建设是一项由多学科参与的农业系统工程,必须十分明确其建设目标,即进一步完善统分结合的双层经营体制,以治水改土为基础,以提高经济效益、社会效益和生态效益为中心,以推广应用良种及先进综合配套技术为重点,以建立健全农业指挥、农技服务和后勤供应体系为保障,达到提高农业综合生产能力,在正常年景下,稳定实现粮地亩产一吨粮的目的,亦即建立起一个高产、优质、稳产、低耗的农业生态和生产体系。

2.1 狠抓"两项"基本建设,奠定吨粮基础

建设高标准、高质量农田是持续稳定实现吨粮的基础。必须以治水改土为中心,田、林、沟、渠、路配套综合治理,以便于实行机械化,增强抗灾能力,达到田块大小适中,连片成方,田面平整,田块内寸水棵棵到,大方内百日无雨不受旱,连续三天日降雨 100 mm 不受涝,地下水位控制在 120 mm 以上,即必须灌得上、排得出、降得下,旱涝保收。土壤要求耕层深厚,质地疏松,活土层在 20 cm 以上,0~60 cm 土壤内无障碍层次,有机质含量不低于 2.5%,全氮 0.12% ~ 0.15%,碱解氮达到 100 ppm 以上,全磷、全钾分别大于 0.1% 和 2%,速效磷、钾不低于 10 ppm 和 100 ppm,暂时性潜育土壤中的硫化亚铁、硫化氢、甲烷等有害物质在田水落干后能迅速排除,氧化还原电位在淹水条件下应大于 150 mV,氧化条件下不低于 400 mV,蓄水、保肥、供肥能力较强,并建立起地力培肥制度,改善农田土壤生态环境条件。

2.2 强化"三大"体系,促进吨粮发展

吨粮田建设涉及多部门、多学科、多领域,非农业部门独立作战所能及,必须建立健全农业指挥、农技服务和后勤供应"三大"体系。各级党委和政府要加强对吨粮田建设工作的领导,统一思想认识,把吨粮田建设作为发展粮食生产、促进农业上新台阶的重要途径来抓,建立吨粮田建设领导小组,协调组织好农业、农机、水利、供销、财政、银行、气象、科委等有关部门的力量,明确分工,发挥各自优势,协同作战,把吨粮田建设所需资金、物资、人才及开发面积等纳入政府工作计划。认真组织好农业科研、教学、推广及相关部门的技术力量协作攻关,解决

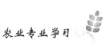

技术难题。领导干部和科技人员要切实改变工作作风,亲自建立中心指挥方、丰产示范片和高产攻关田,及时发现和研究解决吨粮田建设中出现的问题,把丰产方建设成科技普及的现场、技术攻关的基地和亩产吨粮的样板。农业后勤部门必须根据吨粮田建设进度和农事季节需要,及时满足农用物资供应。切实有效地融政、技、物于一体,开展集团技术承包,促进吨粮田建设的各项措施落到实处,确保吨粮田建设顺利发展。

2.3 实行"四良"技术配套,确保吨粮指标

持续吨粮的实现,是依靠科技进步,充分利用自然资源,挖掘耕地内涵潜力,实行良田、良制、良种、良法配套综合作用的结果。

2.3.1 良田良制结合,稳定提高地力

作物产量的2/3来自于地力贡献。因此,良田不仅要求有配套的水系和良好的土壤结构,更重要的是要建立起保持和恢复土壤肥力的土壤管理体制。要通过建立合理的耕作制度,实行用地与养地结合。如进行周期性水旱轮作,耗地作物与养地作物轮作,两熟与三熟制的时空调节,以及尽可能地利用冬闲隙地、田埂渠边及桑茶果园等扩种或间、套、混、插种豆科绿肥,提高绿肥鲜草还田量等,改善土壤理化性状,保持良好的农田生态环境。同时,通过发展养殖业,积造有机肥,大力推行秸秆还田,力争做到吨粮田每年每亩投入优质有机肥 3 ~ 5 m³,秸草还田 150 kg 以上,并根据土壤养分与植物营养平衡施肥,促进土壤用中有养,地力稳定增长,以保持持续亩产吨粮。

2.3.2 优化作物组合,促进季季高产

吨粮田多系二熟至多熟种植。在作物组合上,要正确处理好一季高产与季季高产的矛盾;在茬口衔接上,要处理好一季高产与下季共生期需缩短的矛盾;间作混种组合还要处理好主熟高产与次熟共生高产的矛盾。因此,在品种选择上要立足于"早",季节上要立足于"抢",农耗时间要立足于"短",使农田处于既满负荷又不超载的情况下高效运转。基于这一认识,吨粮田作物品种(组合)的配置原则是:统筹兼顾,稳中求早,早中求高,高中求优,用养结合,即要选育生育期适中,抗逆、抗病性强,适应性广,耐肥抗倒,增产潜力较大,食味又相对较好的高产优质良种,充分利用杂交优势,注意搭配年内小轮种或年度间大轮作中所需的养地作物。在间作混种组合中,还要注意高矮秆作物搭配,喜光与耐荫作物结合,选择共生互利的作物。最终达到前季为后季,熟熟为全年,亩产过吨粮的目标。

2.3.3 推行模式种植,提高作物单产

实现吨粮必须全面实施组装配套的高产栽培技术。一是要抓好最佳播栽期,处理好共生期。要根据各类作物及其品种的生育特性和茬口安排,既要考虑在最适温度或保温条件下播栽,也要考虑其安全生育结实;既要考虑共生期不宜过长,也要考虑适期成熟,不延误后茬。育苗移栽作物,要求秧龄适中弹性大,

既不能缺龄,更不能超龄。二是要合理密植,建立超高光效群体结构。要根据品种特性,在培育壮苗的前提下,建立适宜的群体起点,以提高群体质量和挖掘个体生产潜力为目标,协调好群、个体矛盾,采取综合技术措施,切实提高作物生殖生长期的光合生产能力和干物质积累量,增加经济产量。三是优化配方施肥,科学运筹肥水。肥料的投入需区别作物、品种与土壤,根据定产、定性、定量的原则,进行科学配方施肥。坚持有机与无机相结合,氮磷钾配套,大量元素与微量元素兼用及基施与根外追肥相结合的原则,注意满足某些作物对特种元素的需求,如油菜需增施硼肥,豆科作物需增施磷钾肥等,同时又要注意某些作物对某种元素的忌用,如薯类需增施钾肥而忌氯等。在肥料运筹方法上,需改进前、中、后期施肥比例,适当增加生殖生长期间的供肥量,但需防止贪青晚熟,以提高肥料的有效利用率。水分管理宜根据作物需水规律,满足需水高峰用水。水稻提倡浅水分蘖,适度早晒,分次轻晒,足水含苞扬花,中后期湿润灌溉的用水方法,切忌长期浸水;小麦、玉米等旱作既要适墒齐苗壮苗,关键生育期间不受旱,又要防止渍害。因此,特别强调田内外三沟要配套畅通。四是要大力推行农业防治、生物防治和化学防治三结合的病虫草鼠综合防治技术,保护天敌,以最大限度地降低病虫草鼠害对产量造成的损失。一般"四害"损失总量不应超过总产的8%。五是积极采用高新技术。如多效唑、健壮素等植物生长调节剂和稀土微肥等在作物栽培上的应用;水稻半旱式垄作栽培及各种规范化、模式化栽培技术等,以最经济的投入获取最高的效益。此外,在增加物化劳动投入的同时,需增加活化劳动投入,把传统的耕作栽培技术与现代技术有机地结合在一起,以充分发挥技术增产的效果。

2.4　搞好"五统"服务,保障措施落实

搞好社会化、专业化技术服务,是现阶段促进技术推广、落实增产措施的有效手段。在吨粮田建设中,要把供种、农机作业、管水、植保和作物布局等一家一户不好办或办不好的事情统一管起来,建立起乡、村两级社会化服务组织,依靠"统"的功能,完成农事作业量的70%以上。用种质量要达到二级良种以上标准,通过建立种子繁育、生产和供种体系,开展提纯复壮,提高常规作物种子质量;杂交稻、杂交玉米、杂交油菜等种子生产,实现省提、市(地)繁、县制、县乡村联合统一供种。吨粮田建设先行地区首先达到一家一户不留种的要求;通过土地调整、水系配套、统一供种和计划调节等措施,切实将作物布局统一起来,防止水旱互包、插花种植;通过壮大集体经济、分级负担等措施,以村为单位建立农业综合服务站,组织农机植保专业作业队伍,以自然村为单位,设立管水员,将机械化栽培、病虫草防治和科学管水等措施,通过专业化服务落到实处。同时,省、市(地)、县三级要组织栽培、种子、植保、土肥、水利、农机等方面的业务骨干,成立技术指导小组,负责吨粮田建设总体规划和吨粮栽培模式的制定,并巡回技术指导;乡、村、组三级要成立由领导干部、科技人员和科技示范户参加的技术实

施小组,通过技术培训,现场指导,以点带面,组织农民定时、定量地统一实施各项技术措施,做到栽培技术模式化。

3 吨粮田建设中应当处理好的几个关系

建设吨粮田是促进农业再上新台阶的战略措施之一,目前已在南方各地广泛开展。通过几年来的实践,初步体会到:吨粮田建设,领导是关键,政策是核心,科技是中心,投入是基础,体系是保证。同时,还必须正确处理好下面5个方面的关系。

3.1 社会效益与经济效益的关系

民以食为天,食以粮为主。粮食是一种不可替代的特殊商品,在 20 世纪乃至 21 世纪初都是国际、国内的紧缺产品,是具有极高社会效益的农产品。但是长期以来,粮食政策没有理顺或出现波动,以致粮农经济效益不够理想,因而造成粮食生产的波动性。对此,各级党政领导必须高度重视。要遵循价值规律,合理确定粮食价格,缩小工农产品、粮经产品价格的差距,并要确保粮食收购实行优质优价政策,特别是随着种植制度的改革、粮食品种结构的调整,国家必须对玉米、大麦等饲料产品实行计划收购和保护价格,供应必要的生产资料,以鼓励农民多种粮、种好粮,调动农民种粮的积极性,切不可形成"吨粮穷田"或"吨粮穷民"等不正常现象。

3.2 点与面的关系

榜样的力量是无穷的,对农户生产具有直接的导向作用,因此,吨粮田建设中,必须十分重视抓好基点、树立典型,以取得成功经验,辐射带动吨粮田建设的深入开展。要遵循循序渐进的原则,认真分析当地的生产潜力、资源优势、技术条件和社会诸因素,客观地制定出吨粮田建设的总体规划,积极稳妥地组织分期分批实施,并列入国民经济发展计划,把"硬件(基础建设)"与"软件(科学技术)"密切结合起来,做到积极可靠、留有余地,切不可不切实际、急功近利、一哄而上。在一个地区能否按粮地年亩产分为 4 个层次,各有重点:粮地亩产已建成吨粮的乡、村要巩固提高,向深度和广度进军,努力提高农田经济效益和生态效益;亩产已超过 900 kg 的地区,可在总体规划下,开展吨粮田建设;亩产750～900 kg 的地区,以中产变高产为主要目标,积极创造条件实施吨粮工程;亩产尚不足 750 kg 的乡、村,以改善生产条件,改造低产田为重点。这样分层次提出目标,使各个层次都明确自己的主攻方向,同样要求提高粮食总产水平,有利于调动各方面的积极性,而不至于把吨粮田建设与中低产田改造割裂开来,可以把中低产田改造看成吨粮田建设的前奏,以促进平衡增产。

3.3 投入与产出的关系

吨粮田建设是一项高投入、高产出,工程措施与生物措施相结合的农业系统工程。必须满足其对物资、资金、技术及必要生产条件的需要,维持开放式循环的能量平衡。但是,其也并非不顾条件、盲目开发,要提高物质投入的效果,做到合理与经济,既要满足持续吨粮的必需投入,又要考虑以最经济的投入,获得最高效的产出,即要提高物质投入的边际效益。一般来说,在若干年内,吨粮田的平均产投比应当高于中产田。在投入的比例上,应当坚持以集体和农民为投入主体的观念,国家要在增加投入的基础上,集中必要的资金、物资保证重点,确保建设一批、成功一批、巩固一批。同时,要大力发展农用工业,提高农业生产资料的生产能力,确保吨粮田建设对优质化肥、高效低毒农药、农膜、农机、柴油等农用物资的需要,及时兑现"三挂钩"物资,以促进及时、科学的投入,提高产出效率。

3.4 物质投入与科技投入的关系

吨粮田建设,物质投入是基础、科技投入是关键。要在创造高产稳产农田基础、改善外部环境的同时,加强科研、教学、推广的"三农"协作和农技推广网络的建设,大力推广农业科技最新研究成果,开展技术难题协作攻关,组装配套先进的综合高产技术,由于技术推广的对象是千家万户的农民,因此十分重视对乡、村农技组织和社会化、专业化服务体系建设的投入,关心乡、村农技人员和服务人员的政治、经济、生活待遇,要投入一定的人力、物力、财力,武装其推广设备,开展技术培训,充分发挥农民技术员在技术推广中的主导作用,通过多形式、多途径的技术教育,提高农民科技素质,使之与吨粮田建设相适应,促进科技转化为生产力。

3.5 分散经营与规模经营的关系

目前农田的分散经营体制与农技推广体系很不相适应,致使技术截流、滞流现象相当严重,在一定程度上影响了生产力的提高,也不利于吨粮田建设,必须深化农村改革,完善家庭联产承包责任制,并研究适度规模经营途径。能否根据经济、经营水平,将经营规模分3个层次:对于经济基础相当薄弱的地区,通过政、技、物有机结合,开展集团技术承包,促进措施落实,形成规模效益;对于经济条件中等的地区,推行口粮田与责任田"两田"分离,分别连片种植,责任田由村农业综合服务站集体承包,实行机械化集约栽培;对于经济发达地区,可以村或乡为单位,通过土地流转,实行"农场式"经营。总之,要通过多种形式,扩大吨粮田建设的经营规模。实践表明,建设千亩连片的吨粮田是目前多数地区比较适宜的规模,县、乡可以集中投资,进行适当规模的农田水利建设,以适应以行政村或大自然村为单位的体制和目前多数地区经济水平及管理能力,易于实行"五统"服务,并且有利于调动农民积极性,增加劳务投入,从而提高吨粮田建设的劳动生产率和土地生产率,以及投入产出效率。

参考文献

[1] 赵强基:《我国南方耕作制度的发展和展望》,《中国农业科学》,1990年第5期。

[2] 曹明奎:《农业生态系统生产潜力和人口承载力研究》,《农业现代化研究》,1991年第4期。

[3] 刘从良:《建设吨粮田要协调好五个关系》,《农业科技通讯》,1991年第1期。

[4] 王沐清,周诗泉,尚德强:《稻麦吨粮田的建设与配套技术》,《农业科技通讯》,1991年第3期。

[5] 佟屏亚:《黄淮海平原吨粮田建设与配套技术》,《农业科技通讯》,1991年第1期。

改善生态环境　发展持续农业

20世纪80年代以来,农业的可持续发展问题已引起世界各国政府的关注。联合国粮农组织在1991年对"可持续农业"做出的定义是:管理和保护自然资源基础,调整技术和机制变化的方向,以确保获得并持续地满足目前和今后世世代代人的需求的农业。这种持续发展能保护和维持土地、水和动植物遗传资源,不会造成环境退化,同时技术上适当可行,经济上有活力,能够被社会广泛接受。具体地说,农业的持续性包括生产效率提高的持续性,以保证和增进食物的安全;稳定的持续性,即农业要稳步发展,防止负增长,以增强农业生产的抗逆性来增进稳定性;产业协调的持续性,既要有合理的农林牧渔业比例关系,又需增进产品的多样性;地区间均衡的持续性,不同地区的农业发展应与其农业自然资源条件相适应,防止过度利用资源或利用不充分;公平待遇的持续性,要给予每个农民以平等发展的机会和从中受益的机会;技术创新的持续性,不断更新农业生产技术,增加农产品种类与品质,实现农业的优质高效发展。

时任副总理的温家宝指出:"农业环境质量恶化和农产品污染严重,不仅制约农业的可持续发展,影响我国农产品的国际竞争力,而且危害人民的身体健康和生命安全,加强农业生态环境建设和保护,尽快制定和完善这方面的政策和法律、法规,加强对主要农畜产品污染的监测和管理,对重点污染区进行综合治理,实属重大而紧迫的工作。"可以说,农业生态环境是农业生物乃至人类生存的基本条件,是农业可持续发展的基础,在一定意义上也是经济发展的生命线。

1　农业生态环境面临的严峻形势

随着经济和农村城市化建设的迅速发展,人民物质生活水平的不断提高,农村产业结构调整的不断深化,镇江的农业生态环境面临着十分严峻的形势。

1.1　工业"三废"污染严重

镇江是全国乡镇工业发展较早的地区之一,工业相对比较发达,对发展农村经济,缩小工农差别和城乡差别发挥了积极作用。但是,相当一部分企业设备比较简陋,工艺相对落后,技术含量不高,人员素质较低,导致了其在生产过程中大量排放"三废"。这些污染物被排入河流、进入农田后,构成镇江市农业生态环境的主要污染源,成为农业环境的最大威胁。据不完全统计,"九五"以来,镇江

本文系2001年7月作者参加由中央组织部、农业部委托浙江农业大学举办的"沿海发达地区农业和农村现代化建设研修班"的交流论文。

全市年废水排放总量达 8 131.05 万 t,废气排放总量达 590 亿 m³,固体废物产生量 232 万 t,另有历年固体废物堆存量 1 197 万 t,全市平均每平方千米接纳工业废水达 2.12 万 t,工业废气达 1 535.25 万 m³,降水酸雨出现频率达 22.1%。20世纪六七十年代的碧水蓝天在大多数地区已不复存在。农业生态环境被污染的事故每年都有发生。市郊鲶鱼套河、运粮河等部分河流因受工业污染和生活污水的影响,已无鱼类生存;丹阳市自来水厂取水口因水质达不到饮用水质标准,不得不投资数千万元,从数十公里外的长江新建取水口;中国农科院蚕研所因受大气氟化物污染的影响,36 个蚕种严重中毒,14 个品种品质退化,无法再制种留种,另有 60 多个珍贵原蚕种因濒临绝种,只得每年定期转移至北方清洁区避难,科研受到严重影响;丹徒县高资蚕种场 1 000 多亩桑叶含氟量春秋季分别超过含氟限值 25 mg/kg 和 30 mg/kg,最大值达 40 mg/kg。这些既给农业经济造成了严重的损失,又直接威胁着社会安定。

1.2 农业污染日益加重

近年来,镇江市农业生产中年化肥施用总量(折纯)10.33 万 t,农药使用总量 3 628 t,农膜使用总量 1 489 t,耕地年亩均农用化学品投入量较 20 世纪 70 年代末增加近 3 倍,而且随着农业现代化水平的提高和农村经济的发展,化肥、农药、农膜的使用量呈递增趋势。另一方面,农药、化肥的有效利用率下降,残留于环境中,尤其是流入水体的量大幅度增加,导致水体富营养化,水质恶化;生物富集农药,影响生态平衡;农产品有毒物质含量增加。据市场抽测,春夏之交蔬菜中硝酸盐含量几乎全部超标,农药超标率近 2/3;大米、面粉中的有毒物质超标率也达 1/4~1/3,严重危害人民群众的身体健康。与此同时,本可作为有机肥料的作物秸秆和畜禽粪便成为新的污染源。秸秆露天焚烧或弃置水体,既浪费资源,又危及安全,污染环境;养殖业特别是规模养殖业大力发展,畜禽养殖废弃物综合治理不到位,大量有机废弃物直接或间接进入河流、土壤,严重污染环境。据有关资料介绍,一个年产万头肥猪和年养 20 万只蛋鸡的规模养殖场,相当于一个 5 万和 14 万人口城镇的排污量。镇江市年出栏肥猪 57.34 万头,常年家禽养殖 642.53 万只,据此折算猪禽废弃物排放量相当于 736.5 万城镇人口的排污量,是镇江市总人口排污量的 2.8 倍。此外,河沟淤泥逐年加厚,严重的淤泥堆积深度达 1.5 m,不仅增加了水体耗氧量,使水质降低,而且严重影响农业灌溉。

1.3 生活垃圾对环境压力加大

随着城乡人民生活水平的提高和膳食结构的变化,生活垃圾和污水的产生量越来越多,加上处理方法简单,对大气、土壤、地表地下水环境污染加重。特别是广大的农村,多数地方生活垃圾随处乱倒,白色污染加剧,污水横流,不仅对农业生态环境造成严重威胁,削弱抗灾能力,污染农产品,而且严重影响镇容村貌和村民健康。

1.4 耕地数量、质量下降

新中国成立以来,镇江耕地减少39.62万亩,人口增加130万人,人均耕地从解放初的1.96亩下降为目前的0.94亩,耕地负载15.93人/ha,已接近联合国提出的耕地负载量临界上限18.87人/ha,人地矛盾日益突出;另一方面,耕地质量随着农村经济的发展而下降。1999年与1989年相比较,10年间全市耕层土壤养分有机质下降0.154个百分点,碱解氮下降11.2 ppm,速效磷、钾分别下降0.3 ppm和19 ppm;全市平均地力水平,小麦下降2.8个百分点,水稻下降14.5个百分点。耕地负载力明显加重。

1.5 水土流失比较严重

丘陵地区占镇江全市国土面积的2/3,由于坡耕地较多,且多种植旱谷,种植结构不够合理,植被覆盖率较低,易造成水土流失;另一方面,矿产资源较为丰富,集体与个体采矿点较多,仅句容市就有较大规模的采石场及水泥厂18家,小型采石场近200家,弃土弃渣随意堆放,不仅其粉尘严重污染环境,而且加剧了水土流失。据1999年有关资料,全市水土流失面积455 km^2,占全市农村陆地面积的15.56%。可见,镇江的生态环境还是比较脆弱的。

2 发展持续农业的战略思考

时任总书记的江泽民指出:"农业生态环境必须引起高度重视,要以强烈的责任感和紧迫感,早下决心,下大决心,经过长期奋斗,使农业生态环境有比较明显的改善。"良好的生态环境是经济特别是农业持续发展的根本保证。要实现农业的可持续发展,决不能再走破坏生态、掠夺自然资源,追求短期效益的老路,必须走恢复、优化生态,建设生态农业的新路子。坚持生产持续性、经济持续性、生态持续性的有机结合,走资源保护与利用、环境保护与建设的和谐统一之路。

2.1 加强政府宏观管理,提高全民生态意识

持续农业是建立在生态环境良性循环基础上的新型农业。要发展农业,就得具备良好的生态环境和自然条件,这是生物体本身的内在要求。生态环境遭到严重破坏,再好的政策,再多的投入,再先进的农业技术,也难以保证农业持续增产增收。同时,农业可持续发展又涉及化工、能源、城乡建设等许多部门,因此,必须加强政府的宏观管理,采用宣传教育的、法制的、经济的手段和市场机制进行调节。首先,要加强宣传培训,提高全民农业环保意识。把加强环境保护、改善农业生态环境、发展持续农业作为农业知识更新工程的重要内容,广泛动员民众参与农业生态环境保护,节约资源利用;要通过各种新闻媒体,广泛深入地开展农业环境保护法制和知识教育,把环境保护、生态农业建设与精神文明建设结合起来,增强全民环境道德观念;结合"六五"世界环境日,大力营造农业生态

环境保护的舆论氛围,让广大农村干群树立保护生态环境就是保护生产力、改善生态环境就是发展生产力的观念,改变不可持续的生产与消费方式,走集约型、生态型之路,促进农业可持续发展。其次,要健全政策法规。建立与市场经济相适应的农业持续发展的政策体系,提供良好的政策和社会环境,调动农民的生产积极性;通过立法规定保护自然和生态环境的法律措施,并严格执法,对一切破坏自然资源、坑害农业生产、污染和破坏农业生态环境的行为决不姑息,严厉查处,创造良好的法制环境。最后,要把保护生态与经济发展结合起来,运用经济手段调节资源保护与利用活动。通过规范市场行为,用市场机制来管理和保护农业环境,促进农业持续稳定发展。

2.2 加强农业环境监测,提高农业安全质量

近年来,农业污染事故频发,严重影响人民群众的身体健康和生命安全。其中,既有人为的"毒米""毒油"事件,也有环境污染或生产不当引起的蔬菜中毒、激素肉事件,还有生态失衡引起的物种灭绝、病原菌变异事件等,这些问题如不引起足够重视,将直接影响我国农产品的国际竞争力。必须依法强化对农业环境和主要农产品的污染监测与管理。根据《全国生态环境保护纲要》和《中国21世纪议程》的有关要求,必须加强市、县、乡农业环境监测体系建设,逐步实现上连国家、省,下及县、乡的农牧渔业生态环境和农产品质量监测与信息传递网络。农业部门特别要加强对农村生态环境,尤其是对基本农田保护区生态环境的监测、评价和管理,对农产品质量特别是安全质量进行检测、认定和管理,建立起高效农业生态环境安全预警系统;要为农业安全生产提供技术支持,为政府规划农业发展提供决策依据。

2.3 加快工业结构调整,提高污染防治能力

坚持实行环保第一审批权、一票否决权和一把手负责制,是做好环境保护各项工作的重要措施,必须认真落实;对环境有影响的项目,要认真执行环境影响评价制度和"三同时"制度,严格把关,坚决控制新污染;依靠科技进步,改革生产工艺,推行清洁生产;加强对治污设施的运行监督,提高其运行效率;积极探索污染治理新技术,实行节能降耗,实施"三废"综合利用,消除多年积存的老污染源;对超标污染限期治理,实行达标排放;深化改革,实施产业结构调整,向规模和科技要效益,发展和壮大产品优、效益好、污染少的企业队伍,以龙头产品、骨干企业为主体,走企业规模化、集约化道路;增加环境污染治理的投资,提高污染防治能力;研究推广资源恢复与保护技术,促使规模经济与整体素质上新水平,走持续发展的道路。

2.4 加强耕地保护,提高耕地质量

耕地是人类赖以生存和发展的最宝贵资源,是人类社会不可替代的物质财富。随着科技的进步,虽然农作物已经可以无土栽培,但毕竟只能作为辅助措

施,农产品在相当长的时期内仍将主要靠耕地生产,耕地是农业发展的基础。耕地受到破坏,不仅将直接导致农产品数量的减少,而且对人口-资源-农产品-能源-环境整个自然都将造成不利的影响。必须把珍惜和保护耕地作为关系国计民生、关系国家发展大局和民族安危的一项基本国策,保护耕地就是保护我们的生命线。如果不尽早采取有力措施,不能保持耕地资源的永续利用,就谈不上农业的可持续发展。必须强化政府职能,加强宏观控制,节约用地;严格执行《中华人民共和国土地管理法》和《基本农田保护条例》,切实加强耕地保护,实行耕地总量动态平衡目标管理,建立土地资源和基本农田管理数据库和监控系统,严厉打击乱占滥用耕地和破坏耕地的不法行为;保护和提高耕地质量,大力推广生物养地技术,开发应用生物固氮,努力增加有机物归还,积极推行合理轮作,研究探索有机与无机相结合的生态养地技术;大搞农业综合开发,普及小流域综合治理经验,大力改造中低产田,合理开发"四荒"资源,切实保障耕地数量质量稳定增长。

2.5 加强生态农业建设,提高农业环境质量

生态农业是运用生态系统的生物共生和物质循环再生原理,结合系统工程方法和近代科学成就,根据当地自然资源,合理组成农、林、牧、渔、加工业的比例,实现经济、生态、社会效益三结合的农业生产体系。建设生态农业,主要有3条途径:一是通过调整农业产业结构,实现物质的多层次循环利用。以发展大农业为出发点,按照整体协调的原则,全面规划调整和优化大农业结构;促进农林牧渔和农村一、二、三产业综合协调发展,提高综合生产能力。以治理水土流失、提高水土资源利用率为目标,发展以实施小流域综合治理、整治中低产田为主要内容区域农业生态系统调控工程;以改善和提高生态环境质量为目标,发展以营林、植树、种草等生物措施,兴修水利、建防渗渠等工程措施和推广节水灌溉技术等农业措施相结合为主要内容的农田生态系统调控工程;以提高农业资源利用效率为目标,发展以林果结合、种草养畜及水陆立体种养为主要内容的农林牧渔复合系统调控工程;以提高农业附加值、增加农民收入为目标,发展以农产品加工和庭园经济为主要内容的生态经济工程。二是通过技术更新和管理水平的提高,有效控制农业自身污染源。必须大力推广平衡配套施肥,降低化肥用量,提高化肥利用率;推广有害生物生态防治技术,扩大生物防治、农业防治及生态化学防治技术的应用,减少用药次数和用量,提高病虫草防治效果;推广生物降解膜,大力回收废弃膜,减少农田白色污染;推广秸秆综合利用技术,严禁露天焚烧秸秆;推广再生能源综合利用技术,提高以沼气为代表的生物能和以太阳能为代表的自然能的应用效果;推广农、牧、渔相结合的物质能量多层次利用、生物链技术和生物有机肥应用技术,提高有机废弃物综合利用率;实施河沟清淤工程,提高蓄水和水体自净能力,培肥改良土壤。三是通过建立绿色食品生产基地,提高人民健康水平。绿色食品是一类无污染、安全、优质、有营养的食

品,其生产过程与生态环境保护紧密结合。镇江市茅山丘陵地区距离中心城市相对较远,经济欠发达,村落稀疏,工业污染和生活污染相对较少,农用化学品应用水平较低,空气清新,水质较为纯净,土壤污染较少,自然环境良好,比较适宜建立绿色食品生产基地。必须保护好茅山丘陵生态环境,推广资源利用与无污染生产相结合的技术,开发绿色食品,推进农业产业化,促进老区人民增收致富,走出一条农业可持续发展的路子。

2.6 加强农业科学技术研究,提高农业持续发展能力

加强农业技术研究,推广符合市情的农业技术和耕作制度,是实现农业可持续发展目标的必要条件。实践证明,广泛应用先进技术,建立技术密集型、科技含量高的农业,不仅能大大提高土地生产率和农产品质量,有效地推动和提高农业的可持续发展能力,而且对改善不良的耕作制度,抗御自然灾害,改良土壤,防止水土流失,建立良性循环的生态环境都具有重要作用。针对镇江市农业生态环境面临的形势和生产实际中存在的技术问题,当前和今后一段时期需着重研究农产品持续增长技术,农民收入持续增加技术,生态环境保护技术,农业节水技术,资源高效利用技术,水土保持技术,土壤改良技术,抗逆减灾技术,生物农药、生物肥料的研制与应用技术,生活垃圾、规模养殖场有机废弃物无害化处理及资源化利用技术,绿色、有机农产品生产技术,农产品深度加工、保鲜技术及农业宏观、微观管理技术等。同时,要健全农业技术推广网络和服务体系,大力推广先进适用的农业技术,推动农业科技成果迅速转化为生产力;要重视生态农业科技示范园、示范场、示范区建设,充分展示最新农业科技成果,扩大示范辐射效果,提高农民接受、应用科技成果的积极性;要大力开展生态农业技术培训,提高广大农民的科技素质,增强农民学科技、用科技的能力,只有广大农民自觉应用生态技术,保护生态环境,并且主动与破坏农业环境的行为做坚决的斗争,才能真正实现农业的可持续发展。

农业产业化经营研究

农业产业化经营,是我国农村继家庭联产承包责任制的不断发展、巩固、完善和乡镇企业异军突起之后的又一重大制度性创新,是在社会主义市场经济体制下应运而生的一种全新的农业生产经营形式,是在更大范围内和更高层次上实现农业资源的优化配置和生产要素的重新组合,是对传统农业生产经营体制的根本性变革。推进农业产业化经营,是培植、发展农村经济新的增长点,实现农业"两个根本转变"的有效途径,也是我国在现实经济条件下,实现农业可持续发展和农业现代化的必由之路。

1 农业产业化经营的产生与发展

1.1 国际农业产业化经营的产生、发展及其主要形式

从世界农业发展历史看,农业产业化经营是二战后在发达国家兴起的一种农业纵向组织经营形式,它主要靠经济和法律关系将农业和与其相关的工商服务等行业联合而成。在国外,农业产业化又称为农业一体化(Agricultural Integration),主要有以下3种形式:

1.1.1 完全一体化

这主要是由大的企业或公司直接介入农场,从事大规模的农业生产,并将农业同产品加工、贮运、销售及生产资料的生产与供应结合在一起,形成完整的经济体系。它包括两种形式:一种是由非农资本直接开办的农业公司。这种公司一般没有土地,只有厂房,大多数从事的是典型工厂化的农产品生产和加工或饲料加工业。如英国的樱桃谷饲料有限公司即属于此类;美国由非农资本直接开办的农业公司的产品销量早在1978年就占到全国农产品销售额的22%。另一种是由工业、商业、金融及农业企业等多种资本以股份形式混合而成的联益公司。以这种形式联合的企业涉及面较广,但一般以一两个控股企业为核心。如法国的国有矿化公司所组织的综合体,共有工矿企业、商业运输公司、银行服务等50多家及400多个农业合作社,经营范围从农产品产、加、购、贮、运、销到矿产品、农业生产资料、机械制造及科研服务等。

本文系2002年3—12月作者在中共江苏省委党校方建中教授的悉心指导下所做的经济管理专业研究生毕业论文,在此谨表谢忱。本文节选原载于《首届镇江科技论坛论文汇编》(科技与市场,2002年第11-12期)。

1.1.2 合同制一体化

这是农工商一体化最主要的形式,广泛存在于西方发达国家中,农场或农户与有关工商企业通过合同联系起来,农场向工商企业提供农产品,企业向农场供给生产资料、技术和贷款。根据合同的紧密程度,它可分为两类:一类是紧密完全型合同,任何决定都统一由组织这个综合体的龙头企业集中做出,决策的集中程度很高;另一类是松散不完全型合同,多半是由食品加工厂或农产品销售商和农场主签订,对商品的价格、数量、质量和收购时间做出规定,其决策的集中程度是相对有限的。在美国,紧密完全型合同占主导地位;泰国实施的是以农产品加工为重点的"农业工业化"战略,并逐步完善和发展成为"政府 + 公司 + 银行 + 农户"的现代农业模式,使农业由单纯的原料供给者上升为制造业的参与者。工业与农业的紧密结合,使国民经济保持持续快速发展。

1.1.3 合作社一体化

这是由农业协会等合作组织牵头,组织农业生产资料生产、供应和农产品收购、加工、贮运、销售等。日本的农协是其典型代表,它通过开展指导、购销、信用、共济等业务,为农户提供生产经营各环节的服务;韩国农协围绕农业发展和农村社区福利,开展包括资金融通、生产要素购买、仓储、运输、加工、营销、保险及与农业有关的研究、教育等支持性活动,推进农业产业化经营。

1.2 我国农业产业化经营的产生与发展

新中国成立以来,我国的农业生产经营方式经历了农业单干→互助组→初级农业生产合作社→高级农业生产合作社→生产队→家庭联产承包制的过程,每一阶段都是农业生产关系形式的转变,这些转变总体上体现了生产关系适应生产力发展的要求。从家庭联产承包制向新的生产经营方式转变,同样是生产关系适应生产力发展水平的具体体现。家庭联产承包制一方面打破了"大锅饭"的生产经营方式,充分调动了农民的生产积极性;但另一方面存在着难以克服的缺陷:一是经营规模小,粗放经营,难以适应社会劳动的进一步分工协作的需要。我国农户的土地经营规模平均只有 0.5 ha 左右,而西欧、南美、北美、澳大利亚农户的土地经营规模一般在几十公顷至上百公顷,以半公顷与数十甚至上百公顷的农户经营规模竞争,尤其在粮食等土地资源密集型的农产品生产方面,我国无论如何都不具备竞争优势,而且农业比较效益低,不能获得平均利润,从而使我国农产品总量和质量难以在市场经济条件下得到新的增加和提高。二是农户经营行为过于分散。大凡农业竞争力强的国家,农户一般都参加了农民合作性的经济组织或行业性协会,经营行为的协调性较强,而我国大多数农户至今仍处于一种近乎混沌的分散经营状态,户自为战,组织化程度极低,因而市场竞争能力也极弱,经常出现农产品卖难的现象。三是科技成果转化效率低,农业科技含量难以提高。据报道,我国农业科技成果转化率仅有30%左右,农业科技进步贡献率只有40%左右,均只有发达国家的50%左右。四是农业劳动力转移难,造成劳动力资源的巨大浪费。据不完全统计,全国农村约有1.5亿农民处于失业状态,农民收入增长缓慢,生活水平难以提高。于是,一种新的农业生产经营方式——农业产业化经营应运而生。较早一批"公司＋农户"的实践始于20世纪70年代末,我国一些工商企业学习南斯拉夫农工商综合体的做法,开始向农业的产前和产后延伸,探索发展农工商一体化的经济实体,但并未在全国推开;较早取得成功的是泰国正大饲料公司,在20世纪70年代末为了开辟中国市场,由该公司向农户提供技术服务和种鸡、饲料等生产资料,带动农民家庭发展养鸡业,形成了"正大模式";第一次正式概括"公司＋农户"模式的是《人民日报》1988年8月7日发表的对中泰合资上海大江饲料有限公司的述评,题为《公司＋农户——新的生长点》,同年,农业部政策法规司、《人民日报》经济部、中国技术经济研究会等单位组织召开了理论研讨会,确立了"公司＋农户"是农村组织创新和经济发展的新路子。这便是中国农业产业化经营的最初形式。自1993年以来,山东等地为解决农业深层次矛盾,以发展农业产业化经营为突破口,着手从总体上深化农业改革,包括改革农村产业组织形式、资源配置方式、土地经营方式和农业管理体制。这标志着农业产业化经营进入了整体推进阶段,包含了改革、发展和稳定三方面的内容,在农民、农业产业组织形式、产业经营方式、运行机制等诸多方面进行整体性创新,与国内外市场经济全面接轨。

综上分析可知,农业产业化经营产生的原因,从世界农业发展情况来看,农业生产的高度发展,促进了社会劳动的分工和协作,使农业内部不仅划分成越来越多的行业和部门,而且彼此之间相互紧密衔接,组成一个包括从农用物资的生产和供应,到农业生产、收购、运输、加工、包装和销售的各个环节在内的有机体;另一方面,发达国家农场经营规模一般较大,产业化组织不仅能及时满足农户对生产资料、资金和技术的需要,而且能帮助农场主加工和销售农产品,解决了农场主供销方面的难题,有利于生产的稳步发展;同时,产业化生产具有互相制约的机制,通过合同或企业关系,把企业与农场主紧密地连在一起,使参加产业化生产的各个部门有机结合。从中国农业发展的情况看,农业产业化经营是在改革开放的进程中、市场经济发展的条件下出现的,是作为传统经济体制下农业产业被分割、农工商分离、产供销脱节、城乡分离格局的替代者和市场经济发展新思路被提出来的。农业产业化经营在我国发展的重要意义在于,它能够发挥一体化产业诸环节的协同效应和利益共同体的组织协同功能,突破传统农业产业被割裂的体制障碍和农户经营规模不经济的瓶颈,成功地将系统外的市场机制与系统内的"非市场安排"结合起来,引导农民进入大市场,扩大农户经营的外部规模,形成区域规模和产业规模,聚合规模效应,产生新的经济增量,合理分配市场交易利益,生成农业自我积累、自我发展的动力,因而成为我国目前市场农业发展的战略方向。不仅如此,实施农业产业化经营还可以形成农业产业的新的投入机制和新的利益调节机制,在促进我国市场农业自主发展中起着组织和导向作用,加快了城乡一体化和农业现代化进程。

2 农业产业化经营的内涵与特征

2.1 概念

农业产业化经营是我国农业经济学上的重大实践和理论课题,但至今学术界对其内涵和外延尚无一个规范统一的界定。牛若峰等认为,社会上流行的通俗叫法"农业产业化"过于简化,也不准确。因为农业本来是一个产业,"农业产业化"的提法容易误为"农业农业化",同义重复;"产业化"与"工业化"在英文中使用同一个词,讲"农业产业化"又容易误为"农业工业化"。所以,他赞同国际上的提法"农业一体化",即"农业产业一体化"。艾丰等认为,目前,我国农业还没有形成现代意义上的"产业",因此提出要"产业化"。与其他提法相比,"农业产业化"是基于对我国农业的改造和我国农业的出路提出来的,它强调的是农业发展的基本趋向问题,而"贸工农一体化""产供销一条龙""公司+农户"等只是农业产业化的具体形式和途径。因为从概念上讲,"贸工农一体化"离开了农业产业化,可以理解为商贸或工业工作的经验,而"农业产业化"则主要着眼于解决农业的基础地位问题。丁力等认为,"农业产业化"的提法准确把握了事物的本质,它和贸工农一体化、产加销一体化、农工商一体化等提法虽然有联系,但更有区别。一是在流通方面,其他提法仅局限于农产品的销售,而农业产业化强调以市场为导向,更侧重体制和机制的作用;二是在经营主体上,其他提法比较侧重于工业、内外贸等方面得到农业的支持,从而保证农产品的有效供给,农业产业化则强调家庭经营的农户是产业化发展的基础,突出了它的主体地位;三是在中介方面,农业产业化强调中介连接的有效性,提倡和扶持使农户与市场有效连接的中介,其他提法则更多强调的是加工企业;四是在农业与农村微观经营与宏观管理一体化方面,农业产业化不仅像其他提法那样,将国民经济中农业与相关联的农产品内外贸、加工等管理部门结合为一体,而且还按照市场经济的要求,将农村金融等更多的涉农部门结合起来。可见,农业产业化的提法具有强烈的时代色彩和鲜明的市场经济改革取向。胡鞍钢等则认为,农业产业化的实质是农业企业化,农业企业化是中国农村现代化的重要途径,它是根据市场经济运行的要求,以市场为导向,以经济效益为中心,以农业资源开发为基础,在保持家庭联产承包责任制稳定不变的前提下,在现有农村生产力水平和经济发展水平的基础上,把分散经营的农民组织起来,优化资源组合,全面提高农业生产力,从而解决农业生产过度分散和非组织化这一当前我国农业问题的主要症结的过程。概括地讲,农业企业化是在市场经济条件下,农业生产逐渐成为一种适应新形势要求的市场化、规模化和深度开发化的渐次高度化过程。陈亚军等认为,目前流行的"农业产业化""贸工农一体化""产加销一条龙"的提法不够准确,容易导致认识上的混乱,他们认为"农业产业化"的含义与"农业产业化经营"完全相同。但是,农业本身作为第一产业,不存在产业化的问题,农业产业化的概念缺乏逻辑依据,同样是指一种新的农业经营方式,"农业产业化经营"的提法更加明确。而"贸工农一体化""产加销一条龙"是农业产业化经营的具体表现形式,强调农工商在农业产业化经营中的结合。对农业产业化的提法和认识还很多,尽管叫法不尽相同,但其理论和原理是相近的。笔者认为,"农业产业化经营"是比较科学的概念。

2.2　内涵

农业产业化经营的基本内涵是:以国内外市场为导向,以提高经济效益为中心,围绕区域性支柱产业,多元化、多层次、多形式地发展富有竞争力的主导产业实体,优化配置农业资源和各种生产要素,以农业增效、农民增收、财税增长和提高农产品国际市场竞争力为目标,实行区域化布局、专业化生产、规模化建设、系列化加工、社会化服务、企业化管理,形成种养加、产供销、贸工农、农科教一体化经营体制,使农业和农村经济走上自我积累、自我发展、自我约束、自我调节的良性发展轨道,实现农业可持续发展。农业产业化经营是用现代工业技术装备农业,用现代生物技术改造农业,用现代经营理念和组织方式管理农业,将农产品加工业和部分种养业集中化、企业化,实施全程标准化运营,创造较高的综合生产力,促进农村全面发展,逐步实现农业现代化。它有机地将农村改革、稳定和发展融为一体,是有中国特色的农业现代化道路和经营制度的整体创新。

2.3　特征

农业产业化经营与传统封闭的农业生产和经营方式相比较,有如下基本特征:

2.3.1　农业生产要素和农产品市场化

市场是农业产业化经营的起点和归宿。传统农业逐渐向现代农业转化,农业经济由自然经济发展到商品经济,实现了管理对象的商品化。农业商品经济的发展,既促进了化肥、农药、农机等生产资料各产业部门的发展,又促进了农产品加工、储藏、运输、销售等农业产后各部门的发展。以市场为起点和归宿就是顺应市场,形成平等竞争的多元化流通主体和结构布局合理、功能齐全的农产品购销市场网络,使广大农民在从事农业生产的同时能参与农产品的加工和流通,从而促使他们按市场的要求来调整生产布局和品种结构,以实现农产品的商品价值,并扩大再生产,提高农民参与市场竞争的能力,减少市场风险的冲击。

2.3.2　农业生产专业化

农业生产专业化包括3个层次的含义:一是区域生产专业化。根据各地的资源优势,通过区域经济分工,实行专业生产、规模经营,以生产某种农产品为主导产业,围绕农产品的系列加工构成支柱产业群。二是部门或农场生产专业化。由于农业生产经营的规模化、商品化,扩大了产前、产中、产后各产业部门和各类农场的分工,从而促进了部门专业化和农场专业化,通过集中资金、技术、人才、土地,实行集约经营、科学管理,以获取最佳经济效益。三是生产工艺专业化。农业部门和农场专业化的发展,又把一种产品的不同部分或不同工艺阶段分成了专项生产,推动了农业生产工艺专业化,通过深度开发,最大限度地提高资源利用率和投入产出率。农业生产专业化在这 3 个层次上的发展,使科学、高效的组织管理方式的运用成为可能,从而才有可能实现生产要素的合理配置,进一步降低生产成本,大大提高生产效率。

2.3.3　农业管理企业化

农业产业化经营用管理工业企业的办法来经营和管理农业,使分散农户的生产及其产品逐步走向规范化和标准化,从根本上促进农业增长方式从粗放型向集约型转变。作为大多数生产经营主体的家庭农场的农场主(所有者)逐渐成为企业的管理经营者,家庭农场成为名副其实的高度商品化的企业,实现生产经营主体的企业化。他们自主经营、独立核算,以盈利为根本目的。

2.3.4　农业经营一体化

随着农业生产力的发展,社会分工越来越细,农业生产的商品化、专业化和社会化程度不断提高,农业同相关产业部门相互结合,彼此依存日益密切,从而出现了产供销、农工商、贸工农等农业经营一体化。农业是核心,但推动一体化发展的却是非农经济部门,发达国家的实践表明,这是农业经营管理的有效途径。在农业和农村经济发展进入新阶段的中国,一体化经营既能把千千万万的小农户、小生产和纷繁复杂的"大市场""大需求"联系起来,又能把城市和乡村、现代工业和落后农业联结起来,从而带动区域化布局、专业化生产、企业化管理、社会化服务、规模化经营等一系列变革,使农产品的生产、加工、运输、销售等有机地相互衔接、相互促进、协调发展,实现农业再生产诸方面、产业链各环节之间的良性循环,让农业这个古老而弱质的产业重新焕发生机,更充分地发挥其作为国民经济基础产业战略地位的作用。

2.3.5　利益风险共同化

广大农民通过贸工农一体化经营,实现商品的价值后,不仅能获得农业生产的收益,而且能合理分享农产品加工、运销、综合利用的利润,使产业链各环节都能获得平均利润,从而形成"利益共同体",破除了长期形成的不合理的工业利大、农业利小,加工业利多、生产环节利少的利润分配格局;同时一改过去由于体制不合理,把农业生产和农产品加工、流通环节割裂开来,农产品增值的收益回不到农业中,农业收益始终处于低迷的状态。使农业和其他产业一样,既能获得自我积累、自我发展的动力,激发农民的生产积极性,又能通过以工补农、以工建农、分利补农等多种形式,增强农业的发展后劲,有效地克服长期以来农业单纯提供农产品原料,加工、流通环节与农民利益脱节,农业比较效益低、自我发展能力脆弱,农民缺乏生产积极性等弊端,形成风险共担、收益共享的良性循环机制。

综上所述,农业产业化经营的显著特征是推动农业和农村经济发展实现两个重要飞跃:一是农村经济的要素组合从仅仅满足农产品生产过程的需要逐步向满足生产、加工、流通全过程的需要转变,农业生产要素得到了广泛、合理的优化配置,从而使农村经济发展走上了良性循环的道路,实现农业从被分割的、弱质的产业向完善的、强化的产业转变飞跃;二是农民在农业产业化经营的过程中组织起来,向农产品加工、流通领域进军,独立自主地或者通过自己的代理人进入市场,分享农产品后续效益,获得社会平均利润,实现农民由分散和弱小的自耕农向农产品生产经营的市场主体的过渡飞跃。

3 农业产业化经营在农业和农村经济发展中的意义与作用

发展农业产业化经营是新阶段我国农业和农村经济发展的必然趋势,它能促进农业从计划经济体制下的自然、半自然经济向社会主义市场经济体制下的市场经济转变,以利于解决农业分户承包小规模经营与大市场的矛盾;促进农业从粗放型经营方式向规模化、科技化、企业化、市场化集约型经营方式转变,以利于解决农业分户承包经营与农业比较效益低下的矛盾;促进农业从社会效益高、经济效益低的弱质产业向优势基础产业转变,以利于解决农业产前、产中与产后相分离,农产品的生产与加工、运销相割裂,农产品加工、运销的增值、增效与农户利益相脱离的矛盾;促进农业从传统农业向现代农业转变,以利于解决传统农业的落后性、封闭性与发展社会主义市场经济对农业的需求的矛盾;促进农村集体经济力量逐步壮大和农民致富,向"两个文明"的社会主义新农村转变,以利于解决城乡之间差别、工农之间收入悬殊扩大趋势的矛盾。这对于推进农业和农村经济结构的战略性调整,提高我国农业的国际竞争力,都具有重大的现实意义和深远的历史意义。

3.1 农业产业化经营是农业结构战略性调整的带动力量

农业结构战略性调整,是对农产品品种和质量、农业区域布局和产后加工转化进行全面调整的过程,也是加快农业科技进步,提高农业劳动者素质,转变农业增长方式,促进农业向深度进军的过程,必须坚持以市场为导向,解决分散的农户适应市场、进入市场的问题,是农业结构战略性调整的难点和成败的关键。农业产业化经营的龙头企业具备开拓市场、赢得市场的能力,是带动结构调整的骨干力量。从某种意义上来说,农户找到了龙头企业就是找到了市场,龙头企业带领广大农户闯市场,农产品有了稳定的销售渠道,就可以有效地降低市场风险,减少结构调整的盲目性,同时,也可以减少政府对生产经营活动直接的行政干预。近年来,农业产业化经营的发展,对农业结构各个层面、各个环节的调整和优化,都发挥了积极的带动作用。通过采取"公司 + 农户""订单农业"等形式,带动千家万户按照市场需求,进行专业化、集约化和规模化生产,形成"政府调控市场、市场引导企业、企业带动农户"的结构调整新机制,全面推进我国新阶段农业的技术创新、组织创新和制度创新。

3.2 农业产业化经营是增加农民收入的重要渠道

在农产品供求关系变化的情况下,一般意义上的农业增产并不能使农民增收,这是农业和农村经济发展新阶段的一个突出矛盾,发展农业产业化经营,可以有效地延长农业产业链条,通过对农产品的精深加工,增加农业的附加值,使农业的整体效益得到显著提高。同时,农业产业化经营组织通过形成"利益共享、风险共担"的联结机制,还可以把农业"后续车间"的利润返还到"第一车间",使参与产业化经营的农民不但从种养业生产中获益,还可以分享加工、流通环节的利润,增加就业机会,提高农民收入。

3.3 农业产业化经营是提高我国农业竞争力的有力措施

当今的国际农业竞争已经不是单项产品、单个生产者之间的竞争,而是包括农产品质量、品牌、价格和农业经营主体、经营方式在内的整个产业体系的综合性竞争。为应对加入WTO的挑战,农业产业化经营必将发挥重要的作用。农业产业化经营的发展有利于把农业生产、加工、销售等环节联结起来,把分散经营的农户联合起来,有效地提高农业生产的组织化程度;有利于按照国际规则,把农业技术标准和农产品质量标准全面引入农业生产、加工、流通的全过程,并利用我国农户家庭经营生产成本低的优势,扩大我国有比较优势的农产品的生产规模,提高精深加工水平和科技含量,创出一批有较强国际竞争力的名牌农产品;有利于实施"引进来、走出去"的战略,更大规模地引进国外资金和先进农业技术,全面增强我国农业的国际竞争力。

3.4 农业产业化经营是农业经营体制的重大创新

农村改革确立的以家庭承包为基础、统分结合的双层经营体制,是我国农业和农村经济持续发展的根本保证和制度基础,必须长期坚持不变。随着农业的市场化、国际化和农村分工分业的发展,农户仅仅有社区集体经济组织的服务已经不够了,必然要求有跨社区的各类市场主体和组织提供更加广泛的服务。以"公司+农户"为代表的农业产业化经营,突破了原有社区双层经营的局限,丰富了为农服务的内容,提高了服务水平,在更大范围和更高层次实现了资源的优化配置,使农户找到了在市场经济条件下联合与合作的新形式,有效地推动了农业和农村经济向规模化、集约化、市场化方向发展,体现了农业先进生产力发展的要求,是具有中国特色和时代特征的农业经营形式,是对统分结合的双层经营体制的补充、丰富和完善,是坚持和完善我国农业基本经营体制的重大创新。

3.5 农业产业化经营是在家庭承包经营的基础上实现农业现代化的有效途径

改造传统农业,实现农业现代化,决不能照搬别国的模式,既不能盲目地追求土地经营规模的扩大,也不能走政府高额补贴农业的路子,必须立足于我国国情。发展农业产业化经营,依靠龙头企业的带动,可以在不改变农户家庭承包经营的情况下,为提高农业的整体规模效益开辟新的道路,为促进农业科技创新、吸纳先进生产要素和科学管理提供适宜的组织载体,有效地解决分散经营的小农户与大市场的对接问题。农业产业化经营是既适合中国国情,又符合世界农业发展规律和趋势的一种规模经营和集约经营的好形式,是在长期稳定家庭承包经营制度的基础上实现我国农业现代化的有效途径。

3.6 农业产业化经营是加快城乡一体化进程的重要手段

农业产业化经营的发展,促使一大批新的农产品加工、流通企业迅速崛起,并以发达的小城镇为据点,逐步发展成为中小城市,改变了农村单一的生产结构,使大量农民从农业上脱离出来,加快了劳动力转移和小城镇建设的步伐,必然要突破传统的城乡二元结构,为实现城乡一体化铺平道路。传统的城乡二元结构,在城乡之间筑起一道道资金、市场、技术、劳动力等壁垒,妨碍着生产要素在工农业和城乡之间的交流,影响了整个国民经济的协调发展。而农业产业化经营,通过一体化的利益机制,把贸、工、农连为一体,形成"龙头"在城镇的"龙型"经济,这就可以打破城乡分割状态,促进城乡人才、技术、资金、土地、劳动力等生产要素跨区域流动和优化组合,从而有利于实现整个农村结构乃至社会结构的进一步优化。同样,小城镇作为农副产品的集散地,又是贸、工企业的载体,它的迅速崛起可以为农业产业化经营的快速发展创造有利条件。一、二、三产业在小城镇实现了优势互补、有机结合,促进了农业与小城镇建设的协调发展,推进了城乡一体化进程。

4 农业产业化经营的经济学依据

农业产业化经营是社会实践的产物,是我国亿万农民的伟大创举,把这一实践活动置于社会主义经济发展理论的范畴,进行深入的分析和论证,不难看出,这种社会实践具有坚实的理论支持。

4.1 商品生产是建立在专业化、社会化基础之上的大生产

马克思主义经济学原理认为,当人类社会达到一定文明程度时,社会成员用于维持生命的给养和用于自身发展的物质资料的来源,将由自产自给转入在市场交换的过程中取得,社会成员的劳动也将随之逐步从自然经济状态中脱离出来,开始从事用于交换的大规模商品生产。由于产品的价值只有在市场上进行交换才得以实现,这就迫使生产者立足于最大限度地发挥自身的技能,最大限度地利用资源、区位、物流、交换手段等一些交换条件,从事对自己最为有利的一种或一个系列的产品生产,于是就出现了生产的专业化。又由于社会分工的越来越细,生产的协作范围越来越大,生产单元彼此之间有着千丝万缕的联系,整个

社会呈现为一个密不可分的经济运行实体,于是又出现了生产的社会化。生产的专业化和社会化是商品经济发展的结果,反过来它又成为促进商品经济发展的杠杆。如果没有专业化和社会化程度的相应提高,也就没有商品经济的发展。对此,列宁说:"社会分工是商品经济的基础。"目前,我国城乡居民的温饱问题已经基本解决,农业生产的专业化和社会化程度也得到了显著提高,社会已经步入了大规模商品经济的发展阶段。据统计,全国农产品的年均商品率已经达到60%左右。但是,农户生产规模小、信息不灵、商品流通不畅、劳动者素质不高等原因,制约着专业化、社会化程度的提高,影响着市场经济的发展。为了有效地解决这些问题,克服不利因素,山东等地从1993年开始,通过改革农村产业组织方式、资源配置方式、土地经营方式和农业管理体制,选择了农业产业化经营。实践证明,这种经营体制便于劳动者发挥专长,便于提高劳动者的生产技能和进入市场的组织程度,便于充分利用当地资源优势和有利条件发展生产,从而促进社会化服务体系的健全、商品批量物流的形成、劳动效率的提高,蕴含在这些具体表现中的实质,是生产的专业化和社会化程度的提高,这种提高所形成的杠杆力,推动着社会主义市场经济的加速发展。

4.2 经济性是选择经营体制的首要取舍条件

在传统的自然经济阶段,人们为了维持生存的基本需求,往往以"有用"为第一选择,不惜一切代价去攫取物质资料,当社会进化到商品经济时代,生产手段有了质的飞跃,物质财富总量大幅度增加,这时的经营行为方式的取向,第一位的选择是经济性。经济性的本源是增产和节约两个方面,即在投入量一定的情况下最大限度地增加产出,在产出量一定的情况下最大限度地节约劳动和资源。农业产业化经营,正是从增产和节约两方面来满足"生产经营经济性"需求的。第一,通过流通对生产的反作用,促进初级农产品的增长。在商品经济刚起步阶段,农产品的供需波动较大,买难卖难交织,各种购销大战此起彼伏。究其根本原因,主要是市场发育滞后,流通不畅,初级农产品的生产与流通之间缺少一种有效的利益联动机制,往往使初级农产品的生产不能完全实现其商品价值,受损失的也只能是初级农产品的生产者,而产业化经营正是在生产与流通之间架起了桥梁,建立起了两者利益兼顾的调节机制,消除了生产的盲目性和流通的自顾性,使初级农产品能按市场需求组织生产,并力争做到均衡上市,使产品价值实现从投入到产出的良性循环,从而推动着农产品生产基地的建立与发展。第二,科技的注入使资本的收益率得到提高。重农学派在把资本的流通和生产联系起来加以考察时,曾提出资本周转具有"年预付"和"原预付"的概念之分。魁奈认为,所谓年预付是指种子、肥料和工人的工资等每年的生产性支出;所谓原预付是指耕畜、农具、仓库、房屋及土壤改良等多年一次的支出。产业化经营,在生产不断扩大规模的基础上提高专业化和社会化程度,为采用先进技术和提高劳动者素质创造了条件,大幅度地增加了科技在增产中的贡献份额,从而使年预付和原预付资本的收益率都能得到提高。第三,通过提高农业组织化程度,增强生产经营者抵御自然风险和市场风险的能力。初级农产品的生产,受到自然和市场条件的双重制约,在规模狭小、组织分散的家庭经营条件下,更加大了自然与市场的双重风险。解决这一问题的途径在于联合与合作。通过新的优化组合,整合各方面的优势,能够将大险化小、小险化了。第四,通过形成批量物流来降低生产和交易成本。对于任何一项生产经营活动来说,降低成本对其经济性是至关重要的,商品能否形成批量物流,对成本的构成具有刚性约束力,其作用力对于市场带动型的产业化经营来说更为明显。山东省寿光市历史上就盛产蔬菜,但因缺少中介组织和交易市场,蔬菜无法实现其商品价值,只能进行自给性生产,农民收入低下。针对这一情况,寿光市从建设市场、发展农民经纪人队伍、组建蔬菜协会着手,使分散在千家万户中的小批量蔬菜形成了全国有名的蔬菜集散中心,促进了寿光蔬菜规模化种植、专业化生产,大大降低了生产和交易成本,不仅使农民收入显著提高,而且使蔬菜产业成了寿光的支柱产业。云南省利用其得天独厚的气候资源发展花卉生产,运用产业化经营方式,以其低廉的生产和交易成本占领全国大部分市场,促使花卉业成了该省的支柱产业。从这些成功的实践来看,产业化经营透出的生机与活力就在于它理想的经济性。

4.3 社会分工条件下的均衡生产有赖于社会平均利润的能动调节

在社会分工明确的条件下,商品生产的内在矛盾转化为使用价值和价值的对立及生产与加工、流通、消费之间的对立,由此可以推理,初级农产品生产与加工、流通之间存在着一种利益对立的关系。在这种利益对立所引起的摩擦运动中,初级农产品生产者往往处于极为不利的地位。从初级农产品生产与加工业的利益关系上说,初级农产品的生产要受到资源禀赋和自然风险的双重制约,且生产周期长、技术改进难度大、降低生产成本的潜力小;多因素的交互作用,致使加工业的附加值要高于初级农产品的生产。从初级农产品的生产与流通业的利益关系上说,流通的周期短,资本周转速度快,占用的资本量小,能够对千变万化的市场情况做出及时而又灵活的反应,承担的风险相对较小;而初级农产品因为生产周期长,资本周转速度慢,对市场变化的反应滞后,难以调整其经济行为,生产风险大,比较效益低。特别是在社会主义市场经济体制不够健全、市场机制不够完善的情况下,初级农产品生产者在与加工企业和经纪人发生交易关系时,总是处于被动接受价格或其他商务条件的不利地位。在初级农产品供大于求时更是如此,卖方往往要受到来自于买方的价格垄断,迫使他们接受比自由竞争条件下更低的农产品价格,由此形成了农产品的"剪刀差"和原料产业与流通业的"不平等利润率"这两种经济现象。对此,马克思在《资本论》第三卷关于平均利润的理论中详尽地揭示了这两种经济现象。马克思认为,生产和流通一旦分离,由于资本所有权的分属和产业特性的作用,不可避免地要出现利润的非均衡分配。又由于初级产品生产的天生弱质性,生产者必然地处于被剥夺的位置上。马克思还说,当各产业之间利润出现非均衡分配时,处于不利地位的产业渴望得到平均利润率,会本能地采取经济补偿手段,追求利润的平均化。农业产业化经营,就是在交换中处于不利地位的初级农产品生产者为获取社会平均利润而采取的有效措施,即通过调节和重新整合生产与流通的关系,把两者的利润统筹兼顾起来,建立一个合理的利益分享机制。这种经营体制在一定程度上缓和了产业资本与商业资本之间的矛盾,消除了生产与流通的利益对峙。当生产、加工和流通都为了共同的利益进行经营时,就会促进生产的发展和整体经济效益的提高。这就是产业化经营具有经济性"位势"的真谛。

4.4　用市场配置资源

农业产业化经营,是经济体制由计划经济向社会主义市场经济转型过程中造就的一种新型经营体制,其基本标志是使市场在国家宏观调控下对资源的配置起基础性作用。在产业化经营中,市场体制主要发挥三方面的基础性作用:一是通过市场调节实现生产要素的优化组合。分布于城乡之间、工农之间及各种所有制实体中的生产要素,在利益的驱使下,借助于市场这个载体发生流动和重新组合,形成新的经济生长点,在经济增量的增值作用下,推动农村经济及城乡国民经济的加速发展。二是通过市场体系衔接产销关系。产业化经营打破了地域、行业和所有制等壁垒,以市场为纽带,把初级农产品的生产、加工和销售诸环节有机地联系起来,初级农产品生产者按市场需求进行生产,加工企业的生产能力建立在有充裕原料来源的基础上,流通企业和运销的基础设施与初级农产品的生产和加工能力相匹配,各方面在结构和总量上都能有规则地兼顾起来,从而提高了农村经济运行质量和稳定性。三是通过市场机制来调节各方面的既得利益。伴随着产业化经营体制的形成,内部利益联动机制也相应形成,可根据经济运行情况能动地调节初级农产品生产者、加工企业和流通企业之间的利益关系,矫正由产业间的竞争所引起的不公平,从根本上扭转"生产亏本、流通赚钱"的不合理分配格局。由上述三方面的作用可以看出,产业化经营是发展社会主义市场经济的产物,它的发育与成长反过来又促进了社会主义市场经济体制的建立与完善。从这一意义上说,社会主义市场经济理论是指导农业产业化经营实践的基本理论,是这种社会实践的坚强有力的理论基石。

4.5　农业的自然再生产与经济再生产相统一

农业产业化经营是市场经济条件下,马克思社会再生产理论的基本原理在农业部门的运用和体现。马克思社会再生产理论认为,社会再生产过程就是包括从产品直接生产过程到产品出卖结束的流通过程。马克思指出:"每一个社会生产过程,从经常的联系和它不断更新来看,同时也就是再生产过程。"马克思还指出:"不管生产过程的社会形式怎样,它必须是连续不断的,或者说,必须周而复始地经过同样一些阶段。一个社会不能停止消费,同样,它也不能停止生产。"社会再生产具有连续性,农业再生产也要求连续性,如果连续性遭到破坏,再生产过程的萎缩或中断将造成再生产的危机。我国现阶段的农业经济发展,正是按照市场经济理论的基本原理,既考虑农产品的产量、速度和产值,又考虑农产品的质量、效益、利税和净收入等要求,符合马克思社会再生产理论的基本原理。从山东、广东、浙江、江苏等省市农业产业化经营的实践来看,产业化经营促进了农村产业结构逐步由以农业为主的单一结构向农业、农村工商业、运输业、信息业和社会化服务业综合经营的结构转变;由生产初级农产品的单一结构向农产品深度加工、综合利用的结构转变;农业部门结构逐步由产前、产中、产后分离向三者有机结合,产中部门向产前、产后延伸扩大的结构转变。推进了农业生产专业化、经营集约化、产品商品化、管理企业化、产加销一体化、社会服务系列化,提高了农产品及其加工产品的产量、质量和效益,增加了市场有效供给和农业经济组织、农户的收益,对增强农业的综合生产能力和自我发展能力,减少自然风险和市场风险,促进农业再生产,实现可持续发展,将发挥重要的作用。社会再生产将流通过程作为必不可少的组成部分。马克思指出:"资本的再生产过程,既包括这个直接生产过程,也包括真正流通过程的两个阶段,也就是说,包括全部循环。"这表明,流通过程是社会再生产过程的重要组成部分和必不可少的环节,如果只有直接生产过程而没有流通过程,也就不称其为社会再生产过程。马克思还说:"这个总过程,既包含生产消费(直接的生产过程)和作为其媒介的形式转化(从物质方面考察,就是交换),也包含个人消费和作为其媒介的形式转化或交换。"这表明,农业产业化经营实行产加销一体化和生产服务系列化,农业从生产领域向流通领域渗透,改变过去在计划经济体制下农业的生产领域与流通领域相割裂的状况,实现农产品通过加工、运销达到增值、增效的要求,不仅符合社会再生产的基本原理,而且有效地使农业再生产实现良性循环。社会再生产的中心问题是产品的实现问题。马克思指出:"为了我们当前的目的,再生产过程必须从 W′各个组成部分的价值补偿和物质补偿的观点来加以考察。"这表明,为了农业再生产连续不断地持续发展,必须在农业的生产消费和农业劳动者的生活消费方面从价值上和物质上都得到补偿,这种补偿运动不仅使社会总产品(包括农产品)运动同单个农业企业资金运动交织在一起,而且同农业企业生产经营者对净利润的消费和农业劳动者对必要劳动收入的消费交织在一起,社会产品(包括农产品)的实现,取决于社会总产品的实现条件,这些实现条件既要在生产过程内加以解决,又要在流通过程内加以解决,只有全部社会产品实现了,农业再生产才能重新开始并继续进行。这就要求农业再生产必须从宏观与微观的结合上,从直接生产过程与流通过程相统一的条件下,使农产品得到实现,这样才能连续不断地进行农业再生产过程。农业产业化经营正是农业的社会再生产过程中生产、分配、交换、消费相统一原理的体现,是农业再生产过程农产品实物形态运动和价值形态运动相统一原理的体现,也是农业的自然再生产与经济再生产过程相统一原理的体现。

5 农业产业化经营的组织形式与特点

农业产业化经营作为一项制度创新,在市场经济条件下,随着农业行业内部分工的不断深入,分立后的各个环节需要以一定的组织形式进行连接和协调,在一定程度上来说,农业产业化进程就是农村经济组织的创新过程,创新的目的在于引进适当的中介组织和联结机制,以消除"小农户、大市场"的矛盾。

目前,我国农业产业化经营总体上还处于初级发展阶段,还不能满足我国2亿左右农户的需求。截至2000年,全国有各类农业产业化经营组织6.67万个,共带动农户5900多万户,占全国农村总户数的25%,平均每户从产业化经营中增收900元。由于生产力发展水平的多层次性决定了我国农业产业化经营模式的多样化,各地因地制宜,根据本地资源和市场优势,探索出发展农业产业化经营的多种组织形式,主要有如下5种:

5.1 龙头企业带动型

它是以农产品加工、储藏、运销企业为龙头,围绕一个产业或一种产品,实行生产、加工、销售一体化经营的一种农业产业化经营模式。龙头企业外连国内外市场,内接农产品生产基地与农户,形成一种"企业 + 基地 + 农户"的产业组织格局,在这种企业产业化经营模式下,经济利益主体主要是龙头企业和农户两方。龙头企业与农户之间的利益联结方式主要是合同契约,利益分配主要是保护价让利、纯收益分成等。江苏省东台市富安茧丝绸集团公司就是这种模式的典型代表。集团以中国农科院蚕桑研究所为科技依托,不断提高产品科技含量,企业日益壮大,产品主要出口,带动了富安镇及其周边地区5万亩蚕桑,集团通过下属的蚕桑技术指导站与农民结成利益共同体,茧丝绸市场低迷时,对蚕茧实行保护价收购,保证农民每亩蚕桑不低于1 800元的收入;市场行情看好、集团利润丰厚时,不仅充实风险保障基金,而且与农户实行二次分配,返利给农民,年亩最高收入达到3 300元。截至2000年,全国有龙头企业带动型农业产业化经营组织2.7万多个,占产业化经营组织总数的41%。龙头企业已经成为推动农产品加工业发展,提高我国农业竞争力的生力军。

5.2 中介组织带动型

它是将从事同一农业生产项目的若干农户(包括跨行政区域)按照一定的章程联合起来,组建多种形式的农民互助合作组织,如草莓专业协会、果品加工合作社等,在这些中介组织的带动下,实行农产品生产、加工、营销一体化经营的农业产业化经营模式。在这种模式下,经济利益主体主要是中介组织与农户两方。他们之间的经济利益通过组织章程及合同连接起来。经济利益的分配方式主要是:中介组织不以营利为目的,经营盈余实行"按交易量返还及按股金分红相结合"的方式进行分配,也就是说,中介组织的中介盈余,在提取一定的中介组织积累后,一部分按交易额返还给成员,另一部分按成员入社股金进行"分红",并且以返还为主,以分红为辅。江苏省句容市老方葡萄合作社就是一例。该社以科技示范户方继生为社长,农户自愿入社,实行统一品种、统一技术、统一品牌、统一包装、统一销售,根据市场行情,实行保护价收购,使农户获取利润大头,年终再按股分红,使原来每亩收入仅300元左右的岗坡旱地成了每亩收入近万元的金土地。至"九五"末,全国有这类中介组织带动型的农业产业化经营组织2.2万多个,占产业化经营组织总数的33%。而且这种形式是农民自己的真正组织,尤其适合于经济欠发达地区,因而呈现出迅速发展的态势,专业合作经济组织(中介组织)已经成为推动农业产业化经营的重要力量。

5.3　专业市场带动型

它是围绕优势产业的发展,健全完善市场体系,拓宽商品流通渠道,运用市场的导向作用,带动优势产业扩大规模,以及发展与其相配套的加工、运销业等,进而形成一体化经营格局。专业批发市场作为经济实体,可以引导所在地区的农户,以及市场辐射作用所覆盖地区的农户,按照市场需要调整产业结构,及时提供质量合格、数量足够的农产品。同时,专业批发市场要做好农业产前、产中、产后服务,包括提供市场信息、优良种子和农用生产资料,做好生产技术服务等。这种形式使专业批发市场有了稳定的农产品基地,基地的农民则解决了农产品卖难问题。山东省寿光市蔬菜批发市场就是这种形式的典型代表。寿光蔬菜批发市场年交易量25亿kg,交易额达到30亿元,市场带动了全市74万亩的蔬菜基地,全市农民人均纯收入中有60%来自种蔬菜。同时,蔬菜的规模种植还吸引了种子经营、蔬菜加工等一大批外来、外资企业,使寿光成为在全国影响极大的蔬菜集散中心、价格中心和信息中心。到2000年末,全国有专业市场带动型的农业产业化经营组织7 600多个,占产业化经营组织总数的12%。专业市场的建立与完善已经成为促进产业结构调整和实现农民增收的重要途径。

5.4　农科教带动型

它是应用新技术进行名、优、特、新农产品的开发和对传统农产品的更新换代,推动生产、加工、销售配套发展和新市场开拓的一种产业化经营模式。其特点是人才高层次、技术高含量和产品高附加值。比如,江苏省镇江市农科所充分发挥自身科技优势,一方面创办了镇江瑞繁农艺有限公司,采用"公司+基地+农户"的形式,进行蔬菜、花卉的制种,种子全部出口,在江苏句容、赣榆、东海等市(县)和吉林、云南等省建立制种基地,带动了4 000余农户,不仅促进了当地种植业结构调整,提高了农业科技水平,而且使制种农户的农田收入较原来翻了一番;另一方面,通过租赁土地创办农业科技示范园,采取"反租倒包"等形式,与农民建立了一种新型的合作关系。农民不仅从出租土地中获得租金,而且通过合同形式,获得示范园的劳务收入,并从联产联效承包中获得超产、超利的分成报酬,同时,通过在示范园的劳动,还学到了经营管理知识和技术,部分农户经过 2～3 年的实践,还独立创办了自己的农产品生产、加工、销售企业。再比如,江苏农林职业技术学院依托专业教学优势,产学研结合,创办了草坪园艺公司,实施星火计划,带动了句容、丹阳、扬中等市(县)的几百个农户生产该校专利产品无土草毯,形成草坪产业,为农民增收、毕业生自主创业找到了有效途径。目前,全国有农科教带动型农业产业化经营组织近 700 个,尽管所占份额只有 1%左右,但其示范、带动、辐射效应很广,所取得的社会经济效益显著。同时,农科教带动型还体现了应用型农业科研、农技推广体制改革创新的发展方向。

5.5　经纪人、专业大户带动型

农业经纪人和农业专业大户利用其对市场熟悉、信息灵通和掌握一技之长的优势,一头联结市场或龙头企业,一头联系千家万户,有的为缓解市场风险,还创办了农产品加工企业,他们与农户在农产品经销上的关系是委托与受托的关系,属于中介服务,与农户的利益紧密相连。这种形式与中介组织的不同之处在于组织化程度不高,甚至多数尚不具备法人地位,但它有效地解决了农民农产品卖难问题,促进农产品转化为农业商品,在发展专业村、促进农业结构调整、建设农产品生产基地中发挥了重要作用。这种形式在全国各地带有一定的普遍性,据不完全统计,全国有经纪人、专业大户带动型农业产业化经营组织 9 000 多个,占产业化经营组织总数的 13%。这种形式尤其适用于经济欠发达地区,以山东省德州市为例,全市以专业大户、经纪人为基础建立民营农产品加工小区427 个,从业人员达 6.8 万人,实现销售收入 59 亿元,带动了 32.1 万个种养大户,使全市种植、养殖业产业化经营比重达到 60% 以上,农产品加工转化率达42%。经纪人、专业大户在农业产业化经营中是一支不可忽视的活跃力量。

6　农业产业化经营的主要问题与基本对策

6.1　农业产业化经营的主要问题

我国农业产业化经营的发展已经有了一个好的开端,但从总体上看尚处于初始阶段,在发展过程中还面临一些突出矛盾和问题,主要表现在以下 6 个方面:

6.1.1　龙头企业带动力不强

首先是规模小。据不完全统计,全国 6.7 万家农业产业化经营组织中,仅有56 家农业上市公司,其中还包括 26 家食品、饮料、调味品企业;总股本 2.55 亿股,比全国上市公司平均 4.17 亿股低 38.85%,流通股本 9 944 万股,比全国平均 12 766 万股低 22.11%。江苏省仅有如意、维维、恒顺 3 家农业上市公司,平均总股本 19 738 万股,平均流通股本 5 792 万股,显著低于全国农业上市公司的平均水平。全国农业产业化龙头企业平均固定资产1 200多万元,年销售收入平均2 100万元左右,销售超亿元的企业仅占龙头企业总数的4.3%。企业规模小,设备陈旧,技术落后,缺乏市场竞争力,带动能力也弱。绝大多数企业只能带动一个县级区域甚至一个乡镇区域的部分农户。全国平均每个产业化组织只能带动890多个农户。其次是素质差。70%左右的企业是通过乡镇企业改制和个私企业转制而来,既缺企业家,也缺技术专家,管理水平不高,缺乏名牌产品支撑;加工水平不高,缺高附加值产品;加工能力不强,发达国家农产品加工产值与农业产值之比为(2~3):1,我国仅为0.8:1;新产品开发能力不强,缺乏发展后劲,难以在农业产业化经营中担当龙头角色。再次是区域分布不平衡。全国56家农业上市公司分布于22个省市,其中分布最多的5个省市为湖南6家、新疆5家、北京5家、四川4家、广东5家,而传统农业大省吉林、山东、河北、陕西、江西等地农业上市公司偏少;中西部地区无论是农业人口还是农业资源都占全国2/3以上,但龙头企业数量只占全国总数的48%,销售收入超亿元的企业只占42%。

6.1.2　农产品市场及市场机制发育不良

由于我国市场经济体制尚未健全,计划经济体制还有较大影响。一方面,农村市场已经成为全国市场乃至国际市场的一部分,来自外部的市场冲击和信息骤然增加,小生产与大市场的矛盾相当尖锐,农民面对的市场风险比自然风险还要大;农产品的调控保护体系尚未完善,容易带来市场波动。另一方面,在一些地区受惯性思维和工作方式的影响,仍然或多或少地沿袭着行政干预、地区封锁和由部门利益驱使的产供销脱节及市场垄断,使得农村市场畸变,运行不规范。同时,农产品批发市场也发育不全,现有的区域性农产品批发市场建设数量太少,已有的批发市场也存在着设施不全、信息不灵,农民的自我服务组织处于分散的状况,缺乏有效的带动作用和社会服务功能等问题。建立健全农产品市场体系,对促进企业、农民、专业合作经济组织参与市场竞争,建立灵活的经营机制,带动区域结构调整和促进主导产业的形成有着积极的作用。

6.1.3　利益联结机制不够完善

总的来看,企业和农户之间利益联结关系比较松散,缺乏稳定性。一是农产品订单履约率低。据调查分析,在企业与农民的农业订单中,真正全面履约的订单不足1/3。有的企业在农产品市场价格低时,拒绝收购、压级压价、拖欠货款,损害农民利益;有的农民在市场价格高时,不按合同约定把农产品卖给企业,缺乏信用。二是利益连接不紧。农民和企业之间没有建立起合理的分配关系,没有真正建立利、险均沾机制,大部分仍处于买卖关系;即使部分企业和农户实行利润分成或返利也只是"良心账",或是一种安慰。三是农业组织化程度低,难以有效地抵御自然和市场风险。突出表现在农村专业合作经济组织发育滞后,法律地位不明确,难以适应其特殊的市场主体的要求,行业协会的发展也存在着

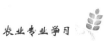

官办色彩浓、企业参与度较低、缺乏必要的调控手段等问题；在市场经济的竞争中，农民始终处于弱势，缺乏有效的组织保护，对损害农民利益的行为没有抗衡力量和制约机制。在处理农民、集体和国家、部门利益时，往往忽视农民利益、社区合作利益，当行政部门职能与经济利益、干部政绩与执行政策、对上级负责与对农民负责之间发生矛盾时，往往自觉或不自觉地损害农民利益。这些都不能适应农业产业化和农业国际化发展的需求。

6.1.4　扶持政策不到位

由于农业产业化经营的龙头企业必须和农民建立风险共担、利益共享的机制，带领农民共同致富，所以扶持产业化就是扶持农业，扶持龙头企业就是扶持农民。当前扶持产业化经营龙头企业的政策，一方面扶持力度还不够大，扶持政策中缺少"硬货"；另一方面现有政策的落实也没有真正到位。一是资金问题。缺少初始资本和贷款资金是困扰农业企业发展的制约因素。目前，国家投入有限，地方财政薄弱，农民增收缓慢，乡镇企业困难，无力"反哺"农业。尽管国家在信贷扶持方面出台过政策，但农产品收购资金紧张的问题依然存在，未能形成像保证国有粮棉流通企业收购粮棉资金的政策机制。同时，由于农业及其相关产业投资比较效益低，较少得到银行信贷支持和社会投资者的投入，资金需求与投入能力不足。二是税收问题。因企业免税主要是免所得税，落实免税政策要影响地方收入，一些地方并没有按规定落实龙头企业减免税的优惠。三是财政支持问题。从中央到地方的财政支持主要限于贷款贴息，总量小，且没有稳定的渠道，利用 WTO 的"绿箱"政策则更未启动。四是土地流转问题。现行农业土地承包制以家庭为单位，土地流转没有相应的政策法规，不利于土地向农业技术能手转移，不利于鼓励农业投资者开发高技术农业，无法实现集体土地使用权流转的规模化、市场化、法制化，这是关系到发挥经济规模效应和土地集约经营的一个核心问题，也是推进农业产业化经营的一个必要条件。如果盲目地实行土地兼并，就会出现大量既无地又未能获得非农产业就业岗位的农民，因此，在解决土地流转问题的同时，必须解决农村剩余劳动力的出路问题，这既是一个农民增收的经济问题，更是一个社会稳定的政治问题，必须在政策、制度上妥善处理好这一问题。

6.1.5　农业宏观管理体制不适应

我国农村微观经营主体已经初步建立，但国家对农产品的生产、加工、销售等各个相关的环节基本上是分割管理的。机构改革虽有成效，但体制没有完全理顺，职能并没有转变，农业部门管农业生产，商贸部门管生产资料供应，工业部门管产后加工，外贸部门管农产品出口，农业发展银行管粮棉收购政策性贷款，农业银行、信用社管商业贷款，各个职能部门都有其权力和自身刚性利益，农业产业化经营实行产供销、贸工农一体化，要夺回被二、三产业剥夺的平均利润，部门分割管理体制严重制约了农业产业化经营的发展。

6.1.6 农民科技文化素质不高

现在农村还存在一定数量的文盲、半文盲,农民科技文化素质还不高。由于受小农经济思想影响,他们容易满足于温饱,难以适应社会化大生产的需要。一些有文化、头脑灵活的农民,大多进城打工或从事二、三产业,务农的主要是中老年人和妇女,他们虽然熟悉传统的耕作技术,但接受新事物的能力差,难以成为现代农业的生力军。几十万农业大中专毕业生大多进了国家机关、事业单位或农业企业,从事基层科技工作的寥寥无几,且队伍不稳、人心涣散。农民素质不高直接影响了科学技术的传播与运用,难以适应农业产业化经营发展的需要。

6.2 加快发展农业产业化经营的基本对策

面对农业进入新阶段、加入 WTO 和农民增收难的新形势,各级农业干部和农民在推进农业产业化经营过程中,亟待更新观念。一是要确立"现代食物"观念。摒弃单一粮食食物的狭隘观念,满足城乡消费的多样化。二是确立市场观念。按照价值规律的要求,自觉地发挥市场机制的作用,农民作为市场的参加者,必须以市场为导向,以效益为中心,生产适销对路的农产品。三是确立商品观念。以向市场提供价廉物美的商品作为农业生产的经营理念;在激烈竞争的市场上,以具有竞争力的质优价廉的农产品占领市场。四是确立"资源开发"观念。提高资源利用效率和效益,将资源优势变为商品优势。五是确立知识经济观念。将注重物质投入的资源型产业向重视物质和智力投入的组织型产业转变。六是确立规模效益观念和协作观念。没有规模就难以形成市场,自主经营的农户必须自觉地联合起来,对有市场前景的农产品进行统一生产、经营和销售。与此同时,积极创造良好的体制和政策环境,因地制宜,发挥优势,把农业产业化经营提高到一个新的水平。

6.2.1 充分发挥资源优势,积极培植主导产业

农产品商品基地是龙头企业的依托,主导产业是农业产业化经营的支柱。只有形成较大规模的商品基地,才能保证农副产品成批量地均衡供应,提高市场占有率。因此,必须按照发挥资源优势、突出区域特色和区位优势、合理区域布局的原则,抓好农产品商品基地建设;以国际、国内市场为导向,按市场需求发展趋势来培植主导产业。通过调整产业结构和生产力布局,有计划、有步骤地加强农产品基地建设,形成资源特点与市场需求相适应的区域化经济格局,避免小而全的趋同结构。就一个地区而言,一要提高传统特色产业;二要积极发展新兴产业;三要注意开发名特优新产品。逐步形成一村一品、一镇一业、一县一支柱产业的商品经济格局。要优化对农业的资金投向,在技、财、物方面实行政策倾斜,不断加强水利、农机、设施农业及流通等基础设施的配套建设,不断改善商品基地的生产条件。鼓励农户、专业合作经济组织与龙头企业通过一定的利益联结形式,建立紧密或松散的农业产业化经营原料生产基地;龙头企业可以资金投入与农户的土地使用权入股,组建股份制或股份合作制的原料生产基地。

有条件的地区,基地建设可探索通过有偿转让、转包、返租倒包等多种形式,实现土地使用权的合理流转,促进土地向基地专业农户集中。对龙头企业因经营需要,租赁、承包"四荒"资源和集体耕地,原则上要允许和支持,但必须防止用行政手段违背农民意愿,大面积、长时间租赁、承包耕地。防止土地"农转非",严禁侵害农民利益。基地建设要充分调动农户、龙头企业、社区性合作组织等各方面的积极性,高起点规划,多渠道筹资,在农户家庭经营的基础上,走"小规模、大群体"的路子,在规模基地建设的基础上,形成主导产业。

6.2.2 大力培养农业企业家,发展壮大龙头企业

具有创新精神和市场意识的农业企业家是推进农业产业化经营的核心,发展壮大龙头企业则是推进农业产业化经营的关键。今后一段时期,特别是"十五"期间,我国在大力发展各类农业产业化经营组织的同时,必须加快培育一批有竞争优势和带动能力强的龙头企业。首先,要建设一支高素质的企业家队伍。在相当长的时间内,农业企业家短缺是我国农业产业化进程中所面临的突出问题,必须多形式、多层次加快选拔培育农业企业家。对现有农业企业经营者要进行有针对性的强化培训;采取激励性政策,鼓励有关大中专毕业生在农业产业化经营中建功立业,鼓励农业院校毕业生、经济贸易类专业毕业生从事农业企业经营管理工作;营造让农业企业家脱颖而出的政策环境,使企业家的经营管理和人力资本获得相应报酬。企业经营者要正确处理好企业与农民的关系,既要追求企业利润最大化,更要带动农户得实惠,实现企业与农户"双赢"。努力培养和造就一大批具有世界眼光、战略思维、懂经营、善管理、办事公平、作风正派的企业家和企业经营管理人才,为提高企业素质奠定基础。其次,发展壮大一批龙头企业。按照经济发展需要、生产规模和产业布局情况,合理规划布局龙头企业,坚持因地制宜,大中小并举,多渠道、多途径建设发展龙头企业。把龙头企业建设与发展外向农业结合起来,瞄准国际市场建设新企业;把培强龙头企业与老企业挖潜结合起来,改造、扩建旧企业;把壮大龙头企业与优化乡镇企业结构结合起来,促进中小企业联合,发展大企业;把发展龙头企业与培育农村专业合作经济组织结合起来,形成与千家万户联系紧密、覆盖面广的龙头企业群体。在龙头企业的发展方向上,突出大规模、高水平、外向型、强带动,对起点高、规模大、外向型农产品加工经营企业,实行政策倾斜,重点扶持,促使其上规模、上档次、上水平,更好地发挥辐射带动作用;在经济主体上,鼓励多层次、多成分、多形式地发展龙头企业,坚持谁有辐射能力谁当龙头的原则;在经营形式上,采取合同契约、股份合作、资产参与及联产、联营、合股多种模式,努力使龙头企业与广大农户结成风险共担、利益均沾的经济利益共同体。再次,苦练内功,提高企业经营管理水平。龙头企业要深化改革,健全企业法人治理结构,搞活经营机制,完善监督机制,加快建立和完善现代企业制度;实施名牌战略,用优质名牌产品开拓市场和占领市场;加强企业内部管理,建立健全规章制度,努力提高企业经营管理水平。

6.2.3 加强农业信息服务,培育完善市场体系

市场的取向决定产业化发展方向,产业化经营成效要通过市场来检验,培育、完善市场体系,创造良好的市场环境是推动农业产业化经营的重要环节。国家要扶持发展农产品市场,强调多种经济成分参与。市场体系建设要以初级集贸市场为基础,以批发市场为中心,以电子商务为辅助手段,以期货市场为龙头,建成一个结构完整、功能互补的市场网络。此外,还要积极发展资金市场、劳务市场、技术市场和生产资料市场等农业要素市场,促使生产要素投向质优、价高、收益好的产业,为推进产业化经营创造一个较好的外部环境和平等竞争的条件。要发挥龙头企业市场开拓能力强、信息来源广的优势,开辟、巩固和占有市场,不断提高对国内外市场的占有率。要采取与大中城市建立产销关系,在沿海、沿边口岸和经济特区设立对外窗口,开展补偿贸易、期货贸易等多种形式,拓宽产品销路。同时,要围绕农业产业化经营,尽快通过信息网络将龙头企业、批发市场、中介组织、专业大户和生产基地连接起来,建立信息资源采集、整理分析、专家决策和定期发布的制度,把国家的产业政策、区域经济政策、国内外农产品供求和价格及新技术等相关信息及时传递给产业化经营组织,为企业和农户的经营决策提供服务,从而引导农民和产业化经营组织有针对性地实施产业化开发经营,克服盲目性,减少趋同性。

6.2.4 加大科技创新力度,全面提高农产品质量

科技创新是提高农产品质量、推动农业产业化经营的强大动力和重要支撑。鼓励龙头企业通过走产学研相结合的路子或自办研发机构,成为科技创新的主体。按照产业化经营的要求继续深化农业科研和农技推广体制改革。农业科研院所和大专院校要围绕提高农业竞争力和农民增收等重大课题,明确科技攻关重点,优先研究开发一批关键技术,为产业化经营提供有力的技术支撑。具有市场开拓能力的应用型农业科研机构要逐步转制为农业科技企业,成为农业龙头企业。鼓励农技推广机构和人员创办和领办农业产业化经营龙头企业,也可以通过技术服务、技术承包、技术转让、技术入股等形式与龙头企业和农户开展多种形式的联合与合作。切实抓好科技培训,尤其要加强对生产基地农民的培训,在继续加强农业技术培训的同时,注意加强市场营销、加工保鲜、质量标准、资本运营等方面的培训,增强农民的市场意识、合作意识、信用意识和质量意识,不断提高农民的文化科技素质。要以创建一批优质农产品和名牌产品为目标,加快农业标准和农产品质量标准的制定与完善,龙头企业、专用农产品生产基地和农业科技示范园区要率先执行国家制定的农产品质量标准,有条件的要积极执行国际标准,为推动我国农业生产的标准化发挥示范带动作用,产业化龙头企业要大力发展无公害农产品、绿色食品和有机食品生产,对农产品生产、加工、包装、储藏、运输、销售和卫生检疫等进行严格的标准化管理,尽快推行标明农产品产地、质量、等级的标识,建立可追溯的质量管理制度。要加大对农产品市场、储

藏、保险、质量标准及动植物病虫害防治等基地设施建设的投入,完善检测手段,培训技术人员,提高检测水平,严格市场准入,加强质量认证,从源头上确保农产品质量安全。通过坚持不懈的努力,力争在较短时间内全面提高我国农产品在国际市场上的竞争能力。

6.2.5 积极发展农业合作经济组织,大力提高农业组织化程度

建立和发展农村各类合作经济组织是克服或缓解我国农民经营规模过小、经营行为过于分散所带来的不利影响,提高市场谈判地位,增强市场竞争力的有效措施。其包括微观和宏观两个层面的含义:从微观角度看,在自愿的原则下,将分散经营的农户通过适当方式联结起来,组成一个个分布在农村基层的经济联合体,由农民自身发挥着主导和支配作用;从宏观角度看,将已经建立的单个农民合作经济组织通过适当方式联结起来,根据市场经济发展要求,组成跨越行政区域的甚至全国性的合作经济组织系统,同样由农民在其中发挥主导和支配作用。这样才能有效地提高我国农民的组织化程度,并且充分体现农民在组织化中的地位和作用。

农民合作经济组织尤其是专业性农民合作经济组织,在发展市场经济方面具有较大的自主性和灵活性。第一,农民合作经济组织可以与某个或某些企业进行供销联合,成为龙头企业的原料生产基地,这样可以增强其自身的谈判地位,在与龙头企业打交道时,能够更好地维护和增进农民的利益;第二,农民合作经济组织可以在开展农产品生产的基础上,自己创办农产品加工、流通企业,使生产、加工、流通等环节连成一体,形成相对独立的产业体系和合作经济组织性质的龙头企业,获得更高的经济效益和社会效益;第三,农民合作经济组织还可以用部分产品与龙头企业联合,以其余产品组成相对独立的一体化产业体系,更加灵活、更加充分地利用自身和龙头企业的各自优势。总之,主动权掌握在合作经济组织自己手中,其完全可以依据主客观条件选择对自身最有利的发展模式。目前需要解决的问题是,有关部门要抓紧制定农民专业合作经济组织的条例和示范章程,明确合作经济组织的法人地位,制定相应的扶持政策。

在农民专业合作经济组织发展的基础上,还可以建立各种专业协会、研究会、商会等中介组织。专业协会要在市场准入、信息咨询、规范经营行为、价格协调、调解利益纠纷、行业损害调查等方面发挥应有的作用,切实维护和保障行业内农户和企业的合法权益,农民专业协会对所属成员实行自律,政府也可以授予农民专业协会某些自律管理权,以协助政府履行某些行业管理职责和促进政府机构改革。

但是,由于我国区域经济发展不平衡,市场发育程度差异很大,农业专业化生产水平悬殊,合作经济组织目前还只适用于部分发达地区,在更多的经济欠发达地区其适用性还受到一定限制。实践证明,"订单农业"通过销售环节的联结将农民组织起来,是一种适应性更为广泛的组织形式。尽管"订单农业"是一种

初级的农民组织化形式,但可能成为今后一个时期覆盖率和占有率最高的一种组织形式,它几乎适用于所有地区,可以有效地提高农民的组织化程度,增强本地区的农业竞争能力。"订单农业"一般需要通过中介组织起主导作用,这种中介可以是社区集体经济组织,也可以是专业协会、农民经纪人,还可以是其他经济实体或者个人,由于"订单农业"只要产方产品达到需方规定要求,因而生产方具有较大的灵活性,不强调严格的规模化生产。"订单农业"的关键是中介组织要把握好订单来源、合同签订和销售兑现等环节,确保农民生产的农产品能够比较顺利地卖出,并能获得较好的收益。订单来源的基础是广泛、及时、可靠的市场信息。这就需要大力支持和培育农村经纪人队伍,以帮助农民更好地使产品实现其商品价值。同时,还要创造有利于全面搞活农村商品流通的外部环境,其中最为重要的是运用现代网络技术,逐步推进电子商务和网上交易,并采用新的技术手段和商业规则,确保交易双方能够信守合同,及时足额地提供商品和兑付货款。

6.2.6 不断完善经营机制,逐步建立利益共同体

建立合理的利益联结机制,是保障农业产业化经营顺利发展的根本所在。根据农业产业化经营的特点,参与农业产业化经营组织的利益主体不止一个,至少是两个或以上。在农业产业化经营组织内部必须妥善处理好龙头企业、合作社、农户等各方面的利益关系。企业要从长远考虑,把农民能否真正得到实惠看作自己能否与农民建立可靠的原料基地,能否保障企业自我持续发展的条件。龙头企业与农户之间的利益联结方式因发展阶段和产业的特点不同,应当因地制宜、因企制宜,在自愿的原则下允许多样化,可以实行合同契约、订单农业、合同加服务等方式,更提倡资产入股、股份合作制等紧密型的利益联结机制。农户需要有稳定的销售渠道,龙头企业要有稳定的农产品供给,双方是互利互惠、唇齿相依的关系。只有龙头企业与广大农户在产业化经营的分工与协作中得到实惠,才能实现共同发展。这样的龙头企业带动的农民就能融入市场,按市场需求生产,就能采用先进技术,生产优质产品,也能在加工、销售中不断提高收入。只有这样的农民,才能顺利地进入农业发展新阶段。

要切实改革龙头企业投资机制,鼓励工商资本、民间资本、外商资本、上市公司等多渠道投资农业,兴办、联办龙头企业,特别是要根据资源特点,利用现有乡镇企业和城镇中小企业,通过技术改造、资产重组、改制、兼并等形式,兴办农业龙头企业;或与科研院校联合创办高科技农业示范园区,兴办农业基地;率先组织和参加专业合作经济组织;积极鼓励龙头企业进行技术创新,与有关农业科研、教学单位共建开发区,协同配合,联合攻关,提高龙头企业的科技含量和产品的市场竞争能力。要通过强强联合、股份合作等形式,培育一批农业产业化经营上市公司,参与国际市场竞争,要赋予这些企业资金、技术、市场进入和进出口贸易权。农村信用社等要办成真正意义上的农民合作经济组织,在产业化经营中

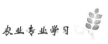

发挥积极作用。对技术含量高、企业经营好、带动农户多、经济效益好的农业龙头企业，要适当简化贷款手续，由政府给予贴息支持；对农民发展效益农业所需贷款，可以试行农户以有效的房屋产权证、土地或山林承包经营权证作抵押，或试行联户担保、授信贷款等形式。

在农业产业化经营过程中，经常会涉及土地规模经营问题，必须充分尊重农户对土地的承包经营权，不允许以任何借口、任何方式把农民的土地重新收归集体再行转包。稳定和完善农村土地承包关系，是党的农村政策的基石，是保障农民权益和保证农村发展的制度基础。土地使用权的流转，要坚持"自愿、有偿、依法、规范"的原则，采取市场化运作、资本化经营。一是可以长期有偿转让。农民一次性将承包经营权转让，并获得转让金和为承让企业工作的工资两份收入，有利于跨区域承包土地向专业大户集中，使之成为支撑农业产业化经营中最可靠的基础。二是租赁。集体向农民反租，年租金高于原种植农作物的收益，集体综合开发，如建立农业科技示范园等，招标承包给种养大户不仅获得基本收益，还增加了集体经济效益。三是股份合作，即"股田制"。参加合作经济组织的农户自愿将承包地的使用权在一定时期内入股，依据入股承包地的数量、质量折成相应的股份，根据土地产出的利润（有的还包括非农产业的利润）实行按股分红，同时优先吸纳参加合作经济组织的农民就业，并支付相应的劳动报酬。农村土地承包权表现为具有交换价值的资本。要打破行业、地区、所有制界限，采取多渠道、多形式、多层次的经济联合，形成规模经营优势，逐步建立和完善土地使用权流转机制。

农业产业化经营是农业发展的制度和技术创新，是一项复杂的系统工程，需要创造性地开展工作，更需要各方面的密切配合和相互支持。各级政府和有关部门要把发展农业产业化经营作为加快农业结构战略性调整、提高农业整体效益、增加农民收入、增强农业国际竞争力、推进农业现代化的重大举措，积极参与、发挥优势，大力支持，形成合力，努力把我国的农业产业化经营提高到一个新水平，开创我国农业和农村经济发展的新局面。

参考文献

[1] 卢良恕：《推进农业产业化经营　加快农业和农村经济发展》，《科学学与科学技术管理》，1996 年第 10 期。

[2] 夏英，牛若峰：《农业产业一体化理论及国际经验》，《农业经济问题》，1996 年第 12 期。

[3] 张雪梅：《农业产业化经营组织模式优化探讨》，《农业技术经济》，1996 年第 6 期。

[4] 丁力：《农业产业化的实质、形式与政策》，《中国农村经济》，1997 年第 2 期。

［5］温家宝：《努力提高我国农业产业化经营水平》，《中国市场经济报》，2000 年 12 月 12 日。

［6］李炳坤：《努力提高我国农民的组织化程度》，《上海农村经济》，2000 年第 10 期。

［7］胡鞍纲，吴群刚：《农业企业化：中国农村现代化的主要途径》，《农业经济问题》，2001 年第 1 期。

［8］孙自强：《农业产业化：中国农业现代化的必由之路》，《经济经纬》，2001 年第 5 期。

［9］张九汉：《农业产业化经营，我国沿海发达地区农业现代化途径的探索》，《中国市场经济报》，2001 年 2 月 8 日。

［10］周立群，曹利群：《农村经济组织形态的演变与创新——山东省莱阳市农业产业化调查报告》，《经济研究》，2001 年第 1 期。

［11］邓用霖，张用刚：《社会主义市场经济与现代企业制度》，中国人民大学出版社，1997 年。

［12］王珏：《市场经济概论》，中共中央党校出版社，1998 年。

［13］列宁：《列宁选集》第一卷，中共中央马克思、恩格斯、列宁、斯大林著作编辑局译，人民出版社，1975 年。

［14］马克思：《资本论》第二卷，中共中央马克思、恩格斯、列宁、斯大林著作编译局译，人民出版社，1975 年。

［15］马克思：《资本论》第三卷，中共中央马克思、恩格斯、列宁、斯大林著作编译局译，人民出版社，1975 年。

［16］盖尔·克拉默，等：《农业经济学和农业企业》，中国社会科学出版社，1994 年。

［17］Harold G. Halcrow economics of agriculture. McGraw-Hill Book Company, 1980.

［18］Yujiro H, Ruttan V W. Agricultural development: An international perspective. Johns Hopkins University Press, 1985.

［19］Kym A, Yujiro H. The political economy of agricultural protection: East Asia in international perspective. Allen & Unwin, 1986.

［20］Schultz T W. Economics of agriculture research. Eicher C K, Staatz J M. (eds.). Agricultural development in the third world. Johns Hopkins University Press, 1990.

［21］Liu S, Carter M R, Yao Y. Dimensions and diversity of property rights in rural China: Dilemmas on the road to further reform. World Development, 1998.

对镇江现代农业更好更快发展的初步思考

我国现代农业是继原始农业、传统农业之后的一个农业发展新阶段,是以现代工业和科学技术为基础,充分汲取中国传统农业的精华,根据国内外市场需要和 WTO 规则,建立起采用现代科学技术、运用现代工业设备、推行现代管理理念和方法的农业综合体系。建设现代农业的过程是改造传统农业、不断发展农业生产的过程,是转变农业发展方式、促进农业更好更快发展的过程。

1 发展镇江现代农业的基本条件和问题

我市发展现代农业已经具备了良好的基本条件(见表1)。

1.1 以工建农能力基本具备

我市工业化已进入中期阶段,2006 年人均 GDP 突破 4 500 美元,在经济能力上已经具备"以工促农,以城带乡"的条件,从而能够支持农业转变发展方式。

1.2 财政支农能力明显增强

近年来我市财政收入保持持续快速增长,2006 年财政总收入突破150 亿元,财政支农资金达到 2 亿多元,均比上年有较大幅度增长,财政支持农业的资金每年都在较大幅度地增加。

1.3 农业综合生产能力明显提高

粮食年总产保持在 10 亿 kg 左右,满足了我市城乡居民消费的需求;建立了优质粮油、优质肉奶、高效园艺、特色水产、生态经济林业和观光农业六大农业主导产业,区域特色初步形成;"十五"期末农业科技贡献率达到 54.86%,高出全国平均水平近 10 个百分点;形成了由 2 个国家级、13 个省级、37 个市级农业产业化龙头企业集群,农产品加工能力明显提高;全市有效灌溉面积 196.65 万亩,占耕地面积的 83.4%;农业机械总动力 131.4 kW,农业机械综合作业水平达到 71%。

1.4 农民收入增长较快

近 3 年来农民收入都保持在 10% 以上的增幅,2006 年农民人均纯收入达到6 717 元,同比增长 13.5%。表 1 说明,我市农业现代化的指标大部分处于初步实施阶段。

本文系作者于 2007 年 9 月参加镇江市委党校第 18 期县处级领导干部进修班的交流论文,原载于《镇江更好更快发展调研文集》;本文节选原载于《江苏农村经济》(2007 年第 11 期)。

表 1   我国农业现代化的指标体系与镇江现状

指标名称	单位	起步阶段标准	初步实施阶段标准	基本实现阶段标准	镇江现状（2006 年）
社会人均 GDP	美元	800	1 500	3 000	4 761
农村人均纯收入	元	3 003	6 000	10 000	6 717
农村就业与社会就业比重	%	40	20	10	21.3
科技进步贡献率	%	45	60	80	56
农业机械化率	%	40	60	80	71
从业人员初中以上学历比重	%	55	70	80	65.3
农业劳均 GDP	美元	600	1 000	2 000	1 624
农业劳均生产农产品量（粮食当量）	t	3	6	10	10.1
每公顷耕地农业产值	美元	2 500	5 000	8 000	5 332
森林覆盖率	%	15	20	25	15.4

注：指标体系为农业部农村经济研究中心制定，镇江现状据江苏省 2007 年统计年鉴测算。

当然，我市在现代农业发展过程中，也存在着一些比较突出的问题。一是人增地减的矛盾不可逆转。目前，全市人均耕地仅 0.88 亩，随着工业化、城市化的发展，人均耕地不可避免地会继续减少，难以满足现代农业规模经营的要求。二是地区经济发展不平衡。特别是茅山老区的经济基础相对薄弱，难以对现代农业建设提供强大的经济支撑。三是农业从业人员素质相对较低。我市现有农业从业人员 32.58 万，1/3 以上劳力为初中以下文化程度，难以适应现代农业对人员素质的要求。四是农业组织化程度不高。农民专业合作经济组织发展不快，土地流转机制尚未建立，产加销衔接还不够紧密，与现代农业的经营管理要求相距甚远。五是经济发展与生态环境协调不够。工业化、城市化的发展带来的污染和化肥、农药的过度使用，对农业可持续发展构成严重威胁。

2   镇江发展现代农业的基本思路和目标

按照 2007 年中央 1 号文件精神，结合镇江实际，镇江发展现代农业的基本思路是：全面落实科学发展观，坚持环保优先、质量优先、效益优先、富民优先的原则，整合我市农业资源、区位、人才、经济基础优势，用现代物质条件装备农业，用现代科学技术改造农业，用现代农业产业体系提升农业，用现代经营管理推进农业，用现代发展理念引领农业，用培养新型农民发展农业，提高农业水利化、机械化和信息化水平，提高土地产出率、资源利用率和农业劳动生产率，提高农业素质、效益和竞争力，提高农业安全水平和可持续发展能力。

根据现代农业的基本内涵和特征,镇江发展现代农业的总体目标可用"四化"来概括。

2.1 生产条件现代化

用现代化的物质技术装备农业,改变传统、落后的生产手段,在农业的生产、加工、贮藏、运输、销售中广泛使用机械、电力,提高劳动效率,通过兴修水利工程和设施,综合治理山、水、田、林、路,创建高产稳产农田,增强旱涝保收能力,实现农业机械化、电气化、水利化、园林化。

2.2 生产技术科学化

不断完善农业的基础科研、应用科研及推广体系,把生物技术、信息技术、激光技术、遥感技术、核技术等先进的科学技术广泛应用于农业,从而提高农业产量,改善农产品品质,降低生产成本,保障食品安全。

2.3 生产组织社会化

通过大力发展农民专业合作组织,建立有效的规模经营制度,积极兴办农产品加工和物流企业,将农业生产与市场竞争主体有机结合起来,实现产品生产的专业化、生产方式的产业化、市场流通的国际化,达到扬长避短、优势互补、提高劳动生产率和市场竞争力的目的。

2.4 生态环境可持续化

把农业可持续发展作为推进现代农业的先决条件和基本准则,严格控制人口数量,努力提高人口质量;严格保护耕地数量,不断提高耕地质量,发展生态农业,严格控制并下决心治理环境污染,大力发展林业,治理水土流失,促进农业生态环境的可持续发展。

现代农业是一个动态和历史的概念,其评价的具体标准必须随着经济的发展和国内外农业形势的变化而做出相应的调整。笔者基于前瞻性、科学性、时效性、实用性和可比性的考虑,为充分体现农业的生产、生态、生活功能的现代化进程,对当前和今后一段时间镇江现代农业建设起到指导性作用,建立由五大能力、20 项二级指标、50 项三级指标组成的现代农业评价指标体系(见表 2),其目标值、权重的确定及计算方法限于篇幅,另行讨论。

表 2　镇江现代农业评价指标体系

综合生产能力	经济水平	农业占 GDP 比重
		农村就业与社会就业比重
	生产力水平	土地产出率
		资源利用率(土地、水、化肥)
		劳动生产率

综合生产能力	效益水平	农业劳均 GDP
		耕地亩均产值
	科技水平	农业科技进步贡献率
		良种覆盖率
	装备水平	农业机械化率
		有效灌溉面积
		设施农业面积比重
	管理水平	农民组织化程度
		土地规模经营比重
		规模养殖比重
服务社会能力	食物自给水平	粮食自给率
		肉类自给率
		蔬菜自给率
	质量安全水平	"三品"认证占农产品总量的比重
		主要农产品药残检测合格率
	加工水平	农副产品加工率
	流通水平	农产品商品率
		农产品出口比重
	观光农业水平	接待游客量占人口比重
		观光农业产值占农业总产值比重
生态保障能力	绿色覆盖水平	森林覆盖率
		冬春季农田作物覆盖率
	生态技术水平	农林病虫害综合防治率
		重大动物疫病防疫率
		测土配方施肥比重
		秸秆综合利用率
	环境水平	水土流失面积比重
		农村垃圾集中处理率
		规模养殖达标排放率

城乡统筹能力	资本投入水平	财政投入农业占财政收入的比重
		"三资"投入农业总额
	城乡和谐水平	城乡居民收入之比
		农村劳动力非农就业率
	农业保障水平	农民社会保障覆盖率
		农村居民基尼系数
		农业保险覆盖率
可持续发展能力	资源状况	人均耕地面积
		无公害农产品产地认证率
	科技状况	农业科技人员比重
		农业 RAD 经费比重
		农业社会化服务率
	新型农民状况	农民文化素质
		农民人均年纯收入
		农民文化娱乐消费支出占收入比重
		村级集体经济投资农业量

3 镇江发展现代农业的主要措施

根据现代农业的建设要求和我市的实际情况,镇江发展现代农业应重点抓好 6 项措施。

3.1 增加农业投入,加大农业基本建设力度,提高农业物质装备水平,强化发展现代农业的基础设施支撑

建立与现代农业相适应的政府宏观调控机制,健全农业支持保护体系,包括政策、法律体系。按照"两个高于"的要求,加大财政对农业的投入力度,重点用于提高农业生产基础设施和固定资产装备水平,加快农村公益设施建设,支持农业结构调整,扩大经营规模,提高农业组织化程度和农民素质,为扩大再生产,改善生产、生态、生活条件打下坚实的基础。同时,优化投资环境,综合运用税收、补助、参股、贴息、担保等手段,积极吸引工商资本、民间资本、外商资本(三资)投入农业基础设施建设;加快农村金融体制改革,努力形成商业金融、合作金融、政策性金融和小额贷款组织互为补充、功能齐备的农村金融体系,探索建立多种形式的担保机制,引导金融机构增加对"三农"的信贷投放。建立健全农业保险机制,切实降低农业的自然风险、市场风险和技术风险、质量风险,确保农业

生产、农民收入安全。

3.2 提高农业科技自主创新能力,加快农业科技成果转化,强化发展现代农业的先进科技支撑

加大全市农业科研力量的整合力度,充分发挥江苏大学、江苏科技大学、中国农科院蚕研所、中国药科大学镇江分校、江苏农林职业技术学院、镇江农科所等校所的农业科技优势,重点解决农业基础、应用难题,通过建立农业科技创业园区、农产品加工园区,培植科技创新的孵化器。按照"强化公益性职能、放活经营性服务"的要求,加大农业技术推广服务体系改革力度,构建一支精干、高效、稳定的公益性农技推广服务队伍。围绕高效农业发展需求,积极推广高科技含量、高经济效益的农业新品种及高效立体种养技术、畜禽高效养殖技术、设施农业技术、生态循环农业技术。充分利用高新农机具,提高生产效率、产品质量和经营效益。创新农业科技成果转化机制,充分调动涉农部门科技力量的积极性,加快农业科技示范园区的建设步伐,使之成为农技推广的基地、农技人才培养的摇篮。

3.3 开发农业多种功能,建立健全产加销体系,强化发展现代农业的产业体系支撑

充分发挥资源优势,以市场为导向,推动专业化生产、产业化经营、市场化营销,产加销一体。利用丘陵岗坡旱地和三级以上翻水耕地资源,大力发展应时鲜果、名特茶叶、种草养畜和花卉苗木;利用长江、湖库资源,大力发展特种水产;利用城郊资源,大力发展时鲜蔬菜、设施农业;利用农业有机废弃物,发展循环农业,开发生物质能源产业;整合农业、人文、旅游资源,加快开发观光农业,拓展农业功能。围绕我市特色农业主导产业,大力发展产业关联度大、市场竞争力强、辐射带动面广的农产品加工龙头企业、营销龙头企业、外向型出口龙头企业,建立完善与农民的利益联结机制,增强企业对本市农产品资源的消化能力、对产业发展的引领能力和对农户的带动能力。重点发展以专用保健粮油产品、优质肉奶产品、特色江鲜产品、高档茶果饮品等为主的农产品深加工。注重品牌农业建设,通过推进农业标准化生产,积极发展无公害农产品、绿色食品、有机农产品,并利用名城优势,打造知名品牌,逐步实现从"卖原料"向"卖产品"再向"卖品牌"的转变。建立健全农产品现代流通体系,着力建设由大型批发市场和大型物流企业主导的农产品快速通道,积极发展切合现代消费习惯的超市、连锁、配送等新兴流通渠道,逐步改造面向普通大众的农贸市场,大力发展以农业龙头企业为主导的一体化流通,稳步提高以农产品运销大户为主的传统流通方式,加快发展农产品期货交易和电子商务。

3.4 积极培育农民专业合作组织,建立健全土地流转制度,努力增强村级集体经济实力,强化发展现代农业的组织制度支撑

建立有效的农业合作体系,有利于保障农民利益,解决小农户与大市场的矛

盾。要围绕特色主导产业,大力发展"四有"农民专业合作经济组织,积极开展农民专业合作社联合社试点,进一步提升发展层次,扩大合作组织规模;积极推广"龙头企业＋合作经济组织＋农户"的一体化经营,激活机制。改革土地制度对农业劳动生产率有重大影响,必须根据国家政策和经济发展,因地制宜完善土地租赁经营、股份制经营等流转制度,积极探索不改变用地性质的使用权资本化转让等方式,解除制度因素对规模农业发展的制约。加快村级集体经济股份制改造进程,明晰产权,完善村民自治制度,决不允许旧债未解又添新债,让集体经济保值增值,为建设现代农业注入生机与活力。

3.5 大力培养新型农民,提高农村劳动者素质,强化发展现代农业的人才智力支撑

人是生产力中最活跃的因素,而农民是现代农业发展的主体。加强农民文化培训,充分动员社会力量,积极开展"送文化下乡"等活动,为提高农民文化素质搭建一个互相学习、互相交流的平台,增强农民感知、认知世界,接受新事物、新理念的能力;加强农民科技培训,继续推进"科技入户"工程,推行农业专家与专业大户的挂钩制度,充分发挥科技示范园区的作用,加强对农业实用技术的培训,提高他们种植养殖的水平;加强农业职业技术教育,培育一批知识型、综合型规模经营农户。充分运用互联网、报刊、电视广播、电信、墙报等媒体,为农民开展信息服务、法律服务、市场服务、政策服务,指导农民发展现代农业,培养一批懂技术、善经营、会管理的骨干农户和各类专业大户、运销大户。

3.6 注重农村环境保护,减少农业面源污染,强化发展现代农业的生态体系支撑

积极实施"绿色镇江"工程,坚持生态林与经济林两手抓,加快绿化造林步伐,加大对森林资源的保护力度,确保森林资源不减少。实施化肥、农药减量工程,加快测土配方施肥技术的推广步伐,引导农民施用配方肥、有机肥,减少化肥投入总量;积极开展病虫害综合防治,大力应用抗病抗虫品种、高效无公害农药、物理防治技术等有效防控措施,积极组织开展专业统一防治,提高防治效果。大力实施畜禽渔健康养殖与安全排放工程,加强重大动物疫病的防控,严格畜禽养殖污染治理,积极推广集中养殖、集中治理;大力推广应用雨污分流、干湿分离、农牧结合、沼气发酵等综合治理技术;鼓励、扶持大型畜禽养殖场通过大型沼气工程、有机肥生产、沼渣沼液还田等技术,提高畜禽粪便综合利用率。实施秸秆综合利用工程,通过机械化秸秆粉碎还田、留高茬还田、覆盖还田、秸秆基质、秸秆气化、秸秆氨化、秸秆板材、秸秆发电、秸秆乙醇等多种途径,实现秸秆深度开发,减少秸秆焚烧带来的污染,促进农业可持续发展。

关于镇江农村现代流通体系建设的思考

现代流通,是指以符合现代市场经济要求的商品流通体制,运用先进的物质技术设施和科学的管理方法,高效率地组织商品流通的过程。随着社会主义市场经济的发展和城乡一体化的推进,构建和完善农村现代流通体系,对于促进农民增收、引导农村消费、保持农业农村经济稳定发展、扩大内需,实现农业基本现代化具有重要的现实意义。

1 镇江农村流通体系现状及特点

近年来,随着镇江农村经济的快速发展,农民收入和消费水平不断提升,农村市场日益繁荣,农村流通十分活跃,全市已基本形成多层次、多类型、多渠道、多主体的农村商品流通新格局。

1.1 流通规模扩大化

"十一五"期间,镇江农民人均纯收入从 2006 年的 6 717 元增加至 2010 年的 10 874 元,增加了 4 157 元,增长幅度为 61.9%,年均增长 12.8%。2011 年,全市农民人均纯收入 12 825 元,同比增长 17.9%。农民收入的增长带来购买力水平的提高,同时连锁超市等现代商品流通方式进入农村,使得农村居民的消费理念、消费结构正在发生重大变革。2011 年,全市实现社会消费品零售总额 658.07 亿元,比上年增长 17.6%;其中农村市场 34.78 亿元,比上年增长 21.6%。总的看来,农村市场规模不断扩大,不仅成为促进地方经济持续快速发展的重要力量,而且是扩大内需、保持经济平稳增长的潜力所在。

1.2 流通形式多样化

在流通载体上,传统集贸市场与各种综合市场、专业市场、批发市场和期货市场并存,小百货、食杂店、夫妻店等传统平台与连锁经营、超市、便利店等新型载体共生。在流通方式上,农产品交易向专业批发、"订单"购销、拍卖和期货交易扩展,农业生产资料和日用品经营向分销、直销、超市、总代理、总经销等连锁配送模式发展,连锁经营、物流配送、电子商务等现代流通方式成为方向。在流通业态上,以大型骨干农产品批发市场为核心、以中小集贸市场为补充、以农产品直营进超市为趋向的农产品流通体系已初步形成;适应农村生产力发展水平、市场特点和农民消费需求,以城区店为龙头,以乡镇店为骨干,以村级店为基

本文系作者参加 2012 年 9—11 月省委党校县处级干部进修班的交流论文。本文节选原载于《江苏农业产业化》(2013 年第 2 期)。参加本课题调研的还有孙彤、胡敖成、庄网锁、骆树友、刘璇。以此文为基础,市政府出台了《镇江市人民政府办公室关于加强农村现代流通体系建设的意见》(镇政办发〔2013〕118 号)。

础的统一配送、连锁经营新型农村日用消费品和农业生产资料流通网络体系已初现雏形。目前，在全市经济发达辖市区，以丹阳新合作常客隆超市、扬中中远超市等为代表的农村日用消费品连锁超市、加盟经营店已基本覆盖乡镇驻地、中心村，统一配送比例达到40％。全市农业生产资料连锁经营直营店、加盟经营店基本覆盖整个县乡村，流通网络健全，实现统一管理、统一价格、统一标识、统一服务、统一配送"五个统一"，统一配送比例在60％左右。

1.3　流通主体多元化

在计划经济向市场经济转型的过程中，国有、集体商业组织纷纷改制，各种合作制、股份制、个体私营等非公有制农村流通组织迅速发展。当前农村商品流通的主体有：由供销社原基层门店和代销店演变而成的连锁超市、综合服务社，个体和私营的农村超市、专卖店、便民零售店等，规模小、数量多的农村集市。尤其是农民经纪人、各类农民专业合作组织和农产品行业协会发展迅猛，在活跃农村市场、连接"小生产和大市场"中发挥了积极的作用，逐步成为农产品流通的核心主体。

1.4　体制机制市场化

顺应市场经济发展趋势，确立了市场调控为主、行政手段为辅的调控机制。一方面，完成供销社系统改革，放开农村市场，搞活农村流通，让市场这只"无形的手"最大限度地发挥作用。另一方面，在遵循市场经济规律的前提下，调动各方积极性，共同建设现代化的农村流通体系。发改委系统加快改造提升大型农产品批发市场功能，力促统一配送、连锁经营、现代物流等现代流通业结构调整；供销社系统发挥自身优势，主导建设农村商品流通服务网络、社区性综合服务中心，以连锁经营新型业态重新占领农村市场；商务系统开展"万村千乡市场工程"，加快了现代流通方式进农村的步伐。

1.5　发展趋势现代化

随着农村经济社会的发展，现代流通便捷、高效、专业的特征在农村逐步显现。目前，镇江市已建成包括市级农村信息化服务中心、辖市（区）农村信息化服务分中心、乡（镇）信息服务站、行政村公共上网点的四级农村综合信息服务组织体系，全市光纤到自然村的比率达到100％，为农村电子商务的应用和拓展创造了良好条件。从今年开始，镇江市又大力推进"网上村委会"——镇江市农村综合信息服务平台建设，农村流通的信息资源将得到进一步整合，网络营销的方式将得到进一步普及，农村流通将更便捷、更高效。同时，随着农业产业化的推进，农村专业市场建设加强，较强实力的商贸龙头企业将连锁经营网点向乡（镇）村延伸，农村市场的监管意识不断增强，监测手段更加现代，农村流通的专业化水平也将持续提升。

2 当前农村流通存在的主要问题

目前来看,镇江市农村流通服务网络建设相对滞后,新型流通业态发展不快,工业品与农副产品双向流通不畅,农民买难、卖难问题仍然存在。

2.1 农村流通发展水平总体不高,与农村经济社会发展不相适应

2.1.1 总体规划和行业指导缺失

没有对全市农村现代流通体系建设起引领作用的权威规划,政府有意识地关注、研究、引导不够。

2.1.2 流通方式和经营业态较为落后

传统流通方式仍居于主导地位,现代流通业态发展不足,夫妻店、食杂店仍是农村生活消费品流通的主要形式,电子商务消费量小,农村商品流通组织化、集约化、市场化程度低,"油盐酱醋找个体,日常用品赶大集,大件商品跑城里"的状况长期存在。

2.1.3 城乡差距和地区不平衡明显

由于农村居民居住分散、消费水平低、流通经营成本高等因素,龙头型商贸企业进入农村市场意愿不强,消费环境的城乡差距不断拉大;各辖市区城市化、市场化程度不一,导致农村流通的发展水平存在差距。

2.2 农村流通资源整合严重滞后,与现代流通特点不相适应

虽然计划经济时期形成的流通格局、组织管理体系已被打破,但适应市场经济发展要求的新的农村流通组织管理体系还没有形成。农村流通没有明确牵头部门,发改委、商务、农委、粮食、供销、邮政等部门都有涉及农村流通的政策和资源,但未能有效整合、融合发展,形成促进农村现代流通体系建设的整体合力。供销社改革发展滞后,改制重组后的企业在农村流通中的地位不断削弱。农民专业合作组织作用不强,大宗农产品生产经营仍以散户为主,主要靠农民经纪人(流动商贩)上门收购,合作社统一销售的很少。

2.3 流通成本居高不下,与农民增收要求不相适应

2.3.1 农村商品流通主体规模小、实力弱

2011年,占全市人口总数43.77%的农村人口,其消费总量只占全市社会消费品零售总额的5.3%,大市场与小生产的矛盾突出。农村流通主体普遍缺乏市场"话语权",导致农村流通成本居高不下。

2.3.2 农业产业化水平不高

缺少规模生产基地;缺少有影响、有特色、有带动力的市场;缺少产加销一体化的大型农业龙头企业,没有规模就没有效益。

2.3.3 产销对接方式落后

面向城市的市场营销少,"提篮小卖""马路经济"比重大,农企、农校、农军、

农超等"城乡直通车"对接直销方式还未成为常态,"会员制配送"等销售模式短期内难以推广普及,农产品展示展销、平价店等市场建设滞后,农产品销售中间环节多、农民收益少。

2.4 关联工作力度不够,与农村消费者需求不相适应

2.4.1 对农村市场的监测、监管不够

相对于城区,农村市场比较分散,监管成本高、难度大,存在监管盲区,加上个体私营者法律意识淡薄,无证经营、违法经营现象普遍存在,严重影响正常的市场秩序。同时,农村消费水平相对较低,小农意识贪图便宜,加上自我鉴别能力差,导致农村市场假冒伪劣商品泛滥,危害农村居民的健康与安全。

2.4.2 农村流通基础设施建设不够

农村日用消费品、农业生产资料流通设施多以临街一间屋的夫妻店、便民店、代销店等个体私营经营为主,经营设施因陋就简,专门商业设施少。传统店柜交易、一手交钱一手交货普遍,商品陈列不规范,农资、日用品混杂摆放,卫生质量状况不佳,贮藏保鲜设施缺乏。农产品批发交易以大棚式建筑或露天马路初级市场为主,现代化水平低,乡镇农贸市场升级改造力度不大。

2.4.3 新农村建设中对农村流通领域建设的重视和扶持不够

各级各部门普遍存在重城市轻农村、重生产轻流通、重投资轻消费的现象,对农村消费、流通引导生产,促进结构调整的作用认识不到位。各级财政扶持农村现代流通的项目少、资金量小、覆盖面较窄,农村金融组织对农村流通领域的信贷支持不强。商贸流通企业建设大型物流配送中心、直营连锁超市等受到土地瓶颈制约,用水用电价格高于工业企业,办理登记注册、卫生、检疫等手续繁杂,对农村流通企业、个体私营业者乱检查、乱罚款、乱收费现象仍然存在,农村流通的发展环境亟待优化。

3 对农村现代流通体系建设重点的思考

当前,农村流通已进入转方式、调结构、促升级的关键时期,必须遵循市场经济规律,联合社会各方力量,强力推进农村现代流通服务体系建设,从而实现日用消费品销售超市化、农资供应配送化、农副产品购销专业化、废旧物资回收标准化、流通监管制度化,不断满足农民日益增长的消费需求,加快城乡一体化进程。

3.1 顺应宏观趋势,加强规划引领

市场经济是农村现代流通体系建设的大背景、大前提,是不可逆转的基本方向。顺应这一方向,强化规划的引领作用是当务之急。一方面,要研究制定全市农村现代流通体系的中长期规划,结合"三新"建设和村级"四有一责"建设,坚持"统一规划、分级负责、合理布局、分步实施"的原则,科学确定"十二五"时期全市农村现代流通体系建设的发展目标、主要任务、工作重点。另一方面,要结

合全市城镇商业网点规划,整合现有资源,防止重复建设。力争到2015年,全市农村基本形成以农副产品、日用消费品、农业生产资料、再生资源回收利用四大经营服务网络为骨干,以连锁经营、物流配送为主要经营服务方式,以专业市场、配送中心、连锁超市等新型业态为支撑,以遍布乡、村的"两中心两市场(农资和日用消费品配送中心、农副产品和废旧物资交易市场)""两超市两收购点(农资和日用消费品超市、农副产品和再生资源收购点)"等经营服务网点为基础的农村现代流通服务体系,实现50%的农副产品通过网络进入市场销售,60%的日用消费品通过网络连锁超市供应,70%的废旧物资得到回收利用,80%的农业生产资料通过网络连锁配送供应。

3.2　坚持协调互动,统筹生产流通

农村流通体系是影响农村生产的重要因素,直接反映着农村生产力发展的水平,正确处理生产和流通的关系是农村现代流通体系建设的重要内容,建设以服务农村生产为核心的现代流通体系是农村流通发展的核心内涵。

3.2.1　发展特色产业

在继续保持优质粮油等传统作物种植规模,保证本地粮食等基本农产品供应需求的同时,突出特色产业集群化发展,实施"十镇百村农业产业工程"和"现代农业园区提档升级工程",力争到2015年,全市产值超百亿的特色农业产业集群2个以上,超30亿的4个以上;每个产业集群形成2~3个拳头产品,培养壮大2~3个龙头企业。

3.2.2　建立专业市场

以农产品批发市场、农贸市场、区域特色市场、乡镇商业中心和商业集聚区等为重点,完善市场功能,创新运作模式,打造市场品牌。加强产地市场建设,依托区域优势产业和特色产品建设市场,促进产品流通,带动产业发展。

3.2.3　招引大项目、培育大企业

推进农村流通大项目建设,加大项目招引力度,加快中合新农农产品物流园、萧梁物流园等已落地农村的流通大项目的建设进度。支持有实力的城市骨干商贸零售企业向县及以下农村延伸网络,发挥其品牌、技术、配送体系和规范运作管理等优势,整合农村流通资源,实现低成本扩张、做大做强。

3.3　强化基础设施,提升建设水平

3.3.1　认真做好农村流通设施重点项目"三个一批"工作

建设一批投资规模大、带动作用强、辐射范围广、经济社会效益好、在全省和全市具有影响力的大型农村流通设施重点项目,积极争取国家有关部委的支持,力争每年有一批大型农产品批发市场项目等列入全国流通设施建设扶持重点项目;筛选一批重要农村商品流通设施项目,做好项目改扩建规划论证、可行性研究等工作,适时组织上报,提高项目申报成功率;培植一批基础条件优、发展潜

力大、市场前景好的农村商品流通设施项目,作为申报后备资源。

3.3.2 大力扶持农村流通主平台建设

以农村日用消费品、农业生产资料的连锁经营和配送中心,农产品批发市场改造升级,农产品物流配送中心建设冷藏和低温仓储冷链系统,农村物流公共服务平台建设及粮食购销网络改造和仓储设施建设为重点,倡导农村流通领域物流设施和装备的自动化、业务流程和服务规范的标准化、企业经营管理的信息化。积极探索大宗农产品的网上交易、票据交易、会员制交易等交易形式。全面推广应用"网上村委会",鼓励电子商务与连锁经营、物流配送相结合,提高电子商务应用水平。

3.3.3 加快构建农村市场运行监测网络

将重点流通企业、配送中心、批发市场、出口基地等作为监测样本点,建立健全主要农产品生产、供求、价格检测与预警体系;抓好突发事件和市场异常波动情况下农村市场商品物资的组织调运,建立生活必需品、重点流通企业、重要生产资料、重要商品供求和节日市场供求等市场运行监测体系及农资价格监控体系;实行农村消费品、农资的市场准入制度,建立消费品、农资的进销台账,形成质量可追溯体系;建立覆盖农村的电子质量监管网络,保障消费品(特别是农村食品)、农资的质量安全。

3.4 创新流通方式,培育新型业态

3.4.1 努力建设具有区域特色的农产品流通网络体系

以大型批发市场为龙头、产地批发市场为核心,以各类农产品经销商队伍为主体、农产品加工企业销售为辅助,供应出口为补充,鼓励大型企业、农民专业合作社创新流通方式,依托农产品资源,形成产业化生产经营,引导农产品流通企业与农产品生产基地建立长期产销联盟。

3.4.2 加快发展农资和农村日用消费品连锁经营

建立以大宗产品集中招标采购、政府补贴、零差率或低差率统一配送为核心的农资流通体系;积极发展农村日用品超市,推广连锁经营、物流配送、电子商务等现代流通方式。推动交易方式、服务功能、管理制度、经营技术的创新,加强农村市场运行监测,促进商品统一采购、统一配送、统一结算、统一营销,建立安全可靠、高效有序的连锁配送体系。

3.4.3 不断提升农村流通信息化水平

整合现有各种农村信息化资源,加快"网上村委会"建设,使之成为集网上农贸市场、数字农家乐、特色旅游、特色经济和招商引资等为一体的网络营销平台,通过集约化管理和市场化运作,有效降低经营成本,扩大农村市场。

3.5 立足放开搞活,壮大多元主体

3.5.1 全力做强一批有著名品牌和自主知识产权、主业突出、核心竞争力强的大型流通企业

鼓励他们通过参股、控股、承包、兼并、收购、托管和特许经营等方式,实现规模扩张,将现代流通方式延伸到农村。

3.5.2 大力发展农村流通合作组织

支持农民跨区域成立农产品产销合作组织,鼓励农民以农产品为纽带组织各类协会、商会和农民专业合作社,开展与农业生产经营有关的信息、技术、培训等服务。

3.5.3 加快培育农村经纪人、农产品运销专业户和农村各类流通中介组织

出台激励政策,鼓励农民进入农村流通领域,支持农业生产大户、营销大户注册为企业法人,从事农产品营销,与农产品批发市场、农产品流通企业建立合作关系。

3.5.4 支持供销、粮食、邮政和中小型农村流通企业等流通主体发展

对中小型农村流通企业在市场准入、信用担保、金融服务、技术改造等方面予以扶持,促进其发展“专、精、特、新”经营。深化国有粮食购销企业改革,完善粮食市场准入制度和经营规范,培育多元化粮食市场主体和内外贸一体化、产销一体化的大型企业。充分发挥供销社长期扎根农村、服务城乡的传统优势,引入新的经营机制和业态,改造传统经营网络,不断拓展综合服务功能,基本构建起覆盖全市的农业生产资料、日用消费品、农副产品、再生资源等新型经营服务网络。发挥邮政物流体系贯通城乡、网络遍布全市的优势,进一步扩大商品经营和服务项目范围,建立乡镇邮政物流配送中心和村级“三农”服务站,培植农村现代流通的新生力量。

4 完善农村现代流通体系建设的保障机制

4.1 建立健全促进农村商品流通现代化的组织机制

按照统筹城乡发展的要求,将现代农村流通服务体系建设纳入全市社会主义新农村建设的重要内容,周密部署,逐步推进。成立镇江市农村现代流通体系建设领导小组,由市分管领导任组长,各相关部门负责人为成员,下设办公室,具体负责全市农村现代流通体系建设统筹、规划、指导、协调等工作。各辖市、区人民政府也要把此项工作列入重要工作议程,成立相应的专门机构,做好统筹、指导、协调、服务、督查等各项工作,为加快推进农村现代流通服务体系建设提供强有力的组织保证。

4.2 加大资金支持和政策扶持

坚持“政府引导、多方参与、企业主体、市场运作”的原则,市财政设立“新农

村现代流通体系建设专项引导资金",主要用于成功申报国家和省"新网工程"项目的配套资金,以调动各方积极性,解决农村现代流通体系建设资金不足的问题。加大金融支持力度,创新金融产品,改善金融服务,对实力强、资信好、效益佳的涉农商贸企业及农业产业化龙头企业给予信贷支持,对"万村千乡市场工程""新网工程"的承办企业给予综合授信贷款,尤其要对农村连锁农家店给予小额贷款支持。落实好促进商贸流通发展的各项优惠政策,对农村流通设施建设、农村市场网点建设等在土地政策上予以倾斜,并在土地出让金、土地征用费等税费上给予优惠。

4.3 改善农村流通发展环境

加大农村交通、电力、通讯、自来水等基础设施建设,降低农村市场商品流通成本,为工业品下乡创造良好环境。创建统一高效的鲜活农产品运输"绿色通道",改善农产品物流环境。简化证照办理程序,严格收费管理和检查,减轻企业负担。进一步清理有碍农村现代流通网络体系建设的规定,打破地区封锁和行业垄断,加快形成统一开放、竞争有序的农村商品市场体系。

农业技术研究

1982 年 7 月—1983 年 10 月,我在镇江地区农科所耕作栽培研究室工作,这是我大学毕业后工作的第一站,期间,我参加了镇江丘陵地区小麦低产变中产适用技术、单季晚粳稻稀播壮秧少本插栽培技术、杂交稻超高产栽培技术研究工作,还参加了与农业部南京农业机械化研究所合作开展的机插水稻高产栽培技术研究、生物能育秧等工作;实际参与了农事劳作、田间观察记载、室内考苗考种、数据资料整理及生物能育秧技术试验材料的撰写等工作。农科所的工作经历让我掌握了农业科技研究的基本方法,实地系统观察了小麦、水稻一生的生育规律,对稻麦生长及其科学栽培管理有了直观感性的实践认识,为我此后进行农业技术研究与推广奠定了良好的基础。

1983 年 11 月调入镇江市农业局后,我的农业技术研究是与农业技术推广相伴而行的,主要是针对农业生产中存在的问题而进行的。一是研究改进推广先进农作制度。1983—1987 年,全市实施了水稻"调双扩优"工作,双季稻改成了菜—瓜—稻、草莓—西瓜—稻,常规中籼稻改成了杂交稻,既提高了产量,又提高了效益,土地产出率大大提高;1985—1990 年,针对水稻秧田冬天闲置的实际情况,研究提出了综合利用技术,同时开展了稻田亩产"双千(千斤粮、千元收入)"、稳粮增益综合配套技术研究,被省农林厅列为重点推广项目,也是农业部"开发南方冬季农业"的重要内容之一,该技术被摘要刊登在《中国农牧渔业报》和《当代农业》上;1987 年,在省内率先提出"建立丘陵饲料玉米生产基地"的思路,被省作物学会耕作制度专业委员会写进学会向省政府的建议中,并在丘陵地区得到了实施,促进了种植制度改革;以具有丘陵典型特征的驸马庄村为基地,研究了"土地-生物资源"的综合利用模式,受到国际水稻研究所(IRRI)、加拿大国际发展研究中心(IDRC)和联合国粮农组织(FAO)等国际组织或机构的官员、专家的好评,1987 年 9 月,8 个国家 22 位专家在镇江举行"国际农牧结合学术研讨会",驸马庄成果被会议建议在东南亚各国推广;1987—1991 年,武育粳 3 号的引进与因种高产栽培技术的研究应用,使常规粳稻产量达到和超过了杂交稻的产量水平,在水稻由籼稻改粳稻、中稻改晚稻及稻米品质结构优化等方面发挥了重要作用,适应了农业高产、高质、高效建设要求,在全省中稻区率先实现粳稻化,彻底改变了 1990 年之前城镇居民每人每月限供 2.5 kg 大米的历史,满足了由计划经济向市场经济转型中取消粮票、敞开供应粳米的市场需要;2000—2006 年,组织开发利用丘陵岗坡旱地和沿江低洼湿地,突出发展应时鲜果、茶叶、苗木、蔬菜和特种水产、水生作物,在茅山丘陵开发有机农业,使原来年亩效益 300 ~ 500 元的农田提高到 2 000 元以上,粮食与经济作物的产值比由 1998 年的 72∶28 调整到 2006 年的 40∶60。二是引进、筛选、推广农作物新品种。1987—1990 年和 1996—2005 年,每年组织引进水稻新品种 15 个左右,小麦、油菜新品种各 10 个左右,蔬菜新品种30 个左右,进行品种比较试验,分别筛选 3～5 个品种进行生产性试验,推广了扬麦 5 号、扬麦 158、献优 63、武育粳 3 号、武育粳 5 号、武运粳 7 号,秦油 7 号、镇油 3 号、镇江寒青小白菜、镇研 3 号辣椒等一批农作物新品种,良种覆盖率始终保持在 95% 以上,在全省率先实现小麦专用化、油菜"双低"化、水稻优质化和蔬菜品种多样化;1996—1999 年,组织实施了种子工程,建成了 3 万亩水稻、小麦、油菜、蔬菜种子生产基地,3 座大中型种子加工厂,统一供种率由 1995 年的 25% 提高到 1998 年的 89%,在全省处于先进。三是研究开发、引进推广先进实用技术。1986—1991 年,研究少免耕栽培、生化制剂(多效唑、强力增产素、小麦根际固氮菌等)的应用等技术,具有超前性、先进性和实用性,在农业增产增效中发挥了积极作用;1987—1989年,我牵头主持了全省丘陵地区 400 万亩水稻中低产变高产协作攻关项目,达到了预期目标,受到省农林厅有关领导的肯定;1987—1990 年,参加由江苏农学院主持的省"七五"重点攻关项目"新型耕作栽培技术及其应用研究"中的机插秧、水稻直播、免少耕栽培等子课题的工作,圆满完成课题任务;1988—1996 年,研究开发了以水稻抛秧、水稻直播和套播小麦为主体的轻简(省力)栽培技术,主持实施了水稻秧田节省 10 万亩、粮食单产增一成、应用 100 万亩的"111"轻简栽培工程,取得了实际节省秧田 16 万亩、粮食单产超历史、推广 120 万亩,在全省处于领先的佳绩;1997—2002 年,组织实施了以增肥补钾和测土配方施肥、秸秆还田为主体的增肥改土工程,试点在全国处于先进;1989—1991 年,研究稻麦吨粮高产配套技术,组织千亩丰产方、万亩示范片,有效促进了粮食增产;1989—1992 年,引进试验、示范推广了日本水稻旱育稀植栽培技术;1998—2005 年,组织实施"稻鸭共作"技术试验示范,建立千亩示范基地,实施良种补贴、产业化开发,2004 年第四届亚洲稻鸭共作研讨会在镇江成功召开,"镇江模式"受到与会国内外专家的充分肯定;2001—2006 年,组织实施蔬菜防虫网覆盖技术应用工作,让市民吃上了"放心菜",在全省领先;2003—2007 年,针对镇江醋业产生的醋糟污染环境的实际情况,组织实施了有机废弃物醋糟资源化开发、商品化生产,研究用于园林绿化、设施农业栽培基质,取得了显著的社会、经济、生态效益。四是开发应用农业标准化技术。1998—2006 年,组织、参与制定省、市级农业技术规程 20 多项,设立农业标准化示范区 20 多个,组织实施稻米、面粉、茶叶、蔬菜等主要农产品的基地准出、市场准入质量检测,有效提高了我市农产品质量安全水平,由我参与组织实施的优质油菜、稻鸭共作、早川葡萄、苦瓜茶等标准化示范区通过了国家级验收,受到国家标准委的好评。

自 1982 年 7 月参加工作到 2007 年 10 月离开生产技术部门,我先后主持、主要完成和参加了 30 多项农业应用技术研究工作,获得各级各类农业科技成果奖 22 项次(见附录 2),其中主持和作为主要完成人 16 项次,参与 6 项次。作为主要完成人获得部、省级科技进步二、三、四等奖各 1 项,市、厅级科技进步一等奖 1 项、二等奖 1 项、三等奖 7 项、四等奖 2 项,省级农业科技成果转化三等奖 1 项,省级农业技术推广三等奖 1 项;作为参与者获得国家科技进步二等奖 1 项,部、省级科技进步二等奖 3 项、三等奖 1 项、四等奖 1 项。

在生产技术部门搞技术研究,我感到作为科技工作者需要一双敏锐的眼睛,观察农民需要解决什么问题,生产中有什么技术难题,农业应如何取得进步,必须有针对性地解决实用技术问题;需要一颗坚韧不拔、持之以恒的心,有耐心、有信心、有决心,潜心钻研,克服困难,创造条件解决实际问题,绝不可浮躁,不能为市场经济条件下的名利所惑,写论文、出成果要如同建高楼大厦一般,必须建立在一砖一石坚实的基础上,来不得半点儿马虎、偷工减料和弄虚作假;需要依靠科研院所解决重大问题,由于生产部门的科研力量、科研条件有限,很难深度阐明机理、原理,必须借助外力攻克难关,技术创新、成果转化也需要借助科研院所的力量才能实现;需要一支团结协作的团队,虽然生产部门技术力量有限,但整合好各种力量,包括富有经验的老农的智慧等,尊重农民的首创精神,在做好顶层设计的基础上,坚持将试验示范与引进消化、调查验证、室内田间、多点重复相结合,善于总结提炼、深度挖掘、去粗取精、去伪存真、扬长避短,透过现象看本质,在偶然中寻求必然,揭示客观规律,就能取得意想不到的成果。

稻田稳粮增益技术途径的探讨

随着经济体制的改革,农村产业结构发生了深刻变化,农业生产面临着许多亟待解决的新问题。一是我市粮食单产尤其是水稻单产已达到较高水平,继续增产难度较大,开始出现徘徊局面;二是种粮比较效益低,农资货少价高,影响了农民种粮的积极性;三是工副业的发展,劳力大量转移,种粮劳力的数量、质量下降,农艺从简,农活从粗,活化和物化劳动的投入显著减少,加剧了投入与产出的矛盾;四是土地面积自然趋减,严重威胁粮田,单位粮田的人口承受力和产粮负荷渐趋加大;五是人民生活开始由"温饱型"向"小康型"转变,对农产品的数量、质量与品种提出了新的要求。因此,稻田种植制度急需改革,以适应社会发展的需要。

1 水稻田稳粮增益技术途径的探索

在有限的土地上,既要稳定发展粮食生产,又要提高社会经济效益,种植技术就必须有新的突破。从宏观角度看,可在不同区域范围内,因地制宜地安排好粮食与主要经作及其他作物之间的适当种植面积比例;从微观角度看,即以农户或农田为单位,灵活运用好间套混插、轮作复种等技术予以调节。

1984 年以来,我市围绕稳粮增益技术开展了大量的调查研究、试验示范工作,不断调整种植业内部结构,稻田种植制度出现了一些新变化。据不完全统计,目前已调整约 50 万亩,占总播种面积的 15% 左右,开始由过去的纯粮型向粮经、粮菜、粮瓜,粮饲、粮肥、粮菌、粮药等间套混插、轮作复种转化,形成综合经营、种养结合、稻鱼兼作的多品种、多层次的立体农业,发挥了整个生态系统功能的作用,低投入、高产出,提高了稻田生产力,增强了农业生产自身的造血功能。

1.1 调整稻田内部种植结构——粮经(含瓜果菜油等一年生作物)间套轮作

生产实践表明,粮经间套轮作复种的种类、形式很多,理论上大致可划分为三大类。

1.1.1 衔接型

衔接型即粮经轮作复种,一季种植单一作物的种植组合结构。如油菜—稻,草莓—稻,平菇—稻,菜—薯—稻,麦—早稻—慈姑等。

1.1.2 重叠型

重叠型即实行粮经间套混种,一季种植两种以上作物或前后季作物发生交错,具有一定共生期的种植结构。如麦/豆—稻,麦/玉米—稻,草莓/西瓜—稻等。

本文原载于《1987 年江苏省作物学会论文集》;本文摘要原载于《当代农业》(1988 年第 6 期)。

1.1.3 分离型

分离型即在一个农业年度内,有一段可种植时期用于休闲,或不能产生直接的产量效益。如冬闲—早熟西瓜—稻,经济绿肥—秧田—稻等。

1.2 实行农牧结合,粮饲并举生产

在集约农区,只有以农促牧、以牧养农,实行稻田生态良性循环,才能稳定发展农业生产。

1.2.1 调整粮饲面积比例

在人均稻田面积较多或水源短缺地区,在安排作物布局时,可根据口粮、种子、订购量及畜牧业发展的需要,适当安排部分饲料专用地。

1.2.2 因地制宜,发展粮饲多熟制

在人多地少地区,可因地制宜地发展麦/玉米—稻,饲草(绿肥、牧草)—秧田—稻,大麦/西瓜—稻等。通过提高复种指数,达到稳粮扩饲、提高综合经济效益的目的。

1.3 种养加一条龙,农牧渔齐发展

稻田实行立体种植,增大稻田生态系统的负载力,以粮饲为基础,饲养畜禽鱼,兴办加工业,一田多用,延长物质利用链。丹阳县行宫乡汤巷村韦四二农户,6口人,4个劳力,承包9亩稻田、2亩水面,应用大麦—稻+鱼、菜/薯—稻+鱼种植方式,稻田繁鱼苗,河塘养成鱼,自养母猪繁殖苗猪,年出售18头生猪、90只鹅、30只鸡、2只羊、500 kg鱼,自办年产6 t的麦芽糖坊,除购买1 000 kg混合料和少量制糖辅助原料外,还上交粮食2 000多kg,粮饲进出基本相抵,形成了一个家庭农牧渔良性循环生态系统(见图1),并由此而成了万元户。

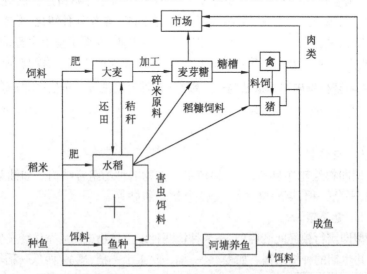

图1 以麦—稻+鱼种植制为基础的家庭农牧渔结合良性循环示意图(丹阳行宫,1985)

稻田养鱼除兼作外,还有轮作与专养。轮作是在地下水位高或低洼冷浸田中进行,方式为:稻+鱼(夏秋季)—鱼(冬春季);专养是在人均稻田面积较多的地区,将部分稻麦极度低产的低洼浸水田作专用鱼池,实行精养。

2 稻田新型种植结构的效益分析

水稻田新型种植制度的建立是与当前农村的生产力、经济结构相适应的,它优化了农田生态系统的结构与功能,获得了较好的经济效益、生态效益和社会效益,具有强大的生命力。

2.1 几种主要稻田种植方式的经济产量与效益

水稻田由纯粮型向多品种立体农业发展,充分利用了光、温、水等自然资源,形成了一个高效生态系统,有效地提高了稻田生产力(见表1)。据本市不同生态类型7组粮经结合型与纯粮型种植组合对比,尽管综合平均年亩产量少收199.9 kg,但纯收入却提高了8.11倍,投入与产出比增加了2.35倍,而且增产了瓜果蔬菜、植物油、鱼、食用菌等品种,极大地丰富了农副产品市场,有利于人民改善食物结构、减少粮食消耗,因而就全社会而言,粮食库存量并不会减少。

农牧渔结合,使农业生产从土壤→植物的简单形式转向了土地→植物→动物的复合形式,使自然资源得到了充分利用,加速了粮食的转化,挖掘了土地生产力,促进了生态良性循环。润州区官塘乡驸马庄村自1980年以来,合理调整稻田种植结构,使农牧渔走上了共同发展的道路(见表2、表3)。由表可以看出,1986年与1980年相比,稻田粮食复种面积减少681.2亩,但增加经济作物复种182.7亩,扩种饲料作物119亩,退田还渔71亩,发展了养殖业,增加饲养牲畜60头、生猪866头、家禽576只,农业总收入增加86.79万元,其中,种植业增加20.4万元,畜牧业增加31.54万元,渔业增加0.13万元。畜牧业的发展积造了有机肥,加上科学种田水平的提高,粮食产量也随之提高。与1980年相比,1986年全村粮食单产提高82.5 kg,总产增长20.88%,商品粮增加54.51 t,每亩净收入增加了50.07元,人均收入也增加了4.43倍,充分体现了水稻田稳粮增益的技术经济效果。

表1 稻田主要种植形式的经济产量与效益

类型	种植组合	粮食产量 [kg/(亩·年)]	产值 [元/(亩·年)]	成本 [元/(亩·年)]	净收入 [元/(亩·年)]	投产比 [元/(亩·年)]	与纯粮型比较 粮食产量 [kg/(亩·年)]	净收入 [元/(亩·年)]	资料来源
粮经结合型	油菜—稻	672.5	290.56	65.39	225.17	3.44	-59.1	+103.41	丘陵所
	大麦/西瓜—稻	568.2	685.5	185.15	500.35	2.70	-185.80	+349.67	句容葛村等(丘陵)
	草莓—稻	465.0	686.7	166.45	520.25	3.13	-235	+383.47	句容白兔等(丘陵)
	菠菜,莴苣,秧田,稻	591.5	1895.46	327.30	1568.16	4.79	-335.9	+1357.4	扬中油坊(沿江)
	平菇—秧田—稻	635.9	5400.48	1339.74	4060.74	3.03	-136.10	+3888.3	丹阳蒋墅等(平原)
	青蒜—葫瓜—中稻	563.9	2051.48	403.41	1648.07	4.09	-413.44	+1415.1	扬中八桥(沿江)
	马铃薯—稻+鱼	467.7	1070.54	193.43	877.11	4.53	-219.8	+743.6	丹阳行宫(丘陵)
	综合平均	592.93	1653.72	382.98	1342.83	3.32	-199.9	+1356.2	综合
纯粮型	麦—稻	731.6	192.28	70.52	121.76	1.73	/	/	丘陵所
	麦—稻	754.0	276.68	126	150.68	1.20	/	/	句容葛村等
	麦—稻	700.0	254.78	118	136.78	1.16	/	/	句容白兔等
	麦—稻	927.4	342.90	132	210.90	1.60	/	/	扬中油坊
	麦—稻	772.0	301.45	129	172.45	1.34	/	/	丹阳蒋墅等
	麦—稻	977.34	360.94	128	232.94	1.82	/	/	扬中八桥
	麦—稻	687.5	251	117.50	133.50	1.14	/	/	丹阳行宫
	综合平均	792.83	282.86	117.29	165.58	1.41	/	/	综合

表2 驸马庄村种植、养殖业结构分析

| 年份 | 水稻面积（亩） | 粮食生产情况 | | | 商品粮（t） | 经作复种（亩） | 稻田饲料（亩） | 退田还渔（亩） | 畜禽饲养量 | | |
		复种（亩）	单产（kg/亩）	总产（t）					牲畜（头）	生猪（头）	家禽（只）
1980	1 777	3 627	247.5	803.8	282.16	181	81	0	67	1 167	1 274
1986	1 360	2 945.8	330	971.5	336.67	363.7	200	71	127	2 033	1 850
差值	−417	−681.2	+82.5	+167.7	+54.51	+182.7	+119	+71	+60	+866	+576

表3 驸马庄村种植、养殖业经济效益分析

| 年份 | 农副工总产值（万元） | 农业产值（万元） | 种植业、牧业、渔业经济效益 | | | 稻田种植业经济效益 | | | 现金分配[元/（人·年）] |
			种植业（万元）	牧业（万元）	渔业（万元）	产值（元/亩）	成本（元/亩）	净收入（元/亩）	
1980	88.71	31.71	27.44	2.54	0	75.64	22.36	53.28	119.70
1986	270.3	118.5	47.83	34.08	0.13	162.37	59.02	103.35	650.50
差值	+181.59	+86.79	+20.39	+31.54	+0.13	+86.73	+36.66	+50.07	+530.80

2.2 新型种植结构的生态效应

粮经定期换茬,实行稻田水旱轮作,能改善土壤理化性状,培肥地力,抑制部分病虫草害的发生,从而维持生态平衡(见表4、表5)。

表4 粮经结合多熟制对土壤的培肥效果(句容葛村)

年份	种植组合	有机质(%)	速效磷(ppm)	速效钾(ppm)
1984	原始土	1.91	5.1	72
1985	麦—稻	1.83	4.94	70.3
	麦/瓜—稻	2.1	6.4	84
	差值	+0.27	+1.46	+13.7
1986	麦—稻	1.84	6.3	69
	麦/瓜—稻	2.01	7.5	80
	差值	+0.17	+1.2	+11

2.2.1 土壤生态效应

粮经结合型的麦/瓜—稻,由于比纯粮型的麦—稻每亩多提供了鲜蔓1 750 kg、小烂瓜250 kg,以及植瓜期间增施优质灰粪肥750 kg、饼肥75 kg,促进了土壤有机质的积累,增进了土壤肥力。如表4所示,麦/瓜—稻比麦—稻两年平均有机质增加0.22%,速效磷增加1.33 ppm,速效钾增加12.35 ppm;与原始土相比,麦/瓜—稻分别增加了 0.145% ,1.85 ppm,20 ppm,而麦—稻仅速效磷增加了 0.52 ppm,有机质和速效钾还分别下降了 0.075% ,2.35 ppm。可见,纯粮型是掠夺性生产结构,粮经结合则是用养兼顾的有机农业。扬中县的秧田利用也说明了这个问题。他们通过在秧田种植蔬菜、绿肥等,刺激了农民投肥,增加了田间残茬残留量,因而使稻田有机质提高 0.01% ~ 0.12% ,速效磷增加0.05 ~ 0.15 ppm,速效钾增加 1.2 ~ 9.0 ppm,起到了在培肥中利用、在利用中培肥的效果。

2.2.2 改变草相结构

化学除草固然能抑制多数杂草,但仍有少数杂草呈上升趋势,如眼子菜、看麦娘等。通过发展粮经结合多熟制,破坏了某些杂草的适生环境,改变了稻田杂草群落结构,有效地减轻了杂草危害。如表5所示,麦/瓜—稻与麦—稻相比,两年平均眼子菜减少88.75% ,看麦娘减少66.89% ,其他杂草也都有了不同程度的减少。

表5　粮经结合多熟制对杂草的抑制效果(句容葛村)

单位:株/亩

年份	复种方式	矮慈姑	野荸荠	鸭舌头	眼子菜	看麦娘	猪殃殃
	麦—稻	38.7	4.59	12.87	7.2	835.2	168.3
1985	麦/瓜—稻	21.6	1.53	6.93	0.99	195.3	71.1
	差值	−17.1	−3.06	−5.94	−6.21	−640.5	−97.2
	麦—稻	38.7	4.59	12.87	7.2	835.8	—
1986	麦/瓜—稻	28.8	2.79	7.38	0.63	358.2	—
	差值	−9.9	−1.8	−5.49	−6.57	−477.6	/

此外,稻田养鱼还减轻了虫害,减少了用药次数和用药量,减轻了环境污染。

2.3 社会效益

2.3.1 充分利用了劳力资源

纯粮型种植结构,季节性劳力投放过于集中,劳力与季节的矛盾突出;粮经结合型因作物种类各异、农艺不一,能错开农田用工,减缓了劳力紧张的压力;农牧渔结合则充分挖掘了劳力潜能,尤其在劳力剩余地区,效益更为明显。

2.3.2 增强了农业发展后劲

单一的粮食生产结构,由于投入多、产出少、周期长、效益低,农户经济压力大,资金周转困难,缺乏扩大再生产的能力,贫困地区尤其突出。发展粮经结合多熟制,不仅能稳定粮食生产,而且能增加农民收入,反过来又刺激农民增加对农田的投入。句容县近年来发展油—稻种植制,试行草莓系列间套轮作形式,粮食持续增产,农民收入不断增加,显示出农业生产有较强的后劲。

2.3.3 丰富了农产品市场

稻田种植组合的多样性,满足了市场的多方需求。特别是水稻秧田通过合理利用,部分弥补了蔬菜的"冬缺春淡";扩种的西瓜、草莓弥补了初夏果品市场的缺乏;农牧渔结合型农作制,则增加了市场鱼、肉、禽、蛋、奶的供应量。

2.3.4 促进了加工业的发展

粮经复种,增加了加工业的原料来源,促进了农业向外向型经济发展。近几年,句容县扩种草莓使句容酒厂扭亏为盈,并成为外贸企业;用于粮经复种的四季豆、荷仁豆、豌豆也是外贸的热销产品。

凡此种种,促进了农村贸工农格局的形成。

3 讨论

3.1 不同类型地区水稻田稳粮增益技术途径

近年来,我市粮食单产已达到较高水平,目前尚缺少突破性增产措施。如果继续沿袭纯粮型种植制,不仅不能提高效益,而且即使增加投入,产量也不会按比例增长。实行粮经、农牧渔结合,则既能稳定发展粮食生产,又能显著提高稻田综合生产力。因此,不同生态类型、不同经济类型地区应当因地制宜地改革粮食连作型种植制度。

3.1.1 丘陵地区以宏观控制为主,适当进行微观调节

丘陵地区一般人少地多,投入与产出相对都较少,经济尚不够发达,这一地区目前仍以农业致富为主,因此要合理调整农业结构。一要合理安排稻田作物布局结构。在保证完成国家粮食征购任务,留足口粮、种子的前提下,利用水源短缺的稻田,适当发展饲料、经作;利用低洼冷浸田发展养鱼,促进农牧渔相结合。二要合理搭配作物组合。丘陵三麦产量水平低、效益差,在保证三麦生产任务或全年粮食不减的情况下,可继续扩大油—稻、草莓—稻种植制。三要适当发展粮经、农牧渔结合型的多熟制。丘陵地区劳力相对较为充裕,为了充分挖掘劳力潜能,可考虑发展立体种植,中远郊主要靠就地消化,发展加工业,或为城市建立耐贮藏、便于运输的农副产品生产基地,由城市相关部门提供一定量的生产基金;近郊可发展为城市服务的农副时鲜产品和城市加工业的原料生产。

3.1.2 平原圩区以微观调节为主,慎重考虑宏观调整

平原圩区一般人多地少,稻田回旋余地小,粮食单产比较高,经济较为发达,扩大再生产能力强,对经济效益要求高。因此,这一地区要稳粮增益,主要靠间套混插、轮作复种,比如适当发展麦/瓜—稻、麦/玉米—稻、稻+鱼、稻+菇、经济绿肥—秧田—稻等,只有通过立体种植,才能更快地发展养殖业,生产出品种多样的农产品,也才能使农村更为兴旺发达。扬中县八桥镇农技员耿兴权不靠工副业,仅依靠种植业,发展立体种植,成为当地有名的万元户,同时也带动了附近农民发展粮经型多熟制,走上了共同富裕的道路。

3.2 稻田种植制改革中应注意的几个问题

纯粮型结构是单向性的,粮经结合型则是多向性的。经作、瓜果蔬菜商品性

很强,用于改制的间套复种也是一项时空制约性很强的技术,因此,改革稻田种植制,必须按照作物生育规律和市场经济规律进行。

3.2.1 稳步调整种植结构,确保粮食持续增长

稻田种植结构由一元向多元作物复合方向发展,由单一种植业向农牧结合、种养一体的大农业发展,充分利用了土地资源,既发挥生态系统功能的作用,又消化农村剩余劳力,是走综合发展农业生产的道路。因此,要正确处理好宏观与微观的关系,可允许粮食复种面积适当减少,但必须以粮食生产稳定增长为前提,进而促进经作全面发展,发挥稻田最大效益。就全市而言,稻田扩种饲料、油料、经作的潜力仍很大,初步匡算,在保证一季高产水稻的条件下,至少还可调整30万亩粮食复种面积。

3.2.2 优化作物布局,确保合理接茬共生

间套作是通过时空的适当调节,充分利用光热水肥和土地等资源来提高土地生产力的。但是,如果间套作物搭配不当、管理粗放、收获不及时,也会导致作物间争肥、争光、争水、争空间的矛盾而减产减益,其矛盾焦点在于茬口衔接和共生期,解决的办法是优化布局。因此,在安排作物和选用品种时,必须考虑作物的株高、根的纵横分布,株型上的展开度及其喜光耐阴性能和生育期长短。应合理安排各品种在田间的种植比例,选择适宜的种植方式,合理配置株行距。栽培上要综合运用浸种催芽、保温育苗、保护地栽培、激素调节等现代技术,晚中争早,并且注意适期播种和收获,保证接茬适时、共生期适宜。

3.2.3 因地制宜,多品种种植,多形式并存

当前,农村生产具有不稳定性,加之信息不灵,产品流通有一定的困难,因此,粮经间套轮作的种类、品种及种植方式,要根据市场动态,因地因户制宜,以堵缺补淡为主,考虑到加工条件和贮藏能力,立足就近就地消化,种植适销对路、经济价值较高的品种,力求均衡生产,防止一哄而上。提倡秧田大力种植经济绿肥,大田扩种饲料作物,以丰富的品种满足社会的多方需要,促进农田生态良性循环。

3.2.4 加强技术指导,强化服务体系

瓜果蔬菜及一些经济作物的高产栽培,对于大多数农户来说是陌生的,粮经、农牧渔结合的方式和技术也需要不断充实、完善和提高。因此,基层农技部门应加强技术指导,帮助群众选择适宜的品种,选用适宜的布局结构和种植、养殖方式,同时教育农民增加投入,用养地结合,为群众提供信息、技术、资金服务,梳理流通渠道,形成产前、产中、产后服务一条龙,以促进稻田种植制的改革,让稳粮增益技术在发展农业、致富农民、振兴农村经济中发挥更大的作用。

免耕麦茬机械旱条播水稻高产栽培配套技术

近年来,为适应农村经济的发展、产业结构的变化及农民对农业机械化的要求,我市应用江南 2BG－6 型和江南 2BG－6A 型稻麦条播机,进行了水稻免耕旱条播高产栽培配套技术的开发研究,获得了理想结果。实践证明,旱条播栽培比中小苗机插、水直播更具省工省力、省设备投资、节水抗灾、经济效益高的特点,它能与免耕麦配套,扩大了条播机的作业范围,是一种省力节能、高产高效、符合当前农村经济技术水平、易被群众接受的,适于稻麦两熟机械化栽培的稻作新技术。

1. 旱条播水稻的生育特点

本技术是在免耕麦或板茬油菜收获后,用条播机直接在田间一次性完成耕作、播种等作业,再以湿润灌溉的方式栽培水稻,它省去了育秧、移栽等环节,使水稻的生态环境发生了很大变化,因而其生育特点也有别于移栽水稻。以盐粳 2 号为例,其具有以下生育特点:

1.1 出苗率低,成苗率差

机条播水稻由于平均播深大于常规育秧播种和人工直播,加之机械损伤,因而出苗率较低。据观察,机播破胸稻谷,损伤率为 8.2%,平均出苗率仅为 63.67%(见表 1),其中,播深大于 2 cm 的出苗率显著下降,即使能出苗的,因其在出土前胚乳养分消耗过多,苗细苗弱,往往难以成苗。

表 1　机械旱条播水稻种子在土壤中的纵向分布与出苗率(扬中兴隆)

种子入土深度(cm)	0～0.5	0.5～1	1～2	2～3	3～4	＞4
种子占播种量(%)	5.2	15.0	36.1	19.4	16.3	8.0
出苗率(%)	94.0	89.0	80.0	51.0	33.0	16.0

1.2 分蘖缺位少,单株分蘖多

如表 1 所示,播深在 2 cm 内的种子占 56.3%,这部分种子出苗后,单株营养面积和受光条件优越,而且直播避免了拔秧断根、捆秧伤叶、移栽伤蘖等缺点,有利于个体健壮发育,具有明显的分蘖优势。据定点分蘖追踪观察,当叶龄进入三叶期时,处于适宜生育环境的种谷芽鞘即开始分蘖,直至第八叶位,共有 9 个分蘖节位。单株分蘖平均达到 9.89 个,是移栽稻的 2.2 倍。

本文是 1985—1987 年市科委项目"水稻省力栽培技术研究"的一部分。

1.3 生育提前,群体偏大

机条播水稻不仅蘖位多,而且出蘖率也较高,尤其是低节位蘖,显著多于移栽稻。据定点观察,1～4叶位的一次分蘖平均出蘖率高达75%,是移栽稻的30倍。在群体上则表现为够苗期早、高峰苗期提前、总苗数多的特点。一般够苗期在8～9片叶,苗数在35万左右,10～11叶达到高峰苗期,约50万～55万苗。这比移栽稻约提早2个叶位,苗数多5万～10万。

1.4 全生育期缩短

据试验观察,水稻生育期的变异主要表现在播种至抽穗阶段,而抽穗至成熟阶段则比较稳定。经统计分析:在直播条件下,水稻生育期随着播期的推迟而渐趋缩短,极差可达25天以上,主要受播种至抽穗期间的积温和光长影响。目前生产中应用的主要品种的生育期长短(y)可用光温模式来表征(x为播种至抽穗的积温;ΔH为播期差,以播种日距夏至日的天数表示)。盐粳2号(中粳):$y = 61.06 + 0.0079x + 0.338\Delta H(r = 0.98^{**}, n = 21, s = 1.6)$;青林九号(晚粳):$y = 48.38 + 0.016x + 0.353\Delta H(r = 0.99^{**}, n = 18, s = 1.5)$;花寒早(后季稻):$y = 77.14 + 0.0011x + 0.409\Delta H(r = 0.94^{**}, n = 21, s = 3.2)$;汕优63(杂交中籼稻):$y = 60.11 + 0.0099x + 0.265\Delta H(r = 0.91^{**}, n = 15, s = 2.2)$。据此可对各品种在直播条件下的生育期进行可行性预测,通过确立最佳抽穗扬花期,安排最适播期。

1.5 根系发达,分布较浅

直播稻播种浅,根系入土不深,根量较大。据土壤剖面观察,直播稻发根节入土深度在1.4 cm,比移栽稻要浅3.5 cm,根量为41.6条/株,土表下6 cm内的根数占89%,分别是移栽稻的1.64倍和2.12倍。因此,直播稻根系固定地上部、抗御倒伏能力相对较差。

1.6 有效穗数多

直播稻的分蘖优势构成了它在产量结构上的多穗特点,穗群组成上则表现为分蘖穗占很大比重。据分蘖追踪,盐粳2号有芽鞘至7叶位的8个成穗叶位,单株成穗6.66个,分别比移栽稻增加2～3个和2.96个,每亩有效穗29.15万,比移栽稻增加2.6万,增穗率达9.79%。

2 品种的选用

根据直播稻的生育特点,品种上应选用根系发达、基部节间短粗、茎壁较厚、耐肥抗倒、分蘖性中等的矮秆高产品种。经品种气候适应性试验,目前生产上应用的主要中晚熟品种均能适应直播栽培,但在播期上各有限制。如盐粳2号,播种时抽穗需积温2 174.9～2 422.2 ℃,根据常年水稻生育各期积温分析,不至于显著影响产量的最迟播期为6月下旬初;青林九号生育期长,对茬口要求严格,最迟播期在 6 月初；杂交稻对积温敏感，基本营养生长性强，其最晚播种期在 6 月 5 日左右；花寒早则因耐低温性弱，其最晚播期可在 7 月初。可见，适宜本地小麦茬直播栽培的水稻品种为中粳或早熟晚粳类型。

3 高产栽培配套技术

3 年来，机械旱条播试种 32.67 亩，平均单产 489.3 kg，比常规移栽稻增产 18.2 kg，其中，扬中县兴隆示范点吴法龙农户，1986 年直播 0.95 亩，单产高达 598 kg，超过了当地常规移栽稻的高产水平。直播稻的增产，主要表现在增穗上（见表 2），粒重也略高于移栽稻。然而，直播稻的效益关键不在增产，而是在省工节本上。据核算，直播稻每亩可增收节支 20.45 元（尚不含节省秧田的增收部分），省工 6.27 个（见表 3），其社会经济效益十分明显。总结其高产高效的经验，主要是遵循了旱条播水稻的生育规律，采取了相应的栽培对策。

表 2 直播与移栽水稻的穗粒结构比较

栽培方式	有效穗（万/亩）	总粒数（粒/穗）	实粒数（粒/穗）	结实率（%）	千粒重（g）	理论产量（kg/亩）
直播	28.22	82.80	76.90	92.90	24.03	521.48
移栽	27.15	84.88	77.25	91.01	23.94	502.10
差值	+1.07	-2.08	-0.35	+1.89	+0.09	+19.38

表 3 直播与移栽水稻的经济效益对比分析

栽培方式	用工量（个/亩）	成本（元/亩）	产量（kg/亩）	产值（元/亩）	净收入（元/亩）
直播	13.02	71.10	489.30	191.81	120.71
移栽	19.29	84.41	471.10	184.67	100.26
差值	-6.27	-13.31	+18.20	+7.14	+20.45

3.1 提高播种质量，力争一播全苗

播种质量的高低，直接影响全苗匀苗。稻茬免耕麦田，一般土地平整，畦沟完整，在土壤含水量为 15%～25%（因土质而异）、墒情适宜的条件下，麦收后即可铺施有机、无机肥，直接机械旱条播。但是，必须严格掌握播量，浅播匀播。播种前，要精选种子，去杂去劣，药剂浸种，准确调试好播量，确保机器排种顺畅，防止漏播重播。据试验，千粒重在 24 g 左右的品种，亩播量以 4～5 kg 为宜，播深要求深不过寸、浅不露籽，田边田角人工补种，以利齐苗壮苗。

3.2 选择适宜基本苗，培育壮株防倒伏

根据直播稻分蘖性强、穗多粒少的特点，适宜的基本苗应立足于提高分蘖成

穗率,主攻大穗,兼顾品种特性、施肥管理水平等因素来确立。据试验,密度为15万、20万的基本苗,高峰苗高达60万、80万以上,茎秆细弱,乳熟期即发生70%,80%的严重倾斜,茎秆与地面的夹角只有60°和30°,蜡熟期就全部倒伏,夹角呈15°和0°,而且主茎成穗为主,穗型甚小,以致增穗之得小于减粒之失而导致减产,产量只有353 kg;而10万基本苗,到成熟也只有少数呈45°倾斜,穗粒协调,产量达到517 kg。可见,适宜的基本苗是足穗增粒、防止倒伏的重要前提。诚然,基本苗过少,肥力跟不上,分蘖少,穗数不足,也难以高产。生产实践表明,基本苗小于6万,有减产之风险;采用8万~10万基本苗,能较好地发挥群个体的最佳生产力。

3.3 综合措施防草害,水稻生长保平安

据调查,直播稻田的杂草基数是移栽田的1~3倍,能否抑制草害,是直播栽培能否成功的关键。避免草害必须实行化学控制与农艺措施相结合。首先,从降低杂草基数着手,减少杂草种源。在杂草种子未成熟、水稻收获前,要人工清除田内外杂草,防止草籽散落田间;结合精选大粒种,筛去混入种谷中的草籽。其次,要根据出草规律,认真搞好化学除草。免少耕直播田,由于以湿润灌溉为主,适宜出草,往往旱湿混生,杂草种类多,发生时间长,浅层种量大,出草比较早,稍有疏忽,就会形成草荒田。据试验,未除草比经除草效果好的,产量下降60.83%;化学除草两次的比一次的产量增加59.03%。因此,搞好化学除草至关重要。化学除草通常采用“封、杀、补”的方式,即在播后芽前,用25%除草醚500 g/亩兑水喷雾,二叶期再用60%丁草胺乳油100~125 mL或用50%杀草丹乳油200 mL兑水喷雾。如果田间杂草基数大,两次用药仍除不尽,或除草效果差,还需在四叶出生期再用苯甲合剂(25%苯达松100 mL加20%二甲四氯150 mL)兑水喷雾,对稗草基数大的田块,可改用96%禾大壮125 mL加20%二甲四氯100 mL兑水喷雾,这样会收到较好的效果。

3.4 科学运筹肥水,协调群个体关系

稻作群体的建成,适宜的基本苗是基础,茎蘖动态的调节是主体。肥水管理则是促控茎蘖消长的有效手段。水管适当与否直接影响全苗和倒伏,是控制群体顶点的重要措施。播后至三叶期的水管以湿润为主,对播种干谷的,为防止漂种,应先窨灌,使种土粘着后再灌浅水浸种2~3天,见芽后排水,保持田面湿润,以利扎根立苗;对浸种催芽播种的,播后沟灌使田面湿润,既防止种谷缺水,又供给充分氧气,有利于根芽协调生长,芽齐苗壮,根系深扎。三叶期开始建立浅水层,为分蘖出生创造良好的环境;够苗后宜早烤、轻烤、分次烤,既可防止群体过大,又不至中控过度,有利于根系深扎防倒伏,提高成穗率,促进壮秆大穗的形成。有实验表明,同一品种采取相同的管理措施,因够苗至抽穗阶段未脱水烤田,孕穗期即发生严重倾斜,并且,即使在抽穗后脱水落干几次也无济于事,最终

仍全部倒伏；适时适度搁田的，则未见倒伏。生育后期则以干湿交替为主，防止早脱水，以提高结实率和粒重。

肥料运筹方式也由直播稻的生育特点决定了其与移栽稻的不同。据定株观察，直播稻的产量主要由主茎和 2～5 叶位分蘖穗组成，它是移栽稻同叶位距内形成产量的 2.1 倍。因此，根据同样规律，直播稻的分蘖肥应重点放在 8 叶前发挥，肥效延至 8 叶后则易产生较多的无效蘖，影响个体的健壮发育。据试验，2 叶和 5 叶期各施一次肥能有效地提高中下部优势蘖的出生率，避免群体过大，利于攻大穗。穗肥的施用，则以重促轻保产量最高。试验表明，总叶片 16 叶左右的品种，9 叶和 14 叶各施一次肥，能保持中期适宜的供肥强度，协调群个体关系，促使穗粒结构合理化，取得显著增产效果（见表 4）。从全生育期看，氮肥运筹方式宜前重后轻，一般基蘖肥用量占总用氮量的 2/3，穗粒肥用量占 1/3，亩产千斤稻谷，一生总用氮量宜掌握在 14～16 kg，其中有机肥应占 50% 以上，以求土壤均衡供氮，并弥补磷钾肥及微量元素之不足。

此外，鼠害已成为社会公害，小面积灭鼠已不足以有效控制，要依靠全社会的力量，集中用药，打好歼灭战，从根本上解决问题。当然，对于鼠口密度低的地区，在播种前后可用敌鼠钠盐或杀鼠灵毒饵诱杀，能收到较好的效果。在植保技术上，要借鉴移栽稻防病治虫的经验，灵活使用好病虫综防技术，注意防治好苗期的稻蓟马和稻象甲，使产量损失控制在最低限度。

表4　氮肥不同运筹方式下产量差异显著性测试

处理代号	运筹方式（总用氮 14 kg，按叶龄施肥比例如下：%）										亩产量（kg）	差异显著性	
	基肥	2 叶	3 叶	5 叶	6 叶	8 叶	9 叶	10 叶	11 叶	13.5 叶		5%	1%
三	35.71	21.43	0	8.93	0	0	21.43	0	0	12.5	417.74	a	A
一	35.71	21.43	0	8.93	0	12.5	0	0	14.29	7.14	416.90	a	A
二	35.71	21.43	0	0	8.93	0	0	0	21.43	12.5	412.08	ab	A
四	42.86	0	23.21	0	0	0	0	21.43	0	12.5	393.67	b	A

献优 63 的特征特性及其高产配套栽培技术的探讨

1989 年,我市在四县(市)一区 46 个乡(镇)示范栽培献优 63 共 7 401 亩,建立 1 个千亩片、27 个百亩方,表现出较好的增产优势,平均实收单产 559.1 kg。其中,丹阳市新桥镇种植 1 030 亩,平均亩产 578.45 kg,比汕优 63 增产 2.13%;导墅镇下琴村农户马金凤种植 2.6 亩,实收单产 753 kg,是我市 1989 年水稻单产最高的田块。据丘陵、平原、沿江不同生态类型地区的 8 个点在栽培管理相对一致的同一田块与汕优 63 对比试种,献优 63 平均单产 576.58 kg,比汕优 63 亩增 5.4%。

1 特征特性

1.1 生育期适中

献优 63 属中熟中籼型杂交组合,本市种植 5 月 15 日左右播种,10 月 5 日左右成熟,全生育期 142 天左右,与汕优 63 相仿或略长,有利于稻麦双高产。

1.2 株型紧凑

该组合株高 105 ~ 120 cm,比汕优 63 高 5 ~ 8 cm;一生主茎叶龄 16.0 叶,比汕优 63 少 0.5 叶左右;5 个伸长节间,与汕优 63 相同,节间长度由下而上分别为 5.76 cm,12.11 cm,17.87 cm,22.23 cm,34.83 cm,与汕优 63 相比,除基部第一节短 0.75 cm 外,2 ~ 5 节分别长 1.85 cm,3.03 cm,3.62 cm,4.34 cm,茎基粗 0.605 cm,比汕优 63 粗 0.031 cm;叶姿挺拔,叶片与茎秆的夹角小,顶 3 叶短而宽,有利于提高稻株中下部的透光度。

1.3 叶色深绿,光合力强

献优 63 全生育过程中,健康叶片的叶色比汕优 63 深一级以上,叶绿素含量高,有利于提高光合能力,增加干物质积累(见表 1)。由于该组合株型紧凑,叶面积指数大于汕优 63,孕穗期最大叶面积指数达 8.32,比汕优 63 大 1.19,光合势强于汕优 63。

本文系江苏省杂交稻新组合开发攻关协作的一部分,原载于《江苏农业科技报》(1990 年 1 月 30 日)和江苏省农林厅《良种配良法 协作创高产——献优 63 示范、制种、繁殖技术经验选编》(1990 年 2 月)。丹阳的陈维轩、姜志芳共同参与了研究。

表1 干物质积累与分配

组合		献优63	汕优63	差值
各时期 干物重 （kg/亩）	够苗	121.3	83.67	+37.63
	拔节	206.5	197.23	+9.27
	孕穗	687.65	570.4	+117.25
	齐穗	847.85	730.43	+117.42
	乳熟	1 221.2	936.44	+284.67
	成熟	1 251.35	1 092.37	+158.62
总颖花量（万朵/亩）		2 881.45	2 209.8	+671.65
齐穗期（粒/叶）		0.55	0.56	+0.01
齐穗期颖花占有干物质（mg/朵）		29.45	33.05	−3.63
齐穗至 齐穗后 20天	光合势（万 m²·日/亩）	8.58	6.51	+2.07
	净同化率[mg/（cm²·日）]	0.44	0.13	+0.13

1.4 穗大粒多,亩总颖花量大

献优63既具有汕优63容易足穗的优势,又具有赣化2号的大穗优势,因而亩总颖花量多(见表1)。据考种,献优63的正常一、二次枝梗分别为14.7和28.31个,比汕优63分别增加4.32和13.39个,每穗总粒和单位面积内的颖花量分别增加40.78%和30.39%。

1.5 结实率、千粒重、出糙率低,米质尚可

据考察,献优63结实率很不稳定,极差达40%左右(50%～90%),一般比汕优63低8%～10%,且瘪粒较多。据丹阳市埤城镇考种,空瘪粒占27.96%,其中瘪粒就占15.3%,比空粒还要高2.78%;汕优63的瘪粒仅占3.7%,比空粒少9.64%。这主要是由于献优63弱势粒灌浆严重不足,其千粒重也比汕优63要低1 g左右。又据丹阳市试验站测定,献优63出糙率为77.09%,比汕优63低3.86%,由于其容重、出糙率低,粮价较汕优63低0.01～0.03元/kg。经品尝,其食味与汕优63相仿。

2 生育特点

2.1 分蘖力较强

据两年3组分蘖追踪观察,献优63的单株分蘖13.3个,比汕优63少7.32%,主要少在秧田分蘖和二次分蘖,其成穗率为73.82%,比汕优63低6.12%,似与种子质量和分蘖素质较差有关,但其分蘖力较赣化2号要强,成穗数也多。

2.2 对温度反应比较敏感

据句容市播期试验,在5月10—25日播期内,各主要生育期皆随播期的推迟而相应延迟,各播期的水稻由于幼穗分化期所处的平均气温不同及幼穗分化前的积温不同,因而早播早栽的比迟播迟栽的幼穗分化历期要长3~4天,穗型增大(见表2),迟播迟栽的抽穗期推迟。灌浆结实期所处的平均气温偏低,影响灌浆速率,遇小于23℃的低温甚至停止灌浆,千粒重也低。

表2　不同播栽期对献优63生育期及产量结构的影响(句容郭庄)

播期 (月/日)	栽期 (月/日)	幼穗分 化始期 (月/日)	齐穗期 (月/日)	成熟期 (月/日)	有效穗 (万/亩)	总粒 (粒/穗)	结实 率(%)	千粒 重(g)	产量 (kg/亩)	备注
5/10	6/13	7/12	8/18	10/1	19.05	170.1	72.25	27.9	653.21	9/16严重倒伏,后期病害重;5/15栽后植伤严重
5/15	6/13	7/14	8/20	10/2	17.98	167.35	68.51	25.5	525.66	
5/20	6/19	7/18	8/28	10/10	18.87	156.5	75.21	26.0	577.46	未倒伏,病害轻
5/25	6/19	7/22	9/1	10/10	15.22	140.5	70.82	24.5	371.03	

2.3 需肥量较大,对磷钾反应敏感

该组合生长繁茂性好,丰产架子大,对肥料需求量较大。据调查,献优63亩产650 kg稻谷,需纯氮肥17.26 kg,比汕优63多2.5 kg,即需肥量增加16.64%。扬中市西来桥镇不同肥料用量试验也表明,在亩施12.5~20 kg纯氮肥的范围内,产量随用氮量增加而提高。每增施1 kg纯氮肥,可增产稻谷29 kg,达极显著水平,亩用20 kg纯氮肥的比17.5 kg的增产不显著。又据丹阳市延陵镇测土配方施肥试验,在用氮量比传统施肥法少1.04 kg的条件下,增施4.2 kg氯化钾,单产增33 kg,增幅为5.76%。因此,合理用氮,增施磷钾,有利于高产。

2.4 对水反应敏感

献优63在各主要生育时期对水均较汕优63敏感。据丹阳市胡桥乡调查,烤田后未能及时复水的,一、二次枝梗仅有10.6和23.2个,每穗总粒只有112.7粒,比正常田块减少73.2粒,减产31.4%。据镇江农科所观察,丘陵塝田种植献优63,里坎长势明显好于外坎,产量悬殊。主要原因表现为分蘖期缺水,影响早发足穗;幼穗分化期缺水,减小穗型,增加颖花退化;抽穗期缺水,出现包颈,影响结实率;后期早断水,影响千粒重。

2.5 抗逆性较弱

据苗情分析,献优63的茎鞘贮存物质抽穗后向籽粒输出量大,比汕优63多输出24.83%,两者相对输出量相仿。因而,在献优63茎鞘体积大于汕优63的情况下,其茎鞘比重比汕优63小10.69%,致使茎壁组织疏松,机械强度减弱,加上穗大负荷重,叶鞘包茎不紧,抗倒性明显差于汕优63(见表3)。在抗病虫方

面,据丹阳市访仙镇调查,基部一、二节间的茎鞘、穗颈节和上部三张功能叶病虫危害严重,主要病害有纹枯病、稻瘟病、叶尖叶枯病、云形病、叶黑肿病、粒黑粉病、小球菌核病及叶鞘腐败病。在导致植株死亡或严重减产的因素中,纹枯病占 5.32%,小球菌核病占 26.31%,穗颈瘟占 5.2%,枝梗瘟占 36.88%,正常植株仅占 26.01%。据丹阳延陵农科站调查,献优 63 纵卷叶螟的发生量是油优 63 的 2 倍,二化螟虫伤株高达 33.56%。叶尖枯病在献优 63 齐穗后 20 天即开始发生,比油优 63 早 5 ~ 7 天,且蔓延速度极快。献优 63 成熟期绿叶面积小于油优 63,熟相较差。

表3 茎鞘贮存物质对籽粒的贡献及茎秆比重

组合	单位长度茎鞘干物重(mg/cm)		绝对输出量(mg/cm)	相对输出量(%)	茎基粗(cm)	茎壁厚(cm)	成熟期茎秆比重(mg/cm)
	齐穗期	成熟期					
献优 63	40.55	33.21	7.34	18.10	0.605	0.079	694.77
油优 63	32.24	26.36	5.88	18.24	0.574	0.059	777.58
差值	+ 8.31	+ 6.85	+ 1.46	- 0.14	+ 0.031	+ 0.02	- 82.81

3 高产栽培策略与技术关键

据对不同产量水平 58 块田的穗粒结构资料分析,以每亩穗数(X_1)、每穗总粒(X_2)、结实率(X_3)、千粒重(X_4)和产量(Y)进行通径分析。结果表明,4 个自变数各增加一个标准单位,分别可使产量的标准效应增加 0.265 3,0.669 4,0.504 1 和 0.239 2。每亩穗数与其他三因素均呈负相关,其间接通径系数均为负值,说明每亩穗数对产量的增效作用受到单穗重的制约,结实率随每穗总粒增加而下降呈负相关,间接通径系数为负值。由此看来,增粒增产效果最好。据此,献优 63 的高产栽培策略应是在足穗条件下,充分发挥其大穗优势,主攻穗重,重点提高结实率和千粒重。根据不同产量等级田块资料分析,结合高产典型,亩产 650 kg 以上的穗粒结构应是每亩穗数 17.5 万 ~ 18.0 万,每穗总粒 170 ~ 175 粒,结实率 82% 以上,千粒重 27 g 以上。要实现这一指标,技术上必须抓好以下几个环节:

3.1 适期早播,培育适龄多蘖壮秧

如前所述,献优 63 在幼穗分化期、抽穗期及灌浆结实期对温度反应敏感,过早过迟播种均不利于高产。句容市播期试验表明(见表 2),献优 63 抽穗期遇低温,抽穗整齐度差,始穗至齐穗长达 12 ~ 15 天,比油优 63 长一倍,影响结实率;灌浆结实期遇低温,灌浆速度减慢,弱势粒灌浆高峰不明显,导致瘪粒增多,粒重下降。5 月 25 日播种的产量显著低于前 3 个播期,说明该组合的适宜播期为 5 月 10—20 日。根据本市光温资源,最佳抽穗扬花期以 8 月 15—20 日为宜,

因此,依据该组合播种至始穗历期,确立本市最佳播种期为 5 月 10—15 日之间。

壮秧是水稻高产的基础,对献优 63 尤为重要。据丹阳市蒋墅镇分蘖追踪观察,单株带蘖 3 个以上的秧苗,低节位分蘖成穗多,有利于兼顾足穗和大穗两个优势,单株产量显著高于带蘖少的弱苗(见表4)。丹阳市珥陵镇的观察结果也表明,秧田蘖穗质好于大田蘖,单蘖穗重秧田蘖比大田分蘖重 1.15 g,增重 39.25%,比油优 63 秧田蘖重 1.23 g,增重 43.16%(见表5)。因此,培育单株带蘖 3 个以上的壮苗,提高秧田分蘖穗在穗群中的比重,容易获得足穗、大穗的主动权。培育壮秧的关键是稀播、足肥、精管,同时严格掌握适宜秧龄,提倡应用多效唑。据丹阳市新桥镇试验,对亩播种量 9~10 kg、7 叶移栽、30 天秧龄的献优 63,在一叶一心期用 15% 多效唑粉剂 15 g,拌土撒施,叶龄增 0.3 叶,苗矮 1.9 cm,矮化 6.27%,单株带蘖 4.2 个,比对照增 1.11 个,根系多 9.2 条,增 29.77%,百株干重下降 2.57 g,减少 5.97%,移栽后还表现有减轻植伤、促进早发的作用。

表4　秧田分蘖对大田出蘖及产量结构的影响(丹阳蒋墅)

移栽时分蘖数(个/株)	一生分蘖量(个/株)	成穗数(个/株)	成穗率(%)	总粒(粒/穗)	结实率(%)	千粒重(g)	单株产量(g)
0(主茎)	9.5	9.0	94.74	215.9	61.23	27	32.12
1	10.5	7.0	66.67	214.17	62.61	27	25.34
2	13.0	9.0	69.23	156.0	62.34	27	23.63
3	17.5	12.5	71.43	166.0	59.79	27	33.5
4	19.0	16.0	84.21	171.3	63.69	27	47.13

表5　秧田分蘖穗与大田分蘖穗穗部性状比较(丹阳珥陵)

蘖别	组合	单株穗数(个)	总粒(粒/穗)	结实率(%)	千粒重(g)	产量(g/株)	一次枝梗(个)		二次枝梗(个)	
							正常	退化	正常	退化
秧田蘖	献优63	1.9	201.58	77.3	26.19	7.75	16.68	0.59	34.85	37.18
	油优63	2.8	133.36	78.6	27.19	7.98	11.71	0.21	21.29	16.93
大田蘖	献优63	7.9	150.09	74.43	26.21	23.13	13.76	1.8	24.69	27.32
	油优63	7.2	84.49	79.17	27.21	13.10	9.5	1.09	10.67	13.39
秧田比大田	献优63	-6.0	+51.49	+2.87	-0.02	-15.38	+2.92	-1.21	+10.16	+9.86
	油优63	-4.4	+48.87	-0.57	-0.02	-5.12	+2.21	-0.88	+10.62	+3.54

3.2 栽足密度,建立合理的群体起点

献优 63 是源限制型品种、库大有余、结实率低而不稳,适度收缩单穗库容,增加穗数,扩大绿叶面积,重视叶层结构和穗群结构的合理配置,能提高光合效率,增加单位面积内的总实粒数而增产。据丹阳市珥陵镇分蘖追踪观察,双本插比单本插有利于抑制高位蘖和二、三次蘖的发生与成穗,缩小穗群中的小穗比例,增加低位一次蘖成穗的比重,从而提高单蘖穗质,因而生产上应提倡单、双本结合栽插,掌握单株带蘖 0 ~ 2 个双本插,3 蘖以上单本插,有利于穗粒并重。栽插密度上,据丹阳市吕城镇试验,在亩栽 0.8 万 ~ 4.0 万穴(间距 0.8 万/亩)之间,以 1.6 万穴、2.4 万穴产量较高,0.8 万穴的穗数严重不足,超过 3.2 万穴,倒伏严重而减产。又据导墅镇试验,亩栽 2.0 万穴、1.8 万穴的,分别比 1.6 万穴的增产 38 kg 和 64.5 kg,表明献优 63 的适宜密度为 1.8 万 ~ 2.0 万穴/亩。栽插方式上,据丹阳市新桥镇试验,在密度相同的条件下,采用行株距 26.0 cm × 14.67 cm 的比 22.33 cm × 16.9 cm 的增穗 0.47 万/亩,结实率提高 2.82%,增产 28.1 kg/亩,增幅为 4.72%。宽行窄株有利于群体内通风透光,容纳更多的绿叶面积,减轻病害,应予以提倡。有经验的地区还可推行宽窄行栽插,以保证密度。

3.3 合理促控,确保早发、中稳、后健

献优 63 对肥水较为敏感,在肥少、地力差、缺水的情况下,长势不足;在肥料较多,烤田不好的情况下,它又容易倒伏。据扬中市作栽站试验,在亩用 17.5 kg 纯氮的情况下,基蘖肥用 70% 的比用 60%,40% 的分别增穗 0.78 万和 1.71 万,实粒数增加 6.7 和 8.57 粒,结实率提高 3.92% 和 3.72%,说明前期缺肥影响早发足穗,后期施氮过多,施用促花肥,不仅无增粒效果,而且容易倒伏,不利于提高结实率。亩用 20 kg 纯氮的倒伏更为严重,投肥增产率显著降低,超过 20 kg 纯氮则呈减产趋势。因此,献优 63 一生用氮量以 17.5 kg/亩为宜。据丹阳市埤城镇调查,增施有机肥或三元复合肥比单施无机肥、偏施氮肥的后期熟相好,秆青籽黄病害轻,每亩增产 97.25 kg,增幅达 18.1%。由此看来,肥料的运筹宜前重后轻,有机与无机肥结合、氮磷钾搭配。综合高产典型经验,氮肥分配宜基蘖肥占 70% ~ 75%,保花肥占 15% ~ 20%,长粗接力肥和粒肥看苗补施 5% ~ 10%。提倡用有机肥、磷钾肥作长粗接力肥,大力推广配方施肥,因土增施适量微肥。

献优 63 的水浆管理重点掌握浅水分蘖、够苗轻烤、适时复水、足水抽穗、湿润到老的技术原则,十分强调水气协调和以水调肥、以水控温的作用,特别注意防止早断水。据丹阳市新桥镇试验,9 月 20 日断水的,结实率为 85.3%,千粒重 25.98 g,比 9 月 30 日断水的分别下降 5.1% 和 0.75 g,亩产减少 35.5 kg,说明养老稻对该组合更为重要。

3.4 加强监测,综合措施防治病虫害

献优 63 的病虫害重于汕优 63,因此,农业防治主要围绕通风透光,降低田间湿度,防止群体过大、过早郁蔽和提高稻体素质,进行株行距的合理配置,科学运筹肥水,增施磷钾肥和硅肥等,以造成不利病虫的生存环境,增强稻株对病虫害的抗御能力。药剂防治以预防为主,通过加强对病虫动态的监测,及时采取适用的总体防治战术,病虫兼防,最大限度地降低病虫害损失。应大力推广后期"三喷"技术。丹阳市导墅镇试验表明,始穗期喷粉锈宁,齐穗后喷尿素和磷酸二氢钾,能防治水稻后期多种病害,延长功能叶寿命,增强灌浆能力,与不喷肥、药的比较,结实率提高 20%,千粒重增加 0.5 g,是一项行之有效的经济增产措施。

实践表明,正确的栽培方法能减轻倒伏或避免倒伏。一是要培育老健青秀的稻株,提高后期光合效率,适当减轻茎鞘内贮存物质对籽粒的负担,增大基部茎鞘比重,以增强茎秆对稻穗的负载力,措施上重点掌握提高烤田质量,加强后期管理,保护好功能叶;二是增施有机肥、磷钾肥和硅肥,合理运筹无机氮肥,提高茎秆硅化程度,节制基部节间伸长,增强稻体机械组织强度和韧性;三是防治好病虫害,尤其是二化螟、稻飞虱、纹枯病、小球菌核病及后期叶面、穗部病害,重点保护好中下部的茎鞘不受损害。丹阳市导墅镇下琴村的百亩丰产方,正是由于有机肥充足,用钾肥作长粗肥,实施了"三喷",病虫防治较好,坚持养老稻,熟相正常,因而未出现倒伏,平均亩产创 715 kg;四是适时施用多效唑。据丹阳市新桥镇初步试验,在大田够苗期、烤田前、叶龄 10.8 叶时,用 15% 的多效唑粉剂 150 g 拌细土 25 kg 撒施,能降低株高,缩短节间,减轻倒伏而不影响产量。11 叶后用药会抑制枝梗分化,缩小穗型,减产严重。因此,正确掌握用药时间和用药量有助于防止倒伏。

此外,献优 63 尚存在种性不纯的问题。据丹徒区作栽站调查,1989 年田间杂株率为 11.9%,其中大港镇百亩丰产方杂株率达 14.7%,对产量影响很大。因此,狠抓父母本的提纯和制种田的隔离及去杂去劣工作,提高种子质量,也是挖掘该组合生产潜力不可忽视的重要方面。

机插水稻高产栽培中的几个技术问题研究

自1956年我国发明洗根大苗插秧机和1960年日本发明带土小苗插秧机以来,机插稻的高产栽培一直是国内外稻作学者的热门话题,并在发展育秧技术、提高机插质量、改变施肥方法、改善群体结构及生理基础等方面取得了研究进展。但是,机插稻的产量往往难以突破传统稻作的产量界限,因而成为我国、特别是南方稻区水稻机插栽培面积发展速度缓慢的重要原因。如何提高机插稻产量,加速发展机插稻作,近年来国内许多学者做了大量研究报道,本文仅就机插稻高产栽培中的品种选用、育秧技术、栽培途径和草虫病害防治等几个技术问题做简单探讨。

1 研究方法

1983—1989年先后在句容市黄梅乡(丘陵马肝土)、丹阳市界牌镇(沿江粘壤土)、扬中市新坝镇(沿江沙壤土)、丹徒区辛丰镇(丘陵黄土)等地进行了带土中小苗、大苗机插水稻的高产栽培试验。供试机型有日本产S402B型,吉林产2ZT-9358型、2ZT-7358型机动插秧机。供试品种有丰早30(早稻)、IR661、密阳23(常规中籼)、盐粳2号、8169-22(中粳)、汕优3号、汕优63(杂交稻)、陆矮、武复粳(晚粳)、镇稻1号(后季稻)等。前茬均为小麦(除后季稻)。进行了规格化简易育秧、多效唑处理秧苗、本田密度配置、肥料运筹、化学除草等方面的辅助试验,观察了机插稻田的病虫草害发生情况,记录了农艺措施和有关试验数据,收获时进行了测产、考种、核实产。

2 结果与分析

2.1 机插水稻的品种选用

通过机插不同品种的比较试验(见表1)可知,穗重型品种(如杂交稻)在中小苗机插条件下因失去了Ⅰ~Ⅲ位优势蘖,大穗优势得不到充分发挥。据分蘖追踪观察,在机插稻穗群组成中,分蘖成穗Ⅴ~Ⅶ位占74.0%(杂交稻)~82.3%(粳稻),传统稻作则以Ⅰ~Ⅲ和Ⅵ~Ⅷ分蘖为主。以盐粳2号为例,Ⅴ~Ⅷ分蘖穗平均每穗总粒为93.6粒,比其Ⅰ~Ⅲ分蘖穗平均104.5粒少10.9粒,减幅为10.43%,加上Ⅴ~Ⅶ蘖在群体较大的情况下穗型潜力受到抑

本文原载于《水稻高产高效栽培技术及理论》(东南大学出版社,1991),是江苏农学院主持的江苏省"七五"重点科技攻关项目"新型耕作栽培技术及其应用研究"的一部分。戴玉祥共同参与了研究。

制,尽管中小苗机插栽培比大苗手插有增穗优势,如杂交稻穗增 16.47%,但其增穗之得往往难以弥补穗型减小(杂交稻减小 22.32%)之失,因而其产量难以突破传统稻作。多穗型品种(如盐粳 2 号),在机插栽培条件下,以穗数取胜的优势得以较好发挥,但是其群体往往偏大,封行期过早,单株绿叶数减少,个体充实不够,幼穗不能充分发育,即穗型减小之失部分或全部抵消了增穗之得,故产量常与传统稻作相仿或略增。对于以 IR661、陆矮等为代表的穗粒协调型品种来说,由于其自身调节能力强,在机插栽培条件下,群个体矛盾易于协调,该品种往往穗数增加较多,而穗型减小较小或不减小,因而产量多半较传统稻作增产。综上分析,不同品种类型对机插栽培的适应能力是:穗粒协调型 > 多穗型 > 穗重型。由表 1 还可知,机插稻的结实率普遍低于传统稻作,这可能是机插稻的播期通常迟于手插稻,其抽穗扬花期错过了最佳光温条件所致。因此,机插稻宜选用生育期适中、耐寒性较强的品种。

表 1   机插不同品种的产量、产量结构及其与传统稻作的对比

品种类型	代表品种	栽插方式	基本苗(万/亩)	有效穗(万/亩)	总粒(粒/穗)	结实率(%)	千粒重(g)	产量(kg/亩)	产量比较(%)
穗粒协调型	IR661	中苗机插	10.6	26.4	98.4	82.3	26.1	558	109.52
		大苗手插	11.8	24.4	97.4	83.1	25.8	509.5	100
	陆矮	机插	8.6	24.2	92.2	84.6	29.3	553.1	108.58
		手插	14.2	26.7	78.7	87.2	27.8	509.4	100
多穗型	盐粳 2 号	机插	10.8	29.5	72.5	89.8	24.2	464.8	105.71
		手插	13.4	26.05	78.05	91.05	23.8	439.7	100
穗重型	汕优 3 号	机插	6.7	23.5	106	82.6	26	531.5	90.95
		手插	11.3	19.3	132.5	86.6	26.4	584.6	100
	汕优 63 号	机插	7.1	24.86	94.9	81.1	27.9	533.8	89.68
		手插	13.3	22.22	107	90.7	27.6	595.2	100

2.2   培育机插壮秧的几个技术问题

育秧是机插栽培成败的关键,培育能够机插的壮秧具有与传统稻作育秧同等的重要性。但是,机插稻作与传统稻作栽培方式的不同,导致壮秧标准各异。研究表明,秧苗密度、移栽叶龄、秧苗高度、秧苗整齐度、秧苗均匀度及秧苗干物重是反映机插秧苗素质的主要指标,而秧苗素质又受多种自然、栽培因素影响,其中播种量、秧龄又起主要作用。

2.2.1   播种量

这是决定秧苗素质和机插质量的主要因素(见表 2、表 3)。由表 2 可以看出,秧龄在 23 天内,播种量在 70 ~ 125 g/盘,折合每亩 245 ~ 435 kg(秧田利用率按 85% 计算)范围内,秧苗较为粗壮,机插每穴本数在 1 ~ 4 本的占 2/3 以上,基

本符合机插高产栽培要求。

表2 不同播种量对秧苗素质的影响

播种量 （g/盘）	叶龄 （叶）	苗高 （cm）	绿叶数 （叶）	根数 （条）	茎基粗 （cm）	百株地上部干重 （g）	成苗率 （%）
70	5.2	22.9	3.3	12.9	0.27	3.1	94.0
80	4.8	20.3	3.2	10.4	0.25	2.8	93.0
90	4.7	15.5	3.3	12.2	0.23	2.7	92.0
100	4.9	15.8	3.2	12.7	0.27	2.0	86.0
125	4.8	19.8	3.3	10.3	0.22	2.0	82.0
150	4.2	15.1	2.7	9.5	0.21	1.4	71.0
175	4.2	17.8	2.3	8.5	0.21	1.2	63.0
200	4.5	15.4	2.2	10.1	0.20	1.0	44.0

注：秧龄23天，品种为IR661，秧块规格58 cm×28 cm。

表3 不同播种量下机插每穴本数的分布

本数 （苗/穴）	播种量（g/盘）							
	70	80	90	100	125	150	175	200
0（空穴）	8%	6%	6%	5%	6%	4%	3%	3%
1~2	53%	36%	35%	28%	21%	23%	20%	6%
3~4	26%	44%	42%	42%	46%	35%	32%	13%
≥5	13%	14%	17%	25%	27%	38%	45%	78%

2.2.2 秧龄

秧龄长短对苗高、叶龄及机插质量、缓苗期等有直接影响，同时受播栽期制约。表4说明，秧龄过长，因盘内密度大，秧苗细长易倒，不能机插；秧龄短于15天，苗体偏小，容易形成僵苗，不利于早发。因此，在正常情况下，秧龄不宜超过25天和短于15天。然而，生产上单机作业负担面积较大，且稻麦两熟地区前茬作物腾茬较晚，若分期播种，迟播迟栽的会影响安全抽穗，即便在安全抽穗期内，如前所述，由于错过了最佳抽穗扬花期，灌浆后期气温偏低，这会影响结实率和千粒重，有的品种甚至会影响穗发育，因此，必须适当延长秧龄，缩短水稻在本田的营养生长期。据试验，施用多效唑有效养分20~25 g/亩，于秧苗一叶一心期兑水喷雾，可使苗高矮化26.2%，分别缩短第3,4叶叶长18.9%和28.1%，增加3,4叶叶宽22.7%和10.9%，对第5,6叶叶长也有抑制作用，并提高了秧苗的整齐度和成秧率，健壮了秧苗素质，对于抗植伤、提高机插质量也有明显效果。

通过多效唑的调节作用,可使秧龄延至 30 天左右,叶龄放宽至六叶期。

表 4　秧龄对秧苗素质的影响

播种期(月/日)	秧龄(天)	叶龄(叶)	苗高(cm)	根数(条)	盘根情况
4/30	35	6.1	41.5	18.0	紧实
5/10	25	5.0	24.5	18.0	紧实
5/20	15	2.8	15.0	11.5	不紧

注:品种为密阳 23,播种量为 80 g/盘。

2.2.3　壮秧标准

综合试验结果,参考生产实践经验,有利于提高机插质量和保证水稻高产的壮秧形态指标可归纳为表 5。培育标准壮秧,必须选用籽粒饱满、发芽率高、发芽势强的种子;床土需按氮、磷、钾各 1 g/盘进行营养配方,以满足秧苗一叶一心离乳时的营养需要,秧板要施足基肥,一叶一心期及时用好断奶肥,起苗前施好送嫁肥;以湿润灌溉为主搞好水分管理,同时抓好"四定",即以机插基本苗定播种量,以群个体矛盾激化临界期定秧龄,以栽期定播期,以秧苗高度为主要参数定调控技术。

表 5　机插水稻的壮秧标准

苗别	秧块规格(cm×cm)	播种量 g/盘	播种量 kg/亩	秧龄(天)	叶龄(叶)	苗高(cm)	茎基粗(cm)	根数(条)	成苗率(%)	百苗地上部干重(g)
中、小苗	58×22	70~100	315~435	16~22	3.5~4.5	15~22	0.22~0.28	12~16	>85	2.2~2.8
	58×28	90~125								
大苗	58×22	55~60	245~280	23~30	4.5~6.0	20~25	0.35~0.4	16~24	>75	3.5~4.0
	58×28	70~80								

注:播种量以千粒重 25 g 计算,秧田利用率按 85% 计算。

2.3　机插稻高产栽培的技术原则

2.3.1　栽培策略

据对 1985—1989 年 7 个品种、不同产量水平 86 块田的穗粒结构资料,以每亩穗数(X_1)、每穗总粒(X_2)、结实率(X_3)、千粒重(X_4)为自变数,对产量(Y)进行通径分析(见表 6)。结果表明,4 个自变数各增加一个标准单位,对产量的标准效应大小依次为:每穗总粒 > 每亩穗数 > 结实率 > 千粒重。每亩穗数对产量的增效作用受到穗型和粒重的制约,结实率则随着每穗总粒数增多而降低,其间接通径系数呈负值,千粒重与结实率间也呈微弱负相关。由此看来,机插水稻的高产栽培策略应是:充分发挥足穗优势,主攻大穗,提高结实率,稳定千粒重。根据不同品种、不同产量水平的田块资料分析,机插稻各类型品种亩产 600 kg 以上的穗粒结构可综合为表 7。

表6 产量构成因素对产量的通径系数

项目	1→Y	2→Y	3→Y	4→Y
$X_{1,1}$→	0.815 5	− 0.416 1	0.217 9	− 0.153 1
$X_{2,2}$→	− 0.330 9	1.025 6	− 0.376 5	0.036 0
$X_{3,3}$→	0.319 8	− 0.694 3	0.555 5	− 0.067 9
$X_{4,4}$→	− 0.253 4	0.074 9	− 0.076 5	0.492 8

表7 机插稻亩产600 kg产量结构参数

品种类型	有效穗（万/亩）	总粒（粒/穗）	结实率（%）	千粒重（g）
多穗型	30 ~ 34	80 ~ 90	93 ~ 95	24 ~ 25
穗重型	20 ~ 23	100 ~ 140	82 ~ 90	26 ~ 28
穗粒协调型	25 ~ 29	90 ~ 100	90 ~ 92	25 ~ 27

2.3.2 技术途径

合理的基本苗是建立高产群体的起点。机插水稻分蘖多,高峰苗数足,容易激化群个体矛盾而影响产量(见表8)。由表8可以看出,单穗重随成穗率提高而增重,每穴栽插3 ~ 4本的比5本的单穗重提高10.47%;亩穗数在基本苗小于8万的条件下随基本苗增加而增多,大于8万苗增穗不明显,超过12万无效分蘖比重增大,中期群体难以控制,个体健壮程度严重削弱,不仅不能以多穗取胜,而且穗型显著减小,影响单穴生产力的提高。从群个体协调发展、提高综合生产力的角度看,基本苗以8万 ~ 10万为宜。可见,采取宽行窄株、少本栽插、培育壮株、足穗增粒、增源扩库的栽培技术是机插稻的高产途径。

表8 基本苗对群体及产量的影响(品种为盐粳2号)

行距×株距（cm×cm）	密度（万穴/亩）	基本苗（万/亩）	每穴苗数（本）	高峰苗（万/亩）	有效穗（万/亩）	成穗率（%）	单穗重（g）	每穴产量（g）
30 × 12	1.98	5.9	2.98	31.44	25.5	81.11	1.88	24.21
30 × 10	2.16	7.9	3.66	38.47	31.6	82.14	1.92	28.09
30 × 10	2.23	10.9	4.89	39.35	30.28	76.95	1.79	24.31
23.8 × 12	2.38	11.94	5.02	39.98	29.34	73.39	1.77	21.82
23.8 × 10	2.86	14.47	5.06	46.18	32.29	69.92	1.60	18.06

2.4 草、虫、病害的发生与防治

2.4.1 杂草的发生与防除

机插稻由于苗体小,行距宽,大田整地上水早,前期灌溉水层浅,光温条件有利于杂草滋生,加上机插形成的小低垄影响化除效果,利于发草,因而机插稻本田杂草发生早、数量多,容易形成草害。据观察,机插稻田的杂草发生量是传统稻作的 3～5 倍,并有两个比较明显的发草高峰。一是在栽后 10～12 天内,机插秧尚未分蘖时,出草数占出草总量的 55%～65%,主要草种有牛毛草、稗草和三棱草;二是在水稻够苗期至高峰苗出现前这一阶段,出草以鸭舌草、眼子菜和野慈姑为主,其发草量占总数的 35%～45%。因土壤类型和杂草基数不同,不同稻区形成草害的草种有所差异。根据上述发草特点,在防除技术上,采取以药剂防治为主,辅以人工拔草的方法。据试验,用 60% 丁草胺乳油 100～150 mL 或 5% 丁草胺颗粒剂 1～1.25 kg 拌细土 25 kg,在栽后 3～5 天内施用,建立 3～5 cm 水层 5～7 天,对前期杂草的防效优于除草醚,且对苗安全,无药害。对中期的阔叶杂草,可在幼穗分化前,用二甲四氯 0.5 kg 加水 30～40 kg 喷洒,效果良好。

2.4.2 虫、病害的发生与防治

机插秧苗小叶嫩,前期生长缓慢,稻象甲、稻蓟马对其的危害重于传统稻作,危害严重的田块可将稻苗叶片全部咬断,或使新叶卷曲,影响早发。据试验,当百穴虫量有 50 头稻象甲时,即可防治。用 2.5% 敌杀死或 20% 速灭杀丁乳剂 20～30 mL/亩、兑水 30～40 kg 均匀喷雾,有较好防治效果。稻蓟马可用甲胺磷、乐胺磷或乐果 100 mL/亩加水 30～40 kg 均匀喷雾。两虫并害时,可用 50% 甲胺磷 50 mL 加 90% 晶体敌百虫 50 g 兑水喷雾 1～2 次,也有较好防治效果。机插稻田的稻飞虱虫害发生有前轻后重现象。据对比调查 12 块田,1987 年 9 月 1 日机插田百穴虫量 293.3 头,只有大苗手插田虫量的 35.62%,到 9 月 16 日,第 4 代稻飞虱机插田的百穴虫量却高达 1 140 头,比手插田多 273.3 头,增加 31.53%。因此,机插稻田的稻飞虱防治也不能忽视。机插稻的病害一般较传统稻作要轻,但要注意防治好抗病性不强的品种(如 8169-22)的条纹叶枯病,群体偏大田块的纹枯病和抽穗偏迟田块的穗颈稻瘟病,以减少产量损失。

3 小结与讨论

3.1 品种选择

苏南稻麦两熟地区机插水稻的品种宜选用穗粒协调型,生育期属中熟或早熟晚粳类型的品种,必须具有秧田期生长速度慢、本田期早发性能好、耐肥抗倒、耐寒性较强的特点。

3.2 秧块宽度与秧苗高度

机插壮秧的规格与标准,重点是秧块的宽度和秧苗的高度。秧块宽度以插秧机装秧箱宽度稍窄为准,不能过宽或过窄,秧块边要整齐,以免下滑不畅和漏插;苗高的适栽范围是 15～25 cm,超过此范围,尤其是高于 25 cm,秧苗素质和机插质量将受到严重影响;秧龄和叶龄在分期播种、播种量增减、肥水促控和多效唑调节等措施配合下,可放宽指标,允许范围分别为 16～30 天和 3.5～

6.0 叶;百苗地上部干重,中小苗不能低于 2.0 g,大苗不能低于 3.5 g。

3.3 少本壮株,增源扩库

这是机插稻高产栽培的有效途径。通过适量稀播、宽行窄株,每穴机插 3～4 本,基本苗控制在 8 万～10 万,配合以早发、中稳、后健的肥水管理,建立起群个体协调发展的高光效群体结构,达到足穗、增粒、高产之目的。

3.4 防治草、虫害

机插稻病虫草害的防治重点是草害与虫害。机插稻田出草量较传统稻作大 3～5 倍,必须加强防除,本田前期用丁草胺,中期用二甲四氯、辅以人工拔草,能控制草害;菊酯类农药能有效防治稻象甲,有机磷农药可控制稻蓟马和稻飞虱的危害;同时需因种、因苗注意防治好条纹叶枯病、纹枯病和稻瘟病。

武育粳 3 号在水稻高产优质高效栽培中的应用研究

镇江市稻作历史上以中稻为主,且主要种植中籼稻,20 世纪 80 年代中稻平均单产状况为:杂交稻 > 常规中籼 > 常规中粳,杂交中籼稻依然是我市稻作的主体。然而在经济迅速发展、人民生活水平不断提高的 80 年代,人们对稻米的品质也提出了新的要求,这就造成了稻米生产供应与消费需求的严重矛盾,为此,从 1987 年开始,我们以提高稻作生产水平、改善稻米品质、增加稻作效益为研究目标,从全国 7 个育种单位引进了 11 个品种(系),对其适应性、丰产性、抗逆性进行了鉴定筛选,通过两年的评比观察,确认由武进县涌湖育种场以(中丹 1 号 × 7951) × (中丹 1 号 × 扬粳 1 号)复合杂交育成的武育粳 3 号(原名 8169 - 22)兼有我市当家品种(组合)汕优 63 和盐粳 2 号高产、优质、高效的特点,适合在我市大面积推广应用,因此加速了水稻品种更新步伐。

1 研究设计与方法

在丹阳、扬中、丹徒、句容市(区)具有丘陵、平原、沿江生态类型代表性的乡镇及丹徒区试验站、句容市后白良种场设立研究基点。组织品种比较试验,进行分蘖追踪观察,明确品种的栽培特性;布点进行播期、密度、肥料运筹、水浆管理、病虫防治等方面的试验,研究其因种栽培技术;应用多效唑、丰产灵、强力增产素等 12 种制剂开展生化制剂在培育壮秧、提高单穗重等方面的研究;把武育粳 3 号用于直播、抛秧栽培、"两旱一水"多熟栽培、抗涝栽培等轻型、高效栽培中,研究其栽培适应性;开展武育粳 3 号应用于低产变中产、高产更高产攻关性中试、示范研究;根据苗情与试验示范资料研制"武育粳 3 号亩产 550 kg 栽培模式图";运用系统工程原理,进行计算机高产栽培模拟优化决策。在研究过程中,采取了适应性试验与高产配套技术研究、辅助性试验与高产示范、良种生产与品种推广三结合的办法,加快了品种更新和因种高产栽培技术的推广速度。

2 主要研究结果

2.1 光温反应与生育特性

2.1.1 生育期适宜

我市常年 5 月 15—20 日播种,6 月 15—20 日移栽,8 月 25—30 日抽穗,

本文系镇江市科委 S8906 项目的总结,由镇江市农业技术推广站与镇江市种子站合作研究完成。本文作者为该项目的主持人。本文摘要原载于《当代农业》(1990 年第 6 期)。

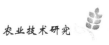

10月13—18日成熟,武育粳3号全生育期150天左右,一生总叶数16~18叶,分别比盐粳2号长5~8天,多0.5叶。据分期播种试验结果分析,随播期推迟,播种至齐穗总积温逐渐减少,但积温变异系数小于天数变异系数,说明武育粳3号感光性较强,也有一定的感温性,5月5—25日播种,在我市抽穗、灌浆都不受高、低温影响,能确保秋播适期。与盐粳2号相比,它更有效地利用了光温资源,兼顾了稻麦双高产。

2.1.2　株型紧凑

据多年系统观察,武育粳3号株高90 cm左右,比盐粳2号高8 cm左右,伸长节间数6~7个,基部第一节间长2.5 cm左右,比盐粳2号短0.3 cm左右,从第二节开始均较盐粳2号略长,茎秆弹性较好,上部功能叶片挺拔,剑叶与茎秆夹角小于15°,受光姿态良好,生长青秀,成熟期秆青籽黄。

2.1.3　分蘖性较强

据分蘖追踪观察,在单本栽插、秧苗带1~4个分蘖的4个处理下,大田共出生分蘖分别达到7.22、9.6、10.5、14.4个,成穗率分别为74.7%,81.1%,80%,76%,说明该品种在本地栽培较易取得足穗。但是,观察结果还表明,在秧田较肥、亩播种22.5 kg,管理水平较高的情况下,第1叶位蘖大多缺位,在移栽叶龄7.5~7.7叶、移栽质量较高的条件下,秧田分蘖在大田成活率较低,且4/0、5/0叶位蘖全部缺位,6/0叶位蘖缺位率也较高,因而该品种与盐粳2号相比,在同等条件下,大田分蘖起步慢2~3天,0~6/0叶位分蘖成穗要缺1~2个叶位,因此须高标准培育壮秧,合理栽插本数。

2.1.4　穗粒结构协调

据不同密度试验结果分析,武育粳3号虽与盐粳2号同属穗数型品种,但随着密度增大,武育粳3号穗数增长较为平缓,在1.8万~3.3万穴/亩的密度范围内,穴数与穗数相关不显著($r = 0.085\,9$,$n = 87$),同等密度下,其穗数竞争不过盐粳2号,而穗型及穗重均受大群体的影响而下降较多,说明合理密植对武育粳3号尤为重要。据试验,该品种的适宜密度为2.4万~2.6万穴/亩,一般有效穗26万~28万穗,每穗总粒85~90粒,结实率92%~94%,千粒重26.5~28 g,与盐粳2号相比,穗数少1万左右,粒数多5粒左右,千粒重高3 g左右,可见穗、粒、重三者较为协调,因而该品种较盐粳2号一般增产50~80 kg/亩,且比较稳产。另据镇江市农科所测定,武育粳3号谷壳薄、米粒厚,出糙率高达85.3%,比盐粳2号高4.2个百分点,腹白较少,食味较好,米质中上。

2.1.5　抗逆性较强

该品种茎秆粗壮,耐肥抗倒性中等偏强;在抗病性上,对稻瘟病抗性强于盐粳2号,但对纹枯病、条纹叶枯病抗性差于盐粳2号,且细菌性基腐病和小球菌核病发生较重,需注意防治;在抗涝、抗旱性方面略强于盐粳2号,在1991年严重涝害和1992年丘陵较旱的情况下,大面积均获得了比杂交稻增产的理想产量。

2.1.6 栽培适应性较强

5 年来的生产实践表明,该品种对生产、生态条件适应性较强,在丘陵、平原、沿江各类土壤上皆可种植,并可获 550 kg/亩以上高产。该品种栽培可塑性大,同期播种、不同肥水管理,收获期会产生较大差异;同等生产水平,产量高于盐粳 2 号;在 1991 年涝害后、8—10 月光温条件较好的情况下,6 月 30 日直播,仍可获 300 kg/亩的较高产量,但生育后期缺水对结实率、千粒重和产量影响较大。

2.2 发挥武育粳 3 号产量潜力的因种栽培策略

综合分析 1988—1991 年 4 年 435 块大田不同产量水平的产量构成因素,结果如下:

2.2.1 每穗总粒数是左右亩总颖花量的主要因素

在生产上,获得足够的亩总颖花量是高产的决定因素。亩总颖花量由亩有效穗和每穗总粒数组成。据分析,在亩产 650 kg 以内,有效穗和每穗总粒与亩总颖花量的相关系数分别为 $r_1 = 0.8595^{**}$,$r_2 = 0.9168^{**}$,差异显著性测定 $u = 3.16^{**}$($n = 247$),说明大面积上增加每穗总粒数的增产效果显著大于增穗。在不同年度间呈同样趋势,有效穗、每穗总粒、结实率、千粒重年度间的变异系数分别为 8.97,9.65,1.43 和 1.10,亦以每穗粒数为最大,可见增粒是增产的主要潜力。

2.2.2 穗粒协调是发挥产量潜力的关键

根据不同产量水平 155 块田的穗粒结构以每亩穗数(X_1)、每穗总粒(X_2)、结实率(X_3)、千粒重(X_4)和产量(Y)进行通径分析(见表 1),结果表明,4 个自变数中,以 X_2 对 Y 的标准效应最大,直接通径系数达 0.9459,产量因素对 Y 的标准效应大小依次为 $X_2 > X_1 > X_4 > X_3$,说明该品种结实率和千粒重相对稳定,而每穗粒数和有效穗对产量影响较大。又知,每亩穗数与每穗总粒和千粒重呈负相关,其间接通径系数为负值,尤以 $P_1 \rightarrow 2 \rightarrow Y$ 负值较大,为 -0.5217,可见穗粒矛盾突出,每亩穗数对产量的增效受到穗重的制约;结实率随每穗总粒的增加而下降,两者呈微弱负相关。据此可以认为,武育粳 3 号产量潜力的发挥,须在足穗的基础上主攻大穗,提高结实率,稳定较高的千粒重。

表 1 武育粳 3 号产量构成因素通径分析

项目	$1 \rightarrow Y$	$2 \rightarrow Y$	$3 \rightarrow Y$	$4 \rightarrow Y$
$X_{1,1}$	0.881 276	− 0.521 718	0.104 726	− 0.137 631
$X_{2,2}$	− 0.486 083	0.945 883	− 0.150 055	0.009 893 76
$X_{3,3}$	0.265 548	− 0.408 379	0.347 555	0.142 506
$X_{4,4}$	− 0.228 343	0.017 618	0.093 242 4	0.531 182

2.2.3 穗粒并重是高产栽培的主要途径

根据不同的生产条件和不同产量等级 376 组田块资料分析,大面积亩产 550 kg 以上的穗粒结构可分为 3 种类型,即穗数型、穗粒并重型和穗重型(见表 2),其中以 29 万穗/亩以上穗数取胜的田块占 31.07%,以 26 万 ~ 28 万穗/亩、85 粒/穗以上的穗粒并重获高产的田块占 59.19%,90 粒/穗以上穗重型的高产田块则占 9.72%,因此,生产上以取得适宜穗数为前提,主攻穗重是高产栽培的主要手段。

表 2　武育粳 3 号大面积亩产 550 kg 不同栽培途径穗粒结构

高产类型	有效穗(万/亩)	每穗总粒(粒/穗)	结实率(%)	千粒重(g)
穗数型	29 ~ 32	75 ~ 80	94 ~ 96	27.5 ~ 28.0
穗粒并重型	26 ~ 29	85 ~ 90	92 ~ 94	27.5 ~ 28.0
穗重型	23 ~ 26	95 ~ 100	90 ~ 92	27 ~ 27.5

2.3 关键性栽培技术及其对产量的影响

2.3.1 适期播种,培育多蘖壮秧

根据播期试验,并综合 5 年来的高产实践可知,播种适期为 5 月 15—20 日,抽穗在 8 月 25—30 日,灌浆结实期能处于较为有利的气候条件下,从而获得较高的结实率和千粒重,过迟播种则对产量影响较大。据句容市后季稻播期试验,在 6 月 15—30 日之间,每推迟 5 天播种产量下降 64.28 kg。据分蘖追踪观察结果,带 1 蘖株与不带蘖株移栽大田后对比,单株分蘖多 3.44 个,成穗数增 4.89 个,每穗总粒多 12.45 粒,单株穗重高 54.4%,且其平均实粒数也多于带 2 ~ 4 个蘖的处理,故武育粳 3 号的壮秧标准是单株带 3 叶以上大分蘖 1 个以上,带蘖率 90% 以上,百株地上干重 30 ~ 35 g。由于秧苗素质的好坏,产量差异悬殊。据调查,单株带蘖 0.1 个的产量仅 457.8 kg,带蘖 2.2 个的产量则高达 677.2 kg,相差 219.35 kg。实践证明,培育壮秧的关键是稀播、足肥、配套以科学管水为中心的精细管理。秧田亩播种量 25 kg 左右、秧大田比 1∶7 左右,在秧田培肥的基础上施足基肥,全面施用有机肥和磷钾肥,根据该品种低位分蘖缺位多的情况,早施断奶肥,看苗用好接力肥;水浆管理采取二叶前湿润促扎根,二叶一心后薄水勤灌促分蘖;一叶一心期用 15% 多效唑 125 g/亩进行化学调控,矮化、促蘖、抑草,达到四叶一心普遍带蘖的要求。秧龄 30 ~ 32 天,移栽叶龄 7.0 ~ 7.5 叶,已健壮无病带蘖多的秧苗,争取大田早发。

2.3.2 合理密植,建立高光效群体

武育粳 3 号是库限制型品种,源足有余,协调好穗粒结构、群个体矛盾,挖掘个体生产潜力,能有效地扩大生产库容。据以 0.2 万穴/亩为间距的密度试验,

在土壤肥力中上等、用氮 15 kg/亩的条件下,2.2 万～2.6 万穴/亩产量差异不显著,可获亩产 600 kg 以上。在地力较差、用氮肥水平 13～14 kg/亩的条件下,则以 2.8 万穴/亩产量最高。密度过高,则易造成群体过大,增穗难以弥补减粒,产量难达千斤;密度过小,穗型虽大,但穗数少,亩总颖花量难以达到 2 000 万朵,产量亦不理想。因此,适宜的群体起点是高产栽培的重要环节。另据不同栽插本数(1～3 本)分蘖追踪观察,适当增加栽插本数可以增加穗群组成中的 1 次分蘖穗比例,减少 2～3 次分蘖穗比例,抑制高位分蘖的发生与成穗,既可以提高每穴成穗数,又可以改善穗质,有利于协调穗数与穗型的矛盾,增加亩总颖花量。综合试验结果与高产典型的验证资料,武育粳 3 号大面积合理的栽插密度为 2.4 万～2.6 万穴/亩,每穴 2～3 本,基本苗 12 万～14 万/亩,株行距配置以 23 cm×12 cm 为宜;高产攻关田宜选用 2.2 万穴/亩、每穴 2 本的栽插密度;低产田改造则宜用 2.8 万穴/亩、每穴 3 本的栽插密度。

2.3.3　科学运筹肥料,协调群个体生长

试验与生产实践证明,只有施足有机肥、增施磷钾肥、合理运筹氮肥,才能发挥该品种的生产潜力。在同样密度下,亩施 15～17.5 kg 纯氮,在不同地区间均一致表明,氮肥运筹以营养生长期(基蘖肥): 生殖生长期(穗肥、粒肥,包括长粗肥)=6∶4 为最佳,其次为 5∶5,其产量均显著高于传统的 7∶3 或 8∶2 的施肥方式。氮肥最优运筹方法为基肥 40%、蘖肥 20%、长粗兼促花肥 25%、保花肥 10%、粒肥 5%,这样较传统施肥方法虽减穗 0.56 万～0.82 万,但每穗总粒增加 1.83～5.4 粒,亩总颖花量多 73.62 万,结实率提高 1.7～4.57 个百分点,千粒重增加 0.66～1.18 g,产量增加 5% 以上。磷钾肥特别是钾肥的施用在高产栽培中尤显重要。据等氮、磷不同施钾量及其不同运筹方式试验,在 4～10 kg/亩的钾肥用量下,产量随用钾量的增加而增加;等钾量前提下,以分蘖、烤田两期施用比分蘖期一次施用效果好。该品种无钾区表现出明显的生理缺钾症状。根据试验和高产田用肥量分析,武育粳 3 号 500 kg 稻谷需氮肥(N)9.5 kg 左右(7.5～11.0 kg)、磷肥(P_2O_5)3.5 kg 左右(2.25～4.0 kg)、钾肥(K_2O)8.5 kg,适宜的氮、磷、钾肥用量比应为 1∶0.4∶0.9。因此,生产上须采取掌握适宜用氮量,基施复合肥,搁田复水后施用钾肥或施以钾为主的复合肥的方法,满足该品种高产所需的磷钾素。在缺锌或缺其他微量元素的地区,还需要因地补充微肥,以平衡土壤养分与高产植株营养的关系。

2.3.4　管好水浆,重视养老稻

武育粳 3 号的管水原则是浅水分蘖促早发,够苗稍前排田水,分次轻烤促壮秆,湿润灌溉攻大穗,孕穗、抽穗建水层,干湿交替养老稻,特别需注意提高烤田质量和防止后期早断水。据水浆管理试验,实施适度多次轻搁处理比水分饱和不搁田处理增产 24.8 kg,增幅 4.7%;齐穗后 20 天至收获期间灌 4 次跑马水(即直至收获前一周灌水)比分别仅灌 1,2,3 次水的处理结实率分别高出 10.9,

8.6,4.5个百分点;千粒重分别增加2.2 g,1.3 g,0.5 g,实产增加111.7 kg, 91.7 kg,46.7 kg,增幅分别达到23.8%,18.7%,8.7%,方差分析显示:不同灌水次数间的产量差异均达极显著水平。可见,适度烤田、养老稻技术在武育粳3号高产栽培中是重要的。

2.3.5 秧、大田并重,综合控制病虫害

该品种对细菌性基腐病和菌核病抗性较弱。据1990年的调查,两病轻则使穗型变小、结实率和千粒重降低,重则难以抽穗或青枯,株枯死率达2.8%;在氮肥过多或偏施氮肥的情况下,纹枯病发生相当严重,即使通风透光条件较好的边行也呈重感之状。据系统观察,该品种穴发病率高达87.7%、病指50.16,比杂交稻分别高54.3个百分点和9.94个百分点,在一般用药防治情况下,株发病率仍达28.6%、病指9.0。因此,高产栽培中须十分注意综合防治。据试验知,增施磷钾比不施磷钾的田块基腐病穴发病率低12%,株发病率低3.82%,亩产量增加115 kg,增幅22.33%。同时须通过种子精选,防止种子夹带菌核,减轻菌核病;通过适当降低群体起点,合理群体动态,把叶面积指数(LAI)最大值出现期控制在孕穗至抽穗期间,减轻群体郁蔽程度,并在分蘖末期即用药保护,预防纹枯病,通过种子的药剂处理(如线菌清浸种),预防种传病害,秧田注意防治灰稻虱以减少毒源、减少条纹叶枯病的发生;通过监测病虫动态,及时进行药肥混喷,提高植株抗性;综合防治稻瘟病、稻飞虱、纵卷叶螟和稻曲病等病虫害,最大限度地控制病虫危害。

2.4 生化技术的应用效果

2.4.1 多效唑培育壮秧技术及其增产效果

为改变该品种低位分蘖缺位率高和秧田分蘖移栽成活率低的问题,进行了多效唑调节试验。根据不同用药时期和用药量试验结果,一叶一心期每亩用药125(丘陵)~150 g(平原、沿江)有较好的矮化促蘖效果,平均降低苗高15.8%~21.9%,单株带蘖平均增加0.8~1.3个,增幅为50%(沿江)~433.3%(丘陵),群体带蘖率提高23.3~59.5个百分点,根量、干物重都有相应的增长,而且移栽大田后几乎无缓苗现象,分蘖起步较未用药的早2~3天,分蘖势在移栽至高峰苗出现期平均较对照高0.37万/(亩·日)。秧田蘖及中下位蘖的增加获得了穗粒并增的效果。用药处理比对照处理平均增穗0.66万~2.14万/亩,增粒2.3~11.6粒/穗,增产3.9%~20.2%,差异均达显著水平。因此,应用多效唑能解决武育粳3号及大田早期分蘖力相对较弱的弊病。

2.4.2 生育后期叶面喷施生化制剂及其农药混喷提高穗重的效果

武育粳3号结实率和千粒重高且变幅相对较大,说明增穗重有一定潜力。为了确保产量库容充实,设计了叶面喷施生化制剂及其与农药混喷的试验,参试的11种生化制剂均表现出增产,增幅为0.9%~25.3%,在可比范围内,强力增产素(粉剂)与丰产灵的增效又显著高于其他所有剂种;从不同时期的喷施效果

来看,孕穗至齐穗期间喷施的增产效果显著优于其他时期,最大增产值达127.5 kg。以强力增产素(粉剂)孕穗期喷施为例,喷药后结实率提高1.7个百分点,千粒重增加1.22 g,亩产增加48.4 kg,增产的机理主要是通过维持植株较长时间的光合面积,增加干物积累,加快籽粒灌浆速率,即通过增源畅流达到充实库容而增产。试验还表明,生化制剂与农药混喷比单喷生化制剂效果要好。以强力增产素与三环唑混喷为例,混喷比不喷增产9.5%,比单喷强力增产素增产0.73%,比单喷三环唑增产5.16%,且对稻瘟病的防治效果也有所提高,因此水稻生育后期综合防治病虫结合喷施生化制剂是一项既防病又防早衰的经济增产措施。

2.5 武育粳3号在轻型、高效、多熟栽培中的应用效果

2.5.1 轻型栽培

直播、抛秧是轻型栽培的主要方式,它们的共同特征之一是群体较大,易足穗而难大穗,生育期推迟。如何协调群个体矛盾、穗粒结构和全年高产的关系,栽培调节固然是重要的,但正确选用品种也是关键措施之一。武育粳3号属迟熟中粳,生育期适宜,生育前期分蘖势相对偏弱,高产所需穗数适中,而穗型又偏大,粒重偏高,这为克服直播、抛秧栽培的难点提供了有利条件,在实际栽培应用中,表现出群体动态平稳、穗足兼有较大穗型的特点,显著优于其他品种,因而武育粳3号在直播、抛秧栽培中易于稳产。武育粳3号一般在5月下旬至6月上旬播种,于6月上中旬抛栽,措施得当、管理及时的,10月20日左右即可成熟,亩产550～650 kg,与移栽稻产量相仿或略增,播期虽比移栽稻推迟15～20天,但成熟期仅推迟5～7天,故不影响麦、油等夏熟作物的适期播栽,兼顾了全年高产。抛秧、直播较人工移栽省工省力、省本省种、省秧田,易于机械化操作,因而便于集约化栽培,可以提高劳动生产率、土地生产率和投入产出率。因此可以认为,武育粳3号应用于轻型栽培,无论是社会效益还是经济效益都是显著的。

2.5.2 多熟栽培

根据武育粳3号感光性较强和适期晚播晚栽产量变幅不大的特点,近3年来,通过后季稻品比试验,确立了它在多种形式后季稻中主体品种的地位,在麦/瓜—稻、麦/玉米—稻、菜/瓜(菜)—稻等多种形式的种植制度中,武育粳3号皆表现出400～450 kg/亩的较高产量。作早熟西瓜、青玉米接茬的后季稻(7月10日前栽插),产量基本接近单季晚稻达550 kg左右。其关键技术是稀播、足肥、化调、培育长秧龄多蘖壮秧,栽足3万～3.5万穴,18万～20万基本茎蘖苗,重肥攻前,促保结合,攻足穗争大穗,水气协调养老稻,注意防治好稻蓟马、螟虫、稻飞虱和纹枯病、稻瘟病,其高产栽培主要走前述穗数型途径。武育粳3号在多熟制栽培中的应用,由于前茬经济效益高,且多数是年内水旱小轮作,兼顾了生态效益,加上品种本身品质较好,产量较高,因而充分体现了高产、高质、高效的优势。

2.6　武育粳 3 号在低产田改造、吨粮田建设中的中试应用与示范效果

1989—1992 年,我市开展了武育粳 3 号在低产田改造、吨粮田建设中的中试应用与示范,取得了可喜的成果。参加低产田改造百亩中试的有句容市石狮乡平桥村,丹徒区宝埝镇邓巷村,润州区官塘桥镇严岗村、驸马庄村,平均单产由原来的 425～450 kg/亩提高到 550～600 kg/亩左右,为大面积品种更新起了极大的示范推动作用。参与吨粮田建设攻关试验示范的有丹阳市延陵镇西洲村、扬中市新坝镇秋墩村、丹阳市横塘镇留雁村,平均单产由原来的 500～550 kg/亩提高到 600～675 kg/亩,2 亩以上高产田块亩产高达 739.5 kg,为稻麦两熟达吨粮开辟了有效途径。1992 年全市 4 万亩吨粮面积中有 75% 以上应用了武育粳 3 号。

2.7　武育粳 3 号亩产 550 kg 栽培模式图的研制与应用

为了良种良法能迅速配套推广,夺取平衡高产,适应农村现行生产关系的矛盾,根据科学性、群众性、实用性和灵活性的要求,考虑到乡村干部看图(见图 1)会指挥,农技员看图能讲课,农民看图可种稻,1990 年春,在 1989 年总结的基础上形成了武育粳 3 号生育特性与高产栽培技术意见,发至各乡镇和重点村;同时,依据镇江市 39 年气象资料和 1988—1990 年 26 个苗情点动态规律,百亩中试高产经验,2 年分蘖追踪数据和 13 个点 35 个项次的各类试验结果,以叶龄模式为基础,进行了有机联系的汇总和绘制,内容包括光温水资源、灾害性气候的发生概率、品种生物学特性、看苗诊断、栽培策略、技术措施和不同栽培途径的穗粒结构,以及水稻栽培技术的最新研究成果,文字精练,通俗易懂。1990 年春,把模式图初稿供市、县、乡各级丰产方应用验证,1991 年起各级结合水稻总结和春训每年进行两次集中培训,结合育秧、移栽、烤田、施穗肥等主要措施的现场会实行分阶段培训,县、乡两级还利用广播进行讲座,因而使大多数农民在较短的时间内掌握了该品种的因种栽培技术,较好地发挥了该品种的生产潜力,使全市大面积常规稻平均单产一举超过了杂交稻,1990 年,全市种植 97.2 万亩常规稻,其中武育粳 3 号 70.23 万亩,占 72.25%,平均单产 515.38 kg,比 71.5 万亩杂交稻 497 kg 的单产增产 18.38 kg,这是自杂交稻种植以来的第一次,充分显示了武育粳 3 号及其因种栽培技术的推广在水稻高产栽培中的作用与效果。

2.8　计算机优化栽培决策方案的模拟与应用

水稻种植条件多变、因素繁多,而在指导高产栽培实践中,对种植区域、茬口、气象、土壤、病虫草害、栽培管理等诸多因素的分析和处理往往缺乏整体性和系统性,因而处理和解决生产问题时偏颇现象时有发生。为此,1992 年春在 1990 年人工研制武育粳 3 号高产栽培模式图的基础上,运用农业系统工程原理,借助江苏省农科院高亮之等研制的水稻栽培计算机模拟优化决策系统(简称 RC-SODS),结合我市 1988 年以来武育粳 3 号大面积生产苗情资料和高产栽培试验结果及高产栽培实践典型经验,模拟了该品种在我市的高产栽培模型(见图 2),

图1 中粳8169-22

月	5月		6月			7月	
旬 / 项目	中旬	下旬	上旬	中旬	下旬	上旬	中旬

气象条件

项目	中旬	下旬	上旬	中旬	下旬	上旬	中旬
平均气温(℃)	19.4	21.5	23.3	24.3	25.0	26.9	27.9
日照时数(h)	57.3	72.4	68.8	68.1	51.4	55.9	64.7
雨量(mm)	28.8	27.4	44.2	28.1	89.2	80.7	57.1

灾害天气及发生频率：
- 特早梅雨（20年一遇）
- 早梅、连阴雨、少照、低温（4年一遇）
- 高温：持续3天以上　伏旱：连续二旬雨

生物学特征

- 茎蘖动态：基本苗 10万~20万；够苗 26万~28万
- 全田干物重(kg/亩)：移栽 12~15；栽后20天 120~140
- 叶面积指数：移栽；栽后20天 2.2~2.5
- 叶龄（全展叶）：1 2 3 4 5 6 7 8 9 10 11 12

生育时期：
- 秧田期（30天）
- 有效分蘖期（18~22天）
- 无效
- 播种　移栽　大田分蘖期（约25~30天）

主攻目标：
- 培育叶蘖同伸壮秧
- 早发适龄够苗争足穗

高产长势长相：
- 四叶见蘖
- 壮苗移栽：苗高20~25 cm；单株带蘖1~2个；群体带蘖率75%以上；根多、粗、短，无病虫害
- 壮苗早发：缓苗期短，栽后一周开始分蘖；日增苗0.8万~1.0万，11~12叶达27万~29万等穗苗

合理密植：
- 以秧田:大田=1:7留足培肥秧田，作通气式秧田，亩播25~30 kg精选种
- 株行距配置：12 cm×20 cm，亩栽2.6万穴，10万~12万基本苗（二本栽）

栽培管理

施肥及生化技术：
- 秧田基肥：有机肥：40担　碳铵：40 kg　复合肥：50 kg
- 断奶肥：二叶期前施尿素2.5~3 kg　多效唑：二叶期前每亩用125~150 g 15%制剂兑水50 kg，排干田水喷于板面，隔天复水
- 接力肥：三叶一心期待叶色退淡时，每亩施尿素2.5 kg
- 送嫁肥：栽前3~5天施尿素2.5 kg　大田基肥：有机肥：50担　碳铵：40 kg　复合肥：50 kg
- 分蘖肥：栽后5天施碳铵15~20 kg
- 长期第一后施或复

水浆管理：
- 潮润立苗
- 浅水促蘖
- 移栽
- 寸水活棵
- 脱水扎根
- 浅水分蘖（争早发）
- 分次轻烤（促壮秆）

病虫草害防治：
- 种子处理：线菌清15 g兑水9 kg浸6 kg种60 h　秧田化除：50%快杀稗50 g兑水50 kg喷雾（药前1天排水，注意用药后保持水层）
- 灰稻虱、二化螟：甲胺磷100 g，杀虫双50 g兑水50 kg喷雾　（大田重视钾肥施用防治基腐病的发生）
- 大田化除：丁草胺100 g或除草醚250 g兑水50 kg喷雾（药前1~2天排水，药后1~2天复水）

118

亩产550 kg栽培模式图

	8月				9月			10月	
	下旬	上旬	中旬	下旬	上旬	中旬	下旬	上旬	中旬
	28.8	28.5	27.7	26.6	24.9	22.7	21.1	19.3	17.5
	88.3	82.6	76.3	74.5	59.3	54.2	57.3	59.2	61.6
	51.5	29	35.2	57.7	60.8	36.8	28.1	22.6	12.3

日最气温≥35℃，且伴有低湿度
量≤20 mm（2年一遇）

强台风（伴有暴雨）
（3年二遇）

高峰苗 35万~37万	成穗苗 26万~28万				
栽后30天 250~270	剑叶全展期 650~700	齐穗 800~900	齐穗20天 900~1 000	成熟 950~1 200
栽后30天 4.5~4.8	剑叶全展 7.0~7.3	齐穗 5.8~6.1	齐穗20天 3.5~4.0	成熟 2.5~3.0

13　14　15　16　17　18

分蘖　拔节孕穗期（35~40天）　　抽穗扬花（5~7天）　　灌浆结实期（50~52天）　　全生育期150天左右

分蘖终止　　　　　　　　　　　　　　　　　　　　　　　　　　　　　　　　　　成熟

稳健生长攻大穗　　　　　　　　　　养根保叶
　　　　　　　　　　　　　　　　　增穗重

高峰苗
茎蘖平稳下降，　　　　抽穗整齐，成穗　　　后期老健青秀，成熟时单茎叶2张
日降0.4万左右　　　　26万~28万，成穗　　以上绿叶
　　　　　　　　　　　率75%以上

接力肥： 次烤田结束 饼肥20~25 kg/亩 合肥15 kg/亩		根外喷施： 强力增产素 半包或丰产 灵5 mL或磷酸 二氢钾兑水 50 kg喷雾		
促花肥： 14叶期施尿素 7~8 kg	保花肥： 16叶期看苗 巧施尿素 2~3 kg		破口肥： 因苗补施尿素 2~3 kg	拉肥： 因苗补施尿素 2~3 kg

不同栽培途径亩产550 kg穗粒结构

产量因素 高产途径	有效穗（万穗/亩）	每穗总粒（粒）	结实率（%）	千粒重（g）
穗数型	30~32	75~80	94~96	27.5~28
穗粒并重型	27~29	85~90	92~94	27.5~28
穗重型	24~26	95~100	90~92	27~27.5

复水

间隙灌溉 （攻大穗）	建立水层 （保颖花）	湿润灌溉直至成熟 （攻粒重）

纹枯病：
井冈霉素200 g
兑水50 kg喷雾

稻飞虱、纹枯病：
纵卷叶螟：
扑虱灵50 g（甲胺磷100 g）
+井冈霉素200 g+杀虫双
200 g兑水50 kg喷雾

三代纵卷叶螟：
杀虫净150~200 g
兑水50 kg喷雾

纹枯病：
井冈霉素150 g
兑水50 kg喷雾

阔叶杂草：
二甲四氯250 g
兑水50 kg喷雾

说　明
1. 表中气象数据为镇江市农业气象研究所
1951—1980年资料
2. 表中所有栽培指标来自本品种在本市
1988—1990年苗情点资料汇总及栽培试验

镇江市农业技术推广站编制　1990年12月

图 2　镇江地区水稻栽培计算机模拟优化决策方案

说明：本方案贯彻"高产、稳产、高效、灵活"的优化栽培原则。主要的优化措施为：① 选择适宜季节；② 合理稀播，培育带蘖壮秧；③ 根据叶龄模式，确定基本苗；④ 早促有效分蘖，早控无效分蘖，控制最高苗，提高成穗率；⑤ 适时封行（拔节后 10～15 天），建立高产防倒的群体；⑥ 施好促花保花肥，培育大穗；⑦ 延长后期叶片功能，适量施用氮、磷、钾肥，掌握好施肥与水层调控。以上优化措施配套贯彻后，可比传统措施增产 10% 以上！

品　种：8169－22　　稻作类型：单季稻　　育秧方式：普通育秧　　品种类型：中粳

目标产量（kg/亩）：600　　播种期：5 月 17 日　　移栽期：6 月 17 日　　生育期天数（天）：151

秧龄（天）：31　　适宜秧田播量（kg/亩）：33.1　　本秧田比：8～9　　本田基本苗（万/亩）：13.3　　本田用种量（kg/亩）：3.5

			播种育秧期			移栽至拔节期				拔节至抽穗期		抽穗至成熟期		
	栽培时间\生育期	播种	出苗	三叶	拔秧	移栽	返青	有效分蘖终止期	拔节	颖花终止	剑叶出	抽穗	始黄	成熟
实际栽培季节	日期（月/日）	5/17	5/19	5/27	6/17	6/17	6/22	7/13	7/24	8/9	8/17	8/27	10/5	10/5
常年温光条件	平均温度（℃）	20.3	20.6	21.3		24.9	25.6	23.2	28.8	28.8	27.5	26.1	18.9	17.1
	总辐射（MJ/m²·天）	15.7	15.7	15.3		16.1	16.2	17.3	17.6	17.4	16.7	15.7	11.9	11.4
	日照时数（h）	6.1	6.1	6.1		6.2	6.3	7.1	7.4	7.5	7.2	6.8	5.8	5.9
	可照时数（h）	13.8	13.9	14.0		14.2	14.2	14.1	13.9	13.5	13.2	12.9	11.6	11.3
	主茎叶龄（片）	1.0	3.0	6.5~7.5		7.5	7.5	11.4	13.4		16.4	17.4		
	主攻目标	培育壮龄壮秧				早发稳发，保有效分蘖，控无效分蘖			增加物质积累，培育壮秆大穗			老健活熟，提高结实率与千粒重		
适宜群体动态	茎蘖数（万/亩）		88.2	88.2	152.4	13.3	13.3	36.8	33.1	27.6	33.7	30.7	27.6	27.6
	叶面积指数		0.1	0.4	3.8	0.2	0.2	2.6	4.9			7.4		4.1
	干物重（kg/亩）		0.1	3.4	209.9	22.1	22.1	123.4	279.9			859.9		1328.9

续表

水浆管理	湿润	薄水	浅水	寸水	浅水	搁田	回浅水	干干湿湿	保持湿润	回浅水	干干湿湿	落干

土壤类型：马肝土
有机质含量(%)：1.80
全氮含量(%)：0.12
速效磷含量(ppm)：7.00
速效钾含量(ppm)：70.00
pH：6.8
施肥量单位：kg/亩

适宜施肥量 施肥时期		本田基肥	分蘖肥	保蘖肥	促花肥	保花肥	穗粒肥
	纯N:15.0	6.0	3.8	1.5	1.5	1.5	0.8
	P$_2$O$_5$:7.9	7.9					
施肥总量	K$_2$O:14.7	10.3	4.4				

氮肥调控

苗情	实际茎蘖数与适宜茎蘖数	本田基肥	分蘖肥	保蘖肥	促花肥
过旺苗	>110%	-50%~100%	-50%~100%		-10%~50%
二类苗	80%~95%	+10%~20%	+10%~20%		+10%~20%
三类苗	65%~80%	+20%~40%	+20%~40%		+20%~30%
气象条件（与常年比较） 气温偏高,日照偏多		-10%~20%	-10%~20%		-10%~20%
气温偏低,日照偏少		+10%~20%	+10%~20%		-10%~20%
气温偏低,日照偏多		+10%~20%			+15%~25%

穗粒结构	
每亩穗数（万/亩）	27.6
每穗总粒数	88.8
结实率（%）	90.0
每穗实粒数	79.9
千粒重（g）	27.0
常年产量（kg/亩）	595.7

病虫害防治重点	种子处理、三化螟、稻蓟马、苗稻瘟	三化螟、稻飞虱、叶鞘腐病、苗稻瘟	三化螟、稻飞虱、纹枯病、叶鞘腐病	稻飞虱、纹枯病、稻瘟病、基腐病

备注：① 在不同地区可按不同品种、土壤类型、育秧方式、育秧期及产量水平，用计算机制作本方案，供各基层单位或农户使用，有微机制作的单位，可以应用本系统进行更为详细的决策咨询
② 基本苗根据总苗（主茎加大小分蘖）计算，氮肥调控一栏中，如为正常一类苗或一类苗（实际茎蘖数与最佳茎蘖数之比在95%~110%范围内），按适宜施肥量施肥
③ 根据土壤肥力、品种类型及后期叶色，调整粒肥的施用量

制作单位：镇江市农业局，镇江市农技推广站，江苏省农林厅，江苏省农业科学院　1992年04月29日

并在各级领导丰产方上予以验证应用。结果表明,应用计算机模拟优化栽培决策方案,克服了一般高产模式图靠大面积经验性指导、缺乏灵活性的弊端,对不同种植区域、不同栽培方式提出了定量化的技术参数,因而比一般模式图适用范围更广泛、更灵活、更具科学性,如果按本市6个生态农区或更小区域(如乡镇)配置微机,结合当地生产条件,依据此模型指导水稻生产,必将大大提高我市水稻生产水平。

3 武育粳3号的推广及其经济、生态、社会效益

3.1 推广情况

自1987年引种武育粳3号以来,其由于适应本市耕作制度、种植布局,符合不同生态农区的生产水平,具有大幅度提高常规稻产量水平的生产潜力和栽培适应性广的特点,加上因种高产栽培技术的及时配套,因而很快在本市得到了各级领导和群众的重视与推广。1990年,市委、市政府在市三级干部会上,要求各地把武育粳3号的推广作为促进水稻生产再上新台阶、打破粮食徘徊局面的拳头产品来抓,坚决淘汰盐粳2号等低劣品种,并取代杂交稻的下降面积,保持水稻产量稳中有升,收到了预期的效果。当年推广武育粳3号70.23万亩,占中粳面积的88.74%,平均单产515.38 kg,较杂交稻增产18.38 kg,增幅为3.7%,并使常规稻面积、单产在历史上首次超过杂交稻,单产一跃超千斤,其推广速度不仅在以往常规稻品种推广中是极为少见的,而且在同属中稻区的宁、通、扬地区也是领先的(见表3)。1988—1992年累计推广面积257万亩,占同期粳稻面积的60.23%,平均单产507.44 kg,较盐粳2号(1988—1990年)平均单产474.78 kg增产32.66 kg,增幅为6.88%,累计增产稻谷8 393.62万kg。

表3 镇江市1988—1992年武育粳3号推广情况

	县别	润州	丹徒	丹阳	句容	扬中	全市
1988	推广面积(万亩)	0.002	0.026	0.089	0.003	0.06	0.18
	单产(kg/亩)					474.31	
	占中粳比例(%)	0.12	0.15	0.89	0.027	1.17	0.4
1989	推广面积(万亩)	0.15	3.0	7.0	2.56	5.5	18.21
	单产(kg/亩)		512.82	536.37	499.00	586.16	544
	占中粳比例(%)	8.23	23.08	49.57	28.13	89.87	41.25
1990	推广面积(万亩)	0.9	17.2	29.8	15.31	7.02	70.23
	单产(kg/亩)	496	494	528	490	569.5	515.38
	占中粳比例(%)	59.21	82.69	96.75	80.58	100	88.74

续表

	县别	润州	丹徒	丹阳	句容	扬中	全市
1991	推广面积(万亩)	1.77	21.53	30	20.5	8.79	82.6
	单产(kg/亩)	473	485.39	509.43	495.36	514.8	499.4
	占中粳比例(%)	100	99.22	94.34	93.18	100	98.95
1992	推广面积(万亩)	1.88	23.62	30	20.3	9.98	85.78
	单产(kg/亩)	478	470	511	490	558	501
	占中粳比例(%)	100	100	100	95.73	100	98.95

3.2 经济效益

据扬中市 27 个示范点系统对比资料分析(见表 4),武育粳 3 号与盐粳 2 号相比,用种费用减少,用肥、用水费用增加,生产费用亩增 1.96 元;用工上,追肥用工增加,育秧移栽用工减少,总用工减少 1.5 h,亩农本虽然增加 1.02 元,但每公斤稻谷成本下降 10.92%(农业税相等未计入)。按国家保护价 0.64 元/kg(1992 年定购价)计算,稻谷产值增加 5 371.92 万元,新增纯收入 3 592.47 万元。在计划经济转向市场经济的今天,若把增产的优质稻谷全部推向市场,按市场价计算,则经济效益更为可观。

表 4 经济效益对比分析

品种	产量(kg/亩)	产值(元/亩)	生产费用(元/亩)	亩投工		农本合计(元/亩)	单位稻谷成本(元/kg)	纯收入(元/亩)	备注
				h/亩	元/亩				
武育粳3号	586.1	375.10	68.76	88.9	55.56	124.32	0.212	250.78	1. 工值按0.625元/h计
盐粳2号	518.1	331.58	66.8	90.4	56.5	123.30	0.238	208.28	2. 产值按稻谷0.64元/kg计
差值	+68.0	+43.52	+1.96	-1.5	-0.94	+1.02	-0.026	+42.5	

3.3 生态效益

武育粳 3 号由于其生育期较盐粳 2 号长 5~7 天,较杂交稻长 10~12 天,稻麦收种间隙时间缩短,既充分利用了光温资源,养老稻增产,又减轻了土壤失墒,使种麦墒情更适宜。因近年来三麦播种机械化水平的提高,种麦周期缩短,并不影响三麦适期播种,反而有利于三麦早苗、齐苗、壮苗,促进稻麦双高产。武育粳 3 号在直播、抛秧栽培的应用上节省了秧田,提高了土地资源利用率和产出率,也有利于秧田轮作换茬,改善土壤理化状况。

3.4 社会效益

近几年来,大米尤其是中质以上的优质大米是粮食市场上的紧缺商品,武育粳 3 号的推广,其高产性稳定了社会粮食总量供应;其高质性从 1988 年镇江市区人均供应地产大米 5 kg 发展至 1992 年已完全满足了城市居民对优质大米的生活需求;其高效性调动了农民种稻积极性;其良种良法的配套推广增长了农民对农业科学技术学习和接受的兴趣,为普及农业科技、提高农业劳动力科技素质提供了有益的经验。

综上所述,本研究使三大效益得到了同步提高,在农业结构调整、发展"三高"农业的新形势下,本项目展示的方向、途径不仅对于苏中中稻区基本适用,而且对于整个南方中稻区,甚至光温资源不够充裕的双季稻区都有参考借鉴意义。

不同类型稻区多效唑培育水稻中壮苗的效果及技术

多效唑在 35 天以上秧龄的水稻中大苗上的应用效果和技术已见报道。根据我市地貌特点,我们于 1989—1990 年在平原和丘陵两种不同类型稻区进行应用多效唑培育水稻中壮苗试验,并追踪观察其大田效应,以探讨在不同类型地区 30 天秧龄的露地一段秧苗上应用多效唑的效果和技术。

1 材料与方法

1989—1990 年以平原圩区的扬中市三茅和丘陵地区的丹徒区上党等乡镇为代表,进行多效唑育秧试验;供试品种为杂交稻献优 63 和中粳 8169 – 22,供试药剂为 15% 多效唑可湿性粉剂。5 月 15—18 日播种,秧龄 30 天。试验采用二因素(用药时期、用药量)随机区组设计,各因素水平数分别为:用药时期设露青、一叶一心、二叶一心、三叶一心、四叶一心、五叶一心 6 水平;用药量设每亩用药 100 g,125 g,150 g,200 g 四水平,二次重复。采用拌土撒施或兑水喷施的方法进行。设不用药为对照(CK)。其他管理同大田生产。用药后至收获全程考察植株形态及生育指标。

2 结果与分析

2.1 多效唑对秧苗素质的影响

据观察,施用多效唑后 5 天秧苗叶色开始加深,一般 n 叶期施药,$n+3$ 至 $n+4$ 叶叶色加深最明显,药效可持续到移栽。栽前考苗结果:体现秧苗素质的各项指标与对照相比均表现出显著差异(见表 1)。

表 1 施用多效唑对秧苗素质的影响(1989 年)

品种	处理	苗高 (cm)	假茎粗 (cm)	单株 带蘖	带蘖率 (%)	总根数 (条/株)	百株干重 (g)
献优 63	用药	34.7**	1.0**	3.8**	100.0	42.0**	53.0**
	CK	38.9	0.8	3.1	100.0	35.1	49.5
8169 – 22	用药	21.0**	0.7**	1.8**	82.1**	34.0**	29.6*
	CK	27.6	0.6	1.1	52.7	27.4	26.4

注:① ** 表示达 1% 水平的差异;* 表示达 5% 水平的差异(下同);
② 二叶期用药 150 g/亩。

本文原载于《江苏农业科学》(1992 年增刊),是江苏省农科院主持的"多效唑调节水稻生长的机理及应用技术"课题的一部分。本市有关县(市)区作栽站参加了试验工作。

据对三茅、上党两点 1990 年的试验资料分析,平原圩区以降低苗高、增加假茎粗效果较优,其苗高平均降低 15.8%,假茎粗平均增加 17.1%;而丘陵地区则以降低苗高、增加单株带蘖率和群体带蘖率效果为佳,其苗高平均降低 21.9%,单株带蘖率和群体带蘖率分别增加 209.1% 和 137.4%,显示了多效唑控制植株纵向生长、促进横向生长的效果。

2.1.1 不同叶龄期用药对秧苗素质的影响

(1) 苗体形态

两种不同类型地区的试验结果表明,五叶期以前用药,随用药期的推迟,其矮化增粗效应递减,且水平间差异显著(见表 2)。一叶一心期用药矮化增粗效果最佳,此期用药,平原地区苗高降低 4.7 cm,降幅为 21.0%,假茎粗增加 0.2 cm,增幅为 24.3%;丘陵地区苗高下降 25.8%,假茎粗增加 8.0%。

表 2 不同类型土壤施用多效唑提高秧苗素质的效果(1990 年,品种为 8169 - 22)

地区及用药量	时期	苗高(cm)	假茎粗(cm)	单株带蘖	带蘖率(%)	总根数(条/株)	百株干重(g)
扬中(平原)150 g/亩	露青	16.7**	0.84**	2.1**	96.7**	28.0	25.1
	一叶一心	18.7**	0.94**	2.4**	100.0**	29.2	38.3**
	二叶一心	18.3**	0.84**	2.0**	96.7**	32.4**	32.3**
	三叶一心	19.8**	0.85**	2.2**	100.0**	31.6**	29.0*
	四叶一心	20.3*	0.76	2.1**	93.3**	28.8	30.3**
	五叶一心	21.5	0.80**	1.9**	93.3**	29.4	31.0**
	CK	22.5	0.70	1.6	76.7	28.6	27.5
丹徒(丘陵)125 g/亩	露青	24.6**	0.51	0.9**	75.0**	31.0**	29.8
	一叶一心	21.9**	0.54**	1.6**	88.4**	30.7**	36.5**
	二叶一心	23.2**	0.54**	1.2**	71.1**	28.6**	32.0**
	三叶一心	24.0**	0.53*	0.8**	50.0**	27.4**	29.0
	CK	29.9	0.50	0.3	28.9	21.0	28.9

(2) 带蘖水平

从表 2 的结果来看,随用药期的推迟,增蘖效果同样呈递减趋势,依然是一叶一心期用药效果最好,且不同地区表现一致。丘陵地区增效尤为突出,该地区此期用药后,单株带蘖数和群体带蘖率分别较对照增加 3.7 倍和 2 倍。

(3) 根数

沿江平原地区增根效果不明显,丘陵地区则有明显的促进根系生长的作用,但水平间差异不显著,一叶一心期用药效果相对较好,其根数较对照增加 9.7

条,增幅为46.2%。

（4）干物质积累

两类型地区用药后植株干重增加均显著,一叶一心期用药效果最佳。显然,使用多效唑后带蘖水平的提高足以弥补苗体变小带来的干重损失。

2.1.2　不同用药量对秧苗素质的影响

由表3分析可知,在亩用药100～200g范围内,随用药量的增加,秧苗素质各项指标较对照均有明显提高。在试验水平间距较大的平原地区,主要指标水平间差异显著,其植株干重与用药量呈负相关趋势,综合效果以亩用药150g为最优;但试验水平间距较小的丘陵地区仅带蘖水平及干物重水平间差异显著,经新复极差测验显示,亩用药125g效果更为突出。

表3　不同类型土壤施用多效唑对秧苗素质的影响（1990年,品种为8169-22）

地区及用药期	亩用量（g）	苗高（cm）	假茎粗（cm）	单株带蘖	带蘖率（%）	总根数（条/株）	百株干重（g）
扬中（平原）一叶一心	100	19.0**	0.82**	2.3**	93.3**	29.5	40.1
	150	18.7**	0.94**	2.4**	100.0**	29.2	38.3**
	200	15.7**	0.86**	1.8*	93.3**	28.8	33.0*
	CK	22.5	0.70	1.6	76.6	28.6	30.2
丹徒（丘陵）一叶一心	100	23.2**	0.53*	0.9**	64.0**	31.2**	34.0**
	125	21.9**	0.54*	1.6**	88.4**	30.7**	36.5**
	150	21.4**	0.54*	1.1**	78.0**	32.3**	34.6**
	CK	29.9	0.50	0.3	28.9	21.0	28.9

2.2　大田效应分析

2.2.1　返青活棵快,分蘖势强

田间对比观察结果表明,未经多效唑处理的秧苗移栽大田后,5天内没有分蘖出生,甚至有部分分蘖消亡,而经多效唑处理的秧苗则植伤轻微,几乎没有缓苗现象,很快即进入大田分蘖阶段,而且其分蘖势在高峰苗出现前,杂交稻平均比对照多0.33万苗/（亩·日）,常规稻平均多于对照0.37万苗/（亩·日）,等穗苗出现期较对照提前2～3天,高峰苗分别多于对照4.62万和6.71万,成穗数多1.21万和1.38万。

2.2.2　增源扩库增产

秧田使用多效唑,大田增产效果明显。丘陵地区平均亩增产125.0kg,增产20.2%,远远高于平原地区的3.9%。产量结构分析（见表4）表明,两地区均为增穗增粒增产,而结实率与千粒重增加不显著。又据试验结果可知:使用多效唑后顶三片功能叶面积皆有增加,平均单蘖增加7.3cm²,增幅为9.6%,而粒叶

比则无差异。由此说明,多效唑处理后可使水稻源库同时扩充而增产。

表4 秧田应用多效唑后各处理平均产量结构比较(1990 年,品种为 8169－22)

地区	处理	有效穗 (万/亩)	每穗总粒	结实率 (%)	千粒重 (g)	实产 (kg/亩)
扬中 (平原)	用药	26.56**	84.3**	92.9	27.1	518.0**
	CK	25.90	82.0	93.0	27.2	498.3
丹徒 (丘陵)	用药	24.30**	110.8**	91.9	27.2	619.6**
	CK	22.16	99.2	91.9	27.1	494.6

进一步分析不同处理的产量变化发现,一叶一心期各用量处理平均产量最高,平原和丘陵地区分别达到 545.3 kg 和 655.2 kg,产量有随用药量上升而增加的趋势,但不同处理水平间产量差异不显著。在产量构成因素上,仅丘陵地区有效穗在不同用药量水平间有显著差异(F_2,11 = 12.412 3**),其他因素水平间差异不显著,说明丘陵地区秧田应用多效唑对大田分蘖成穗有明显的促进作用。

3 小结与讨论

① 水稻秧田应用多效唑可明显地使秧苗矮化、假茎增粗、带蘖水平提高、根量增多、干物质积累增加,从而有效地提高秧苗素质。

② 秧田使用多效唑后,大田植伤轻、活棵早、分蘖势强,最终表现为增穗增粒增产。

③ 从试验结果看:一叶一心期为最适用药时期,此期用药 125～150 g/亩壮苗效果较理想,用药 150～200 g/亩增产效果较佳。因此,从经济增产角度考虑,以每亩用药 150 g 为宜。

④ 使用多效唑后,由于水稻源、库的扩充,中后期应适当加大用肥量,以满足物质生产量增大对肥料的需求。

水稻盘育抛秧高产栽培技术

我国早在 20 世纪 60 年代就开始应用抛秧技术,进入 80 年代我国开始引进日本的硬塑盘抛秧技术,但一次性投资较大。根据我国国情,吉林、辽宁先后研制了硬盘衬套育秧法、框架育秧法,既降低了成本,又能育出规范化的秧苗;到 80 年代中期,黑龙江和辽宁等地集衬套和框架的优点,研制出了塑料软盘育秧法,采用聚氯乙烯吸塑成型法生产出薄软多孔的抛秧育苗盘,秧盘成本大大降低,使抛秧技术得以在大面积生产上推广应用,加上稻田除草剂的广泛应用,更为抛秧提供了发展条件。进入 90 年代,随着农村务农劳力大量转移,抛秧这一省工、省力又高产的栽培技术,逐渐受到欢迎和重视,对此,国家科委将"抛秧稻增产技术"列为国家重点技术推广项目,从 1992 年开始,全国多次召开抛秧稻推广现场会,并将其作为科技兴农的重点推广项目写进了中央文件,更进一步促进了抛秧稻在全国的迅猛发展。

我省 1989 年开始引进抛秧技术,当年布点试种了 552 亩,1990 年示范面积扩大到 3 308 亩,1991 年发展到了 3.12 万亩。在 3 年试验、示范成功的基础上,1992 年省农林厅立项组织推广,当年就猛增至 20 多万亩,1994 年突破百万亩,1995 年又翻了一番达到 245 万亩,约占全国抛秧稻总面积的 1/4,名列全国前茅,其中仅海安县 1995 年塑盘抛秧面积就达 23 万亩,为全国抛秧之最,中央领导田纪云、姜春云视察后,给予高度赞扬,并指示大力推广。我市与全省一样,1989 年开始试验,1991 年开始百亩中试,1992 年大面积推广,1996 年达到近百万亩,抛秧稻产量达到甚至超过了常规手插水平,积累了比较完善的盘育抛秧高产栽培技术。

1 水稻抛秧栽培的高产机理

水稻抛栽,秧苗在大田的群体结构具有显著的特征。因此,抛秧稻有其独特的生育基础,表现出与传统栽播方式不同的生育进程和优势。综合分析大量研究和测定资料,其高产机理主要表现在以下几个方面:

1.1 早发优势

抛秧稻总的生育趋势是:前期呈早发型,中期呈繁茂型,后期呈丰产型。抛秧稻秧苗移植到大田过程中植伤轻,不败苗,无落黄过程,蹲苗期短,易早发。早

本文系 1996 年春由作者根据本市 1989—1995 年试验示范结果主持制定的抛秧稻生产技术规程,供全市大面积推广培训使用。黄杰文为共同作者。

发的好处如下：

1.1.1 早发使水稻的营养生长期相对延长

据观察，抛栽后一般是1天露白根，2天扎好根，3天长新叶，新叶出生后即开始分蘖，比常规手插稻早4天左右，因此能充分利用适宜的温光条件，使根、茎、叶营养器官充分生长。

1.1.2 早发是导致大穗的前提

据研究，水稻决定穗型大小的关键时期之一是维管束增生期，同一品种早生的低位分蘖维管束的数量要比晚生的多，其穗部一次枝梗分化数也多，穗型必然较大。

1.1.3 早发是壮大根群的保证

水稻发根与发苗（分蘖）基本是同步的。由于抛秧稻分蘖既早又快，发根亦较早、较快，根量较大，横向分布均匀，但纵向分布较浅。据测定，抛秧稻单株总根量比手插稻增加6%，单株根系干重增加5%。发育较好且活力较强的根群能有效克服手插稻前期发根迟且少的弱点，有助于吸收土壤表层更多肥力和中后期保持旺盛的根系活力，以确保后期活熟增重。

1.2 分蘖优势

抛秧稻不仅分蘖早，而且分蘖多，尤其是低位分蘖多。一般手插稻秧苗入土较深，其2~4蘖位基本呈空位，而抛秧稻1~8蘖位都能带蘖，分蘖多且起步早、发育好、早蘖受光早，有利于提高分蘖成穗率，确保足穗高产。但由于抛秧稻分蘖惯性较大，容易过早够苗，导致群体失控而难以稳产高产。一般早发后宜提前1~2蘖位早控，当总茎蘖数达到预定穗数的85%~90%时就应果断控苗，把最高总茎蘖数控制在预定穗数的120%以内。

1.3 密度优势

抛秧稻秧苗在大田随机分布，难免留下许多"空洞"，看起来似乎杂乱无章且密度稀疏。而抛秧稻立苗后叶片开张角度大，株型较松散，茎、叶、蘖生长呈辐射状，低位分蘖多且迅猛，需要一个较大的生长空间，因此这杂乱无章、稀疏空洞的秧苗分布，却为抛秧稻特殊的生长形态创造了优越的条件。

1.3.1 改善了通风透光条件，形成田间小气候优势

秧苗在田间随机分布，使得植株高低不一，通风透光性好，下部枯黄叶少，叶片受光面大，光能利用率高，功能期较长，有利于制造较多光合作用产物，协调源库关系。抽穗后抛秧稻群体上部冠层叶均匀分布着较多的漏光洞，株间受光均匀，中下部光照条件较好，相对延长了中、下部叶片的功能期，因而在开花结实期绿叶数略多，增厚了群体光合层，有利于提高抽穗后的物质生产能力。通风透光性好，也相应地改变了抛秧稻田的温、光、水、风（气）等条件，形成对抛秧稻的高产极为有利的田间小气候，优势十分明显。

1.3.2 粒叶比高,穗粒互补性强,源强库大

抛秧稻抽穗后穗层不整齐,下层穗所占比例明显高于同类手插稻,叶层分布亦呈同样趋势,这种"卵状"株型增加了稻田有效冠层的厚度。虽然带来了穗型欠整齐的缺陷,但改善了群体生态条件,扩大了垂直利用空间和源库容量,提高了群体库容量弹性,保证了穗、粒在一定范围内的互补,即穗数偏少时,有利于形成大穗,稳定每亩总颖花量;穗数偏多时,单穗颖花数会相应减少,但群体总颖花量仍保持较高水平。这种粒叶比高、源强库大、光合物质生产和转化能力均较强的群体结构,有利于在高水平上达到源库关系的进一步协调。

1.4 抗逆优势

抛秧稻由于独特的移栽方式和生长形态,具有较强的抗逆能力。一是带土浅栽,能抗植伤,防败苗落黄,有利早发;二是植株形态优越,通风透光好,在群体适宜范围内,能减轻病害;三是基部节间较短、管壁略厚,据测定,在成熟前10 天,抛秧稻基部 10 cm 处抗折断力比手插稻高 14.2%,比机插稻高 30%,可见,抛秧稻有良好的抗茎倒伏能力;四是根群发达,活力强,有助于后期抗早衰和增加抗倒强度;五是基部叶片、叶鞘寿命长,据测定,一般至成熟期抛秧稻的平均单茎绿叶数较手插秧要多 0.5 ~ 1 张,基部 0 ~ 25 cm 有活力叶鞘干重要高40.3%,有利于提高抽穗后的物质生产能力。

2 抛秧稻的高产栽培技术

抛秧稻具有独特的移栽方式,栽培时有 3 点区别于其他稻的特殊要求:一是育秧时要严格防止串根;二是抛栽中尽量减少倒苗;三是要抛栽均匀。这 3 点是抛秧稻栽培的关键所在,操作中应予以重视。

2.1 育秧阶段

2.1.1 种子处理

种子质量(发芽率、纯度)与盘育小苗成秧率、缺穴率、秧盘利用率有着密切的关系,与其整齐度、纯净度、均匀度亦有相应的关系,必须严把种子质量关。种子要经过晒、筛、拣、选种,用线菌清或"402"药剂浸种 48 h 至种子破胸露白,晾至半干后即可播种。确保种子发芽率达 95% 以上,纯净度达 99% 以上,无病、无劣、无杂。

2.1.2 备足秧盘与营养土

目前生产上应用的育苗塑盘型号较多,我市应用较广的 PVC 塑料软盘的规格是 561 孔的秧盘,其盘长 60 cm、盘宽 32.5 cm、盘高 1.8 cm。根据抛秧田面积、密度,确定秧盘数量。其计算公式是:秧盘总用量(盘) = 每亩抛栽穴数(穴)×大田面积(亩)/每盘的孔穴数(穴);其中,每亩抛栽穴数(穴) = 每亩基本苗数/每穴株数(一般 3 ~ 4 株)。通过上述公式可计算出理论上应准备的总

秧盘用量,在此基础上再考虑当地生产条件、育秧技术水平、成苗率等因素,适当增加一些备用盘,一般为5%~10%。

软盘应用的营养土主要有沟泥、河泥、干细土3种。沟泥是利用秧沟内的淤泥制成半流体泥浆;河泥则是采用无毒河泥浆去杂质后制成半流体泥浆;干细土可选用菜园地土(切忌用生土),一般每亩大田准备过筛的干细土60~75 kg,复合肥250 g,腐熟猪粪10 kg拌匀,并用薄膜覆盖堆闷2~3天,即可装盘使用。

另外,为了增温、保温、防雨,要准备好一定数量的薄膜,确保早出苗、出齐苗。高温季节育秧还要准备在膜上加盖草帘或稻麦草。

2.1.3　整好苗床

目前抛秧的盘育方式主要有旱育和水育两种。旱育是缺水地区大力推广的一种育苗方式,塑盘旱育的秧苗具有器官组织细胞小、密度大、秧苗带蘖多、根系发达、苗体矮壮、抗逆性强、不易串根等优点,但用工量较大,管理不善和土壤不消毒,三叶期后易发生死苗现象。水育是平原水网地区大面积应用的育秧方式,它具有成秧率较高、易管易育、不易死苗、用工量小、栽后同样能达到早活早发、分蘖节位低、结实率高等优点,但操作管理不当易发生串根现象,增加抛栽难度。另外,播后如遇持续高温,会出现苗体适宜长度较难控制等问题。

水育苗床应选择排灌方便、土壤肥沃的田块,以1∶40的秧大田比例留好秧田,一般塑盘育秧田应进行单独水浆管理,其秧板制作与常规水育秧相同。秧板宽140 cm,秧沟宽、深各20 cm,秧板上泥浆浮烂,要求达到"肥、松、平、细、无草籽"的标准。

2.1.4　铺秧盘、垫土与播种

苗床整好后,待板面略沉实,即趁湿将两列秧盘横向排在苗床上,使盘底的蜂乳头半截嵌在泥浆中,要求盘与盘紧连、盘与土紧贴。秧盘排好后即可垫上营养土。当营养土选用沟泥或河泥时,可直接将制成的半流体泥浆浇装盘孔,刮平后待泥浆沉实,然后均匀播种、塌谷。此法花工量较多,但泥质较肥沃,有利于培育壮苗。当营养土选用细土时,可将营养细土装至秧盘穴孔深度的2/3~1/2处,播种后再盖土刮平并略低于穴口,达到穴穴相离;也可用营养细土拌种后装盘,一气呵成,但要注意细土与种子要充分拌匀。

播种力求均匀,每孔一般播4~5粒,每盘用干净种50~60 g为宜,每亩按成秧率80%以上计算,每盘1 500多苗,每亩抛6万多基本苗只需40盘,考虑多种因素,可增加5%~10%秧盘总量,以备足预备秧。

播种覆土后,应淋足水分,然后覆盖塑料薄膜,并灌平沟水,以保持秧板湿润。

2.1.5　播后管理

播种后至起苗前2~3天灌平沟水,始终保持盘土湿润。一叶一心期,在傍晚灌水后,每百盘施断奶肥尿素0.5 kg;抛秧前2~3天,每百盘施起身肥尿素

1～1.5 kg,秧板膜内温度要控制在35℃以内,气温过高时要注意揭膜降温,防止高温烧苗(芽)。一叶一心后开始揭除薄膜。秧苗一叶一心期每亩用15%多效唑粉剂150 g兑水50 kg均匀喷施,控高增粗,矮化秧苗,以利提高抛秧质量,促使早活早发。出苗后秧田稗草多,可用"快杀稗"化除,同时要防治好稻蓟马、灰飞虱等病虫害。

盘育小苗管理不当会发生串根,增加抛秧难度,难以达到均匀抛栽的目的,这样不仅会削弱省工、省力优势,同时还会影响群、个体正常生育和高产增效。发生串根的原因多种多样,一是秧苗一叶一心后盘面经常积水和二叶期起采用水层灌溉,造成根泥上浮而导致串根;二是播种时盘面浮浆刮得不干净,造成根随泥走而串根;三是播量太密,秧龄太长。防止串根的办法和途径是:第一,科学管理水浆,坚持湿润灌溉,做到只保孔泥湿润,防止盘面上水;第二,提高播种质量,做到播量适中,种子应略低于孔口,播后盘面浮浆、杂泥等物要刮干净;第三,坚持抛秧时秧龄"宁短不长"、叶龄"宁少不多"的原则。

2.1.6 适时抛秧

抛秧的秧龄以18～22天、叶龄四叶期为宜,秧龄过长,秧苗素质差,塑盘培育的秧苗应达到"一不、四适"的要求,即不串根、秧龄适宜、叶龄适度、高度适中(不超过15 cm)、穴苗适量(一般每穴3～5株)。

2.2 抛秧阶段

2.2.1 精细整地

整地质量与抛栽质量的关系十分密切。根据苗龄短、叶龄小、植株矮,抛后有部分苗倒伏等特点,抛秧大田要达到4条标准。

(1)田面平

做到没有明显的低塘和高墩,因为低塘易导致浮苗,高墩容易晒枯伤苗,都会影响早立苗与均衡生长。

(2)表土熟

表土要尽量达到泥细、泥熟、有糊泥,以利于浅水抛栽,减少秧苗入土阻力;有利于加大抛栽植深,提高根土弥合力;有利于防余裸和早立苗,提高抛栽质量。

(3)田表净

田面要尽量做到没有还田稻草和其他残渣,以利抛栽立苗和扎根。

(4)保水好

田块蓄水保湿性能要好,有利于调节和控制水层,确保湿润立苗、浅水发苗。整地方法是先干整、再水平,力争高低不过3 cm,寸水不露墩。一般采取一耕一秒一耙、细整拉平的办法,基本达到麦草全部入土、上有泥浆(若泥浆不烂再耙一遍)、下有泥块、表土融活、通透性较好的要求。对于秸秆还田多的田块,要及早上水沤泡腐熟,以利立苗扎根和发苗发根。

在耕翻整地的同时,要增施有机肥料,将基肥施入耕作层。要提倡化肥深施(施后耕田)或全层施(耕后施肥再耙田),不宜面施,以免排水抛秧或日灌夜露时肥料流失。要增施磷钾肥料,以防冷浸田发生僵苗。基肥中氮素肥料用量占总用氮量的25%。

2.2.2 抛栽技术

① 揭秧盘前一天浇水湿润,秧沟内排尽水,使秧盘孔内土团干湿相宜。土团过湿,起秧和抛秧时粘连不易抛散,机械化抛秧尤其要防止土团过湿;土过干,起秧、运秧时叶易卷缩,增加植伤。

② 揭秧盘时刮去底部泥土,向内顺卷装筐或装车运到田头。晴热天气要注意遮阴。

③ 抛秧时大把抓起秧苗,用腕力迎风抛,抛高 2 ~ 5 m,使秧苗均匀散落田内,秧根入土 1 ~ 1.5 cm,为使抛栽均匀,可先抛 60% ~ 70%,然后补 20% ~ 30%,余下 10% 用作补大空当或吊边,确保抛秧均匀。机械化抛秧应在大田边先起秧装筐,再运至机边倒入秧斗。

④ 留好操作道。目前有两种方法:一种是抛秧前按 2 m 一幅拉绳分格,定量匀抛,抛好后沿绳清出一条操作道,宽 30 cm,清出的秧苗在操作道两侧补稀。另一种是先满田抛,尔后按 2 m 一幅拉绳清出操作道,清出的秧苗补大空当。抛秧田大多留操作道以便于施肥、防病治虫、除草等管理工作,也便于套播麦田时可以沿操作道开沟。对于当季水稻,由于增加了边际效应,故有利高产。

⑤ 抛后当天稻田保持湿润状态过夜,以利促进扎根立苗。第二天如果是晴天或少云、多云干燥,要在早晨灌浅水护苗。

⑥ 开好平水缺。抛秧后 2 ~ 3 天内要开好平水缺,目的是防止抛后下大雨,田间积水浮苗而漂流向一边,影响均匀度和立苗扎根。

⑦ 两种特殊气候不宜抛秧。一种是雷阵雨来临之前不宜抛秧,以防止抛后发生严重余棵、倒苗,影响活棵立苗和抛栽均匀度;另一种是晴热干燥天,田内没有薄水层的情况下不宜抛秧,以防抛后严重伤苗。

2.2.3 抛栽密度

一般要根据品种特性、土质肥度、抛栽早迟确定适宜密度。抛秧稻由于具有小苗带土、浅栽无败苗、低节位分蘖早发优势等特点,基本苗数可明显少于手插常规秧,也应比手栽或机栽小苗少些。根据多年实践,一般土肥条件好、栽得较早的可适当稀一些,亩抛 35 盘,基本苗 5 万 ~ 6 万;反之就应密一点儿,亩抛 40 盘,基本苗 6 万 ~ 7 万。要坚持以田定苗、以苗定盘的原则,确保合理密植。

2.2.4 抛栽均匀度

均匀度直接影响穴株间营养的平衡,最终影响个、群体的生产力。然而,抛秧的均匀度可控性差,即使抛秧质量较好的田块,基本苗局部差异也较大。密度不均匀,在生产上不仅难以管理,而且难以形成高质量的群体,这正是抛秧的弱点,亦是可能出现产量不高的原因之一。因此,在技术上应掌握以下环节:一要严防秧苗串根或土团粘连;二要定量试抛估测;三要注意抛、留、补的余地。据报道,空当大于 33 cm² 会导致减产。

2.3 大田管理阶段

抛秧稻大田栽培管理,只有根据抛秧稻的生育特点,采用相应的新型栽培技术,才能扬长避短,从而达到高产稳产的效果。

2.3.1 水浆管理

(1) 前期

抛秧稻有独特的立苗过程,俗称"立苗期"。立苗迟早虽与秧苗素质(短壮程度、秧龄长短)、整地质量、抛栽技术有关,但与抛栽后水浆管理关系更为密切。据试验,倒伏苗采用湿润灌溉的,4 天后直立度平均达 53.9°,6 天后平均达 72.2°;而淹水的则基本卧伏。因此,抛栽后 7 天内切忌灌深水,要坚持湿润灌溉,做到当天保湿润,晴天灌薄水,阴天不灌水,雨天开缺防淹水氽苗。立苗后建立浅水层,以利促进分蘖。

(2) 中期

抛秧稻具有中期发苗惯性大、根系分布浅等特点。因此,必须坚持定时搁田,并做到"一早""二透"的要求。

"一早",就是要看苗早搁田,一般在总茎蘖数达到预期适宜穗数的 85% ~ 90% 时脱水轻搁,使分蘖速率明显缓慢,把最高总茎蘖数控制在预期穗数的 1.2 倍以内,确保成穗率达 80% 以上。

"二透",就是达到控上促下、根群扩大、根系深扎、提高活力的目的,通过分次搁田,达到群体适宜、根系粗壮、抗逆性增强的要求。

在具体掌握上,应根据稻苗长势、土质等灵活掌握。

(3) 后期

抽穗后坚持干湿交替,以保持土壤湿润为主,防止土软田烂引起根倒。

2.3.2 肥料运筹

抛秧稻一生所需氮、磷、钾总量与常规稻基本相似,但氮肥运筹应有所不同,宜采用平衡施肥法。一般基肥占 25%,分蘖肥两次共占 30%,长粗平衡肥占 5%,穗肥占 40%。

2.3.3 化学除草

抛秧稻由于栽时秧龄短、个体小,加上植株分布不匀,前期浅水灌溉时间长,有利于杂草滋生。一般栽后 5 ~ 6 天,当秧苗扎根立苗后(立苗率达 95% 以上时),结合施分蘖肥用广谱除草剂混合匀施,用药后保持浅水层 5 ~ 6 天,以利提高防效,消灭草害。中、后期视草情,化除与人工拔草相结合,彻底清除草害。

2.3.4 病虫防治

抛秧稻发生的病虫害与常规手插稻大体相同,只是由于其茎蘖数明显增多,繁茂性更好,更容易招虫致病,有的发生期偏早,发生程度偏重。因此,抛秧稻更应注意采取综合防治措施,才能稳产高产。但要特别注意抛栽后的稻象甲与稻蓟马危害,其防治方法与常规稻相同。

3　水稻抛秧栽培的应用前景

水稻抛秧在生产实践上推广应用后,其独特优势表现十分明显,社会经济效益十分显著,因而其应用前景十分广阔。

3.1　经济效益

水稻应用抛秧后,其表现出的"四省二增"即省工、省力、省种、省秧田和增产、增效的经济增效优势十分明显。

3.1.1　省工

抛秧稻采用塑料软盘育苗,秧田整地简便,起秧省力,抛栽速度快。根据各地实践,从盘育到起、运、抛、补,一般一天一人可抛栽 3～4 亩,比常规手插秧提高工效 6～8 倍,扣除收割要多花一点儿工在内,每亩可省工 1.5～2.5 个。机械化抛秧功效更可提高几十倍。

3.1.2　省力

抛秧更为突出的优势是减轻劳动强度,能有效改变"面朝黄土背朝天,弯腰弓背几千年,一天难栽半亩田"的传统手栽秧局面,把农民从繁重的体力劳动中解放出来,被称为"愉快的劳动"。

3.1.3　省种

软盘育苗,定量播种,损失少,成秧率高,秧苗利用率高,抛栽植伤轻,栽后易成活,发苗分蘖多,是目前大田用种量较少的一种育秧方式,一般比常规育秧每亩大田可省稻种 2～3 kg。

3.1.4　省秧田

目前常规育秧一般秧大田比例为 1：(8～10),而软盘育秧秧大田比例是 1：(40～45)(盘面空穴率不超过 5%～10%),即每推广 1 亩抛秧稻,大体可节省 0.08 亩秧田,有利于扩种夏熟,开发冬季农业,提高复种指数而增产增收。

3.1.5　增产

多年来实践表明,全市抛秧稻亩产一般比常规手栽稻增产 5%～6%。

3.1.6　增效

由于抛秧稻具有上述"四省一增"的特色,与常规手栽栽培相比,将增产增收、省秧田多种增收、省工增收、省种增收相加,扣除秧盘增支,扣除省秧田种麦熟的工本,根据各地测算,一般可净增收入 10% 左右。

3.2　社会效益

抛秧社会效益非常明显,主要表现在"四个有利":

136

3.2.1　有利于发展农村经济

抛秧稻的特点之一是省工、省力。水稻推广抛秧,尤其是机械化抛秧,能节省大量农村务农劳力,减轻劳动强度,把农民从繁重的体力劳动中解放出来,参与二、三产业,增加经济收入,繁荣农村经济。

3.2.2　有利于发展规模经营

推广抛秧有利于规模经营,调节收、种季节。一个百亩规模的农场,机械化抛秧只需 1 天,手抛秧也只需 30 个工日,可以有效地确保水稻适时移栽,提高农业的综合效益。

3.2.3　有利于强化服务功能

推广抛秧有利于发展种子产业化,育秧专业化,供秧商品化,抛秧机械化,水稻栽培轻型化,抛秧服务社会化。

3.2.4　有利于改革传统农艺

水稻抛秧技术是一项改革生产方式、减轻劳动强度、改变栽培模式的水稻生产新技术,能有效地促使传统农艺转轨变型,实现以现代技术改造传统农艺,建立新的栽培技术体系。

浅谈水稻轻简高产栽培中的品种应用问题

20 世纪 80 年代中期以来,随着农村经济的发展和产业结构的调整,大量劳力向二、三产业转移,兼业或规模经营农户日渐增多,人们对水稻生产的省力、省工要求愈趋迫切,因而农技人员开始了对水稻轻简栽培的研究和示范。但是,人多地少、在有限的耕地上满足社会对日益增长的农产品需求是我国的基本国情,这就决定着水稻轻简栽培技术在生产上的应用必须以高产、高效为前提。目前,该技术以明显减轻劳动强度、提高劳动效率的优势,受到部分农民的欢迎,在我市多数地区已呈普及之势。然而,由于水稻轻简栽培的研究应用时间不长,尚未形成完整的高产技术体系,在部分地区产量还不够稳定,基层干群对此褒贬不一,故需完善提高这项技术。本文仅就水稻轻简栽培条件下获取高产的品种应用问题,通过比较研究,做粗浅探讨。

1 水稻轻简栽培与传统育秧手插栽培的生长发育差异

本文所谈的水稻轻简栽培,包括各种类型的抛秧栽培、不同方式的直播栽培、多种形式的小苗稀植栽培(含肥床旱育稀植)。它们的共同特征是分蘖起步早、速率快、缺位少,单株分蘖特别是低位分蘖相对较多,大田分蘖穗主要集中在第 6 节位以下,比传统水育手插稻要低 1～2 个节位,单株分蘖因在有效分蘖叶龄期内大量发生二、三次分蘖,其总数要比传统栽培多 10% 左右,其中尤以肥床旱育抛栽稻的大田分蘖势为最强,以直播稻的有效分蘖节位为最多。因此,轻简栽培稻够苗期普遍较传统栽培稻提前,群体偏大,成穗率偏低,有效穗增加,但穗型减小且不整齐,如果控苗不及时,高峰苗容易过高,增大倒伏隐患,导致产量不高不稳;从个体上看,抛秧、直播栽培由于播栽时根系入土浅,成长植株的根系在田间表现为上层根较多、下层根较少,成熟期 0～5 cm 土层的根量占 70% 左右,在田间清水硬板的情况下,根系活力较高,土壤固持力较强,但在管水不当、土层浮烂时,则易形成根系早衰和根倒,在大群体下,因稻株中下部受光不良,茎秆软弱而发生茎倒;另一方面,直播和小苗抛栽或稀植由于播期的推迟,比传统栽培程度不同地缩短了全生育期(主要是缩短营养生长期),也会限制品种潜力的发挥。

本文原载于《中国稻米》(1998 年第 4 期)。

2 品种的演进与产量变化

纵观镇江水稻的发展历程,可以说单产的阶梯式上升过程就是品种改良的演进史。20世纪三四十年代种植以八十子、黄瓜籼等为代表的原始高秆型品种,全市平均单产仅 1 875 kg/ha 左右;50年代初对农家品种进行了初级改良,种植以中农4号、胜利籼为代表的品种,单产上升到 2 625 kg/ha 左右;50年代中后期至60年代前期实行籼改粳,引进、选育出以南京11号、农垦57、农垦58为代表的一批以增穗增产为目标的新品种,使单产提高到了 4 125 kg/ha;60年代后期至70年代中期,实行单季改双季,种植以矮南早1号、沪选19等为代表的双季早、晚稻品种,水稻单产又上升一步,全市平均单产达到5 625 kg/ha 以上;70年代末至80年代中期,随着以 IR 系列为代表的矮秆大穗型品种的诞生和杂交稻的问世,全市实行了调双扩优,利用杂种优势使水稻单产逼近 7 500 kg/ha,同时促进了栽培技术的显著进步;80年代中后期,为适应品质改善的需要,又一次籼改粳,推广了以盐粳2号为代表的矮秆多穗型品种,全市平均单产仍然稳定在 7 125 kg/ha 以上;90年代前期,株型育种和高产优质受到重视,成功育成并推广了以武育粳3号为代表的穗粒兼顾、偏大穗型品种,水稻单产一举跃过 7 500 kg/ha,“八五”期间平均单产近 7 875 kg/ha;近两年来,以壮秆、抗病、大穗为特征的武育粳5号及“95系列”新品系开始应用于生产,全市平均单产已稳定在 8 625 kg/ha 左右,比1949年翻了两番,净增产 6 750 kg/ha。毋庸置疑,栽培技术的不断改进对产量的提高具有重要作用,但品种改良是首要的、起决定性作用的因素。因此,包括轻简栽培在内的任何栽培新技术的推广,都必须首先考虑品种因素,然后研究充分发挥品种生产潜力的因种栽培技术。

3 轻简栽培中的高产品种应用问题

根据轻简栽培稻的生育特点和高产对品种的要求,不同地区、不同生产条件、不同产量指标应选用不同类型的品种。

3.1 中低产地区

这类地区因受土、肥、水等生产条件的限制和农民科学种田水平较低等因素的制约,群体小、个体生长量不足,穗少穗小是水稻产量低下的根本原因。在轻简栽培条件下,可利用多穗型品种分蘖力较强、易争足穗和轻简栽培早发优势强、有效分蘖多的优势,通过管理措施的调节,克服多穗型品种穗型小、易倒伏的弱点,实现低产变中产、中产变高产的目标。生产上,以武育粳3号为代表的品种比较适合这类稻区应用。

3.2 高产地区

这类地区生产条件相对较好,农民科技素质相对较高,对新技术接受能力较

139

强。在轻简栽培条件下,可利用穗粒并重型品种分蘖力中等偏强、穗型偏大、穗粒结构比较协调的特点,选用适宜的基本苗数和适量的基蘖肥,使前期生长动态平稳,获得适宜的高峰苗数。在此基础上,采取适当早控和增加穗肥用量等措施,获得较高的单位面积总颖花量而取得理想产量。目前,在以平均单产7 500~8 250 kg/ha 为目标的地区,可选用武育粳 5 号、93 - 25、镇稻 524 等品种。

3.3 超高产地区

这类地区包括以平均单产 9 000 kg/ha 以上为目标的成建制乡镇和以平均单产 10 500 kg/ha 以上为目标的丰产方。生产条件好、技术水平高是其显著特征。在轻简栽培条件下,要特别注重提高群体质量,选用大穗型品种,并且对品种有比较严格的要求。在安全齐穗、正常结实的前提下,应尽量选用熟期相对较晚、穗型整齐、单穗重较高、单产潜力在 112 500 kg/ha 以上的品种;要求株型紧凑,叶片直立,受光姿态良好,茎秆粗壮;分蘖力中等偏弱,熟相青秀;根系发达,基部 1~2 个节间较短,抗倒性较强;对条纹叶枯病、稻瘟病、基腐病、稻飞虱等主要病虫达中抗以上水平。就直播栽培而言,还要求种子无芒、落粒性中等,以利机械播种;种子发芽顶土能力较强,出苗整齐;在播期推迟、营养生长期缩短的情况下,对产量影响较小等。目前,比较符合这些特征的品种有 95 - 16、95 -20、95 -22、镇稻 532 等新品系。在栽培管理上,为了有效发挥大穗型品种的生产潜力,需根据轻简栽培的特点和具体品种特性,趋利避害,着重调整好三方面措施。一是需较大幅度地降低基本苗,严格控制高峰苗,使成穗率达到80% 以上;二是根据地力状况,适当减少基肥使用比例和分蘖肥用量,使中后期用肥量提高到占总施肥量的 45% 以上,把肥料运筹的重点放在主攻大穗、提高结实率、增加千粒重上;三是水浆管理采取前期提早控苗、中期分次轻搁、后期清水硬板、湿润灌溉的方法,提高低位分蘖成穗率和穗型整齐度,最大限度地发挥大穗优势。

农业国际合作

1987—1991年,我参加了由IRRI(国际水稻研究所)和IDRC(加拿大国际发展研究中心)牵头组织的"亚洲农作制度研究",该研究以润州区驸马庄村为基点,具体执行了"中国南方水稻农作制度研究"任务,开展了变粮经二元结构为粮饲经三元结构、依丘陵地形地貌分层优化布局、种养加结合、提高综合效益及生态系统内良性循环,稻、麦、油菜、玉米、牧草综合增产技术等项目的试验、示范、推广,增产增收效果显著,被国内外专家称为"驸马庄模式"。1987年9月,IRRI和IDRC联合在镇江召开了农牧结合学术研讨会,1987—1989年,先后有联合国粮农组织(FAO)、欧共体、国际小麦玉米研究中心等9个考察团及美、英、法、加、德、日、荷等19个国家的49位专家到基点考察,并给予了高度评价。美国牧草专家罗纳德·泰勒教授在参观后写下这样的评语:"很荣幸参观你们的农业基地,你们在短期内取得了很大成绩,相信这种农牧结合的制度,将给世界带来一种模式,并为世界类似地区所采用。"

这5年的基点工作使我得到了系统锻炼。一是吃苦耐劳意志。每周2~3天,不管是刮风下雨还是酷暑严寒,从市区到村里,沿着丘陵崎岖不平的山路骑车9公里前往,有时吃在农家,住宿在蚊虫肆虐、老鼠出没、矮不透风的村茶场集体宿舍里。二是群众工作方法。新的农作制度和农业技术不是一下子就能为农民所接受,常常是晚上召集农民开会、培训统一思想,走家串户做说服动员工作,有时晚上与农户谈心到11点多,身体力行搞现场、做示范、抓典型、树样板。三是科学研究方法。在省农科院专家的直接指导下,从课题任务书制订到试验田设计,从数据采集到资料整理,从论文准备到国际会议组织,每个环节都全程参与,这是我理论与实践进步最快的一段时期。

1988—1992年,我参与引进、试验示范了日本水稻旱育稀植栽培技术,日本水稻专家原正市先生来我市考察指导,旱育稀植技术原本主要在北方寒地应用,但对我市水稻生产技术的改进,特别是抗灾应变发挥了积极作用。

1992年12月—1995年1月,我执行了我国援助坦桑尼亚水稻农场技术合作项目,该农场直属于坦桑尼亚农业、粮食安全和合作部,面积近10万亩。我在摸清坦桑尼亚国情和农情的基础上,开展了技术指导,并在坦桑尼亚政策法律框架内采取了一系列生产、劳动、组织管理措施,实行有序管理,调动了坦方农场官员、职工的工作积极性,以自身主动、深入细致的工作态度带动了坦桑尼亚水稻农场中基层官员工作作风的转变;针对稻米破碎率高达65%、商品价值低的问题,我仔细研究了问题产生的原因,采取了有效技术措施,使稻米破碎率降至33%左右,大大提升了稻米经济效益;为了提高坦方官员、职工的技术、管理水平,我组织开展了5批200多人次、为期15天的技术培训,收效良好;1993—1994年坦桑尼亚虽然遭受了独立以来最严重的旱情,但我指导下的二分场水稻单产却保持稳定,比相同条件下的一分场增产19.4%,受到坦方高度评价;针对农场水稻生产连续多年每况愈下的现状,在大量调查分析的基础上,我提出了恢复农场稻作产量的生产技术途径,受到国内主管部门的重视与好评;我还参与起草了生产技术规程,为国内有关方面决策进一步合作,提供了可资参考的大量数据资料。援坦期间,我还担任生产组长,生产组包括水稻生产、畜牧生产、稻米加工、水电生产和水利保障等工作职能,既要做好微观上的技术指导,也要做好宏观上的生产调度和农场的组织管理。

援助坦桑尼亚的工作经历是我一生中最具挑战、最能体现人生价值的一段经历。坦桑尼亚地处热带地区,是最不发达国家之一。农场地处高原,远离城市,距首都800公里,高温烈日、紫外线强、杂草丛生、蚊虫毒蛇肆虐,热带病、艾滋病流行,社会治安不稳定。在坦期间,发生了四川公路专家组被持枪抢劫案,专家组组长被打伤;邻国扎伊尔现称刚果(金)爆发内战,我援扎农业技术专家组被洗劫一空;湖南煤矿专家组被检出艾滋病;邻国卢旺达发生种族大屠杀惨案;我组多人患重度疟疾,一人被眼镜蛇咬伤;我也两次患轻度疟疾,一次被毒虫叮咬,这些事件加上缺医少药,工作和社会环境极其恶劣,而且两年多时间不能回国,身心受到极大挑战,有时甚至产生一分钟也不愿多留的恐惧。好在中坦友好,坦方合作对象对我们比较尊重,我们的工作意图能得到较好的落实,因而取得了超出预期的合作效果。在我即将回国的日子里,一个有着留欧经历、给人以傲慢印象的合作对象多次到专家组看望我,这在专家组里是少有的;在水稻农场为我举办的送行会上,我的合作对象、农场代总经理强烈要求我回国休假后再去合作,表示将通过外交途径、尽最大努力让我再来农场工作。从坦方人员的热切期望中、从合作的成果中,我感受到了人生的价值和意义,感受到了爱国的意义,感受到了中国援外的意义,这在国内是很难体会到的。

1998—2005年,在市科委的主导下,我参与引进、消化、吸收日本"稻鸭共作"技术,组织试验示范,致力于减少农药化肥使用量,实行稻米无公害生产,对我市有机水稻生产起到了积极推动作用。

1998—2006年,我先后赴以色列学习考察了节水农业、设施农业,法国规模农业与农业政策,美国家庭农场与农产品加工,加拿大农业合作社与农村经济管理,英国农业会展与农业贸易,中国台湾地区观光休闲农业与农产品流通等,通过学习发达国家和地区的先进农业技术经验,结合我市农业农村实际,我和同事一起建立了试验示范基地,努力提升我市的农业现代化水平。

2003—2007年,我每年组织农业龙头企业、农业生产基地参加中国国际农产品展销会、江苏省农业国际合作交流会,组织推荐我市优势特色农产品参加省农林厅在境外举办的农产品展销会;在镇江、上海、北京、杭州、福州、漳州等地组织举办镇江农业招商会和农产品展销会,引进了一大批工商资本、民间资本和外商资本投资我市农业生产、农产品加工、农产品营销和观光休闲农业,有效促进了我市农业结构调整,推动了我市农业产业化、外向化发展。

2013和2015年,我两次赴台与台湾农产品流通经纪人协会商谈,达成了镇江市供销合作总社与台湾农产品流通经纪人协会农业合作交流框架协议。2015年互派参访团学习考察,我市重点组织供销社负责人和农民合作社带头人赴台湾地区学习台湾农会和农民合作社的运作经验,旨在借鉴台湾农会经验,搭建镇江供销社为农民生产生活服务的综合平台;台湾农产品流通经纪人协会和台湾农会则组织了130人参加在镇江举办的2015年海峡两岸(江苏)名优农产品展销会,台湾地区的展位达到80个,现场销售100多万元,与我市亚夫在线实业有限公司、茅山人家生态农业有限公司达成跨境电商和农产品贸易合作协议,台湾农产品流通经纪人协会和台湾农会负责人还实地参观了我市部分农业企业和农民合作社,展会取得圆满成功。

此外,我还通过订阅国外原文杂志,吸收先进理念和技术,公开发表译文5篇,为我国农业发展提供了有益借鉴。

农业国际(地区)合作,既有我对国际、国内农业的贡献,即向世界10多个国家和国际组织展示了中国农业的精华——精耕细作、生态农业和水稻高产栽培,也有我汲取的世界先进农业技术与方法,如日本的旱育稀植、稻鸭共作对我市稻作技术的改进发挥了积极作用,欧美的农业组织化、市场化经验给我们以借鉴与启示,以色列的节水农业、设施农业对我市丘陵开发、高效农业发展具有推动作用,中国台湾地区的观光休闲农业对我市都市农业发展有直接促进效果。"他山之石,可以攻玉。"只有不断加强农业国际(地区)合作与交流,才能促进我市农业与国际、国内接轨,提升我市农业现代化水平。

镇江丘陵农区农牧结合种植制度研究初报

镇江丘陵 366.68 万亩,占全市土地总面积的 63.26%,其中山地占 11.2%,山坡岗地占 15.4%,塝冲耕地占 27.1%,其余为塘坝水面及圩区。除现已种植的林、竹、茶、桑、果外,约有十万亩土地仍处于荒山草坡状态,资源潜力尚未充分开发。20 世纪 70 年代毁林造田、填塘种粮面积约有 4 万亩,这些农田由于水源短缺,易旱易涝,粮食产量不高不稳,自然资源利用不合理。为此,选择驸马庄村为试点,试图通过调整产业结构,优化农田布局,改进种植制度,农牧渔结合,探讨丘陵农区合理利用资源、农副工协调发展的途径。

驸马庄位于镇江市郊区,距市区约 10 km。地处北亚热带季风气候区,属宁镇丘陵,海拔 30～40 m,无霜期 200～230 天,年平均气温 15～15.4 ℃,稳定通过 0 ℃的积温平均 5 562 ℃左右,太阳总辐射量 468 kJ/cm² 左右,年降雨量 1 012～1 066 mm。主要土壤有黄刚土、黄土和马肝土,pH5.5～5.9,有机质含量1%～2%,全氮 0.075%～0.1%,全磷 0.05%～0.1%,速效磷小于 3 ppm,速效钾50～100 ppm。全村土地总面积 5 912.38 亩,约 4 km²,其中山地占 23.77%,岗坡地占 19.25%,水面占 7.61%,耕地占 37.92%,人均耕地 1.5 亩。土地利用以林、茶、竹、桑、果、草及各类农作物为主。建点之前,该村已有较好的林业基础,但粮食产量低下,种植业结构单一,岗坡旱地和水面尚未充分利用,牧业基础差,渔业空缺,综合效益不高。自1984 年以来,该村开展了种草养畜研究,1986 年被列为亚洲水稻农作制度研究网农牧结合基点。本文着重报告种植制度方面的研究进展。

1 调整种植业结构,改进种植制度

驸马庄历史上农业生产结构单一,以种植业为主,一年稻麦两熟,部分旱田冬闲,夏秋只种一季小杂粮,另有油料及零星绿肥、饲料。山坡地植有林、竹、茶、果等。建点前的 1980 年,该村农业总收入 31.71 万元中,种植业占 86.5%;种植业中,粮食作物面积占 90.46%,经济作物占 8.24%,饲料作物仅占 1.30%;粮食作物中,水稻、小麦又占 91.37%。农民将多余粮食出售,而养殖业主要利用城市食品废料及部分粮食,饲料报酬率低。如生猪的料肉比比采用配合饲料喂养的高30%,出栏期延长 3 个月左右,既浪费了粮食,又影响了经济效益。针

本研究系"亚洲水稻农作制度研究网中国江苏南方丘陵区水稻农作制度研究"的一部分。本文原载于《农村生态环境》(1989 年第 4 期)。袁从祎、赵强基先生对本文进行了审阅修改。

对以上问题,我们农业科技人员分 3 个层次进行了调整。

1.1 合理安排农田布局,充分利用土地资源

根据地形地貌合理安排适种的植物,除山地植树造林、岗坡地栽种茶叶与速生果园已有一定基础外,自 1984 年起,该村建立人工草场,塝冲水田继续栽培粮食作物,岗塝旱地发展经济和饲料作物,水面养鱼,形成林果茶草、经饲粮渔的复合结构。到 1988 年全村已有林地 1 108.04 亩,占山地面积的 78.84%,其中退耕还林 263.4 亩,占 23.77%,已经利用岗坡地 1 073.4 亩,占 94.33%,其中茶叶690 亩,占 64.28%,果树 207 亩,占 19.28%,水面养殖 113 亩,占可养殖水面的62.78%,其中退田还渔 71 亩,占 62.83%,耕地上作物复种指数达到 149.42%,土地资源的总利用率提高至 84.74%。

1.2 优化种植业结构,协调粮、饲、经作物比例

驸马庄人均土地资源相对较多,人均占有粮食 650 kg,粮食商品率达 35% 左右,这对国家固然是一大贡献,但是饲料、经济作物却很少,妨碍了养殖业发展,影响了自身综合经济效益的提高。为此,自 1984 年开始,该村利用荒山草坡建立人工草场,至 1988 年已发展到 300 多亩,为发展草食动物养殖提供了基础。1985 年自丹麦引进黑白花奶牛 44 头,目前已存栏 112 头,引进毛兔 110 只,农户饲鹅 3 000 多羽,并在池塘埂边种草养鱼,农户还利用十边隙地种植苦荬菜等饲草,以满足畜禽对青饲的需要。

与此同时,该村调整了大田作物布局,在岗塝旱地和易旱高塝稻田重点发展以玉米为主的多种能量和蛋白精饲作物。1985 年在奶牛场试种青贮玉米65.6 亩,至 1988 年扩大到 200 亩,亩产 4 500 kg。1987 年在农户中试种 15 亩杂交玉米苏玉一号获得成功,1988 年全村种植面积扩大至 300 亩,两年平均亩产330～350 kg,高于对照稻田糙米产量 10% 以上。山芋、大豆种植面积也分别由1984 年的 50 亩和 30 亩发展到了 1988 年的 200 亩和 100 亩,并试种大元麦17.6 亩。初步形成了精粗结合、长短兼顾、能量型与蛋白型搭配的饲料格局。经济作物中,油菜种植面积由原来的 82 亩发展到 260 亩,花生种植面积由 89 亩扩大到 127 亩,西瓜从无到有,种植 20 亩。粮、饲、经作物比例由 1984 年的12.7∶0.5∶1 调整为 1988 年的 6.3∶1.6∶1。

1.3 改进种植制度,提高生态效益

丘陵农区习惯广种薄收,缺乏间套复种、精耕细作技术。自 1985 年开始,该村在 60 亩桃园里间作多年生豆科牧草白三叶、红三叶,有效地抑制了杂草,增进了肥力。成功试种一年生的牧草苕子(箭舌豌豆—玉米、意大利黑麦草—杂交狼尾草等复种方式)。杂交狼尾草与大绿豆间作试验表明,产草量比两者单种分别提高 2.1% 和 51.5%,并改善了饲草品质。大麦套种玉米,玉米间种大豆、玉米,玉米、大豆收后种蔬菜的试验中,可收大麦 175～200 kg,玉米 250～

300 kg,大豆 60～75 kg,蔬菜收入 200 元左右。麦/瓜—稻收获大元麦 150～200 kg,西瓜 1 500～2 000 kg,水稻 450～500 kg。此外,还进行了玉米后茬作油菜育苗、插种短期蔬菜等利用晚秋气候资源的探讨,均收到良好效果,已为广大农户所接受。

2 改进品种及栽培技术措施,提高单产与收益

2.1 引进和推广优良品种

从国内外引进了高产优质牧草 40 个品种进行试种品比,确立红三叶、白三叶、意大利黑麦草和杂交狼尾草为本地的当家草种。对 8 个青贮玉米品种进行品比试验,确认“徒玉选”宜作青贮品种,苏玉一号宜作籽粒青贮兼用品种。目前,玉米及牧草已全部实现良种化,并对苏、皖、浙、沪、鄂、粤、蜀、闽、桂 9 个省、市、自治区 100 多个单位提供优良牧草种子 3.5 t,杂交狼尾草种苗 60 万株、种根 4 万穴;带动了邻近的市郊、丹徒区一些丘陵乡镇种植玉米 3 000 多亩;还引进了苏玉四号玉米、宁薯一号山芋、宁镇一号大豆、泰兴一号裸大麦、扬麦 5 号小麦及绿豆、夏白菜等粮、饲、经作物新品种,预计两三年内各类作物品种均可更新换代一次。

2.2 普及科学技术,改进栽培技术

经过 4 年的系统研究和生产实践,推行了豆科牧草接种根瘤菌,播种浅而不露籽,施足基肥,增施磷肥等一播全苗技术;以及首割留茬 5 cm、冬前留茬 10 cm 等连年高产技术。通过先割一刀、用二茬留种、八成熟收获,解决了白三叶花期、熟期不一,采种难、产量低、遇梅雨烂种等技术难题,建立了杂交狼尾草冬季土温不低于 5 ℃的双层大棚、根茬无性繁殖、安全越冬技术和繁殖系数 1∶20 以上的高产春繁技术;以及以大田密度 2 500 穴/亩,施足基肥,适时追肥为中心的亩产鲜草 10 000 kg 的高产配套技术;总结出玉米合理密植 4 500～5 000 株/亩,施足基肥,早施苗肥,重施穗肥,及时间苗定苗,防治好病虫,除草松土培土的亩产 500 kg 籽粒或 4 000 kg 青贮秸秆的高产配套栽培技术。与 1985 年相比,1988 年杂交狼尾草和青贮玉米的鲜草单产均翻了一番,分别高达 12 691 kg 和 4 248 kg,杂交玉米出现了亩产 504 kg 籽粒的高产田,人工草场平均亩产鲜草 4 668 kg,为自然草地产量的 8～10 倍。

2.3 农牧渔结合,促进良性循环

经、饲作物的发展为养殖业提供了饲料,养殖业又为农田提供了大量优质肥料,农田全年亩施 2 000 kg 以上有机肥,减缓了化肥紧张矛盾,并改良了土壤,豆科牧草也有效地提高了土壤肥力,使该村的农田生态系统逐步走上了良性循环轨道。

2.4 建立服务组织,强化服务功能

该村加强智力投资,配备了农、牧、林、草、茶技术员,建立了服务体系。统一供种,统一组织农资代售,统一管水,统一技术规格,建立了考评奖罚责任制,使增产措施得到了较好的落实。

3 调整种植结构和改进种植制度的效果

3.1 种植结构趋向合理,粮、饲、经作物产量同步增长(见表1)

1988年与1980年相比,粮食复种面积虽减少575.2亩,但由于技术的进步和以牧养农的作用,粮食单产提高39.85%,总产仍增产142.01 t,人均占有粮食增加96.5 kg,商品粮增加77.23 t,每亩农田净收入增加近80元,保持了粮食稳步增长的势头。经济作物复种面积提高39.3%,产量增长了5.73倍。饲料作物扩种308.9亩,增产饲料128.86 t,若将其加工成配合饲料,可提供育肥1 008头猪的精饲需要。同时,青粗饲料的发展减少了对商品饲料及城市食品下脚料的依赖性。此外,还为市场提供了47 506.5 kg茶叶、165.9 m³木料及16.25 t果品。

表1 种植业内部结构的变化

年别	粮食作物			经济作物		饲料作物		牧草面积(亩)	人均占有粮食(kg)	商品粮(t)
	复种面积(亩)	单产(kg/亩)	总产(t)	复种面积(亩)	总产(t)	复种面积(亩)	总产(t)			
1980年	3 627	221.6	803.75	299	10.49	179	14.63	0	536.5	282.16
1988年	3 051.8	309.9	945.76	418	70.62	487.9	143.49	300	633.0	359.35
差值(%)	−15.86	+39.85	+17.67	+39.80	+573.21	+172.57	+880.79		+17.99	+27.37

3.2 种植业结构的调整,促进了养殖业的发展(见表2)

1988年与1984年相比,增加大牲畜83头、鹅976羽、兔110只、生猪588头,鸡鸭分别增加235羽和60羽,鱼塘增加42.0亩,即食草节粮型畜、禽、鱼的增长速度超过了食粮型畜禽。

表2 种植制度改进对养殖业结构的影响

年别	食草节粮型动物						耗粮型动物		
	大牲畜(头)	山羊(只)	鹅(羽)	兔(只)	养鱼面积(亩)	产鱼量(t)	生猪(头)	鸡(羽)	鸭(羽)
1984年	97	4	2 024	0	71	14.2	1 502	1775	200
1988年	180	18	3 000	110	113	26.8	2 090	2 010	260
差值(%)	+85.57	+350.0	+48.22		+59.15	+88.73	+39.15	+13.24	+30.0

3.3 农、副、工三业协调发展,农业收入成倍增长

种植制度的改进为农牧渔、种养加全面发展提供了基础。不仅充分利用了资源,而且使农产品转化增值,提高了经济效益(见表3)。与1984年相比,1988年农业产值增加1.54倍,其中畜牧业产值增长8倍,副业产值增长1.7倍,工业也因兴办了农产品加工厂及原有村办工业的发展而增长3.46倍。农、副、工三业的比例由原来的1:0.71:1.15发展成为1:2.45:4.06。人均收入增长1.06倍,达到923元。全村由贫困村一跃成为高出全市水平134元的中上等富裕村。

表3 农村经济结构分析

	工农业总产值(万元)	其中						人均收入(元)
		工业	种植业	林业	牧业	副业	渔业	
1984年	139.81	55.00	48.92	2.24	8.86	21.47	2.14	448.00
占总产值(%)	100	40.05	34.99	1.73	6.34	15.36	1.53	
1988年	462.73	250.00	61.53	6.00	80.00	58.50	6.70	923.00
占总产值(%)	100	45.05	13.30	1.30	17.29	12.64	1.45	
差值(%)	+230.97	+346.43	+25.78	+147.93	+802.93	+170.14	+213.55	+106.03

3.4 全村面貌已经有了很大改变,社会主义新农村正在逐步形成

目前全村的农田实行家庭承包责任制,而山林、茶园、果园、奶牛场、鱼塘、工业等仍由集体经营,使各种自然资源和劳力资源得以充分、合理开发利用,农村经济全面发展。昔日的荒山草坡已基本改观,全村植被覆盖率由1980年的65.15%提高到目前的82.83%。人工草场的建立不仅提高了生产力,而且使土壤有机质和氮素水平有所提高。全村的社会环境也有较大改善,过去闭塞的农村已修通了公路,家家喝上了自来水,40%的农户建起了楼房。

驸马庄村的自然环境、生产条件及存在的问题在苏南丘陵地区具有很大的代表性。本研究采取的技术路线和措施,经过实践证明是切合实际与有效的。基点"稳粮、扩饲、促养、增收"的成功经验正在有步骤地向邻近地区推广。目前研究工作还在继续深入与发展,以期在今后取得更大的成绩。

水稻裂纹米的成因与防止对策研究

水稻裂纹米（Cracked rice grain），也称稻谷的"热裂"，机米工艺上称"爆腰"，是稻米加工过程中产生碎米的主要原因。据报道，裂纹米率（爆腰率）大于60%，碎米率则超过50%，严重影响稻米的商品性和经济价值。研究水稻裂纹米的形成原因，寻求其防止对策，对提高稻米整米率、增强稻米市场竞争力具有现实的社会经济意义。

1 裂纹米的形成原因

据调查分析，裂纹米的形成与品种、灌浆优劣、收获期和稻谷入库前的机械作用有关。进一步研究发现，裂纹米的形成与温度、水分和太阳辐射等气候因子也有一定的相关性。

1.1 不同品种的裂纹米表现

于水稻齐穗后 40~45 天，同期摘取田间不同品种成熟穗各 10 株，分别人工脱粒成混合样本，手工剥除稻壳，将米粒置于具日光灯光源的透明玻璃上，迎光透视 100 粒，重复 3 次，凡米粒出现一道以上裂痕的即记为裂纹米（见表 1）。观察结果表明，不同品种裂纹米表现率不一，Kirombelo 的裂纹米率极显著地低于其他品种，IR8、南京 11 的裂纹米率则较高。直观地看，Kirombelo 米质透明，呈玻璃质，其裂纹米裂纹既少且浅小；而 IR8、南京 11 米粒腹白较大，淀粉分布不均，呈粉质，其裂纹米裂纹多而深；其他三品种则介于两者之间，腹白相对较小，呈半透明状。据统计，秆青籽黄的 Kirombelo 稻谷裂纹米中，有腹白或淀粉分布不均者占 25%，Subamati 则占 63.04%，即在不同品种间，裂纹米率表现为粉质米大于玻璃质米。

表 1 不同品种的裂纹米率

品种	IR8	南京 11	台湾 14	Katrin	Subamati	Kirombelo
裂纹米率(%)	35.0	33.25	22.75*	23.67*	25.33*	16.77**

1.2 不同熟相和成熟度对裂纹米形成的影响

取田间不同熟相的稻穗，观察其稻谷裂纹米，结果表明，秆青籽黄的稻穗，裂纹米率较低，早衰水稻裂纹米率显著升高，蜡熟期倒伏、水稻青枯及恋青对裂纹

本研究系作者 1992 年 12 月—1995 年 1 月在坦桑尼亚 Mbarali 农场承担技术合作项目期间所作；Mbarali 农场位于南纬 8°40′，海拔 1 040 m，系低纬度热带高原气候。本文原载于《中国稻米》(1997 年第 6 期)。

米的形成有一定影响,但不显著。灌浆不足、籽粒充实度低是早衰水稻裂纹米率高的重要原因。据观察,在早衰的 Kirombelo 裂纹米中,腹白较大或淀粉分布不均者占40%,比秆青籽黄稻谷高15个百分点。成熟度差对裂纹米形成的影响在不同品间敏感性也不一,表现为玻璃质米低于粉质米。

1.3　收割期对裂纹米形成的影响

据报道,水稻灌浆停止后,稻谷水分即显著下降,稻谷过熟,稻米养分有逸失,千粒重也有所下降。因此,适时收获不仅对提高产量有利,而且有益于保持良好米质。由表2可见,水稻成熟后,随着收割期的推迟,稻谷及糙米水分逐渐下降,裂纹米率显著提高,且裂纹米的水分总是低于正常米,可见,米粒含水量对整米率影响很大。而且,不同品种的适宜收割期范围也不同,米质较好的品种,其收割期弹性略大于米质较差的品种。

表2　水稻齐穗后不同天数裂纹米率的变化

品种	齐穗后天数 (天)	稻谷水分 (%)	糙米水分 (%)	裂纹米率 (%)	裂纹米水分 (%)
Katrin	42	15.18	14.8	29.0	14.5
	52	15.06	14.2	72.0	13.9
	62	13.93	11.5	85.0	11.3
	72	12.73	11.1	94.0	10.8
Subamati	40	16.85	16.0	20.0	15.3
	50	15.43	14.4	36.0	13.8
	60	14.5	11.8	62.0	11.6

1.4　水稻成熟后气象因子对裂纹米形成的影响

位于热带地区的 Mbarali 农场,太阳辐射强度大,雨季末、旱季初日温差在15 ℃以上,相对湿度日较差15%～25%,此时正值水稻成熟期,若不适时收获,气象因子对米质影响较大。

1.4.1　太阳辐射

取秆青籽黄成熟稻穗,采取日晒、风干两种干燥方法,使稻谷水分降至14%以下。结果表明,在风干条件下,裂纹米率增加较少或未增加,变化不显著;而在日晒条件下,裂纹米率则显著提高。研究还表明,不同品种对日光反应不一,玻璃质米的裂纹米增加率显著低于粉质米。强烈的太阳辐射对米质是有影响的。

1.4.2　温度

为避免日晒与风干在室内外温度上的差异,设计了80 ℃烘干4 h的辅助试验(见表3)。结果表明,温度较之太阳辐射对裂纹米的形成影响更大,可能与温度高、米粒失水快、淀粉急剧收缩有关。品种间的差异与前述一致。

表3　温度对裂纹米形成的影响

品种	稻谷水分(%)		裂纹米率(%)	
	烘干前	烘干后	烘干前	烘干后
Subamati	14.7	10.6	27.0	100.0
Katrin	16.3	10.6	20.0	98.0
Kirombelo	16.2	10.8	18.0	86.0

1.4.3　雨、露

如前所述,稻谷水分对裂纹米的形成有重要影响,而稻谷水分的高低,除与其成熟度有关外,还与环境水分有关。据1993年5月2日(雨季末)田间测定,由于露水的作用,使稻谷水分昼夜平均相差12.43～14.04个百分点,最大差异达19.0个百分点(晨32.6%,午13.6%),且在同一穗上,因籽粒着生部位不同,昼夜水分差异也不一样,穗上部的籽粒成熟早,其水分总是低于穗中下部籽粒。但在持续无雨的旱季,由于露水的作用,成熟稻谷晨、午水分差异较小。据5月28日测定,7:00与15:00时的稻谷水分,Subamati分别为12.85%和18.13%,IR54分别为12.6%和17.55%,水分差异仅为5.28%和4.95%。然而,这种水分差异已足以对裂纹米的形成起较强促进作用(见表4),说明外源水分加剧了米粒的涨缩作用,导致米粒形成裂纹。另据观察,水稻成熟后遇雨淋,裂纹米也显著增多。据1993年5月7日测定,Subamati稻谷水分15.35%,裂纹米率23%,5月8日下午降雨淋透稻穗,5月10日测定,稻谷水分14.53%,裂纹米率达76%,比雨前净增53个百分点。为证实雨水对裂纹米形成的促进作用,取成熟稻谷,用水浸种4 h后烘干、晒干,发现试验结果与雨水作用一致。在风干条件下,由于稻谷失水缓慢,影响甚微。不同品种对外源水分的敏感性略有差异,同样表现为玻璃质米小于粉质米。

表4　露水对裂纹米形成的作用

	日晒夜盖2天	日晒夜露2天	室内风干2天	日晒夜盖5天	日晒夜露5天	室内风干5天
稻谷水分(%)	10.8	12.0	12.1	10.4	11.2	12.0
裂纹米率(%)	30.0	80.0	18.0	58.0	100.0	18.0

1.5　机械作业对裂纹米形成的影响

1.5.1　康拜因收获

康拜因收割对稻谷的撞击和脱粒,明显地提高了裂纹米率,且直接产生了部分碎米(见表5)。据检验,收获过程中,裂纹米率平均提高7.5个百分点,碎米净增 14.75%，且碎米率随着裂纹米的增加而提高。

表5　康拜因收割对裂纹米形成的影响

品种	测定时间	稻谷水分(%)	裂纹米率(%)	碎米率(%)
kirombelo	收获前	16.6	14.0	0
	收获后	16.3	30.0	7.0
Subamati	收获前	14.8	34.0	0
	收获后	14.6	38.0	14.0
IR54	收获前	16.2	38.0	0
	收获后	15.9	44.0	21.0
Katrin	收获前	15.9	54.0	0
	收获后	15.8	58.0	17.0

1.5.2　场头翻晒

随着机械的来回翻动，与场地直接接触的稻粒较易产生裂纹甚至碎米，且随着稻谷水分的降低和翻晒次数的增多，裂纹米率和碎米率均有所提高。据测查，Katrin 和 Kirombelo 经场头翻晒后，裂纹米率平均分别提高 17.1% 和 11.8%，碎米率分别提高 17.42% 和 17.41%，且有随稻谷在场头时间的延长而加剧的趋势。

2　裂纹米的防止对策

实践表明，针对裂纹米的形成原因，采取相应的防止措施，能够有效地减少裂纹米的产生。

2.1　选用优质稻品种

如前所述，米质透明的品种，裂纹米率显著较低，故选用高产、优质并重的品种是防止裂纹米率高的前提条件。因此，不断引进、筛选适合当地生态条件的品种，经常更新，提高纯度是确保水稻高产、优质的一项长期的重要工作。

2.2　加强肥水管理

根据品种籽粒发育特性，满足籽粒形成、结实、灌浆高峰期的肥水要求，防止水稻早衰、恋青、青枯、倒伏等不良熟相的发生。措施上，水稻生长中期需适当控肥节水，防止旺长而倒伏；孕穗期需巧施穗肥，协调好稻体内碳氮比，满足水稻生理生态需水，以合理的肥水调节，促进结实、灌浆的顺利进行，达到秆青籽黄的理想熟相；蜡熟期适时排水，既防止青枯，又为适时收割创造条件。

2.3　适期收割

蜡熟末期至完熟期及时收获对于热带地区是很重要的，如果过熟，不仅雀害严重,容易倒伏,粒重下降,产量损失大,而且米质也大受影响。虽无穗发芽之忧,但裂纹米大量产生,导致稻米加工后整米率不高,严重影响经济效益。1992年Mbarali农场收获期平均为齐穗后66.8天,碎米率上升,整米率平均仅41.17%;收获期最迟的竟在齐穗后81天,其稻谷裂纹米率为100%,加工后的大米几乎无整米,米价显著下跌,经济损失严重。1993年经调整排水收获计划,收获期平均为齐穗后48.3天,整米率显著提高,平均为62.28%,比上年净增21.11个百分点。

2.4　精细收割、翻晒

加强对康拜因的维修保养,使收脱等作业部件调试到最佳作业状态,既要防止草夹谷损失,又要减轻机械对稻谷的撞击、磨压作用,以减少裂纹米和碎米的产生。据田间试验,收割脱粒速度对稻谷损失率和裂纹米率均有较大影响。以1.33~1.62 km/h的速度收割,能较好地协调工作效率与作业质量间的关系;场头翻晒须尽量减少机械在稻谷上来回走动和推碾,在劳力许可的条件下,可实行人工翻晒。当稻谷水分降至13%左右时,及时入库。抓好收割、翻晒两大环节是降低裂纹米率和碎米率的主要措施。

2.5　努力减轻不利气候因子对成熟稻谷的作用

由前述可知,适期收获,及时入库,努力减少成熟稻谷在田间、场头的日数是减轻高温、强日照、降雨和露水对稻谷产生不利影响的重要措施,场头稻谷实行日晒夜盖也是防止雨露作用的有效措施。

赴以色列、法国农业考察报告

1999 年 11 月 21 日—12 月 2 日，我随市政府农业考察团对以色列、法国进行了为期 12 天的农业参观学习，考察团先后访问了以色列国家水利委员会，参观了耐特费姆（NETAFIM）公司和嘎拉空（GALCON）公司及法国蒙特利埃市远郊的一个奶牛养殖专业户。通过考察，全体成员拓宽了视野、增长了知识，尤其对以色列节水农业留下了深刻印象。考察活动取得圆满成功，并获得较大收获。现将主要考察情况与体会报告如下：

1 见闻

1.1 以色列的节水农业

以色列的土地面积约 2 万 km^2，一半以上属于半沙漠地区，可耕地43.5 万 ha，人口约 580 万，农业人口占总人口的 4%，农业在 GDP 中的比重是3%，其生产的农产品除自给外，70% 的农产品供出口，因品种调剂因素，农产品自给率为 95%，但进出口相抵后为净出口国，农产品出口值占全国出口总值的 5%。

1.1.1 水资源及其供求平衡

以色列气候属半干旱地区，从北到南年降雨量 900～400 mm，北方干旱和沙漠地区降雨量为 250 mm，最南端的埃拉特市仅 25 mm，降雨量时空分布极为不均；80% 的水资源在北方地区，而 65% 的可耕地在南方地区，大量的水需要提升 1 200 m 的高度、运输大约 200 km 的距离，以灌溉干旱的南方；全国每年所有可持续利用的水资源总和为 16 亿 m^3，其中 95% 用于灌溉、城市和工业用水；大约 33% 可利用的水资源来自于约旦河并被注入低于海平面 212 m 的加里利湖，55% 来自地下水，8% 为回收污水，除少量来自海水淡化外，其余来自于降水。

由于水资源严重不足，地区性分布不均，以色列建立了国家供水系统，大约20% 的以色列电力资源用于抽水。水资源的 60% 由国家供水公司提供，水联合会、私人生产者提供 40% 的水量。国家供水主干线每年传送大约 11 亿 m^3 的水量，把多雨的北方与干旱的南方连接起来，用立体的方法连接地表水、地下水和用户。在冬季，灌溉用水较少，供水主干道的水往往是人工注入地下水层中以备用。

本文由作者执笔，其中一些被考察单位的基本资料系对方提供经翻译而成，受到市政府领导高度评价。回国后作者将嘎拉空公司赠送的产品交由镇江市农业机械化研究所研发，并在句容市开展了喷灌、滴灌试验示范。

目前,以色列年需水量约 19 亿 m^3,其中 6.7 亿 m^3 是生活和工业用水,约占 32%,灌溉用水占 68%,灌溉水的 2/3 是可饮用水,其余为盐碱水和废水。在大部分的供水系统中,生活和灌溉供水是与工业供水系统连在一起的,在干旱年份,可利用的水中首先考虑生活和工业用水,剩下的才用于农业灌溉。预计到 2000 年,以色列生活和工业用水量将增加到 8.9 亿 m^3,农业灌溉用水量将减少到 6.6 亿 m^3,其占可用水资源的比例将下降到 60%。

以色列的水价为 31 美分/m^3,这实际是成本价,其中 41% 为灌溉系统(管道、抽水站)投资,26% 为混合投资,33% 为电力、人力投资。20 世纪 80 年代,农业灌溉曾是免费的,1993—1997 年政府补贴 40% ~ 19%,私有化后,补贴逐步取消。目前,农民用水实行配额供应,在水定额内,用水量小于 50%,水价为 15 美分/m^3;用水量为 50% ~ 80%,水价为 18 美分/m^3;用水量达到 80% ~ 100%,则水价为 21 美分/m^3。另外,不同水质价格也不等,低水质(回收处理水,BOD 从处理前 500 ~ 600 mg/L 降到 20 mg/L)12 美分/m^3,高水质 14 美分/m^3;用水淡、旺季也相差 1 美分/m^3,以鼓励农民节约用水。

目前,以色列可持续利用的水资源已被充分地开发利用。未来生活供水主要依靠灌溉用水中的净水资源和额外资源的发展(主要是不可饮用的水)转化而来。最终解决供水问题还必须依靠大规模的海水淡化来完成,预计到 2020 年淡化水需占水资源的 20%。今后一段时期,供水主要采取的措施有:开发边缘资源(如洪水和暴雨的贮存);废水的回收处理利用(用于灌溉),目前大约有 2 亿 m^3(50%)的废水被回收利用,2000 年将使废水利用率增加到 70%;实施海水或盐碱水淡化,目前的淡化方法主要以反向渗透为主,在埃拉特市有一个海水淡化工厂,每天能生产 13 500 m^3 的淡水供饮用;进行人工降雨,以色列从 1961 年开始使用该方法,能够增加一个地区 15% 的降雨量,但是,在干旱年份、最需要水的时候,云很难出现,因而很难利用这一方法。除上述方法外,节约用水、提高水资源利用效率也很重要。新型农业技术(如大棚栽培、减少蒸发)、滴灌技术,电脑自动控制和灌溉机器的使用,大大降低了用水量,平均用水量从以色列成立时的 10 000 m^3/ha 减少到现在的 5 550 m^3/ha,同时农业产量显著增加。

1.1.2 农业节水灌溉与成效

以色列由于水源短缺,对地区和作物采取水定量供应,不得不推广应用更多的先进灌溉系统,将节约下来的水用来增加灌溉面积(见表 1)。由于需要经济有效地用水,几十年来以色列在先进的灌溉技术和设施研究方面投入了大量的人力、物力。

表1　1950—2000年以色列可耕地与灌溉面积的变化

年份	可耕地总面积（×10³ ha）	总灌溉面积（×10³ ha）	灌溉水使用		
			总量（×10⁶ m³）	利用率（m³/ha）	减少至（%）
1950	335	47	410	8 700	100
1960	415	135	1 020	7 560	87
1970	415	175	1 240	7 150	82
1980	425	205	1 200	5 850	67
1990	435	220	1 230	5 590	65
2000	435	220	1 150	5 250	60

目前，以色列可耕地为43万ha，其中22万ha为灌溉面积，每年要用水12.3亿m³。农业用水在过去的10年内保持稳定，只是随着降雨量的多少在12亿~13亿m³间波动。主要作物用水量、灌溉地用水量、淡水用量及其他水资源使用量见表2。灌溉地的增加导致水利用率的降低，而产量的增加则显示出灌溉效率的提高（见表3）。

表2　可耕地、主要作物和灌溉用水量

主要作物	可耕地（×10³ ha）		灌溉水用量（×10⁶ m³）		
	旱地	灌溉地	淡水	其他水源	总计
树木	15	75	490	70	560
大田作物	195	72	100	110	210
棉花		35	75	95	170
蔬菜	5	35	165	25	190
鱼塘		3	30	70	100
总计	215	220	860	370	1 230

表3　农作物水利用率与产量的关系

类别	作物	灌溉系统（m³/ha）		产量（t）	
		传统	先进	传统	先进
蔬菜	黄瓜	8 000	5 000	10	20
	大豆	7 000	4 500	7	10
	茄子	12 000	8 500	15	60
	土豆	11 000	7 500	15	50
果品	香蕉	45 000	25 000	40	85
	柑橘	12 000	7 000	30	65

在灌溉方法上,20世纪50—60年代传统的灌溉是通过地表渠道提水或自流灌溉,水利用率不高,且容易使土壤板结或盐渍化;70年代采用喷灌方式后,水利用率达到80%以上;80年代后采用了更先进的滴灌(微灌)技术,使水利用率提高到95%以上,该方法与喷灌一样,对农田一天或隔天灌溉一次。滴灌还能够频繁地向作物根部提供少量的水和肥料,由于渗漏损失较小,排水问题已不明显。

现在以色列大部分灌溉地区逐渐安装了自动开关水装置,有的是按时间控制,有的是按流过的水量控制,即在一定的时间开启,到流过一定的水量后自动关闭。单位面积用水量下降了33%~40%,产量较原来平均增产2.5倍。用水成本虽然增加了,但与人工减少相抵消了;同时通过灌溉系统的改进,节约下来的水又扩大了相应的灌溉面积。

1.2 以色列节水灌溉设备生产企业

1.2.1 耐特费姆灌溉设备和滴灌系统公司

该公司已有35年的历史,是以色列最大的农业综合公司,也是世界上最大的滴灌系统产品的专业厂家,其产品包括所有规格的节水灌溉设备及配套产品,监测系统,计算机自动控制系统,供水、过滤、施肥系统,现代化温室系统,年销售额1.7亿美元。其在世界各地有18个分公司,在我国北京设有办事处,并在甘肃、山东、新疆、云南设有联络处。目前,该公司正在甘肃兴办工厂,拟向西北缺水地区推广其产品与技术;在中国其他地区目前仅处于试验阶段,尚未进入商业化操作。

该公司自20世纪60年代发明滴灌技术以来,一直致力于先进技术和产品的研究开发,至今已推出了五代产品,每一代产品的推出都把灌溉技术带入一个崭新的时代,他们的技术、产品已遍布世界70多个国家和地区,具有良好信誉,在中国已经建成现代化灌溉和温室项目近百个。应用他们的技术和产品,已使露地栽培的西红柿产量由4 t/亩提高到35 t/亩,在中国的试验最高亩产也已达到20 t。目前,他们正在研究针对中国市场的产品,以坚固、耐用、廉价为目标,改粗管为细管,改专用水塔为小型、可移动水桶,现在已研制成功每亩投资只需150美元的灌溉系统,比较适合中国农民使用,并已于几个月前在中国试产试销。

1.2.2 嘎拉空灌溉控制系统公司

该公司建于1982年,专业生产灌溉控制器,是世界三大灌溉控制器生产厂之一。其产品占领了80%的以色列市场,并为耐特费姆公司生产配套产品,其产品的75%供出口,主要出口国为美国、日本、澳大利亚、泰国、南非、意大利、希腊、西班牙等,除了作为耐特费姆公司的配套件进入中国外,该公司的产品尚未正式进入中国市场。

该公司的领先产品是利用电池供电的控制器,即在缺电情况下也能有效控

制节水灌溉或用于畜牧系统。灌溉控制器是通过水压来控制开关的,依据控制的量,规格从 3.5～10 英寸都有,控制参数主要有 3 项:灌溉时间(长短)、灌溉频率、定时灌溉(何时灌溉)。该控制器可以根据需要经调节后实行自动控制;可以控制一个管道,也可以控制多个灌溉管道;可以用于从家庭浇花到城市广场喷灌,乃至一方农田的灌溉系统控制。

1.3 以色列的农业组织形式之一——吉普斯(Kibbutz)

吉普斯,在以色列希伯来语中意为群体,是由东欧犹太移民于 1910 年创建的,1948 年以色列独立时已发展到 150 多个,一个吉普斯就是一个移民村,现在以色列全国有 400 多个吉普斯,平均每个吉普斯有 450 人、500 ha 土地,大的达 2 000 人,小的仅 60 人。我们所考察的两家公司都是吉普斯创办的企业,其中耐特费姆公司在职吉普斯成员为 240 人,包括老人、小孩在内有 600 人,在以色列属于较富有的吉普斯,但不是最富的。

吉普斯创建之初,以农业为主,它组织严密、资金雄厚、人才齐全,几乎所有成员都有大学学位。其内部实行民主管理,最高权力和决策机构是全体成员大会,讨论和决定政策,选举各级干部,批准预、决算,吸收新成员等,按少数服从多数的原则,一切议案均需 2/3 以上赞成票通过才能生效。吉普斯的干部无任何特权,是一种无薪的义务服务,任何岗位同一人连续工作一般不超过 3 年,必须换岗,但专业技术工作可一干多年。吉普斯不属于政府和其他任何组织,无上级主管,它只属于吉普斯成员。

吉普斯是以平等和公有原则建立起来的独特的社会、经济结构和乡村生活方式。共同的信念,使他们立下了集体生活的规矩,即土地国有;亲自劳动,不雇工剥削;互助合作,坚持平等和社会主义。其内部实行的是共产主义生活方式(按需分配),对外(本吉普斯以外)实行的则是资本主义运作方式(竞争)。吉普斯成员无论担任什么职务、干什么工作,待遇全都一样。食、住、行、电话等无偿供给,不发工资,只发零用钱,医疗由吉普斯统一参与社会保险。食,一日三餐,无论老小还是成员均实行自助餐式用餐,无须支付任何费用;住,别墅式住房,凡正式成员皆可获分配,内部陈设一应俱全,全由吉普斯配备;行,吉普斯备有公用小汽车,自行选用,每人每年规定一定的免费里程,超过里程由个人付费;零用钱,主要供个人购买包括穿着在内的日常生活用品,儿童的零用钱由其父母代领。像耐特费姆公司的成员每月发零用钱 1 500 美元/人,一般吉普斯可发 200～300 美元/月。在吉普斯,孩子不是私有财产,而是吉普斯的儿女,从出生到高中毕业,全部抚养、教育费都由吉普斯承担,年满 18 岁,都要服兵役,服完兵役,可继续读大学,由吉普斯承担费用,也可在吉普斯劳动。

吉普斯成员可随时退出,离开时,根据工作年限,可获相应补偿;退休者享有与在职人员同等待遇,但实际上没有退休人员,因为他们只要身体允许,就一直自觉地干下去,任何人要加入吉普斯却不很容易,要求加入者(包括吉普斯成员的子女)先要经过 1 ~ 2 年的候补期——考验,然后再由吉普斯成员全体大会表决通过,才能成为正式成员。同样,若某个成员不能尽其所能,经教育仍不改正的,只要全体大会 2/3 的多数同意,即可将其开除出吉普斯。因此,在吉普斯,我们看不出职务高低、身份贵贱,人人都很乐意地干自己能干的那份工作,即使高学历、高职级者也都能自觉并愉快地去干"下等"的工作。吉普斯规定,在能力范围内,每人都有很多选择,自己应当知道能干什么,各尽所能;吉普斯成员可以在外面(包括国外)工作,但挣到的钱必须全部交吉普斯。据介绍,耐特费姆公司有一位成员在美国赚得百万美元的钱,回国后,全部交集体,同时从集体那里领回属于自己的那份零用钱。他们为挣更多的钱、提高全体成员的生活水平而感到自豪。

1.4 法国的奶牛养殖

我们考察的是一户法国中型家庭牧场,距蒙特利埃市约 100 公里,距巴黎约 1 200 多公里。该户每年饲养有 65 ~ 80 头比利牛斯山良种奶牛,年产牛奶 7 000 ~ 10 000 L,配套有 80 ~ 150 亩草地,主要种植紫花苜蓿,实行轮耕,牛粪全部还田,拥有 400 m² 养牛房,配种由配种中心提供人工授精,生产的牛奶由地区农产品推广中心(协会)统一收购,并经中心统一加工后销售。饲料主要是大麦和牧草,根据一定的配此,经自备小型加工设备加工后直接送奶牛食槽。牧草的种植、收获也全部实行机械化。该户拥有一台集收割、使草柔软、打捆等功能于一体的作业机械(价格为 4 万 ~5 万法郎,不包括动力部分),工作效率较高。喂食的牧草有两种,除紫花苜蓿干草外,还有一种类似水芹的牧草,它同样被打成草捆,经密封、乳酸发酵约 30 天后供奶牛食用,据说该草含有维生素 C 等全面营养,观其色、闻其味很像我市市民腌制的雪里蕻,能激发奶牛的食欲。但该户饲养管理水平一般。

农牧场的效益一般较为低下,其利润比不上一般小型企业,尽管其也上交牧业养殖税等,但税收较少。为鼓励农牧民发展种养殖业,欧共体和法国对农牧场实行双重补贴,共计有农场补贴、养殖补贴和山区补贴 3 种补贴,对该户的补贴总额每年约为 8 万法郎,即每头奶牛每年补贴 1 000 ~ 1 200 法郎。

2 体会

通过参观,考察组有以下六方面的体会:

① 团结奋斗是民族强盛之本。从吉普斯的发展历程可以看出,在一个组织内部,团结一致,互助合作,充分发挥所有员工的聪明才智,各尽所能,就能够战胜一切困难,创造一切社会财富,从而摆脱贫困,走共同富裕的道路。

② 充分利用当地资源,解决突出问题是发展地方经济的动力,进而可以发展富有自己特色的支柱产业。以色列正是因为水源短缺、生态环境恶劣,为了生存和富裕,才发展了抗争自然的节水灌溉系统,走出了一条适合国情的现代化农

业之路。

③ 人与自然的和谐共处,只有通过人的努力才能达到;资源是有限的,提高资源利用效率的努力却是无限的。以色列的节水和提高用水效率的经验,为我们提供了一个从已有的水资源中增加水量供应的解决方法,而无须通过扩大水利工程来解决。

④ 以色列节水农业的成功经验给我们以启示:开发丘陵农业资源,不一定非进行大规模平田整地不可,可以探索一条因地形而异,采用滴灌和设施农业的方法,发展应时鲜果、蔬菜、种草养畜或种植其他高效经济作物的途径,变荒山草坡为新的经济增长点。

⑤ 农民增收的途径之一是规模经营,关键在于提高劳动生产率,重点在于提高农业机械化水平。法国奶牛场的实践经验告诉我们,即使是生产条件、区位优势相对较差的偏远山区,只要实行规模种养殖,配套必要的机械作业,并有较完善的农业社会化服务体系作保障,农业是有所作为的。

⑥ 农业的发展有赖于国家的扶持和优惠政策。无论是以色列的节水农业,还是法国的奶牛养殖,都离不开政府补贴和政策上的倾斜,以色列除政府补贴外,吉普斯内部还通过发展工业和多种经营,实行以工补农,加快了农业现代化步伐。可见,建立我国从中央到地方的农业支持保护体系是必要的,特别是随着我国加入 WTO,我国农业与国际接轨,更需要政府加大对农业的支持保护力度,从而增强我国农业在国际市场上的竞争力。

3 收获

① 耐特费姆公司拟在中国建立其产品销售网络,其中华东地区至今尚未涉足,考察团建议该公司到镇江考察,开设办事处,该公司总工程师表示,2000 年 4 月可访问镇江,并在此前通知公司驻京办事处先行来镇调研。

② 嘎拉空公司至今尚未进入中国市场,但已将中国市场列入其目标市场开发计划。根据该公司总经理介绍,我团是该公司接待的第一个中国考察团,因此,他们接待很热情,该公司总经理、总工程师、国际部经理陪同我们参观了他们的企业、技术开发部和产品,并赠送了产品样品。该公司表示很有兴趣与我们建立合作关系,该公司总经理拟于明年内访问中国,希望我方选择有实力的相关专业公司与之联系,我团团长表示,回国后将尽快落实此事,并希望该公司能在镇江建立他们在中国的第一个办事处。

英国的农业

2004年7月3—17日,笔者随江苏省农产品境外促销团参加了英国皇家农业博览会,期间,与英国环境、食品和农业事务部,英中贸易协会及英国种植业、畜牧业、园艺业和农业企业界进行了广泛的接触交流,推介了我市的特色农业,发布了农业招商项目,达成了许多共识。同时,这次访问使我对英国农业也有了粗浅认识,现简介于后,供读者参考。笔者相信,英国农业的发展经验对我市在新形势下的农业发展具有一定的借鉴意义。

英国国土面积为24.4万 km²,东南部为平原,土地肥沃,适于耕种,北部和西部多山地和丘陵,北爱尔兰大部分为高地,全境河流密布。2002年英国总人口为5 978万,人口密度为240人/km²,82%的人口为城市人口,城市化程度居发达国家前列。

英国属海洋性温带阔叶林气候,纬度较高,但全年气候温和,年均降雨量1 100 mm。冬季温暖,夏季凉爽,季节温差变化很小。最热天(7月)平均气温为19～25 ℃,最冷天(1月)平均气温为4～7 ℃。英格兰地势较低,年平均降水量830 mm,西部、北部山区雨量较大,最高可达4 000 mm。

英国是最早的资本主义国家,在相当长的时间里被称为“世界工厂”和最大的殖民帝国。1993年,英国人均国内生产总值为18 060美元,2002年达到25 300美元。英国农业符合高效的集约化、机械化的欧洲农业标准,1%的劳动力生产了全国所需的60%的农产品。英国农业的主要产品为谷物、油菜籽、马铃薯、蔬菜、牛、羊、禽和鱼。2000年英国农业产值占全部GDP的比重为1.1%,达66亿英镑;2002年农业对国内生产总值的贡献率为1%。农业就业人口为55.7万人,利用全国可耕地近3/4。2000年主要农产品产量为:活牛1 113万头,活羊4 226万只,活猪648万头,活鸡15 725万只,牛奶138亿L,鸡蛋7.45亿打,牛肉71万t,羊肉39万t,猪肉74万t,腌肉及火腿21万t,鸡肉152万t,小麦1 670万t,大麦649万t,燕麦64万t,土豆661万t,菜籽油113万t,甜菜934万t。

1 农业发展背景

英国从轻视农业转为重视农业,实现了农业的现代化。18世纪末,资本主

本文原载于《镇江党政干部论坛》(2004年第6期)。考察单位的基本资料由对方提供经翻译而成。

义生产方式已在巩固农业中占绝对统治地位,当时英国的农业在欧洲居领先地位。到 19 世纪初,英国仍然是一个农业比较发达、食品基本自给的国家。号称"世界工厂"的英国,继而改为实行"英国工业、其他国家农业"的国际分工。在轻视农业的政策引导下,农业逐步衰退,英国在食品供应方面严重依赖世界市场。19 世纪 70 年代,英国国内生产的粮食能够供应当时全国人口的 79%,但到第一次世界大战时,英国生产的粮食只能养活全国 36% 的人口。1913 年谷物播种面积比 1870 年减少 25%;1931 年谷物播种面积减为 196.3 万 ha,比 1918 年下降 41.7%,产量下降 20.6%。在第二次世界大战期间,由于德国潜艇击毁了英国远洋商船,英国粮食进口运输受阻,使国内粮食供应发生困难。英国政府不得不实行食品配给制,转而加强对农业的干预,采取重视农业的许多措施,如奖励垦荒,对开垦荒地的农户发给奖金;扩大耕地面积;提高农业机械化水平;大幅度提高农产品价格;各地区普遍建立农业生产管理委员会,对农业生产进行监督。战后,英国花了近 15 年的时间,扭转了农业衰退的局面,逐步实现了农业现代化。目前,英国的农业劳动生产率、单位面积产量都达到了很高的水平。1994 年,英国每个农业劳动力可提供谷物 38.4 t、肉类 6 428 kg、牛奶 29 364 kg、鸡蛋 1 224 kg;2002 年,则提高到谷物 44.5 t、肉类 6 539 kg、牛奶 29 372 kg、鸡蛋 1 235 kg。

2 农业发展特点

2.1 农业结构以畜牧业为主导

从农业投入看,英国的种植业(包括大田作物和园艺)仅占农业总产出的 39.9%,而畜牧业则占 59.8%,畜牧业明显地超过种植业。再从产出分析可以看出,畜产品的产出几乎全部是可供农业企业直接售出的"最终产品";种植业则不然,英国的大田作物产出中有相当一部分是牲畜饲料,如一部分小麦、大部分大麦和全部燕麦、饲用块根、饲用豆类、栽培牧草等,它们往往不是供农业企业出售的"最终产品",而是作为对畜牧业的投入而在企业内部供转化成畜产品的"中间产品",从以上分析不仅可以看出英国畜牧业在农业中的地位远远超过种植业,而且可以看出英国一半左右的大田作物生产或超过 1/3 的种植业是从属于畜牧业、为畜牧业提供饲料的。英国的畜牧业包括养牛、养羊、养猪和养禽等生产部门。按产值排列,养牛业最大,其产值超过其他部门的总和,其他依次是养禽业、养猪业和养羊业。20 世纪 90 年代以来,英国畜牧业结构变化的明显趋势是牛、羊、禽比例提高,猪的地位略有下降。

2.2 农场是农业生产基本经营单位

英国农场按其经营方式划分主要有两类:一类是完全或基本依靠农场主及其家庭成员的劳动力从事生产的自营农场,有时被称为"家庭农场",这类农场数量多,一般属于中、小农场;另一类是由农场主雇工经营的大农场。其中,土地面积超过 200 ha 的特大农场,只占农场总数的 4% 左右,但却占了农场土地面积的 45.2%,在整个农场中居主导地位。应该指出,在世界发达国家中,尤其是在欧盟国家中,英国是农场平均规模最大、大农场比重最高的国家。这是使英国的农业劳动生产率显著高于欧盟其他国家的因素之一。

2.3　现代化技术和资金密集型农业

英国是人口高度城市化的国家,农业劳动力数量少,发展农场主要依靠广泛采用现代技术、现代科学和现代管理,着重提高劳动生产率,采取资金密集型的发展形式。英国的农业生产不同于美国,属于人多地少的类型,因此,英国较为重视农业土地生产率和单位面积产量的提高,小麦、大麦、燕麦和马铃薯的单产都有大幅度的增长。1992 年,英国谷物平均单产达 6 940 kg/ha,2002 年达到 7 006 kg/ha,高于同期欧洲和美国的单产水平。目前,英国农业机械化、化学化、良种化及农业科技、教育、推广服务等,均已达到相当高的水平。以机械化为例,进入 20 世纪 90 年代,英国每个农业劳动力的动力装备(仅指拖拉机)已超过 70 马力。第二次世界大战后,英国的农业机械化发展迅速。1944 年,英国只有农用拖拉机 17.34 万台,联合收割机 2 500 台。1993 年,英国已拥有农用拖拉机 50 多万台,联合收割机 4.7 万台,平均每个农业劳动力拥有 1 台拖拉机、0.5 台联合收割机。目前,英国种植蔬菜的农场和养猪养鸡的农场都实现了机械化。英国的农业机械配套,农业机具齐全,从耕作到收获、进仓,每个程序都有相应的机械。中耕机、播种机、割草机、捆草机、脱粒机等农业机械得到了广泛的应用。英国目前使用的拖拉机多数是大马力和液压传动,并装有电子监测和空调设备。甜菜和马铃薯收获有单行分段作业和多行作业等多种机械,可以适应在多种条件下进行操作。

2.4　现代化农业的一个突出标志是高投入和高产出

据官方统计,20 世纪 90 年代初期英国农业投入金额已达 65 亿英镑,超过当年农业总产值。另外,农用厂房和机器、农用车辆、农业工程和农业建筑的折旧费约为 15 亿英镑。农业投资和折旧费两项合计约 80 亿英镑。但英国在劳动力方面的资金投入约为 20.8 亿英镑,仅为农业投资和折旧费总金额的 27%。从上述可以清楚地看出,英国农业的高投入主要是资金投入,而不是劳动投入。这充分体现出资金密集型农业的特点。

2.5　农业的高产出主要表现在单位面积产量和农业劳动生产率上

从整体看,英国农业劳动生产率仅次于美国,遥遥领先于其他主要发达国家,而每个农业劳动力生产的牛奶量,英国则超过美国居第一位。

2.6　实行农业区域化、专业化程度高

英国国土面积不大,但境内各地区间的自然条件却有明显差异。为充分发

挥各地优势,政府根据各地特点,配置农林牧生产,为此将全国划分为4个农业区:土壤肥沃的东南部是以谷物生产为主的农业区;地势较高、降雨充沛、土壤条件较差的英格兰南部、威尔士大部和苏格兰北部为草原区,以畜牧业为主,兼营林业。经济因素对农业分布也有重要影响。英格兰东南部和中西部城镇密集、企业多、交通发达,为鲜乳、水果、蔬菜等生产提供了有利的市场和运输条件。而苏格兰南部和北部高原、威尔士中部山地等,离经济中心较远,人口较少,至今仍有大面积土地留作粗放放牧场,养羊业仍居重要地位。

2.7 农产品自给率不高

英国由于人口密度高,每人平均占有农用地尤其是耕地面积少,更主要由于历史上长期忽视农业,所以至今农产品自给率仍不高。目前英国还是世界上主要农产品进口国之一。2002年英国的食品、饲料和饮料进口贸易总值高达189亿英镑。

3 农业生产结构与贸易

英国农业生产结构中,畜牧业占大头,其次是种植业。从产值看,畜牧业约占2/3,种植业仅占1/5。

3.1 种植业

英国种植业主要由谷类作物、园艺作物、块茎作物和饲料作物(包括栽培牧草)等组成。主要农作物有大麦、小麦、马铃薯、油菜及甜菜;其余近1/10为园艺业,包括蔬菜、水果和花卉等。1994年,谷类作物种植面积为305万ha,总产1 967万t,人均占有量接近340 kg。2002年,种植面积达到324万ha,总产2 268万t,人均占有量为379 kg。近10年来,在作物种植总面积随耕地缩减而下降的同时,它们之间的相互比例也起了相应变化:一是谷类作物的种植面积总趋势是下降的。据FAO统计,1989—1991年为367.7万ha,而1997年的谷物收获面积为350.2万ha,到2002年下降到324万ha。二是块茎类作物马铃薯和甜菜,近年来马铃薯的种植面积不断下降,而甜菜则渐呈上升趋势。三是油料作物包括油菜和亚麻,自英国加入欧盟以来,油料作物的种植面积不断提高,到2002年油菜的播种面积达40.5万ha,产量为130万t。四是高产值园艺作物在种植业中居于重要地位。园艺作物产值约占全部种植业产值的1/3。在园艺作物产值中,蔬菜产值约占60%,其次是果树和花卉。2002年的园艺农作物产量中,番茄的产量达10.91万t,黄瓜8万t,苹果16.58万t,梨3.4万t。英国有许多专门生产蔬菜的农场,规模为12 ha。大多数蔬菜农场有温室,温室由电子设备控制温度和通风。实行人工控制的温室,每公顷投资高达6.7万英镑。英国的园艺作物投入很大,每公顷蔬菜仅生产投资一项就需约180英镑,果园在开始获益之前每公顷需投入近1 000英镑。园艺作物在英国农业中占有特殊地位,包括蔬菜、果树、花卉三大类,并有露天栽培和温室栽培两种生产形式。五是饲料作物和栽培牧草面积不断减少,尤其是牧草面积。压缩下来的面积有相当一部分用于改种谷物,这反映了英国轮作制度和饲料生产的变化趋势。

3.1.1 谷类作物

谷类作物是战后英国发展最快的农业部门。自 20 世纪 70 年代中期以后,谷物生产飞速发展,从 1989 年到 1997 年,谷物总产量由 2 264.4 万 t 提高到 2 268 万 t,而播种面积基本保持在 310 多万 ha 到 324 万 ha 之间。

（1）小麦

1989 年到 1997 年间,英国小麦播种面积稳定在 200 多万 ha;总产量由 1 414.3 万 t 提高到 1 513.0 万 t;单产由 6 987 kg/ha 提高到 7 468 kg/ha。其 1997 年的生产规模和水平排名:收获面积世界排名第 20 位,单产名列第 3 位（次于荷兰的 8 373 kg/ha 和爱尔兰的 7 715 kg/ha）,总产水平为第 11 名。早在 1987 年,英国小麦自给率就达到 131%,成为小麦出口国。2002 年小麦的种植面积为 199 万 ha,总产量达到 1 581.4 万 t。

（2）大麦

近年来,英国因扩大种植小麦而使大麦播种面积逐年减少,由 1989 年的 152.1 万 ha 下降到 1997 年的 135.9 万 ha。但由于育成了高产的硬秆品种,单位面积产量提高很快,最高的 1996 年单位面积产量为 6 144 kg/ha,1997 年为 5 776 kg/ha,1997 年的总产量为 785.0 万 t。2002 年,种植面积为 110.5 万 ha,总产量为 597.5 万 t。目前,英国已成为主要的大麦出口国。

3.1.2 油料作物

英国油料作物主要包括油菜和亚麻,其中以油菜为主。

（1）油菜籽

从 1989 年到 1997 年间,英国油菜种植面积由 38.4 万 ha 增加到46.7 万 ha,单产由 3 051 kg/ha 提高到 3 231 kg/ha,总产量由 117.1 万 t 提高到 150.9 万 t。英国油菜籽已完全自给,其种植面积、单产和总产水平已跃居世界第 6 位。2002 年种植面积为 40.5 万 ha,总产量为 130 万 t。

（2）亚麻籽

1984 年英国开始种植亚麻,自此以后播种面积和总产量迅速增长,到 1997 年播种面积为 7.5 万 ha,比 1989 年的 4.8 万 ha 增加近 50%。亚麻总产量也由 1989 年的 8.8 万 t 提高到 1997 年的 11.2 万 t。

3.1.3 块茎作物

英国块茎作物主要有马铃薯和甜菜。

（1）马铃薯

马铃薯是英国传统作物,以食用为主,兼作饲料和淀粉工业的原料。进入 20 世纪 90 年代后,英国的马铃薯种植面积有所下降,从 1989 年的 17.6 万 ha 降到了

1997 年的 16.6 万 ha,但单位面积产量却由 35 916 kg/ha 提高到43 227 kg/ha,世界排名第 3 位,总产量由 1989 年的 639.6 万 t 提高到 1997 年的 715.4 万 t。2002 年种植面积为 16.6 万 ha,总产量为 665 万 t。现在英国马铃薯已基本自给,并有种薯出口。

（2）甜菜

20 世纪 90 年代以来,英国甜菜种植面积虽有扩大,但幅度不大。从 1989 年到 1997 年,种植面积维持在 18 万 ha 至 19.5 万 ha 之间。这期间,由于推广良种、增施肥料和改进栽培技术,单位面积产量不断提高,由 1989 年的 43 015 kg/ha提高到 1997 年的 53 985 kg/ha,总产量由 789.6 万 t 提高到 1 052.7 万 t。2002 年种植面积为 17.1 万 ha,总产量为 940.5 万 t。

3.1.4　园艺作物

20 世纪 80 年代末,英国园艺作物的产值为 13.68 亿英镑,占农业总产值的 11%。其中以蔬菜为主,产值为 8.39 亿英镑,水果产值为 2.28 亿英镑。进入 90 年代后,蔬菜种植面积总体上呈下降趋势,蔬菜和瓜类总产量从 1989 年的 398.7 万 t 降至 1997 年的 373.2 万 t。同期,水果总产量也由 1989 年的 51.5 万 t 降到 1997 年的 31.4 万 t。因此,英国水果不能自给,需要进口。2002 年种植面积为 12.5 万 ha,总产量为 275.6 万 t。

3.2　畜牧业

英国的畜牧业是从 16 世纪的"圈地运动"发展起来的,最初发展起来的养羊业是为国内纺织业提供原料,后来随着城市人口的增加,发展了肉、奶、蛋的生产。

畜牧业是英国农业的重要产业,其产值约占农业总产值的 2/3,重要性超过了种植业。英国的畜牧业的特点是经营规模大,机械化水平高,集约经营,专业化和社会化程度高。英国的牧场面积接近全国总面积的一半,为畜牧业服务的饲料种植面积又占了全国耕地面积的一半,大片耕地用来种植饲草、饲用甜菜和饲用芜菁等。英国的畜牧业以饲养牛、猪和家禽为主。在畜牧业结构中,牛、鲜奶、奶制品的产值占牲畜和畜产品全部产值的一半以上。英国的畜牧业现正向着高度集约化和牧工商一体化、工厂化方向发展。1993 年,英国拥有挤奶机 15.8 万台,自动挤乳机的普及率已达 90%。大型的畜禽加工厂不断涌现。畜禽加工厂集供料、供水、通风、清粪、产蛋、挤奶、屠宰、加工、包装于一体,全部实行机械化、自动化作业。英国畜牧业还具有饲料报酬高,畜禽个体产品率高、生产周期短等特点。

3.2.1　养牛业

目前,英国培育的奶牛和肉牛品种已近 20 个,其中不少良种传播到世界许多国家和地区,对低产奶牛、肉牛的改良起到了一定作用。

（1）奶牛

奶牛业是英国养牛业中最重要的生产部门。据 FAO 生产年鉴统计,英国的奶牛头数由 1989 年 297.8 万头下降到 1997 年的 247.9 万头,个体产奶量由 5 206 kg/头提高到 5 713 kg/头。由于奶牛头数减少,总产奶量略有下降,由 1989 年的 1 497.6 万 t 下降到 1997 年的 1 416.3 万 t。

英国牛奶产量的提高与育种、饲养管理和繁殖水平的提高有着密切关系。其中,奶牛改良不但要注意提高个体产奶量,同时更要注意扩大高产牛群。另外,广泛实行人工授精技术,建立以弗里生(Friesians)谱系牛为主的繁育体系也是关键性措施之一。目前,英国培育的高产奶牛品种主要有英国黑白花牛(占 75%)、爱尔夏牛(占 10%)、乳用短角牛(占 5%)和娟姗牛等。

英国奶牛生产在牛群规模上也有很大变化。到 20 世纪 80 年代末,平均牛群大小都由 24 头上升到 61 头。现在英国将近一半的鲜奶产于 100 头以上的牛群。这种发展使得农民们可以更好地节约每头牛和每升奶所需的花费。现代化的机器挤奶已代替了手工挤奶。目前,英国已普遍实行放牧、散放或舍饲和挤奶台相结合的饲养管理方式。

英国对鲜奶的使用上,用于制造加工业的鲜奶数量首次超过饮用量,特别是用于制作黄油、奶酪和其他加工产品的鲜奶数量飞速增长。

（2）肉牛

肉牛业是英国仅次于乳牛业的第二大畜牧业部门,其年产产值约为 20 亿英镑,占畜牧业总产值的 45% 左右,占农民总收入的 15%。

3.2.2 养猪业

养猪业是次于养牛业的畜牧业部门。其产值约为 10 亿英镑,占畜牧业总产值的 22% 以上。养猪业的主要产品是鲜猪肉、腊肉和火腿。从 1989 年至 1997 年间,猪存栏数由 751.9 万头增加到 799.2 万头。这种稳定增长的势态是由于本产业主要由养猪专业户组成,他们在建筑及设备上投了巨资,必须保持生产规模。2000 年存栏数略有减少,为 648 万头。猪的屠宰头数持续增长,从 1989 年的 1 461.1 万头增加到 1997 年的 1 537.3 万头。1997 年肉总产量为 108.9 万 t,每头平均胴体重为 71 kg,2000 年总产量减少到 74 万 t。

目前,英国鲜猪肉可以自给,但成肉、腊肉和火腿尚需进口,2000 年鲜猪肉总产量为 21 万 t。近 10 年,全国每人平均消费鲜猪肉在 12 kg 以上,腊肉和火腿 8 kg 以上,合计约占全部肉类消费量的 30% 左右,在各种肉类中居第一位。

3.2.3 养羊业

英国是欧盟国家中主要的羊肉生产国,羊肉产量居欧盟国家首位和世界第 6 位。近 10 年绵羊的存栏数基本保持在 3 400 万只左右,肉羊的屠宰数量由 1989 年的 2 018.3 万只下降到 1997 年的 1 803.3 万只。1997 年大羊肉和羔羊肉产量为 35 万 t,产值 6 亿英镑以上,占畜牧业总产值的 15% 左右。2000 年羊的数量达到

4 226万只,羊肉总产量为 39 万 t。羊肉与羊毛的自给率低于其他畜产品。

3.2.4 养禽业

养禽业是英国畜牧业中集约化程度最高的一个部门,目前全国绝大部分家禽产品是由高度机械化、自动化的大型工厂化企业提供的。养鸡业在养禽业中居主导地位,其次是火鸡和鸭。1997 年鸡、火鸡、鸭的饲养只数分别为1.3 亿只、300 万只、1 200 万只。1997 年禽肉总产量为 149.8 万 t,比 1980 年提高了近50%。鸡蛋产量由 1989 年的 61.6 万 t 增加到 1997 年的 64.5 万 t,现世界排名第 10 位。2000 年养鸡总量达到 15 725 万只,生产鸡肉 152 万 t。

3.2.5 饲料业

饲料是发展畜牧业的基础。从土地利用上看,英国是优先发展饲料和牧草生产,即主要是依靠发展精饲料和提高草地载畜量来实现畜牧业增产的。尽管近年英国畜牧业生产的集约化水平不断提高,但至今仍保持以草地为主要饲料来源的传统特色,并已逐步朝着草地牧草与精饲料并重的方向发展。英国为满足对精饲料日益增长的需要量,着重采取了以下 3 项措施:

① 发展谷物生产。从 20 世纪 80 年代以来不断扩大种植谷物,尤其是小麦、玉米等。

② 广辟精饲料来源,发展人工合成蛋白质。

③ 发展配合饲料工业。

3.3 渔业

英国是欧盟中最大的渔业国之一,其主要品种捕捞量占欧盟的 1/4。2000 年本国的渔业产量占英国全部供应量的 50%,全国鱼产品消费量达44.2 万 t。2000 年,英国所属渔船捕鱼产值(包括贝类)达 4.83 亿英镑,除鲑鱼和鳟鱼外的总产量达 74.8 万 t。2000 年英国有 7 818 艘渔船,渔业从业人数达15 121 人,产值达 5.5 亿英镑。英国有漫长的海岸线,长达 10 509 km,是世界上海岸线最长的国家之一,大陆架面积为 48.6 万 km²。大不列颠群岛周围的海洋都是水深不到 200 m 的大陆架,不仅适于鱼类繁衍生长,而且便于捕捞作业。大不列颠群岛曲折的海岸线使其有很多港湾可以作为渔船的抛锚地,为渔业发展提供了良好的条件。目前英国的海洋渔业技术获得了迅速发展,雷达、声呐等先进的导航系统进入了海洋渔业领域,带有电子计算机的综合控鱼系统技术使英国的海洋渔业捕捞全部实现了自动化。英国渔业以海洋渔业为主,内陆渔业比重很低,只占渔业总产值的 5% 左右。海洋渔业又以捕捞为主,海水养殖业不发达。英国渔产品除少量用于生产鱼粉外,其余均经冷藏或冷冻后供应市场需要。

3.4 林业

英国的森林覆盖率较低,仅 8%,木材 90% 以上需要进口。英国 15 世纪以前曾是一个森林资源丰富、木材足以自给的国家。18 世纪中叶产业革命以后,由于滥垦滥伐、毁林放牧等,森林资源几乎丧失殆尽。第一、二次世界大战后,英国通过立法制定了恢复森林资源的长远规划,实施人工造林。英国的森林计划宗旨是保护森林资源和自然环境,使其成为野生动植物和再生资源的家园及公众娱乐休息的场所,目标则是要在 21 世纪中叶使英格兰的绿化面积增加一倍,并使威尔士的林地面积增加 50%。1994 年英国森林面积为 24.25 万 ha。2000年英国林地约有 283 万 ha,森林覆盖率约为 11.6%,低于 36% 的欧洲平均水平,其中苏格兰 16.9%、威尔士 14.1%,英格兰 8.7%,北爱尔兰 6.1%。英国生产用森林为 220 万 ha,占国土总面积约 10%(欧洲平均值为 30%),其中 35% 由林业委员会管理。1999—2000 年林业委员会负责的新增植树面积(包括自然增长)达 300 ha,在委员会帮助下,其他林地所有者新增植树面积达 1.76 万 ha。1998—1999 年林业及初级木材加工业雇员人数约 3 万人,1997 年原木产量达 956 万 m^3。英国每年木材用量达 5 000 万 m^3,其中 85% 的原木及木产品依靠进口,每年进口值达 80 亿英镑。

从农产品进出口贸易可以看出,英国谷物在总量上已自给有余,唯食用谷物(食用小麦等)产不足需。饲用小麦、大麦出口量大,但饲用玉米和豆类全靠进口。羊肉和乳制品亦需从国外购进,以补充本国生产之不足,英国粮食供应约有一半依赖外国。烟叶、饮料作物、植物油脂生产极少。纺织工业原料中,国内不生产棉花,羊毛自给率也只有 41%。

4 农业科学技术

早在 1843 年,英国就建立了世界上第一个农业研究机构洛桑实验站。16 年后,英国达尔文的巨著《物种起源》问世,在生物和农业科学的发展中产生了巨大而深远的影响。目前,英国建立了比较完整的农业科研体系,有强大的科研队伍。英国的农业科研工作由教育和科学部下设的农业研究委员会统一计划和协调。农业研究委员会有 23 个研究所,承担环境、食品和农业事务部委托研究的项目。由该部提供的研究经费占农业研究委员会全部经费的一半。

英国的农业研究机构有两类:一类是国家农业研究机构,另一类是私人出资办的农业研究机构。国家办的农业研究机构有 46 个,主要包括环境、食品和农业事务部所属的研究机构等;国家农业研究委员会和大学的研究机构则主要侧重于动植物生理、遗传学、生物化学、分子结构、土壤物理、生物固氮等基础科学的研究。

英国农业科研成果的推广工作由环境、食品和农业事务部的农业发展咨询局负责,在国家和地方设有专门负责科研成果推广、转化的机构。在英格兰和威尔士,农业发展咨询局有 5 000 多个工作人员,是全国最大的农业科技推广机构。该局在英格兰和威尔士建有 8 个区域性总推广机构和 4 个分机构,设有植物病理、昆虫和兽医 3 个中央实验室。英国各地还设立了农业技术推广训练中心,培训农技推广人员。

国际英联邦农业局是全国最大的农业情报中心。该局每年从全世界 40 个语种的 85 000 种期刊中选录文摘,占全世界文献总量的 50% 还多,统计 15 万条,出版了 42 种文摘杂志,发行到 150 多个国家和地区。在教育方面,英国设有农业课程的学校有综合性大学、农学院和农校三大类。英国有 15 所综合性农业大学,42 所农学院(英格兰、威尔士 36 个,苏格兰 3 个,北爱尔兰 3 个)。全国各地都建立了农校,农民、农业工人等均参加农校的学习。农校设有全日制和业余课程,学制为 1~3 年。

英国农业在世界上不占显著地位,在国民经济中的比重也比较低。但是,在雄厚的工业技术基础上,在比较完善的农业科研、教育和推广体系的支持下,英国已发展成为先进的现代化农业国。目前,英国是世界上农业科学技术发达国之一,在基础理论研究方面,特别是分子生物学、细胞学都具有国际先进水平,在诺贝尔奖获得者之中,因生物学成就得奖的多达 28 人。另外,英国在农业机械化、自动化、电气化程度和农业劳动生产率等方面也都名列世界前茅。

5 农业发展的经验

5.1 用法律手段保护和支持农业

英国的农业经历了从比较先进、衰退、恢复再发展到实现现代化这样一个曲折发展的过程。第二次世界大战后,英国为了扭转农业发展的衰落局面,于 1947 年实施了战后第一个农业法。此后,在 1957 年、1964 年、1967 年、1970 年、1974 年多次颁布了鼓励、确保农业发展的法令,用法律手段保护和支持农业。从那时以来,英国的农业生产有了明显的增长。

5.2 实行价格保护政策

第二次世界大战后,英国政府制定了保护农产品的价格政策,其主要内容是对本国生产的各种农牧产品(如肉牛、羊、猪、蛋、羊毛、牛奶、谷物、马铃薯、甜菜等)都规定了最低保护价。如果这些农产品在本国市场上的实际销售价格低于最低保护价,销售价格与最低保护价的差额由政府补贴。英国政府还通过提高某些农产品保护价格和压低另一些产品的保护价格的办法来调控农牧业生产,使之扩大或缩小经营规模,达到预定的目标产量。目前,英国政府每年对农产品的价格补贴金额都在 2 亿英镑以上。

5.3 积极利用国际市场发展本国农牧业生产

英国政府通过进口粮食和部分饲料的做法来发展国内畜牧业,达到国内肉、奶、奶制品和蛋类自给的目标。也就是说,属于不易腐烂的农牧产品,以有利的价格从国外进口,而对易腐烂和不耐贮藏的鲜活农产品,则做到逐步自给。

5.4 利用共同农业政策促进本国农业发展

英国于1973年1月1日加入欧共体后,积极把本国农产品市场纳入共同体的轨道,建立共同农产品市场,推进与欧共体农业政策的一体化,促进英国农业发展,稳定农民收入。欧共体制定的农产品下限价格(干预价格)一般高于世界市场价格和英国实行差价补贴所规定的保护价格。因此,英国农业生产者按欧共体制定的保护价格(干预价格)出售能获得较高的收入。此外,属于"共同农业政策"范围的农产品价格补贴转由共同市场负担,对特定农业和园艺业部门的生产和投资也给予资助,这对英国农业部产生了有利的影响。英国是欧共体的"欧洲农业指导保证基金"的获益者,从中获得了2亿英镑的援助,占基金总额的23.8%。欧共体社会基金还曾拨款1.41亿英镑,用以解决英国农民的就业等问题。

5.5 用农业政策实现国家对农业的宏观调控

为发挥规模效益,引导规模经营,英国政府制定了鼓励农场向大型化、规模化发展的法令,对愿意合并的小农场,可提供50%的所需费用。愿意放弃经营农业的小农场主,可获得2 000英镑以下的补贴,或领取终身养老金。政府除对农业进行直接投资外,还对农业基本建设(如土地改良、田间供排水设施)和自然条件较差的山区提供补助金。整治、改良土地可获60%的补贴,对园艺农场进行的土地改良、建筑和购置设备,给以15%~25%的补助;对农场主自己修建道路、堤坝、供电系统等则提供所需费用2/3的补助。对在土地条件较差如高山地的农场及改进农业工艺等也有奖励。英国每一个地区都设有不同类型的信贷机构,从事农业信贷业务。它们以土地或房屋为担保,对购买或改良农田进行农场建筑等提供贷款;购买农业机械、牲畜、土地和农场建筑物的农民,可以使用短、中、长期贷款3种形式。

中英两国农业有很强的互补性,在农业贸易方面有很大的潜力。与英国农产品贸易主要是与四大零售商交易,分别是 TESCO,Sainsbury's,ASDA,Morrisons and Safeway,2002年英国零售总额767.8亿英镑,这四家企业占75.4%的份额,利润率约为5%~6%,实力雄厚。以2003年为例,TESCO营业额257亿英镑,税前利润12亿英镑,有730家连锁店;Sainsbury's营业额182亿英镑,税前利润5.71亿英镑,拥有463家连锁店;ASDA营业额140亿英镑,税前利润6.05亿英镑,有258个连锁店;Morrisons and Safeway营业额133亿英镑,税前利润5.98亿英镑,拥有599个连锁店。与它们建立贸易关系,是占领英国农产品市场的捷径。中英两国在农业科技方面的合作领域十分广阔。在发展持续农业的合作项目方面,我国可以借鉴英国的"免耕"农业技术;在农作物病虫害防治技术、蔬菜品种质量可靠性分析、矮化果树及脱毒培育技术、植物品种资源保护和登记等方面,以及在畜牧、渔业及农机技术转让方面可与英国探讨建立合资的研究机构或兴办合资企业。

日本今后三十年农业技术发展预测（研究通报）

　　1971 年以来,日本科学技术厅以今后促进科学技术开展的同时,广泛推动群众性的科学技术活动的方针为宗旨,每 5 年进行一次特尔斐法(Delphi)技术预测。所谓特尔斐法,是指在广泛地向各方面专家第一次征询意见的基础上,再根据同一内容进行测验,收集回答者意见的方法。继前两次技术预测后,最近进行了第三次预测。已先后于 1981 年 12 月和 1983 年 7 月进行了两次意见征询工作,对到 2010 年为止的 30 年间的科学技术做长远性预测。笔者作为农林水产资源分科委员会的委员之一有机会参加了这次技术预测,这里记述的是其中有关农业技术预测结果概要的一部分。

　　对于农业方面,第三次预测从确保粮食供应、粮食保存、节省能源、确保稳产和品质、食物结构的改善 5 个方面提出了 37 个问题,最后由 103 人就这些问题的重要程度(大、中、小)、实现时期、推进研究开发的主体和方法等逐个进行了分析研究和解答。

　　这种调查最受重视之处在于,通过它可以了解到在目前状况下日本有识之士认为什么问题是今后需要解决的重大技术课题,至于各种技术何时能实现即实现时期不宜做硬性规定,不能过于信赖。现将这次调查中多数人认为的几个重大课题特列表(见表 1)如下。预测结果表明,当前急需解决的课题最多,且由于最新科学的进步,技术开发的展望性课题占很大比例。

　　由表 1 可大致看出,第 51 号是以冷害和异常气象为背景,期望在近期内向遥测方向发展;第 2,3,4 号则期望于短期内在生物技术的进步上有一个飞跃,这也是这次预测新提出的且比例较大的课题;第 16 号是以饲料自给问题为背景,来分析日本粮食自给率下降的最主要原因;第 6 号要求在水田利用方面,依旧进行确保稻米生产。此外,第 31 号还就节省资源节能的必要性阐述了生物转换技术的重要性。

　　这次预测的一个显著特征是一反往常,公害问题的重要性显著降低。唯第 46 号以降低农药用量作为解决公害问题的一个办法而受到重视。第 46 号是关于生物农药已作为农药应用于生产并开始登记这一点,期望进行生物防治技术的开发研究工作。

　　本文译自［日］西尾道德《农业技术》第 38 卷第 4 号,由孙昌其审校。该译文原载于《国外农业科技》(1984 年第 2 期)。

表1　重大课题

编号	课题名称	重要程度/%	实现时期/年
51	提高中、长期气象预报的精确度,研究开发与此相对应的避免冷害、干旱的技术	85	2005
2	应用分子生物学方法(基因操作等),改良有用动植物(不包括微生物)的性状,以达到实际应用程度	75	1998
3	应用细胞融合技术和细胞核融合技术培育新的有用的动植物(不包括微生物)的技术,并达到完用化	71	1998
4	应用活体细胞组织培养法,进行高分子生理活性物质(如医药用生物碱)的企业化生产	58	1992
16	普及适应于日本的可消化养分总量(TDN)高的饲料作物生产,把国内饲料自给率从现在的约30%(按TDN计)提高到60%	74	2006
6	使日本水稻平均亩产为现有水平1.5倍的普及技术	60	1998
31	普及生物转换技术的局部利用系统	60	1998
46	利用天敌微生物防治害虫,以综合防治为重要手段	58	1999

农业技术推广

农业技术推广几乎伴随着我工作的全过程。1983年11月—1996年7月，我主要从事以水稻栽培为主的技术推广工作，重点推广了水稻高产模式化栽培、水稻旱育稀植栽培、机插水稻栽培、水稻抛秧栽培、水稻直播栽培、免少耕栽培、杂交稻新组合开发栽培、水稻因种高产栽培、水稻抗灾应变栽培、稻麦吨粮栽培、生化制剂在农作物栽培中的应用及粮经结合种植、合理轮作的稻田稳粮增益技术，主要通过目标管理、技术培训、撰写技术指导意见、制定生产技术规程、研制高产栽培模式图、现场示范、技术承包服务、媒体宣传、丰收竞赛、科技赶集等多种途径，推进先进实用技术的普及与落实；在不同生态农区建立苗情、农情点，定点观察与面上随访相结合，下乡则是公交车＋自行车＋徒步三结合，经常头顶烈日、赤脚下田查苗情，走村串户、随机调查问农情，及时掌握分析苗情、农情动态，采取应变技术措施；跟踪新技术动态，坚持试验示范、培训推广的程序，对不符合市情的技术、品种坚决不推广，以减少不必要的经济损失。在我主管水稻栽培工作期间（1985—1996年），由我撰写的技术报告每年都进入省技术专题选编，全市水稻平均单产由400多kg突破并稳定在500～550 kg，在全省11个省辖市中列第2～5名，1995—1997年连续3年大丰收，2年超历史，对我市水稻栽培技术的进步做出了自己的努力。1989年3月—1996年7月在我任农技推广站副站长、站长期间，农技推广站先后被市政府授予"科技进步先进单位"，被农业部授予"振兴农业先进集体"称号。

1996年8月—1998年，在我任市种子站站长和种子公司经理期间，重点组织引进、试验筛选农作物新品种，开展生产试验，同时良种良法配套，组织观摩考察，确定主推品种，扬麦158、武育粳5号、秦油7号、镇江寒青等品种成为更新换代的当家品种，通过建立种子生产基地、建设种子加工厂，实行统一供种，推广种子包衣技术，减少种传病虫害，使良种覆盖率达到历史最高时期。其间，还建成了镇江市技术监督种子产品质量检验站，不仅为保障全市用种质量保驾护航，还为日后建设镇江市农产品质量检验检测中心奠定了良好基础；建立了市级农作物品种审定、认定制度，制定了镇江市农作物品种认定管理办法，对国家、省不审定的非主要农作物，但在我市生产上推广应用相对较多的旱杂粮、部分蔬菜品种，组织品比、生产试验，现场鉴定品种应用的可行性，为面上推广提供可资参考的应用技术。种子站也被市政府授予"科技进步先进单位"称号。

1998年由原镇江市委书记钱永波主编、江苏人民出版社出版的《镇江在江河交汇处升起》，在第九章创业者辈出的年代（409页）中对我有这样的描述："一粒种子可以改变世界",这是一位外国科学家的至理名言。在镇江有一个人,遵循着这句名言,用他火一样的青春热情,在粮食良种推广和耕作制度、栽培技术的研究应用中奉献着。

1999—2007 年,在我任农业局(农林局)副局长期间,重点推广了测土配方施肥技术、稻鸭共作技术、蔬菜防虫网应用技术、高效低毒低残留农药使用技术、生物农药应用技术、设施农业技术、农业标准化技术、有机农业技术、农业信息技术等,在发展高效农业、生态农业、信息农业上做了大量工作,推动了农业产业化、标准化、信息化、外向化、市场化发展。

我在农业局(农林局)工作的 24 年,主要是作为一名农业科技工作者在履行着使命,正如《镇江在江河交汇处升起》所述,就像一粒种子深深扎根于农业,以自己的朴实感情,最大限度地消耗着"胚乳",为改变镇江的"农业世界"贡献着自己的微薄力量。24 年间,镇江的粮食产量跨过了 4 个台阶,粮食品质有了较大改善,种植制度发生了深刻变化,栽培技术发生了重大变革,农作物品种更新换代周期大大缩短,农业生产面貌发生了重大改变。

2007—2011 年在农办、研究室工作期间,虽然以"三农"政策研究为主,但我也不忘发挥技术特长,在每年的夏收夏种、秋收秋种、防汛抗旱期间,主动为市委、市政府提供农业技术决策建议。

2011—2015 年任供销社主任期间,我根据部门职能,围绕农资服务转型升级,变卖商品为卖技术服务,重点推广了农作物病虫害统防统治技术,通过建立植保专业队、植保专业合作社,财政补贴发放植保器械,集农药供应、技术服务于一体,每年统防统治 100 万亩次以上,有效减少了用药次数和成本,提高了防治效果和经济效益,减少了农药面源污染。

从事农业技术推广是我一生中最忙碌、最充实、最能体现对社会有用的工作,我热爱这份工作,坚持把工作当作事业做,努力做出成效。给我留下最为深刻的印象的技术推广工作:一是全程参加了水稻高产模式化栽培技术的推广,这是基于江苏农学院研制的叶龄模式,配合当地气候条件、主推品种的生育特性和因种栽培技术措施综合而成的高产栽培模式图,我参与了全省也是全国第一张农作物高产栽培模式图——由丹阳县农业局制定的杂交中籼稻汕优 3 号亩产千斤高产栽培模式图的审定,由江苏省标准计量局按省地方标准发布,模式图的问世彻底告别了靠经验推广农业技术的历史。通过技术培训、现场示范,做到了领导看图能指挥,农技人员看图能指导,农民看图能种田,基本做到了当家品种配制图,每个农户家都挂有图。二是迟熟中粳武育粳 3 号及其配套高产栽培技术的推广,彻底告别了吃粮靠粮票、吃粳米凭计划供应的历史。粳稻单产首次超过杂交稻,也使我市由历史上传统的中籼稻作区一举改变为晚粳稻作区。三是针对 1991 年百年一遇的洪涝灾害使水稻几度受淹,采取异地育秧、两段育秧、长秧龄育秧、场地菜地旱育秧、直播、抛秧、千里调种"早翻早"、单季稻改后季稻、水改旱、粮改菜等技术措施,千方百计减少因灾损失,抗灾夺高产,洪涝场景惊心动魄,抢险救灾终生难忘。四是推广以免耕、机插、直播、抛秧、机条播、稻套麦为主要内容的轻简栽培技术,彻底告别了农民面朝黄土背朝天的艰辛劳作的历史,农民种田进入了省力、省工的新阶段。五是实施种子产业化工程,全面推行农作物品种统一供种,彻底解决了生产用种多、乱、杂、差的历史,全市建成"农作物品种引种、选育—品种试验—审定—种子生产基地建设(育种家种子—原种—良种繁殖)—种子加工—种子质量检验—种子注册商标—标识包装—统一连锁供种"的种子产业体系,丹阳、句容、丹徒建成 3 座种子加工厂,所供种子全部经过加工,且 70% 以上实行种子包衣,建立了"种子生产许可证—种子经营许可证—种子质量合格证—种子使用说明书—种子产品质量监督检验检测—种子质量执法检查"的种子质量保障体系和可追溯体系,良种覆盖率创历史纪录,为农业增产做出了贡献。

农业技术推广,特别是在市级农业技术推广机构,由于它不直接面向生产一线,因此,它不是一个人能单打独斗的事业,它需要各级党政领导的大力支持,需要一支队伍的通力协作、一张网络的共同发力,还需要相关部门的鼎力相助,其对上需要说服领导做出决策,对下需要统一思想、形成共识,所以,很难说某一项技术的推广、某一项成果的应用是某个人的独立贡献,只能说个人在其中发挥了应有的作用,最多说个人发挥了牵头引领和重要参谋作用。

探索高产规律　挖掘单季晚稻生产潜力

1　单季晚稻在我市水稻生产中具有重要地位

今年全市种植单季晚稻53.07万亩,占常规稻面积的68.83%,占水稻总面积的31.18%,总产4.4亿斤,占水稻总产的27.1%,单产在去年取得724斤的基础上一跃过纲要,达到了829斤,比去年净增105斤,从而结束了单季晚稻产量长期徘徊不前的局面。单季晚稻有着比杂交稻米质好、经济价值高等优势,蕴藏着巨大的潜力,且随着人们对单季晚稻高产规律的逐步掌握和人民生活水平的提高,单季晚稻在水稻生产上的地位将愈益显要。特别是杂交稻亩产已经达到1 060斤的水平,种好单季晚稻则是水稻继续增产的主要依靠。

长期以来,水稻生产的畸重畸轻之倾向十分严重,先是重双轻单,杂交稻推广后,又重杂优轻常规。今年,由于五稻齐增产的指导思想明确,单季常规稻生产被摆在了应有位置,显著性增产措施抓出了较好水平;紫金糯、盐粳等新品种的推广,加上良好天气的配合,促成了全市大幅度增产,并涌现了一大批高产单位。丹阳市种植5万余亩紫金糯,单产达1 080斤,扬中县新坝公社农科站种植6亩紫金糯,亩产达1 153.1斤,大面积上还出现了一些单产超1 300斤的田块,充分展示了单季晚稻的巨大增产潜力。这些实践说明,只要认真总结经验,掌握高产规律,单季晚稻生产定能取得新的突破。

2　对单季晚稻高产规律的基本认识

通过今年的实践,笔者加深了对单季晚稻高产规律的认识。

2.1　足穗增粒,增加每亩总颖花量

今年由于足穗增粒的指导思想明确,围绕主攻目标,因种栽培,看苗促进,有效地提高了每亩总颖花量。据各县苗情资料汇总,173块田平均每亩有效穗27.44万,比去年增0.69万;每穗总粒84.69粒,增4.09粒;每穗实粒

本文系1983年作者对全市单季晚稻栽培技术的总结,也是作者参加工作后撰写的第一份生产技术总结。这是在作者并没有参加全市水稻生产全过程,只是在9月初受邀参加全市水稻生产技术观摩、11月1日被调入镇江市农业局后(此时水稻已收割完毕),对当年全市水稻生产初步了解的基础上,于12月1—3日参加了全市秋熟作物生产技术总结会,会议期间,根据临时分工,白天由作者主持常规稻生产技术交流,晚上在气温零下、下着大雪且无取暖设备的情况下,连续两夜几乎未眠,在汇总整理全市水稻苗情、生产统计数据的基础上,列出提纲和主要观点,报经耿禾兴局长同意后形成本文的初稿,并在会议结束前进行大会交流。

76.85粒,增7.67粒;结实率89.36%,增3.6%;千粒重24.51 g,增0.52 g;每亩总颖花量2 442.32万朵,增281.34万朵。穗粒重齐增,揭示了今年单季晚稻大幅度增产的本质是人为努力和温光条件的综合效应。据苗情资料分析,亩产千斤以下,穗数与产量呈显著相关($r = 0.814$),粒数与产量的关系不及穗数那样密切($r = 0.455$);亩产千斤以上,每穗粒数和每亩穗数与产量的关系都不十分密切(r分别为0.168,0.467),说明千斤以上的产量,穗粒较为协调。根据紫金糯3年来的产量结构比较,穗数在不同年度、不同产量等级间变异系数值较大(CV为12%,7.3%),而结实率和千粒重则相对较稳定。又据丹阳市对61块紫金糯田每穗实粒数、总粒、总产量三因素复回归分析表明,当每穗总粒数保持一致时,每增加1万穗,可增产39.46斤,产量随穗数增加而增加,其回归系数达极显著水准;而当穗数保持一致时,每穗总粒增1粒,亩产只增9.05斤,产量随粒数增加的回归系数不显著。可见,足穗是高产的主要因素。

分析各县苗情哨19块1 200斤以上的产量结构,有效穗30.95万/亩,每穗实粒85.08粒,结实率89.58%,千粒重24.03 g,载花量2 969万朵/亩,经济系数达0.55。与全市平均值相比,说明单季晚稻无论是穗数还是粒数均有潜力可挖。今年的实践揭示了这样一个事实,即使是同一品种,取得高产也并非只有一条途径。据扬中市新坝公社农科站试验,在相同的秧苗素质和生产条件下,由于基本苗的不同,创造了不同大小的群体,采取分类促控的措施,取得了相近的高产水平(见表1)。

表1　产量结构表(品种为紫金糯,扬中新坝,1983年)

田号	基本苗(万/亩)	有效穗(万/亩)	其中		分蘖穗比例(%)	成穗率(%)	总颖花量(万朵/亩)	总粒数(粒/穗)	实粒数(粒/穗)	结实率(%)	千粒重(g)	实产(斤/亩)
			主茎穗(万/亩)	分蘖穗(万/亩)								
1	10.76	25.9	9.64	16.28	62.81	64.5	2 799.9	108.1	97.2	89.9	23.1	1 125.2
2	13.21	30.07	12.74	17.33	57.63	58.2	2 751.4	91.5	85.3	93.2	23.4	1 186.1
3	15.9	32.01	15.89	16.12	50.36	63.2	2 618.4	81.8	78.8	95.1	23.8	1 148.0

由表可见,达到同一高产目标,途径有三:一是采用较少的基本苗,协调群体平稳发展,压缩群体顶点,提高分蘖成穗比例,在穗数不太多的情况下,主攻大穗,增粒增产;二是穗粒并重,在保足穗的同时,力促大穗;三是提高主茎穗在穗群组成中的比例,取得足够数量的分蘖成穗,稳定粒数。但无论哪条途径,都必须在取得每亩足够颖花量的基础上,提高结实率和粒重。镇江地区农科所的试验同样证明了这一点。穗数型品种筑紫晴,在"稀、壮、少"栽培条件下,高峰苗仅35万~40万/亩,成穗仅25万~27万/亩,但个体的健壮带来了大穗效应,实粒数达100粒左右,产量高达千斤以上。若片面追求穗数,大面积生产前期猛发,中期稳不住,虽能获得30万以上的穗数,但每穗实粒数总是停留在55粒上

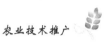

下,产量也总是徘徊在七八百斤左右。这充分说明穗数型品种增粒数的潜力同样很大。必须指出,现行推广的紫金糯类穗粒并重型品种,以第二种途径更为经济有效,它既不会带来"库""源"失调现象,又不至于造成需消极中控的大群体;筑紫晴类穗数型品种,生产上取得穗数固然容易些,但穗粒协调更是高产的关键。

2.2 动态合理,建立高光效群体

群个体的协调发展,高光效群体的建立,有利于中后期积累较多的光合产物,并较多地转化为经济产量。据苗情分析,今年高峰苗仅 37.55 万/亩,比去年少 9.51 万/亩,群体动态合理,升降平缓,移栽至最高苗出现期阶段的分蘖日增量平均为 0.694 万/亩,比去年减少 0.388 万/亩,只相当于去年增长速度的 2/3;高峰苗出现后,日降量平均为 0.314 万/亩,比去年减少 0.568 万/亩,下降速度只有去年的 1/3,为提高成穗率、提高穗质奠定了基础。实践告诉我们,早发猛发的大群体风险性大。据丹徒县苗情资料,两块徒稻三号田,采用 15.83 万/亩基本苗,肥水促进,高峰苗达 32.17 万/亩,但由于群个体矛盾的激化,实粒数大为下降,仅 55.14 粒/穗,千粒重亦降至 21.3 g,较亩产 900 斤以上水平每穗少 24.03 粒,千粒重减少 2.27 g。当然,大面积生产中若苗数过少,稍有不慎,确实会带来穗数既不足、穗型又不大的危险。句容苗情点一块南粳 34 田就属此例。秧苗无蘖瘦弱,每亩栽插 1.73 万穴,9.26 万基本苗,结果高峰苗仅 18.4 万/亩,成穗 17.11 万/亩,实粒数虽有 80.9 粒/穗,千粒重却比千斤水平少 3 g 左右,其粒数之得运远弥补不了穗数、粒重之失,亩产仅 600 多斤。今年,由于群体适当,减缓了株间的养分竞争和光照矛盾,促使个体得到了良好的发育和健壮充实。以紫金糯为例,仅顶部三张功能叶叶面积就比去年增大 2.95 cm^2,因而能在今年苗数不及去年多的情况下,群体叶面积指数仍略高于去年,光合势的扩大,使得干物质积累量也大于去年,尤以中后期更为突出。分析苗情资料可知,尽管前期干重基数较小,但由于今年中期的光合量大,够苗期至齐穗期的净同化率达 7.24 g/(m^2·日),比去年增加 0.78 g/(m^2·日),故到剑叶全出期,亩干重就超出去年 289.89 斤,为取得大穗和提高结实率奠定了基础。

纵观今年的生产实践,单季晚稻在适宜的基本苗条件下,围绕保足穗、攻穗重这一栽培策略,千方百计促进个体健壮,提高成穗率,尽量减少无效生长,提高经济系数,产量易获千斤水平。据各县苗情资料分析,大面积生产上紫金糯类穗粒并重型品种,亩产千斤以上水平以 13 万 ~ 14 万/亩基本苗,高峰苗控制在 38 万 ~ 43 万/亩,有效穗(28.46 ± 2.44)万/亩,每穗实粒 87.85 ± 8.2 粒,结实率 90% 以上,千粒重 23.7 ± 0.5 g,成穗率 70% 以上为宜。

2.3 稳健生长,协调"源、库、流"三者关系

今年,由于促控技术得当和良好天气的配合,较好地改善了个体素质,有效

地增加了抽穗前的物质积累,为扩库、强源、畅流创造了先决条件,使稻穗得到了良好的发育。据镇江地区农科所观察,今年的颖花分化量,紫金糯比去年多分化5.63个,筑紫晴较去年增6.45个,退化率比去年分别降低1.51%和3.39%,且成穗率也高于去年。究其根源,关键在于今年中期能稳健生长,群个体发展协调,为后期的积极促进提供了方便,亦使后期稻株青秀活熟有了保证。"库"的扩大对"源"产生了拉力,胁迫运输系统高效运转,今年后期稻体内物质的转运明显地好于去年。就叶片和茎鞘的干物输出量来看,分别比去年多93.61斤/亩和129.11斤/亩,抽穗前积累的有机物对穗部的贡献率达42.92%,比去年增17.82%。光合产物的顺利转运和"库"对有机物质的大量需求,更强化了"源"的生产供应,今年直至成熟期叶面积指数仍达1.93,较去年大0.62,齐穗至成熟期的光合势达12.18万 m^2·日/亩,比去年增加1.43万 m^2·日/亩。因而,今年的经济系数也比去年高0.05达0.48。由此充分说明,"源、库、流"三者关系的较为协调是今年大幅度增产的主要原因所在。

3 单季晚稻高产技术经验

近年来,在杂交稻育秧技术的启发下,常规稻的秧苗素质有了很大改善,以稀播为突破口的综合育秧措施有了新的进步,并取得了较好的效果。今年,秧田播量平均83.58斤/亩,比去年下降26.72斤/亩,尽管育秧期间温度低、日照少,带蘖率、单株带蘖水平还是高于去年,分别提高11%、增加0.32个,达48.48%和0.92个,但叶色较淡,百苗干重仅16.63 g,比去年减少8.0 g,这就在很大程度上限制了稀播育壮秧及其后效应的发挥。今年各地的播量试验再次证明,稀播有利于秧苗素质的提高。据句容市石狮农科站试验,150斤播量几乎不带分蘖,80斤比60斤播量单株带蘖少0.59个,40斤与60斤播量相比,秧苗素质差异不甚显著,可见,在目前生产水平下,播量以40~60斤/亩为宜。该站试验结果还表明,在适宜播量下,即使秧田基肥较足,一叶一心期追施断奶肥仍很必要。断奶肥明显地加快了出叶速度,促进了分蘖的早发、秧苗茎基的粗壮和整齐度的提高。在40斤播量下,施断奶肥比未施的分蘖率,一叶位高20%,二叶位高30%,单株带蘖增0.53个,且分蘖与主茎干重差异进一步缩小,这就为低位大蘖多成穗提供了可能。由此说明,稀播不一定就能育出壮秧,必须配之以相应的肥水管理措施,才能有效地提高秧苗素质。

合理密植是保苗增穗的重要手段。常规稻尤其是单季晚稻由于营养生长期长,发苗回旋余地大,攻壮秆大穗有很大的潜力。据地区农科所试验,多本插比少本插每亩穗数虽增3.7万,但每穗粒数却少18粒,产量减少94斤/亩。可见,采取少本插,充分发挥个体生产能力,大有增产潜力。然而,少本并非稀植,是要在壮秧的基础上,依靠宽行窄株增穴减苗。据扬中县联合农科站试验,株行距配置采用5.5寸×3.0寸、每亩14.4万基本苗比5寸×4寸、9.0万基本苗增产

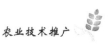

127.25 斤/亩,句容石狮、丹徒上党的试验也呈同样趋势,产量各构成因素前者均较后者为优,显然,这是由于宽行窄株有利于通风透光、减轻病虫害,穗粒结构易于协调。分析各县苗情资料,结合各地高产经验,对于亩产千斤以上,其栽插密度宜掌握在每亩 3 万穴左右,每穴 2 ~ 3 苗,6 寸 × 3.5 寸左右规格,12 万 ~ 14 万基本苗,对一生总叶片数 17 ~ 18 叶、伸长节间 6 ~ 7 个的单季晚稻品种来说,于 11 叶前后至 12 叶够苗,最高苗控制在 40 万左右,走宽行窄株争足穗、小株增蘖攻大穗之途径。

单季晚稻的肥料运筹,随着人们对单季晚稻生育特性的逐步认识,有了一些进步,并渐趋合理。针对单季晚稻中期有一个明显的长粗过程和颖花分化量较杂交稻少的特点,各地采取了平稳促进的施肥方法,尤其是重视加大中期的供肥强度,收到了明显的效果。据丹阳县苗情资料,将今年与去年同产量等级做对比,有机肥施用比重大,有机与无机氮肥比例约为 3∶7,无机氮肥的前、中后期施用比例约为 5∶5,底肥、蘖肥用量比去年相对减少,穗肥用量相对增加,促、保花肥占无机氮量的 30% 左右,长粗肥尤其是有机长粗肥比去年施的面广量大,长粗肥占无机氮量的 20%。此外,磷、钾肥用量也比去年有所增加,根外追肥的面积和次数亦均较去年为多。句容县根外追肥的面积比去年增长 2.75 倍。今年的实践再次证明,在分蘖末期烤田前,即于生育中期,重视有机长粗肥的施用,保持适当的供肥强度,有利于群个体协调生长,对提高成穗率和促进壮秆大穗有积极的作用;孕穗期后适当喷施磷酸二氢钾、尿素等肥料,对提高结实率和增加穗粒重有明显的效果。单季晚稻的穗型可塑性很大,只要灵活地运用以施肥为中心的各项促控技术,就能有效地增加每亩总颖花量。今年的实践表明,在前期适时适龄够苗、中期群体较小、动态平稳、叶色不太浓绿、温光条件较好的情况下,适当增施穗肥用量,促保两次施用有明显的增粒效果。在全市 6 个肥料运筹试验协作点中,有 4 处的结果是促保两次施用法好于自倒四叶起按叶分四次施肥法。以扬中联合农科站试验为例,促保两次施用比平稳促进四次施用的二次枝梗数多增 7.62 个,且退化率降低 3.52%,明显地促进了大穗的形成,成穗率也有较大提高。这主要是由于促保两次施用较好地满足了颖花分化和退化两个高峰所需要的供肥强度,而四次施用则显得有些不够,但其最后一次施用对抽穗期稻体从碳氮代谢并重转为以碳代谢为主的生理转变又有阻碍作用,显得供氮有余,造成结实率、千粒重均较两次施肥法略低。以往的研究也曾论证了这一点,抽穗前后叶色浓绿,体内氮素水平过高,有碍于结实率的提高。至于地区农科所的试验结果,中期四次施肥法比促保兼顾两次施肥的增产,可能与其地力较高有关。

分析今年单季晚稻生育全过程,前期生长缓慢、发育较差,中后期长势喜人、积累量大,究其原因,根本的一条是群体动态合理。然而,造成如此合理结构的因素,既有人为的主观努力,也有天气的因素。生长前期的低温寡照抑制了有机物质的生产,减缓了肥效的释放,削弱了根系的吸肥能力,体内养料的生理亏缺是今年单季晚稻前期发育较差的内在因素。这似乎启示我们,人为地适量减少基、蘖氮肥用量,创造出一个分蘖起步早,却又不猛发,高峰苗不太高,能自然中稳的群体结构,保持中期叶片仍有一定的氮素水平,为中期采取积极的促进措施、加大干物积累量提供可能。也就是变消极的中控为积极的中促,达到既使稻体内部生理转换自然,又能保足穗、攻穗重之目的。

此外,病虫草害的较好控制也是今年单季晚稻大幅度增产的一个重要方面。在今年纵卷叶螟大发生、纹枯病较为严重的情况下,各地及时采取药防措施,有效地抑制了蔓延,把危害程度压缩到了较低限度。值得注意的是,单季晚稻尤其是叶色浓绿的品种,今年由于秧田期忽视了对灰飞虱的防治,条纹叶枯病严重,死苗率高达 15% 以上;分蘖期,因温度、光照等生态因子的变化,导致常年少见的基腐病暴发,且随着氮素肥料使用水平的提高,一些地方不科学的肥水管理,致使稻瘟病、稻曲病、鞘腐病进一步加重。为此,必须十分重视合理运筹肥料,加强水浆管理,以减缓病虫危害,在孕穗至抽穗期间,尤其是破口时及早喷施多菌灵,可收到一药多防、事半功倍的效果。

4 单季晚稻栽培的几点体会

今年的实践告诉我们,单季晚稻的高产规律一旦被人们所认识,科学的栽培技术一旦为群众所掌握,单季晚稻的产量就会大幅度地提高。然而,真正弄清单季晚稻的生育规律,达到按规律、分生育阶段采取措施,尚需进一步做大量工作。

分析今年生产中的薄弱环节,不难看出,尚有许多公认的增产技术未能得到广泛应用;已在应用的技术也还有不少失着之处,弥补这些缺陷将为 1984 年继续增产带来很大潜力。

今年各地单季晚稻品种虽有所简化,亦有自己的当家品种,但紫金糯、盐粳2 号、武复粳等还未成为全市的当家品种,低产品种如南粳 34 等仍占相当大的比重,且在现有的当家品种中,部分地区种性也已严重退化。因此,大力推广优良品种,删繁就简,因种栽培,是单季晚稻继续增产的第一大潜力。

壮秧的增产作用虽已被多数人所认识,但在有些地区,仍有相当数量的面积秧田播量在 150 斤左右,即便在播量已降到 80 斤以下的地区,配套措施跟不上,稀播瘦秧,问题也很突出。今年,不少地区育出的秧苗叶黄、体弱、分蘖少,在很大程度上就是水浆管理失着的缘故。因此,除继续在稀播上狠下功夫外,还必须抓好精耕细整、足肥通气、精选种子等基础建设;在提高播种质量,早施速效断奶肥,根据秧苗生长的三阶段加强水浆管理等环节上要环环扣紧。

合理密植上,宽行窄株,小株密植,东西行向,已为多年的实践所证明,是获得高产的有效措施;"稀、壮、少"栽培技术也被今年的实践再次证明是切实可行的经济增产途径,值得全面推广。大面积生产上的等行距栽插,靠多本增苗的倾向必须迅速扭转。

　　肥水管理依然是我市大面积水稻生产的薄弱环节。许多地方仍然存在的前期肥水猛促、中期重搁硬控、后期脱力早衰或多肥贪青的现象,必须予以纠正。要力求运筹合理,做到按品种类型、生育特性,结合高产要求的各生育阶段发育指标,因气候,视土壤肥力,灵活促控。

江苏丘陵400万亩水稻中产变高产生产技术经验

1 丘陵概况与产量分析

江苏丘陵稻区包括15个县(市),纯丘陵稻作面积为441.23万亩,1988年,在前期低温少照、中期高温干旱、后期稻飞虱大发生,能源紧张、生资短缺的艰难生产条件下,由于各级政府和广大干群的共同努力,仍然取得了较好收成,全区平均单产455.51 kg,总产20.1亿 kg。在面积相对稳定的情况下,单产、总产分别较上年增3.11 kg和533万 kg。从丘陵各县(市)来看,表现为十减五增,泗洪、六合、金坛、句容、丹徒县(市)增产,其中泗洪、六合两县表现为面积、单产、总产齐增。在各稻中,早稻减产,中晚稻平产,后季稻增产。穗粒结构上表现为杂交稻和单季粳糯稻均增穗减粒,结实率持平,千粒重略增。

2 生产组织与技术经验

2.1 建成了一个网络

丘陵稻区"4500(400万亩、亩产500 kg,简称'4500')"工程协作组在去年试办《丘陵农技简报》的基础上,于1988年比较正常地、不定期印发了10期简报,充实了内容,体现了一个"新"字,突出了时效性与针对性,并且长短结合,收到了交流经验、取长补短、指导生产、促进平衡的较好效果。同时,由于省作栽站的重视,加强了对协作区的领导工作。项目组分别在育秧、中后期及总结等生产的关键时段,进行了及时会商和技术分析,提出了一些较为灵活的应变措施,对丘陵稻作增产起到了一定的指导作用。

2.2 调查了两个专题

一是进一步弄清了丘陵水稻生产现状与低产限制因素,二是剖析了丘陵岗、塝、冲不同层次的品种布局现状。在此基础上结合试验研究,提出了增产对策和优化布局的合理方案。

2.3 进行了三项评比

一是在全区范围内大搞丰收竞赛,开展中低产变高产的丰收计划活动。宜

1987—1989年,江苏省农林厅为提高全省稻作产量水平,组建了苏北杂交稻1550、太湖单季粳稻7500和丘陵稻区4500三个工程协作组,实行分类指导,作者被指定为丘陵稻区4500工程协作组组长,本文系作者撰写的1988年协作组工作和技术总结,原载于1988年《全省水稻生产技术专题选编》,并在省作物学会水稻专业委员会年会上进行交流。

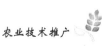

兴市层层设立奖励基金,极大地调动了农民种粮积极性,出现了一大批超高产的丰产方和高产田;丹阳市在去年沿江、平原开展丰收计划的基础上,今年又在丘陵增设了10万亩丰收计划,收效良好。二是抓典型,促平衡。泗洪、六合、丹徒等县(市)在大灾之年,环环扣紧,狠抓各项关键措施的落实,使单产接近历史最高水平,增产显著。三是围绕中低产改造,广泛开展试验示范。仪征、句容、溧水等县(市)针对本地实际情况,做了大量的调查研究、试验示范工作,为指导丘陵稻作生产起了一定作用。

2.4　协作攻关了四个课题

1988年协作组组织各县进行了水稻品种优化定型布局研究、省工高产经济栽培、多效唑培育壮秧及中低产变高产综合栽培技术研究4项课题,统一设计方案,每个课题由一县牵头,各承担县结合本地情况有所侧重地选择1~2项课题进行试验,并对设计内容进行补充,取得了较好结果,撰写出有一定质量的试验报告。

2.5　抓了五项显著性增产技术措施

2.5.1　加强基础设施建设

一是稳定面积。针对面积滑坡的危险,各地十分强调保面积对增总产的重要性,面积得到了稳定,其中,盱眙、泗洪、溧水三县的稻作面积比上年扩大了8.74万亩,总产均稳中有增。二是推广良种,扩种杂交稻。针对丘陵布局混乱、品种多乱杂差的情况,各县大力推广优良品种,使良种覆盖率提高了13%,达88.2%,其中杂交稻比去年扩种了60余万亩。南京市为了推广良种,市局对扩种杂交稻和金陵57进行了专题论证,上下统一思想认识,品种布局有了很大改观,其中江浦县的步子最大,杂交稻面积比上年翻了一番,有效地减小了灾年减产幅度。三是突破壮秧。协作组在5月初专门召开了丘陵稻区育秧现场会,层层搞培育壮秧的样板,溧水县还设立了培育壮秧单项奖,坚持以稀播为中心,狠抓质量,提高了管理水平。全区播种量稳中有降,带蘖水平有所提高,应用壮秧面积达到342万亩,占77.5%;适期栽插面积也比去年提高5%,达到90%以上。四是主攻密度。各地针对近年来密度不足的薄弱环节,采取行政、经济等手段,广泛宣传教育,制止了密度下降趋势,1988年杂交稻和单季粳糯稻的栽插密度分别为2.01万穴和2.81万穴,基本上达到了合理密植指标,为足穗奠定了基础。五是狠抓有机肥的施用。全区施有机肥面积达到313.3万亩,占71%,比去年提高7%;秸秆还田261.2万亩,占59.2%,比去年增加13.7%;白田栽插面积下降了3%~5%,对促进水稻平衡生长起到了较好作用。

2.5.2　推广模式栽培

各地在普及、深化、用好现有模式图的基础上,通过多形式、多渠道宣讲模式图,结合现场、丰产方示范模式栽培,促进了农民科学种田水平的提高。全区推行模式栽培的面积占82%,比上年提高了9.5%。丹阳市综合运用电影、幻灯、模式图、技术问答(书)、广播、科技报、黑板报及讲师团、培训班、现场会、丰产片等形式,使模式栽培技术家喻户晓,使用效果得到了显著提高。

2.5.3 大搞丰收竞赛

全区5个部级丰收计划的低产变中产、中产变高产和高产更高产项目,基本上完成了预定增产指标。全区参加省级丰收杯竞赛的有227个乡镇,参赛丰产方360个,高产田633块,分别比上年增加143个和227块,参加丰收竞赛的面积达到13.99万亩,比去年扩大8.7%,据各县(市)产量最高的丰产方、高产田加权平均,杂交稻平均单产分别为645.7 kg,719.05 kg,比大面积增产151.0 kg和224.35 kg,单季粳糯稻平均单产分别是642.05 kg和704.1 kg,比全区常规稻各增产182.02 kg和244.07 kg。

2.5.4 主攻薄弱环节,狠抓关键措施

各地针对过去水稻生产上管理粗放、肥水失调、后劲不足、脱水过早等薄弱环节,采取了相应措施。丹徒县针对前期低温少照分蘖慢、中期晴热高温肥水消耗大的实际情况,采取了增施分蘖肥、早施重施穗肥的应变措施,收到了足穗、保粒的较好效果。镇江丘陵各县针对穗数足、穗型小的特点,狠抓养老稻,有效地提高了千粒重。丘陵区的稻田开沟烤田历来是薄弱环节,对此今年各地狠抓里坎沟、中心沟的开挖,使稻田有沟面积达到53%,是近年来较多的一年。仪征、六合两县(市)过去在水稻上很少施用穗肥,1988年增拨了专用穗肥,对保足穗、争大穗起到了一定作用。此外,各地针对后期稻飞虱大发生的情况,加强了预测预报,提高了测报准确率,在农药奇缺的情况下,将有限的农药用到了刀口上,减少了稻谷损失。据不完全统计,全区共挽回稻谷损失约2.3亿kg。

2.5.5 抓典型示范,促平衡增产

各地充分发挥典型引路、样板先行的作用,在稻作生育的关键时段,将关键增产技术通过现场示范扩大影响,提高了应用效果。仪征市作栽站连续两年在铜山乡搞示范,对农民进行面对面的技术指导,深受群众欢迎,示范效果显著。

3 低产因子与增产对策

丘陵地区由于受多种因素的制约,稻作产量不高不稳。因此,客观地分析障碍因素,研究其相应对策,对改变丘陵稻区的低产局面十分重要。

3.1 分层次优化布局,发挥地域性生产优势

丘陵地区由于水源、地力条件的影响,形成了岗、塝、冲不同产量等级的层次。分层次优化布局,能较好地处理早、中、晚熟品种的搭配、水浆管理的矛盾,挖掘各层次的产量潜力。丘陵地区在历史上就是中稻区。苏北丘陵以早、中熟中籼为主,苏南丘陵则以中籼、中粳为主体,搭配种植早熟晚粳。自种植杂交稻以来,虽然其替代了部分低劣品种,但比例依然不大,今年全区杂交稻种植

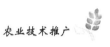

193.45 万亩,占稻谷面积的 43.84%,在中稻中只占 52.12%,南京 11 号、桂潮 2 号等低劣中稻仍占一定比重,因此,进一步扩大杂交稻,全面取代常规中籼稻及部分低劣中粳稻,是丘陵增产带战略性的措施。就全区而言,1988 年杂交稻比常规中稻平均亩增产 44.5 kg。句容县 12 年累计 192.4 万亩杂交稻的生产实践表明,杂交稻比常规稻平均亩增产 88 kg。在岗、塝、冲梯田中也一致表现为增产。据溧水县调查,岗田汕优 63 比扬稻 2 号、单晚分别增产 12.7% 和 20.75%;塝田增产 11.41% 和 19.87%;冲田增产 12.45% 和 23.55%。由此可见,杂交稻适应性强,在丘陵扩种杂交稻完全可行,也十分必要。在层次布局上,岗田和高位缺水塝田宜种植杂交稻;水源较正常的塝田,可以杂交稻为主体,搭配种植高产优质的常规中籼稻(如金陵 57、南农大 3005 等);冲田可在连片种植杂交稻的基础上,搭配种植粳糯稻。

3.2 加强技术培训,普及模式栽培

丘陵地区要针对当前水稻生产上存在的薄弱环节,重点抓好以下几项技术措施:

3.2.1 以稀播为重点,突破壮秧关

各地要进一步加强对丘陵农民培育壮秧的重要性的认识,重点突出一个"稀"字,强调一个"肥"字,狠抓一个"管"字。调整责任田,使其集中连片,缩小秧大田比例;在调整秧田确有困难的地区,可试行商品秧,即建立育秧专业户,包育、代育,以确保育足育好壮秧。要切实将播种量降下来,杂交稻不宜超过 10 kg,常规稻要控制在 30 kg 以内。有经验的地区,可推广应用多效唑,同时施足基肥,补全养分,早施速效断奶肥,全面推行化学除草,坚持三叶期前湿润灌溉,四叶期开始建立薄水层,加强"工管",以形成稀播配套育壮秧技术体系。

3.2.2 以合理密植为重点,建立高光效群体

密度稀总体上是丘陵稻区比较突出的问题,群体起点过低,给管理带来了很大难度,往往是大水大肥促早发,中期控不住或"急刹车",结果是穗数不足、穗型偏小、产量不高。与此相反,苏北丘陵的局部地区还在使用杂交稻沿用常规稻、单季稻沿用双季稻的栽培法,造成群个体很不协调,制约着各类水稻产量的提高。因此,各地要结合本地实际,依据叶龄模式理论,根据品种特性设置合理的株行距,确立适宜的基本苗,既保证有足够的主茎及低位蘖成穗,又确保中期稳长,使个体健壮发育,以形成高光效群体,取得足够的亩总颖花量。

3.2.3 以经济用水为重点,确保活熟到老不早衰

水源短缺,水系不配套是丘陵稻作难以科学管水的根源。农民常常是前期等雨栽秧,延误栽插适期;够苗后惜水如金,不能适时搁田;烤田结束后又迟迟复不了水,后期更是过早断水,违背了水稻需水规律,恶化了水稻生育环境,因而产量大受影响。为此,在管理策略上,一方面要加强水利设施建设,促进沟渠配套,增加蓄水引水量;另一方面,布局上要利用岗、塝、冲的地形,结合品种的早、

中、晚熟,合理安排好灌排水,提高水资源的利用率;栽培上要加强节水研究,实行前期浅水灌溉,中期干湿交替,后期间歇灌溉,重点保证孕穗、抽穗、灌浆结实期的生理需水,适当考虑生态需水,防止缺水早衰。

3.2.4 以培肥地力为重点,科学用好肥

耕层浅,土质差,地力级差明显是丘陵稻作低产的基本因素。要改变低产面貌,必须从提高土壤肥力着手,从全年增产的角度出发,适当调整夏熟作物布局,有计划地扩种油菜,尤其是"双低"油菜,其种植面积应不少于秋播面积的1/3,以每2~3年轮作一次油菜茬为宜,大搞秸秆还田,同时广辟有机肥源,通过多种方式扩大绿肥,特别是经济绿肥,搞好秧田综合利用和培肥,逐步改善土壤理化性状。在化肥运筹上,要根据土壤养分状况及水稻需肥规律,改单施氮肥为氮磷钾配合施,辅之以微肥应用;变"一哄头"施肥为前后兼顾分次施肥,"两查两定"用好穗肥;有条件的地方,扩大根外喷肥。在施肥水平低的地区,应努力增加化肥用量,以促进产量上新的台阶。

3.3 建立健全服务体系,增强抗灾应变能力

这两年,旱涝频繁袭击,病虫为害猖獗,对水稻产量影响很大。据不完全统计,全区1988年有4.99万亩稻田因旱和稻飞虱危害而失收,38.29万亩水稻减产2~5成,分别比上年因涝、虫为害增加1.26万亩和29.28万亩,这充分暴露了抗灾设施差、应变能力弱的突出问题。各级政府对此应当引起足够的重视,要舍得投资,加强基础设施建设,增加生产资料供应,同时,建立健全农业生产的技术指导体系和农用物资的供应体系。要提高农技人员、特别是基层农技人员的待遇,调动他们的积极性,把技术指导得更细些、更实些。村级要全面配齐专职农技员,并加强对他们的技术培训,经济条件较好的地区,应当逐步建立村级农业综合服务队,不断提高技术服务质量和社会化服务水平。逐步从单项的专业承包向生产全过程、全方位的综合技术承包过渡,提高机械化作业水平,在目前条件尚未成熟的情况下,重点要解决好对千家万户的技术指导和落实关键措施的办法等问题,要进一步完善双重考核、双轨管理制度,以提高增产技术效果,强化抗灾应变能力,加快低产的改造进程。

强化技术管理　促进技术推广

农业技术推广站是以作物栽培指导为中心的综合服务机构。如何充分发挥推广站计划管理、组织协调、示范推广、为农服务等职能作用？如何在深化改革中依靠科技进步，适应发展农业战略方针的需要？我们的粗略体会是：

1　明确分工，全面协作，提高工作效率

1.1　内部条线分工与协作相结合

在人员变动大、工作紧张的情况下，我们采取了稻、麦、棉、油专人分管，粮、经作物各一名站长分管的方法，做到了既明确分工又团结协作。同时，制定了周碰头会、每月两次站务会和半年一次民主生活会制度，做到工作统筹安排，避免了各自为政的现象，其好处是有利于培养一专多能的科技人才，发挥了各自的技术专长和粮经结合的整体功能；有利于忙闲互补，改变了苦乐不均的状况，提高了工作效率；有利于试验、示范、推广一体化，避免了农技推广工作的盲目性。

1.2　积极开展横向联系，增强技术指导的系统性

农技推广不是单一的技术应用，而是各种要素合理组装配套应用。单一的作物栽培指导难免片面，针对这一问题，我们加强了同系统内各专业间的有机联系，不仅克服了部门障碍和组织摩擦，而且把科技成果推广落到实处。1989 年我站与市种子公司共同研究了中粳新品系 8169 - 22 在我市的生育特性和高产栽培技术，1990 年该品种已成为我市常规稻当家品种；我站与市植保站协作推广新农药灵福合剂和拌种双 12 万亩，其防病效果比多菌灵提高 40% 左右，较好地解决了棉花苗期病害问题；我站与农机部门合作，做到现场示范、农机先行，全面推广了三麦免少耕机条播及配套技术；目前，我站正与土肥站协作开展丘陵中低产农田的综合开发。协作研究成果涉及面广，资料系统全面，而且可行性与可靠性强，提高了技术推广质量。

1.3　上下协作，相互促进

农业科技的推广主要依靠基层农业部门完成。在探讨如何更好地协调上下关系的过程中，我们从 1986 年开始推行了目标管理责任制，做到目标明确、重点突出、定性定量、检查督促，采取百分考核和奖罚激励的办法，把责、权、利有机结

本文是作者在江苏省作物栽培技术推广工作经验交流会（1990 年 5 月 6 日）上的发言内容，入选了《江苏省作物栽培技术推广工作经验选编》。杨金龙为共同作者。

合,年终召开由全市各业务站参加的总结表彰会,通过有效的激励机制来调动科技人员的竞争意识和工作热情,同时对技术推广工作提出更高且切实可行的要求,使他们在科技兴农活动中充分发挥聪明才智和积极作用,与此同时,也避免了市县推广部门的重复劳动和过多的催收催种,能够腾出较多的精力抓重点、抓宏观协调、抓农业后劲和发展战略。

2　坚持试验、示范、推广程序,切实搞好先进适用技术的普及应用

2.1　积极开展试验,探索研究先进适用技术

新技术的试验研究是推广的先导。我们本着先进适用的宗旨,先后在优化布局、省工栽培、模式栽培,提高农田经济效益等方面做了系统的有针对性的研究,其中秧田综合培肥利用、稳棉增效、三麦免少耕栽培等技术已在生产上得到广泛应用,并取得明显的效益。此间,我们十分重视县试验站等各级科研机构的建设,用战略的眼光从创造新生产力的角度来解决农业出路问题,积极更新、拓宽研究课题,为农业科技进步提供源源不断的适用技术和技术储备,以保证技术更新换代和前后衔接。

2.2　广泛开展丰收竞赛,大力示范推广先进适用新技术

新技术示范推广是促进科技尽快转化为生产力的重要环节,同时也是科技得到改进、完善和配套所不可缺少的过程。多年的实践表明,丰收竞赛和新技术示范推广相结合是农技推广的创造性发展。首先,丰收竞赛方(田)是中间试验的理想阵地,科技人员集责、权、利于一体,可集中精力、财力和技术力量来充分展示新技术的生产效率;其次,我市丰收竞赛方(田)面积大、分布广,每年参赛面积达1.5万亩以上,因此,在丰收竞赛方(田)上应用新技术辐射面广,能有效地达到超前示范、典型引路、加速推广的目的。

3　加强技术指导,强化技术服务,开展多种形式的技术承包

农民盼富,要求服务,农技推广工作的对象是千家万户。农业是露天工厂,受自然和经济效益的限制,农业技术是公开化的,具有一定的公益性,因此不可能完全商品化,所以根据这些特点开展形式多样的技术承包服务成为推广工作不可缺少的重要手段。

3.1　科普宣传服务是技术推广的主要方面

科普宣传是对广大农民面对面传授科学种田原理和方法,我们不仅采取定期培训的方式,而且辅以印发资料图表,现场咨询并结合实物展销,现场示范,建立科技示范户和具备权威性的行政指挥、组织突击周等多种方法和手段,并尽力为农户排忧解难,启发他们自觉地把科学技术应用于农业生产。目前这种技术

推广形式仍然是大量的无偿义务,这是由农业技术推广的特点所决定的。

3.2 物技结合有偿服务是技术推广的重要形式

通过这种方式的服务,技术人员可以充分地把握推广工作的主动权,各项增产措施能够较好地实施,增强了服务的有效性。1989年我站与扬中、丹徒联合承包6个乡(镇)2 400亩三麦丰产方,由承包服务方统一安排田管措施,统一供应化肥、农药,收效明显,承包田产量比面上增产84.8%;我站与市植保站在句容下蜀镇承包104亩棉花重病田,实行从茬口安排、调引苏棉一号抗病品种,到农药化肥供应及生产技术咨询、保留棉种等全程服务,使该点获得了超历史水平的产量,抗病良种苏棉一号也随之被迅速推广。

3.3 社会化专业服务是落实增产技术的有效手段

随着科学技术的发展,统一的农业科技管理势在必行,它避免了庞杂无序的零散局面,有利于科学规划。我市近年来专业服务发展较快,"统"的功能不断加强。目前杂交稻种统一繁、制、供体系已完全建立,常规稻良种统一繁、供体系也正在逐步形成,并已达到统一供种28.5万亩的规模。全市实施模式栽培、接受统一技术指导面积达90%,现已有一批先行村建立了农技综合服务站,收到了良好的效果,显示了旺盛的生命力,这也是今后进一步发展的方向。

4 开拓创新,增强活力,注重解决农业后劲问题

4.1 拓宽服务范围,积极进行综合开发

良好的农技推广工作必须以良好的站务建设为后盾。我们的方针是鼓励科技人员下乡开展全程服务和技术承包、有偿服务等,从服务中创薄利,从发展中求效益,从经营中找出路。走自我武装、增强活力的路子,解决目前技术推广经费不足、"有钱养兵,无钱打仗"的矛盾,同时也是为科技人员解除后顾之忧,改善生活待遇,使其更好地为农业提供服务的要求。这两年来通过市组织、县供应、乡销售,先后推广根际固氮菌、多效唑、壮苗素、强力增产素等生化制剂、作物激素达50万亩次,我市秧田冬季应用和棉田间套研究已取得成功,同时在实践中找到了冬季耐寒性强、春季抽薹早、腾茬早的"二水早"大蒜良种,3年来我们先后调引达14万多kg,"二水早"大蒜的开发利用取得了较大的社会、经济和生态效益,同时也为自身建设增强了活力。禽畜饲料在我市原先是由外地调进,或消耗粮食,严重影响经济效益,针对这一问题,我们会同有关单位研究探讨了饲料生产的途径,取得了成功,目前以玉米为主要作物的饲料基地发展较快,到1990年将达到4万亩左右,我市饲料紧缺状况将有所缓解。

4.2 立足宏观战略,积极开展调查研究

农业稳定发展不仅依靠当前措施的实施,更有赖于综合规划和长远设想,为此,我们围绕丘陵低产土壤改良、作物合理布局、扭转棉花滑坡局面、发展本市饲

料生产等一系列农业战略问题，广泛地开展了深入细致的调查研究工作，力求找出问题的症结和解决方法。我们先后完成了《丘陵饲料玉米发展前景》《恢复棉花生产必须调整价格政策》《丘陵种植制度的现状与潜力》等多篇调研报告，为市委、市政府制定农业生产战略提供了有力、可靠的依据。其中，调整棉花价格的建议、发展棉花生产的建议大部分已被市政府采纳应用，关于发展丘陵饲料的设想也在逐步得到实施，并创造着日益明显的社会和经济效益。

1991 年水稻受涝灾情及抗灾减灾技术

1991 年我市遭受了百年未遇的特大洪涝灾害,暴雨分别在 6 月 12—15 日、7 月 1—12 日、8 月 1—7 三度袭击我市。其雨量之多、水位之高、受灾范围之广均为历史罕见。由于各级领导高度重视,农技人员加强应变指导,广大干群团结抗灾,加强科技抗灾补救,落实转化措施,我市水稻单、总产仍然取得了较为理想的收成。各级干群在抗灾补救的同时,对水稻受灾情况进行了认真的调查,并对灾后管理及转化措施进行了仔细的对比和认真的分析,积累了丰富的资料和抗灾经验,这对我市今后立足抗灾夺丰收具有十分重要的现实意义和深远的历史意义。

1 涝灾基本情况

今年我市出现了异常早梅,并且自 6 月中旬以后连续遭受了 3 次暴雨和洪涝的袭击。6 月 12—15 日,全市普降暴雨,4 天雨量达 223.6 mm,其中 6 月 14 日一天降雨 132.8 mm;7 月 1—12 日,暴雨再度袭击我市,12 天降雨 506.3 mm;8 月 1—7 日,暴雨第三度袭击我市,此番仅 7 天雨量就达 290.1 mm。据气象部门分析,今年的梅雨期长达 60 天,雨量高达 1 006.6 mm,分别是常年的 3 倍和 4.8 倍,其中 6 月中旬—8 月中旬总雨量 1 148.4 mm,较常年同期多 618.4 mm,有 4 天日降雨 100 mm 以上,为典型的雨涝灾害性天气,其发生频率为百年一遇。

6 月初以来的连续暴雨不仅打乱了我市正常的夏收夏种秩序,更使全市 98 万亩稻田过水受淹,其中秧田没顶受淹 6.5 万亩,有 4 万亩受淹 4 天以上,加之日照减少,肥料流失多,大面积秧苗素质受到严重影响。本田也因雨使基肥投入减少,栽插质量下降。全市有 28.6 万亩大田两度受淹,16 万亩大田受淹 3 次以上;大田受淹 5 天以上面积达到 26 万亩;22.02 万亩秧、大田重复受淹。无情的洪涝使全市 0.7 万亩秧田废弃,冲毁 4 万余亩已栽大田和 4 万余亩待栽大田,因洪水迟迟不退,有 6 万亩被迫改、补种后季稻,2.4 万亩改、补种"早翻早"。我市秋熟作物生产遭受了巨大的损失,但经广大干群奋力抗灾补救,全市因受淹抛荒面积仅 0.35 万亩,因灾损失产量 0.34 亿 kg,挽回产量损失 0.42 亿 kg。

2 影响水稻生长的灾害因素

洪涝对稻苗的危害主要是抑制植株光合作用,迫使植株无氧呼吸加剧,大量

本文系作者参加 1991 年全省水稻生产技术经验交流论文。

消耗贮藏物质,土壤也处于厌气状况,产生有害物质,进而使稻株机械组织变软,根系衰亡,直至全株死亡。秧、大田受淹情形与稻田相似。

稻株受害程度的差异主要来自淹水深度和连续受淹时间长短两个方面。

从淹水深度看(指淹水 3 天以上),当水深达到株高 1/3 时,水稻分蘖进程即明显趋缓,但植株不表现受害症状,退水后能较快地恢复生长;当水深达到株高 80% 以上时,植株突出表现为新叶及倒 2 叶叶鞘迅速伸长,叶色褪淡,组织变软,下部叶片腐烂死亡,黑根量增加,分蘖停止,但光合作用和新陈代谢尚可部分进行,退水后经过精心管理,仍有可能恢复生机;当水深没顶时,植株无法进行光合作用,且在缺氧环境下,只能依靠无氧呼吸维持生命,贮藏物质被大量消耗,分蘖死亡,大部分叶片死亡,仅新叶有拉长现象,退水后呈单根独苗状态,这类受淹水稻退水后能否恢复生机完全取决于淹水时间的长短。

从淹水时间长短看(一般指水深达株高 80% 以上),一般淹水 2 天以下的秧苗受害轻微,退水后能较快恢复生机,可与正常水稻同步生长;受淹 3～5 天的秧苗则根据受淹秧苗素质的不同而表现出差异,如淹水前秧苗吸氮较多,叶色深绿,则淹水后叶片易腐烂死亡,退水后活叶萎蔫下披,难以恢复到正常水平,但秧苗保持一定的生命力;如淹水前植株 C 水平相对较高,叶片挺直,则耐涝能力相对较强,叶片腐烂死亡速度相对较慢,此类秧苗在退水后经过 7～10 天的滞长期,一般能恢复正常生长;受淹 6 天以上的秧苗,由于植株自身养分消耗大,叶片及稻根腐烂死亡较多,植株生理机制受到严重破坏,恢复生机困难较大。

除此之外,水稻因灾受伤程度的轻重还受到品种耐涝性、涝灾发生时间的迟早及灾害后天气状况等自然因素的影响。从品种耐涝性看,杂交稻＞常规晚粳稻＞中粳稻。据丹徒区荣炳乡调查,7 月上中旬同样受淹两次,各淹 7 天、3 天的同一块田,杂交稻和武育粳 2 号穴损失率分别为 15% 和 35%,杂交稻获单产 498 kg,而武育粳 2 号仅获亩产 265 kg,可见杂交稻自身补偿能力强于常规稻。从受淹时间看,句容市 6 月中旬受淹的稻苗,经及时排水露苗,加强管理,获得 400 kg/亩 以上的理想收成;而 7 月中旬进入穗分化阶段后受淹的稻苗,虽经多方管理,仅能获得 250 kg 左右的亩产,甚至更低,这说明前期受淹(尤其是生育期较长的晚稻品种)缓冲调节余地大,攻穗重仍有潜力,而中后期受淹则回旋余地相对小得多,恢复生长极为困难。从灾后天气条件看,退水后基本保持低温少照天气,降低了受淹水稻的呼吸强度,避免了因苗质差而被高温灼伤,致使叶、茎、蘖死亡的败苗现象,减轻了危害,对恢复生机较为有利。

3 受淹水稻的生育变化

调查观察表明,受淹水稻在茎蘖消长、生育进程、产量构成等方面都区别于正常水稻。

3.1 退水后的蹲苗现象

这种现象与移栽植伤相似,持续时间随淹水时间的延长而延长,一般深淹水3天以上即需一周以上的蹲苗滞长期。

3.2 茎蘖增长缓慢,分蘖节位提高

据丹阳市延陵镇观察,6月中旬受淹4~5天的8169-22中粳稻,6月25日—7月5日间平均日增蘖0.4万~0.6万,仅为正常稻田的50%~60%,且分蘖时间延长,正常稻田7月30日茎蘖数已基本稳定,而受淹稻田尚处在继续分蘖阶段,茎蘖数仍在上升,并可持续到8月上旬。又据句容市后白农场观察,5月13日播种、秧田不断受淹至7月16日移栽的汕优63,倒5叶位分蘖成穗占总穗数的7.4%,倒6叶位蘖穗占12.96%,有相当数量的伸长节叶位上仍有分蘖发生,并形成气生根,最终成穗。而正常水稻则没有高位分蘖成穗。

3.3 生育进程明显滞后

由于受淹水稻分蘖起步晚,受淹伤苗、蹲苗,因而出蘖速度慢,够苗及高峰苗期明显推迟。据丹阳市延陵镇调查,受淹4~5天的水稻较未受淹的水稻推迟10~12天达到够苗和高峰苗,即生育期比未受淹水稻滞后1~2个叶龄期,这种滞后效应一直持续到成熟。据丹阳市延陵、珥陵等地观察,受淹的8169-22和武育粳2号一般比未受淹水稻推迟5~6天成熟。成熟期的推迟在很大程度上是出于稻株本身较高叶位分蘖出伸早迟的差异而形成的孕穗、抽穗、齐穗的参差不齐。

3.4 产量明显下降

各地调查资料汇总分析表明,稻田严重受淹4天以上即对产量构成明显影响,且淹水时间越长,对产量影响越大。影响产量的首要因素是有效穗数的减少,其次是每穗总粒和结实率的降低。据丹阳市延陵镇考察,受淹5天的8169-22有效穗15.4万,较正常田块少12.8万,每穗总粒67.6粒,比正常田块少12.2粒,结实率和千粒重也分别降低4%和1.5g,最终收获单产249.7kg,比正常田块低近400kg。分析认为,有效穗的减少主要来自分蘖量的锐减而引起的高峰苗数的下降,该受淹田块高峰苗数为22.3万,较未受淹田块少10.1万,每穗总粒和结实率的降低则是由受淹秧苗苗体素质下降,穗群中高位分蘖穗比例增加,植株营养条件差而造成的生殖生长条件差所致。

4 抗灾管理技术

4.1 立足抗灾,提高秧苗素质是灾年夺丰收的根本

洪涝灾情考验证明,健全的农田基础设施固然是抗灾防灾的重要方面,但是改进农艺措施、增强植株自身抗御自然灾害的能力也是不可忽视的方面。一是

培育标准化壮秧。据丹阳市珥陵镇观察认为，淹水前叶片嫩绿、下披的瘦秧苗，淹水3天后大部分腐烂死亡，而淹水前苗体碳素含量高、叶片挺直的老健秧苗，淹水4~5天仍有相当一部分能够成活，而且老健秧具有早发、足穗、大穗的优势。即苗体适宜的碳氮比是检验标准化壮秧的重要依据，也是衡量秧苗抗逆性的主要指标。二是应用多效唑，增强植株抗灾的能力。多效唑通过调节植株体内激素含量，促进植株发根、分蘖，这在大灾之年有着特殊的意义。据丹阳市作栽站用受淹60 h、带蘖数相同的8169-22秧苗剪根测定，使用多效唑的秧苗发根7.6条，而未用药的则无根发生。应用多效唑的秧苗不仅耐淹，而且大田缓苗期相对较短。丹阳市延陵镇试验表明，应用多效唑的秧苗受淹5天主茎仍成活，水退后2天主茎恢复生长，且可拔秧移栽，大田重复受淹2~3天，水退后蹲苗5天，主茎及大分蘖便有新叶出伸，而未应用多效唑的秧苗受淹5天后则基本腐烂死亡。由此可见，应用先进技术培育标准化壮秧对抗灾夺丰收具有十分重要的意义，这应当作为今后稻作生产的基本措施来推广。

4.2　主动出击，强化管理是战胜灾害的关键

百年未遇的洪涝灾情，使部分地区的部分干群丧失了抗灾补救的信心，甚至怀有望天收的思想，致使不少补救时机被贻误，造成了不应有的损失。事实证明，灾后管与不管大不一样。丹阳市珥陵镇蒋村二队两户共种的同一块武育粳2号田，水淹5天6夜，7月12日水退后，一户及时防病除草追肥，使濒临失收的稻苗迅速恢复生机，获亩产309.7 kg；而另一户水退后基本不管，仅获亩产约15 kg。类似的例子并不少见，教训是深刻的。因此，灾后应抓紧时间加强管理，促进受伤稻苗尽快恢复生长，主要采取以下五方面的管理措施：

4.2.1　突击排水露苗，使受淹稻苗尽早脱险

方法是先使部分叶片露出水面，扶理倒、飘秧棵，使之能进行光合作用，去除腐烂叶片；若天气阴雨，可直接排干积水，使田面沉实，提高土壤透性，促进根系生长；若天气晴好，则宜昼浅灌、夜落干，以防高温灼伤秧苗。

4.2.2　分次补施速效肥料，喷施生化制剂，促进恢复生机

受淹稻田肥料流失多，且稻苗受伤，生长受阻，水退后宜及时补施速效肥料，一般应分2~3次施，每间隔5~7天施用尿素3~4 kg或复合肥7~8 kg，促进稻株摆脱"蹲苗"，恢复生长，待叶片转绿后，每亩可用植物营养调理剂强力增产素3~6 g或丰产灵5~7.5 mL兑水50 kg叶面喷施，促进光合作用，增加物质积累，建立高产基础。同时搞好草害防除工作，减轻稻苗生长竞争压力。

4.2.3　分次轻搁田

受淹稻田搁田的主要目的在于改善土壤通气状况，促进根系生长。方法上，可在达到预期穗数苗后稍迟一段时间实施分次轻搁，搁田程度以稻田沉实稍硬为宜。以此促进上层根系生长，巩固早生分蘖穗，争取高位动摇分蘖成穗。

4.2.4 中后期肥药共进,以提高成穗率、增加穗重为主攻目标

在中期施肥时,要增加长粗肥用量,尤其是磷、钾肥用量,提倡应用复合肥作长粗肥,促使稳长壮秆,提高成穗率,并为攻大穗打下基础。在穗肥的施用上,要根据受淹水稻生育期推迟的特点,适当推迟应用时期,加大用量,分促、保、粒肥三次施用。与此同时,应大力提倡丰产灵、强力增产素与粉锈宁、三环唑后期叶面混合喷施,以达到增大功能叶面积、延长光合时间、提高光合效率、促进光合产物向穗部转运,从而提高结实率和千粒重的目的。

4.2.5 加强病虫防治

受淹水稻抗御病虫能力弱,而病菌虫卵耐淹能力皆强于水稻,植保部门要根据洪涝年份病虫发生量大、偶发病虫可能暴发的特点,加强测报,及时防治,绝不可掉以轻心。

4.3 根据受害程度和季节,及时补种适宜品种是灾年少减产的保证

根据灾区经验,6 月中下旬受灾后每亩成活茎蘖苗 5 万以上的田块一般不需补种,只需适当补插缺棵即可。少于 5 万茎蘖苗的田块,在选用补种品种时,可根据品种特性和季节的早迟采用高产早熟品种。在 6 月 25 日以前补种,宜选用中粳8169 – 22,栽培方式同后季稻栽培,收获产量可达到 400 kg/亩以上水平。若退水时间迟于 6 月 30 日,则中粳 8169 – 22 不能安全齐穗,可选用7038、花寒早、镇糯 9380 等耐迟播的后季粳糯稻品种,但最迟播期也不宜迟于 7 月 10 日。此后应选用浙辐 802 等早籼稻品种作补种之用,但落谷时间亦不可迟于 7 月20 日。在栽培策略上,一是应"早"字当头,争取主动。据句容市调查,不论是8169 – 22,还是浙辐 802,每推迟 5 天落谷,产量下降 60 ~ 70 kg。因此,抢时间播种、晚中争早是获得理想产量的前提。二是应采取适当的种植方式。据句容市后白农场试验,7 月中旬播种的浙辐 802,不同种植方式的产量依次为:水直播412 kg,旱育小苗移栽 386 kg,稀播水育秧移栽 365 kg,抛秧 361 kg,高播量旱育中苗移栽 289 kg,其经验可供借鉴。三是增加栽插密度,插足基本苗。一般对水育中粳稻应插足 3 万穴、15 万基本苗;"早翻早"应插足 3.5 万穴、20 万以上基本苗,以主茎成穗为主,争取分蘖成穗。在肥水管理上,宜前期浅水重肥促分蘖,中后期湿润灌溉酌施穗肥攻大穗,药肥混喷增穗重。

灾年的教训是深刻的,抗灾经验却是丰富的,难以在此一一列举,仅以此文作为简要总结,供今后遇类似情况参考。

苏南丘陵稻田持续高产的种植模式研究

——兼谈合理轮作的生态效能

苏南丘陵农区稻田计划面积 351.61 万亩,占全省稻田面积的 8.51%,1986 年人均占有粮食 880 kg,粮食商品率达 34.48%,农业人均占有油菜籽比全省平均水平高 11.3 kg,粮油商品率均占全省 6 个一级农业区的第 2 位,是江苏省的重要商品粮油生产基地之一。长期以来,由于受土壤瘠薄、水源偏紧、水利设施差等自然条件的限制和经济基础薄弱、文化水平落后、农业投入不足等社会因素的制约,以及布局不合理、作物种类与品种多乱杂、耕种管理粗放等技术水平低的影响,该区作物产量不高不稳,成为全省作物生产的主要低产区。通过科学技术可以改变丘陵低产面貌,但改变丘陵低产面貌,不可能一蹴而就,必须根据丘陵特点,坚持重点突破与全面提高相结合的原则,充分发挥资源优势,逐步排除障碍因子。本文是笔者对 1982—1991 年 10 年间的大量调查研究、定位试验和生产性验证资料的整理分析,探讨在不过多增加系统外投入的条件下,显著提高稻田综合生产力的战略途径和持续高产的种植技术。

1 农业自然资源概况

苏南丘陵位于长江下游南岸,北纬 31°18′~31°02′,东经 118°53′~119°56′,是宁镇、茅山和宜溧低山丘陵的统称,其土地面积 8 258.84 km²,占江苏丘陵区面积的 61.68%,占全省面积的 8.02%,耕地面积 428.21 万亩,占土地面积的 34.57%,占全省耕地面积的 6.09%,其中水田占 82.11%,旱地占 17.89%。农业人口 314.04 万,人均土地 3.61 亩,超过全省平均值 0.3 亩,人均耕地 1.25 亩,农村劳力 139.8 万人,农劳均耕地 3.06 亩,土地资源在省内相对较丰。本区地形地貌复杂,土地类型多样,全区低山面积占 16.2%,岗坡地占 26.1%,塝冲地占34.2%,平原圩区占 23.5%,宜林山地占 19.9%,水面占 12.2%。该区适生作物种类多样,栽培布局复杂,具有农林牧副渔全面发展的有利条件。

本区稻田大多是马肝土和小粉白土。pH 值多在 5.6~6.8;土壤有机质含量平均为 1.6%,其中小于 1.5% 的面积占 38.2%;速效磷钾缺素较为普遍,小于 10 ppm 缺磷面积占 64.6%~95.6%,宜溧丘陵小于 50 ppm 缺钾面积已占 72.09%;耕层水溶性硼含量平均 0.282 ppm,低于临界值 0.5 ppm 的占 93.7%;

本文系作者 1991 年 11 月参加由人事部、农业部委托中央农业管理干部学院华中农业大学分院举办的"南方优化耕作栽培技术高级研修班"的交流论文。文中引用了苏南丘陵区的溧阳、丹徒、句容等县(市)和镇江农科所的部分试验数据资料,在此谨表谢忱。

有效锌平均含量 0.481 ppm,低于临界值的占 66.3% ;土壤容重大于 1.3 g/cm³ 的占 67% 。各类低产土壤面积占耕地面积的 30% 左右。

该区属北亚热带季风气候区。年平均气温 15.1 ~ 16 ℃,无霜期 225 ~ 240 天,≥0 ℃积温 5 450 ~ 5 800 ℃,日照 2 050 ~ 2 250 h,太阳总辐射量110 ~ 115 kcal/cm²,年降雨量 1 000 ~ 1 160 mm,温、光、水资源均较丰富,配合比较协调。

境内丘岗多,低山少,蓄水条件较差。现有总灌溉库容量平均每亩耕地不足 200 m³,水源不足,遇干旱年份,受旱农田面积占 26.6% 。

2 种植制度的演变、现状和利弊

苏南丘陵农区的种植制度,历史上是一年两熟,以粮食生产为主,但三麦广种薄收,夏粮仅占全年总产的 10% 左右,由于生产条件差,旱涝灾害频繁,农田生产力极度低下。新中国成立以来,随着生产条件的改善,种植制度历经改革,农业生产获得了较快的发展。1958 年前基本上是传统布局的延续,主要种植模式是三麦(冬闲)—中籼稻;1962 年起全面实行籼改粳、中改晚、土改良,并扩大绿肥种植,至 1966 年前后基本上改变了中籼当家的旧格局,实行中晚并存、晚粳当家的麦(肥)—稻种植模式;1970 年起大面积单季改双季,形成了肥—稻—稻种植模式,进而发展了麦(油)—稻—稻三熟制,1976 年曾占水稻面积的 50% 左右;由于中北部丘陵热量不足,产量不稳,以及季节、劳力、肥水、效益等矛盾,1978 年开始了"调双扩优""缩肥扩麦",1985 年前全区基本上确立了三麦—中稻为主,搭配约 10% 的油菜—中稻,保留约 20% 三熟制的稻田种植模式。常规稻和杂交稻大体各占一半。1977 年开始扩种棉花,1982 年全区达 39.52 万亩,同年大幅度地调麦扩油,至 1987 年后,仅镇江丘陵油菜就稳定在 33 万亩以上,比 1980 年增长 5.1 倍,绿肥则近乎绝迹;1985 年后,单晚面积扩大,1988 年起油菜开始较大面积从岗坡旱地进入塝冲稻田,形成了中北部丘陵以麦—中籼稻为主,搭配油—中籼稻和麦(油)—中粳稻;南部丘陵则仍保持 15% 左右的双三熟制,发展了部分麦/瓜—稻和麦(油)—晚粳稻。种植模式开始趋于优化,粮棉油得到相对协调发展。

现行种植制度是随着一定的自然条件和社会经济技术条件经不断调整演变而来的,基本上适应丘陵地区的生产水平。其利在于因地制宜,分层种植,自然资源的利用相对比较合理。例如,麦—稻复种,年热量利用率可达 90% 以上,生物产量的光能转换率可达 2.3% ~2.5% ,投入产出率较高,季节与劳力矛盾缓和,加上油菜面积的扩大,基本上能满足该区城乡人民的粮油需要。但是,受 1984 年粮食"暂时过剩"的影响和一度对农业问题的忽视,大宗农产品比较效益下降,国家调控职能削弱,1985 年后出现了粮食生产持续徘徊,棉花滑坡,饲料匮缺,而小宗经作及多种经营盲目发展等种植结构失调现象,且科学的轮作体系也尚未形成,因而弊端不少。一是粮食品种结构单一,缺乏饲料作物布局。每年粮食总产中,以粮代饲约占18%,据1988—1989年试验,用传统法喂猪料肉比高达4.31∶1,而配合饲料喂猪料肉比仅3.42∶1,且增重率较传统法喂猪高6.28个百分点,净收入增加22.20元。苏南丘陵年饲猪220万头,用粮喂猪,年直接收益少4 884万元,浪费粮食162万t。同时,种粮效益不高,影响了农民种粮的积极性。二是连作面积大,病虫草害加剧。据1991年调查,丘陵稻田70%以上是长期麦稻复种连作,其连作田较麦油轮作,麦田杂草量多2.34倍,油菜连作较轮作田,菌核病发病株率净增63%,棉花连作则因病害使大量棉田废弃改种,连作田的病、草害已成为制约粮棉油产量提高的主要原因。三是重用轻养,土壤肥力下降,生理缺素症增多。20世纪80年代以来,绿肥面积剧降,草塘堆肥被遗弃,有机肥投入减少,偏施无机氮肥,使土壤养分入不敷出。据镇江市土肥监测点资料,1983年—1990年8月间,土壤有机质平均每年下降0.008%,速效钾下降6 ppm,因近年增施复混肥,速效钾上升0.2 ppm;1987年,全市有机质投入与产出平衡后,亏缺43.5 kg/亩,投入的 N∶P_2O_5∶K_2O 为1∶0.05∶0.04,土壤养分严重失调,致使近年来多数作物出现明显的缺素综合征,对产量影响较大。四是土地分散经营与作物连片种植有矛盾。农田分户经营给种植制度的合理调整、统一作物布局带来困难,水旱相包,插花种植,品种混杂现象较为普遍,难以实行科学管理,因而导致了诸如秧田"终身制"等情况的发生,严重制约先进科技转化为生产力。

3 持续高产种植模式的优化

建立合理的种植模式,对农业生产的发展具有重要影响。必须根据现状,扬长避短,趋利避害,从稳定提高粮食生产、发展大农业的角度出发,实行分区域、按地貌合理布局,多熟轮作,提高复种指数,建立起持续高产、高效、高功能的稻田种植结构。

3.1 合理轮作,建立稻田肥力自养体系

土壤瘠薄是丘陵农田生产力低下的主要原因,而持久农业的根本在于增加和维持地力。因此,在扩种绿肥、大积自然有机肥等增肥改土措施因生产关系的变化已不能有效实施的情况下,必须走合理用地、"用中有养"、积极养地的路子。实践证明,轮作是以维持地力为目的,将不同生理、生态特性的作物种类,按一定顺序周而复始进行循环栽培的种植体系,是一项易于实施、无须增加多少投入,而能获得显著增产、持续高产的技术。

3.1.1 油菜下冲,小麦上岗,实行麦油轮作

油菜是用地兼能养地的作物。据试验,每生产100 kg油菜籽,可同时生产29.3 kg菜花、69.5 kg菜叶和29.3 kg根茬直接留田,并有212 kg菜秸菜壳和

62 kg菜饼可供还田,相当于还田 11.42 kg N、6.74 kg P_2O_5 和 9.61 kg K_2O。又据句容市测定,油菜茬较小麦茬有机质增 0.039%,速效磷增1.59 ppm,水解氮增 3.46 ppm。实行麦油轮作,有利于麦油双高产,减轻病、草害。据1991 年多点调查,麦油轮作较连作麦田,杂草量减少 74.8%,小麦增产 10~78 kg,增幅6.64%;较连作油菜田,菌核病发病株率下降68.48%,病指下降49.2,增产油菜籽22.74 kg,增幅 17.49%。又据 1990—1991 年对 221 个典型农户调查,旱地小麦较水田麦增产 48.03 kg,增 28.42%;水田油菜籽较旱地油菜增产 9.6 kg,增产 9.66%;油菜茬杂交稻较麦茬稻增产 32 kg,增幅5.7%。由此说明,油菜下冲、麦子上岗,合理轮作,既能克服连作障碍,又解决了麦子不耐渍、油菜不抗冻的问题,不仅生态效益好,而且粮油能同步增产。

3.1.2　棉花下塝,集中连片,实行稻棉轮作

长期以来,丘陵棉花多居旱地,分散连作,病害严重,产量不高不稳。尤其是伏旱,十年五至六遇,加之岗地棉田土壤蓄水保水能力差,降水有效利用率低,蕾铃脱落增加,铃重减轻,纤维品质降低和植株早衰而减产;另一方面,丘陵耕地中有 26.6% 的农田水源无保障,难以满足水稻用水,稻作产量低而不稳,大旱之年甚至失收,因此,缺水岗塝稻田应当成为稻棉轮作的最佳区域。据丹徒区调查,棉花连作 3 年以上,枯萎病株率为 11.7%~19.5%,红蜘蛛虫口率高,稻棉轮作田则基本无此类病虫,且比连作棉田增产皮棉 27.15 kg/亩,增幅43.2%;与连作稻田相比,水稻纹枯病穴发病率低 22%,株发病率低 16.7%,病指下降10.6,单株绿叶多 0.5 叶,增产稻谷 149.15 kg/亩,增幅达 31.3%;稻棉轮作后,其接茬麦田还比麦稻连作田的单子叶杂草减少 77.28%,双子叶杂草减少 53.02%,增产小麦 18.65 kg,增幅为 8.97%;与麦棉连作田相比,麦田单、双子叶杂草则分别减少 76.45% 和 27.68%,麦子增产 71.23 kg,增幅为 34.27%。病虫草的减轻,使用药成本减少 16.19 元/亩;土壤结构的变化,使稻、棉田投肥成本分别减少 13.74 元和 5.59 元,增产节本效益显著。由此看来,稻棉轮作,打破了水田、旱地固有生态类型,使田间微生物区系发生了变化;而不同作物对不同土壤层次的营养元素利用率也不同,增强了土壤供肥性能;抑制了与作物伴生杂草的繁衍;缓和了丘陵用水紧张的矛盾。实行棉花集中种植,则有利于农田渠系配套,统一调茬,统一管理,防止水包旱,促进稻棉产量共同提高。

3.1.3　调整秧田,培肥利用,实行秧田绿肥、蔬菜与本田作物轮作

水稻秧田占稻田面积的 13% 左右。自农村实行联产承包责任制以来,随着绿肥的减少,秧田大片冬闲,由于责任田一定数年,同时受水源限制,多数秧田长期连作,不仅浪费了冬春光、温、水资源,而且土壤逐渐板结,地力下降,致使秧苗素质不高,秧田水稻产量成为拖腿田,对此,丘陵各县进行了养用结合的探索。据试验,秧田种植短周期经作、蔬菜或肥饲兼用作物,能培肥土壤,改善结构(见表1),增强苗质,提高水稻单产 20 kg 左右。同时,该方法缓和了粮饲经争地矛

盾,显著提高了秧田经济效益。据溧阳县1990年对50个典型农户调查,在夏熟总收入中,秧田的收入占27.4%,平均每亩秧田纯收入142.3元。秧田实行综合利用,活化了种植制度,促进了农田生态良性循环;有计划地进行秧田连片调整与本田轮作,实行早熟白菜型油菜或蔬菜与豆科经济绿肥轮作,无疑对稻田起到了培肥作用。

表1   秧田冬春利用对土壤肥力的影响

利用类型	土壤容重(g/cm³)	有机质(%)	速效磷(ppm)	速效钾(ppm)
白菜型油菜	1.255	2.68	5.66	88.2
紫云英	1.28	2.70	5.80	85.2
冬闲田	1.28	2.59	5.41	82.4

3.1.4   改革熟制,调节时空,实行两熟与三熟制轮作

苏南丘陵多数地区的热量资源,种植麦稻两熟有余,种植麦(油)—稻—稻三熟则显不足。因此,可根据市场和社会的需要,通过合理的间套种方式,种植部分粮经、粮饲、粮菜、粮果结合等多种形式的"两旱一水"三熟制,如麦/玉米—稻、麦(油)/瓜—稻、麦/豆—稻、麦—稻—菜、草莓/西瓜+玉米—稻等。实践表明,推行新三熟,由于扩种了作物种类,满足了市场对多种农产品的需求,如句容县推行莓/瓜—稻,弥补了春夏之交的水果亏缺市场;同时增加了残茬及秸秆藤蔓还田,提高了土壤养分归还率,如麦/瓜—稻,产鲜瓜蔓1 750 kg,加上250 kg烂小瓜还田,通过两年种植,比麦稻连作田有机质提高0.22%,速效磷、钾分别增加1.3 ppm和12.35 ppm。作物间轮作、间套作造成的时空上的变化,还破坏了草相结构。据句容县1985—1987年调查,推广麦/瓜—稻3年,稻田鸭舌草减少42.7%,麦田看麦娘减少57.1%,并产生了不少粮钱"双千"田,经济效益十分显著。因而,有计划地实行两熟与三熟轮作,既能使种植结构多样化,又能繁荣市场、富裕农民。

综上分析,通过水旱轮作,时空轮作,养地作物与耗地作物轮作,并有计划地按等高线水平轮作,依坡势梯度垂直轮作,辅之以秸秆还田,增施家杂灰粪肥和饼肥,利用十边、秧田、桑茶果园种植和合理间套豆科绿肥,努力提高土壤养分有效率和营养元素归还率,能够基本建立起稻田肥力自养体系。

3.2   因地貌制宜,优化作物生产布局

丘陵地区作物布局的优化原则是根据地貌特征、土壤基础,种植适生作物和品种,充分发挥作物和土地的生产潜力。

3.2.1   岗、塝、冲稻田水稻品种布局的优化

丘陵稻区水稻品种布局的现状是:杂交稻和常规稻并举,籼粳糯、早中晚熟兼有,单、双季稻并存。据对镇江丘陵区调查,稻田的地形分布为:岗田占

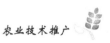

20.72%,塝田占 35.85%,冲、圩田占 43.43%。其中,渠系配套面积占 35.7%,三级以上提水灌溉占 32.5%,3.4% 易涝,1.8% 易洪,冷浸田占 7%。自然条件与农田基础差是制约丘陵稻作产量提高的客观原因;但部分地区品种布局混乱、管理粗放也是产量不高的重要原因。为此,定田对比观察了岗、塝、冲稻田各类型品种的产量表现(见表 2)。结果表明,杂交稻产量在各类田中均明显高于常规稻,平均增产 74.20 kg/亩,增幅 16.62%,且随地形下降而增产,但差异不显著。在不同提水级数田中也呈同样趋势,随提水级数的增多产量下降,经济效益变差。据多点调查,二级提水田较一级提水田,杂交稻和粳稻分别减产13.8% 和26.08%;其纯收入分别仅有 52.26 元和 10.49 元,减收 56.29 元和 82.93 元;其产投比分别为 1:1.47 和 1:1.09,各少 0.88 和 0.98。粳稻纯收入与杂交稻相比,一、二级提水田分别少 13.94% 和 79.83%。由此可见,杂交稻在岗、塝、冲田均能种植,特别是在岗、塝田更显其增产增收之优势,应当十分明确其在岗、塝稻田中的当家地位;粳稻在低塝稻田和冲田的产量效益与杂交稻接近或相仿,尤其是近两年来,随着粳稻新品种面积的扩大,其实际产量效益已达到甚至超过了杂交稻,而且米质较好,为满足城乡人民生活需要,可与杂交稻配套轮作;常规中籼稻产量虽比粳稻要高,但效益不及杂交稻和粳稻,而且米质较差,应当尽可能压缩。

表 2　岗、塝、冲稻田不同品种的产量表现

品种类型		岗田			塝田			冲田		
		有效穗（万/亩）	总粒（粒/穗）	实产（kg/亩）	有效穗（万/亩）	总粒（粒/穗）	实产（kg/亩）	有效穗（万/亩）	总粒（粒/穗）	实产（kg/亩）
杂交中籼	汕优63	13.36	128.47	507.2	17.28	130.24	513.05	17.55	146.27	542.0
常规中籼	扬稻2号	17.54	132.31	450.0	18.58	122.34	460.5	16.88	136.49	482.0
常规中粳	盐粳3号	23.66	89.22	420.0	24.57	90.35	428.0	24.60	93.87	438.7

3.2.2　缺水岗塝稻田作物布局的优化

岗塝稻田占水田面积的 56.57%,是稻田种植业结构调整的重点区域。据对宁镇丘陵区调查,缺水易旱面积占岗塝稻田的 17.76%,即全区有 35.53 万亩缺水稻田。仅以 1988 年一般干旱年份为例,丘陵有 9.8% 的稻田约 34.46 万亩因旱减收二至五成,其中失收 1.13 万亩,种稻效益极差。据试验,缺水稻田种植杂交稻产量 402.1 kg/亩,纯收益237.90元;粳稻产量 377.6 kg/亩,纯收益230.80元;玉米产量 330.5 kg/亩,纯收益 298.20 元;生产成本三者之比为

1：1.24：0.81。可见,在缺水稻田改种玉米,既可高产,又可高效。如果将目前占粮食总产18%的以粮代饲的面积改粮为饲,则有63.29万亩,除在缺水稻田种玉米外,还需在旱地种植占旱地面积36.5%的玉米,即可改旱杂粮为玉米。事实上,本区年饲养220万头生猪所需玉米量(占配合饲料40%)22万t,以亩产350 kg计算,需安排62.86万亩玉米布局,恰与上述可调整面积基本吻合,由此说明,在丘陵农区调整粮食内部品种结构,不仅粮食产供需不受影响,而且能基本做到饲料自给(目前,该区每年由外地调进玉米、大麦8.25万t),实现饲料配方化,既能节约粮食,提高饲料报酬率,又能以农促牧、以牧养农,实行农牧结合良性循环。此外,旱地棉花、西瓜也需有计划地与岗塝稻田实行垂直轮作,岗塝稻田中的连作棉、瓜则应当与玉米、稻水平轮作。凡稻田西瓜之后茬必须种上后季稻,不得以特种经作、多种经营挤占稻田。应使岗塝稻田的粮经二元结构变为粮饲经合理配比的三元结构。

3.2.3 低塝、冲、圩田作物布局的优化

低塝、冲、圩田占水田面积的61.19%,是丘陵农区粮食生产的主要阵地,应当以粮为主。但是,该区域的渍害、涝害和连作障碍对产量影响较大,必须有计划地使旱地和高塝稻田油菜与低塝、冲田三麦实行双向垂直轮作;在低塝、冲田中,实行小麦与油菜、杂交稻和常规稻、本田稻麦与秧田肥菜间的水平轮作;在沿江洲地漏水田,实行棉花与玉米轮作,并逐步建立水系,扩种水稻。变纯粮或粮肥结构为以粮为主,兼作饲、肥、经的多元结构。同时,加强农田水利建设,治理涝渍害;增加秸秆还田和有机肥,改良土壤,促进持续高产。

3.3 发挥优势,建立合理的稻田种植模式

如前所述,丘陵农区粮油生产和畜禽养殖业具有相对优势,棉花产量效益不高,土瘠水短是主要问题。因而,稻田种植模式的建立,必须以一年两熟、粮油饲生产为主,搭配部分三熟制和棉花。根据增产、增收、增地力的优化布局原则,丘陵稻田大致可建立以下两种轮作周期类型的种植模式:

3.3.1 三年六熟轮作种植模式

从丘陵资源利用和生产水平实际出发,三年六熟轮作种植制应当成为该区最主要的模式。在同一田块,三年六熟的轮作种植模式为:低塝、冲、圩田"小麦—粳稻→油菜—杂交稻→经济绿肥(蔬菜、白菜型油菜)—(育秧)—稻→";岗、高塝稻田"油菜—杂交稻→三麦—玉米→三麦+绿肥、菜—棉花→";沿江漏水洲地"小麦—玉米+大豆→大麦+绿肥、菜—棉花→油菜—杂交稻→"。其中,"油菜—杂交稻"是兼具有发挥丘陵粮油生产优势和用地与养地相结合的最佳组合,应当成为丘陵各类模式中所占比重最大的一种。句容县1982年开始扩种油菜,至1987年油菜面积已占夏熟作物的40%,近年来,油菜面积的60%移向稻田,40%的麦田实行麦油轮作,大力推行"油菜—杂交稻"种植模式,收效显著。1990年与1980年相比,油料翻了三番半,粮食增产近四成,水稻单产提高

了 207 kg,呈现出连年持续增产的好势头。

3.3.2 三年七熟轮作种植模式

根据本区热量分布不平衡和经济尚不发达、农村劳力相对过剩的情况,南部丘陵(如高淳等县)在水源保障的前提下,仍需保持 15% 左右的双三熟制,形成"油菜—杂交稻→小麦—稻→油菜(大麦、绿肥)—稻—稻→"三年七熟轮作种植模式,以充分发挥该区域粮油生产优势;中北部丘陵则应根据西瓜面积大和扩种饲料玉米的需要,从调节水源、水旱轮作角度考虑,在岗塝稻田发展一定规模的"两旱一水"三熟制,形成"油菜—杂交稻→麦 + 绿肥,菜/玉米—稻(或麦 + 肥,菜/瓜—稻;麦 + 肥,菜/瓜 + 玉米—稻;麦 + 肥,菜/大豆—稻等)→麦 + 绿肥,菜—棉→"三年七熟轮作种植模式。其中,"两旱一水"三熟制既是亩产吨粮的有效途径,也是实现种植结构多元化、避免粮经饲肥争地矛盾、集用地与养地于一体的良好种植方式(见表3)。据试验,"两旱一水"无论是生物产量、经济产量,还是粗蛋白产量、亩纯收入都高于麦稻复种方式,并且增产了本区短线农产品,生产出更多的副产品还田,有利于提高土壤肥力。特别是麦/玉米—稻,比麦稻复种年亩产还增产 100 kg,能生产出近 350 kg 高能饲料玉米,其间接效益更为显著。因此,有计划地发展新型三熟制,对农业生产将起推动和促进作用。

表3 几种"两旱一水"三熟制的产量与效益

种植模式	粮食产量 [kg/(亩·年)]	粗蛋白产量 [kg/(亩·年)]	净收入 [元/(亩·年)]	土壤肥力(较种植前变化量)				备注
				N(%)	P$_2$O$_5$(%)	有机质(%)	容重(g/cm^3)	
麦/玉米—稻	831.6	118.0	148.3	+0.005 7	+0.091 3	+0.087	−0.138	玉米折粮食1∶2;大豆1折2;油菜籽、西瓜不折粮
麦/大豆—稻	819.3	158.3	144.6	+0.013 6	+0.089 3	+0.075	−0.035	
麦/西瓜—稻	562.2	101.5	515.05	+0.025 3	+0.362 7	+0.075 9	−0.060	
油菜—稻	572.6	117.2	225.2	+0.021 8	+0.086 3	+0.286	−0.031	
麦—稻(CK)	731.6	90.8	121.8	+0.015 6	+0.082 3	+0.183	−0.058	

3.3.3 主要种植模式的种植比重及其轮作方式

上述两大类型种植模式,在同一年度里,各复种方式在不同地区、不同坡势的稻田中的种植比重也大致依上述年度间的轮作顺序由大到小安排,但其具体面积比例需根据国家计划和社会、市场需求因地制宜而定,切不可盲目发展某一两种模式,以免某些农产品生产过剩,而导致不必要的损失。譬如,油菜面积大致可按占耕地面积的 1/3 确立,其中旱地占 20%,岗、塝、冲稻田占 80%,加上秧田综合利用,并以每年 1/3 的比例进行秧、本田轮作,则无论是旱地还是水田均能三年轮作一季油菜或绿肥、蔬菜。只要油菜秸秆和饼能全部以 1∶2 还田,并将稻草或麦草的 1/3 还田,加上家杂灰粪肥,即能每年每亩秸秆还田 100 kg、施用 30 kg 饼肥或 3 000 kg 灰粪,而不降低粮食产量和地力,相反能促进粮油稳定增长。又如玉米,可通过调整内部品种结构予以解决,面积上可将低产岗田和缺水塝田的30.68%改稻作为玉米,形成麦/玉米—稻,并在旱地种植占旱地面积27.41%的玉米,形成麦—玉米、麦/瓜—玉米或麦—瓜+玉米,这样既可解决饲料问题,又能增产粮食。棉花可根据轮作要求和面积潜力,将现有棉花面积的50%安排在岗塝稻田,约占岗田和缺水塝田面积的15%,以提高棉花产量。据句容县1990年对9个乡的调查,棉田可灌溉面积仅占27%,凡能灌溉一两次水的,亩产皮棉62 kg,比未灌的增产49%。通过以上调整,岗塝稻田的经饲作物面积约占30%,既可有效地实施水旱轮作,又能节约用水,确保水稻高产的用水需要。

综上分析,本区稻田主要种植模式的比重大致可安排为油菜—稻26%～28%,麦—稻20%～25%,绿肥(菜)—稻12%～14%,麦/玉米—稻8%～12%,麦/瓜—稻、油(麦、肥)—稻—稻、麦—棉各占4%～6%,其他占10%～15%。这种结构有利于粮经饲肥协调发展。

4　讨论

种植制度作为自然再生产与经济再生产过程之间的纽带,在农业生产中占有重要地位。合理的种植制度,必须遵循物质循环和能量转换的原理,适应当地的社会经济、技术条件和生产水平,尽可能满足各种需求,充分利用自然资源,促进农业生态经济系统整体效益的提高。

4.1　建立农牧结合种植模式,完善"生态-经济"系统

苏南丘陵是典型的农区畜牧业,而畜牧业的发展又受饲料紧缺的制约,因而在一定程度上,粮食问题实质上是饲料问题。在种植业内部结构中,适当地改部分粮食布局为饲料布局,改"双高"油菜为"双低"油菜,改"有毒"棉为"无毒"棉,改纯绿肥为肥饲兼用作物,同时改荒山草坡为人工草场等,即可有效地解决能量饲料、蛋白饲料和粗饲料不足的问题。如能以村为单位,建立小型粮饲加工厂,将农户自种的饲料与粮食副产品(糠、麸等),按照科学饲料配方,由加工厂配以添加剂等混合加工,即可建立起配合饲料的自给体系,形成"粮→饲→牧→肥→田"的农业生态系统良性循环,既有利于粮食转化增值,又有利于农田增肥改土,促进增产。由此看来,种植业结构必须变传统的粮食观念为食物观念,变"小农业经济"观念为"生态-经济"观念,把纯粮型、粮经型或粮肥型简单结构转变为粮饲经肥多元复合结构。

4.2　建立综合服务体系,促进种植业结构的合理调整

在农村土地分户经营体制下,全面推行土地集中型适度规模生产比较困难,必须切实有效地加强社会化、专业化技术服务,发展技术服务型适度规模生产;通过加强农民技术教育,提高农民科技素质,引导农民在宏观计划指导下,优化作物布局,实行连片种植,推行科学轮作,增加农业投入,保持农田生态平衡,促

进劳动密集型向技术密集型转化；随着农村经济的不断发展和生产条件的改善，必须逐步集中土地，实行规模经营，加速发展农机化，提高劳动生产率和土地生产率，使种植制度规范化、栽培技术模式化、农副工发展一体化。

此外，合理种植制度的有效实施，还需相关政策作保证。比如，发展玉米生产，粮食部门必须收购，并按一定比例抵顶粮食定购计划等；农用物资的计划安排，有关税收政策必须与种植制度相适应；技术措施、水利设施等也需与种植制度配套，以充分发挥优良种植制度在农业生产中的增产增收功能。

浅析镇江种子产业的现状与发展思路

种子是农业发展的活力之源,它既是作物增产的内因,又是农业科技的重要载体。农业要持续稳定发展,再上新台阶,种子必须先行。无论是国家"九五"期间粮食年总产比"八五"增产500亿kg,江苏省粮棉油单产增一成,还是我市粮食新增年产1亿kg的基本生产能力,都必须依靠科技进步。特别是种子,必须在农业增产贡献份额中占40%以上的比重。当前,我国种子产业正处于一个历史性转变时期,即由传统粗放型生产向集约型生产转变,由行政区域的自给性生产经营向社会化、国际化市场竞争转变,由分散的小规模、小公司格局向专业化的大中型骨干公司或企业集团转变,由科研、生产、经营相互脱节向育、繁、加、销一体化转变。种子产业面临着前所未有的发展机遇和严重挑战。

1 种子产业的历史演变现状分析

新中国成立以来,镇江种子工作大体经历了1950—1960年调种供种和农民互助串换,1961—1981年的繁种供种、集体用种为辅等3个阶段。目前开始进入以国有种子公司统一供种为主体、以市场调节为补充的商品化供种新时期,为种子产业化初步积累了技术、资本和经验。

分析镇江种子产业的现状,大致存在着3种不协调现象。一是大网络下的小市场。应当说,我市种子引育、繁殖、推广体系已经基本形成,经过多年的建设,种子系统在机构队伍、基础设施、繁育生产、监督管理等方面已初具规模。但是,与其体系的基本功能极不相称的是种子经营规模太小,全市县、乡两级的商品供种量只占生产用种总量的25%左右,供种量少的县级公司仅有几万至十几万公斤。可见,种子市场发育尚处于初始阶段。二是高科技下的低效益。优良品种是一种科技含量较高的产品,但农业属于开放性生产,法制又不够健全,随意串换种子的情况比较普遍,加上我国在农业上长期坚持无偿或低偿服务,以及未经深度加工的种子直观上给人以与商品粮等无甚差异的错觉,致使种子的价格与其价值严重背离,客观上造成了种子经营管理稍有不善,即亏多盈少的局面,种子系统很难靠自身力量发展壮大。三是强大支柱下的弱质产业。农业是国民经济的基础,种子在一定意义上则是人们的衣食之源、生存之本。长期以

本文系作者参加1997年江苏省种子学会的交流论文,并入选《江苏省种子产业化学术论文评比获奖论文汇编》,原载于《华东农业发展研究》(1997年第3期)。

来,良种在优化农业结构、发展民族工业、改善生活质量、开辟创汇农业、增加农民收益等方面,发挥了不可替代的支柱作用,但尚未形成一个真正意义上的独立产业门类。随着我国社会主义市场经济体制的不断完善,种子产业必须遵循经济规律和产业发展规律,逐步形成具备自身优势和经济实力的独立产业体系。

2 种子产业化的发展思路

根据我省种子工作的基础与优势,发展种子产业化,必须以引育、提纯品种为源头,以建设专业化种子生产基地为基础,以兴办种子加工中心为重点,以组建种业集团为目标,以建立种子检测中心为手段,以发展种子外贸为方向,逐步实现新品种选育、引进规范化,种子生产专业化,加工包装机械化,大田用种纯良化,种子经营集团化,行业管理法制化,育、繁、加、销一体化。

2.1 以建立种子生产基地、实行以粮换种为突破口,提高统一供种率,推进种子纯良化

种子产业化的难点,是常规稻麦的统一供种,抓以粮换种和种子基地建设是实现统一供种的关键环节。必须首先建立起以乡镇为单位统一征收种子粮、以粮换种的运行机制;以生态农区或县(市)级行政区域为单位,根据区域作物布局的特点,采取科研与生产结合,市、县、乡三级联合的办法,以合同管理为手段,建立起以国营良种场为骨干,以站办、村办农场为主体,以特约种子村和家庭农场为补充的较为稳定的原种和一、二代良种生产基地。并且与农业领导工程和现代农业示范区相结合,以确保高产、稳产、扩大示范功能。杂交品种和棉花种子则由市统一建立特约种子生产基地。在种子加工中心建成前,暂行利用现有小型设备,进行初级精选加工。以市为单位,统一质量检测,统一注册商标,统一标识包装,统一种子价格,统一供应;以县(市)区为单位,统一结算种款,统一财务决算。通过种子纯良化,让农民尝到高产、优质、高效的甜头,逐步使政府行为变为农民的自觉行动。

2.2 以种子精选、包衣、包装一体化加工为突破口,全面提高种子质量,推进种子产业化

实施种子的高标准加工,是提高种子内在质量和外观商品性、扩展规模经营的重要手段,也是推进种子产业化的重点工程之一。必须先抓试点,探索经验,由点到面逐步推开。试点工作由市直接掌握,以股份合作制的形式,市、县(市)联动,种子生产、加工、供应实行高度集中统一,组成利益共同体。加工中心的建设,必须打破行政区域界限,防止小而全,要追求规模效益,避免重复投资、闲置浪费。全市现有耕地 240 万亩,其中三麦 130 万亩,水稻 165 万亩,油菜 50 万亩,各类作物需加工的种子量在 2.1 万 t 左右,因此,全市建立 3 座中型种子加工中心(3 t/h),即可基本承担起全市的种子加工任务。考虑到丹阳、句容两市

耕地面积相对较大,可各设一座种子加工厂,主要承担各自的常规稻麦种子的加工任务,另一座则可由市牵头,丹徒、扬中两区(市)及市辖三区参与共同建设,建成具有综合功能的种子加工中心(5 t/h),既承担全市杂交品种、育种家种子、原种的加工任务,又对全市各类种子进行余缺调剂,同时对两区(市)及市辖三区的常规稻麦种子起直供作用。

2.3 以贸工农、龙型经济为突破口,探索种子进出口贸易途径,推进种子产业国际化

建立市与国家、省、县乃至国际联网的信息、服务网络,联合市农科所、京口、润州、句容白兔等外向农业科技示范园和有关农业外贸企业,探索大田作物、园艺作物、花卉种子、种苗进出口贸易途径,逐步组建市级种子进出口公司,形成种子外贸规模优势,建立起功能齐全、信息畅通、供销快捷的国际良种推销体系。

2.4 以品种为源头,育、繁、加、销一体化为目标,加强宏观组织管理,推进种子产业集团化

以市种子部门为核心,实行科研、生产、加工、检测、营销一体化,组建由各县(市)、区种子公司及市农科所、市蔬菜所参加的紧密型镇江种业集团。下设市级种子质量检测中心1座;市农科所、蔬菜所新品种引进、选育中心2座;市区、丹阳、句容种子加工中心3座;丹徒区、丹阳市试验站及句容市后白、扬中市良种场等种子提纯基地(原种场)4个;四县(市)及润州区(蔬菜)良种繁育基地5个;以市及四县(市)、润州区种子公司为骨干的6座种子营销中心,依托现有乡(镇)农技推广体系,完善村级综合服务站,形成全市一体化的连锁供种网络。同时,努力使种子工作与国际接轨,拓展种子外贸业务,把镇江种业集团逐步发展成为内外贸并重的大型企业。

3 实施种子产业化的保障措施

种子产业化既是一项跨世纪的科教兴农战略工程,又是一项艰巨、复杂的系统工程,它涉及品种引育、生产繁制、加工包装、推广销售、宏观管理五大系统,15个工作环节,完成这项工程必须得到各级党政领导的高度重视,社会力量的大力支持,在政策上倾斜、投入上增加、制度上完善,建立起良好的种子产业保障机制。

3.1 加强统一领导

抓农业先抓科技,抓科技先抓种子,各级领导和有关部门要提高对种子工作重要性、紧迫性的认识,统一思想,协调步骤,为种子工作的发展创造有利环境,把实施种子产业化作为发展农业的重点工作摆上议事日程,及时研究和解决工作中的问题。要建立由党政分管领导负责,综合及涉农部门参加的协调领导小组,组建由农业种子、粮食、农经、农行、科研、国有良种场和有关乡镇领导参加的

实施机构,加强组织管理,统一规划设计,分期分批建设,促进种子产业化有序发展。

3.2 增加资金投入

各级政府要加大对种子建设的投入,在安排涉农经费投入时,要优先保证种子科研、生产、加工、贮运、包装、检测等基础性项目建设资金到位,并重点增加对市、县农业种子部门的有效投入。目前市、县两级种子站事业经费严重不足,直接影响到种子科技队伍的稳定,必须迅速解决;继续实行财政包干补贴;要增设良种繁育专项经费,解决良种引进、试验、示范、提纯繁殖等必需的事业经费,以强化主渠道功能。资金来源可采取政府拨款与贴息贷款相结合,预算内投入与预算外投入相结合,国家投入与自筹资金相结合及动员社会各界支持等多种办法,在商品粮基地县建设、粮食自给工程、粮棉油技术改进费、农业发展基金、科教兴农基金、菜篮子工程基金、耕地占用税、农业综合开发等方面,优先切块安排种子产业化建设经费,确保种子工程落到实处、抓出成效。

3.3 制定配套政策

重点解决好4个方面的问题:一是解决种粮计划不足的问题。要将种子产业化工程统一供应的良种纳入种子粮征购计划,增加种子粮计划,要将以粮换种作为粮食定购的附加任务,优先收购,以确保统一供种目标的实现;二是解决种子收购资金。种子收购资金要列入粮食合同定购的专项信贷计划,确保足额低息贷款用于良种收购,以降低种子成本,减轻农民负担;三是落实减免税政策。对种子经营继续享受国家减免税政策,免收其种子经营地方税及各种附加基金;四是建立备荒种风险基金制度。分市、县两级负担,财政应给予全额贴息,并给予转商、损耗补贴,切实做到有备无患。

3.4 合理分配利益

按照组建种业集团的发展思路,实施种子产业化需打破行政区域和部门界限,强化统一管理,这就涉及利益再分配的问题。必须根据各成员单位资金、物质、技术投入的多少,贡献的大小,科学合理地分配,并适当向科研和基层倾斜,以充分调动他们的积极性,增强凝聚力。同时,制定好种业集团章程,确保正常运行。

3.5 依法加强种子管理

认真贯彻执行国家和省制定的种子法规,严格按照《种子市场管理的通告》规范秩序,加强种子执法队伍建设,将业务过硬、作风正派的人员充实到管理队伍,提高执法水平,加大执法力度,建立健全种子质量监督检测和认证体系,严厉打击销售假冒伪劣种子的行为,取缔非法种子经营,净化种子市场。

浅谈农业结构调整中的品种及其相关问题

农业新技术革命是世纪之交农业发展的主旋律。农业技术革命的先导是被称为"绿色革命"的种子革命。加快实施品种更新工程,有利于解决现阶段面临的农业资源和市场需求的双重制约问题,推动农业科技进步,促进农民增收,优化农业结构,提高农业经济运行质量。

1　更新思想观念,围绕质量效益抓调整

品种更新是农业结构调整的基础,调整品种结构,必须确立两个观念:

1.1　满足需求质量观

在温饱问题解决后,消费者对农产品的质量、品种、花色的需求不断更新,表现出对优质农产品的强烈欲望,总体上优质比低质具有市场竞争力,价格相对较高。但是,农产品总量过剩不等于具体品种都过剩,有些传统农产品,从品质指标上看,质量也许并不算优,但它供不应求,缺口较大。因此,在结构调整中,既要从总体上发展优质农产品品种,又要确立市场需要就是优质的观念。只有畅销的农产品,才是市场认同的优质农产品,才能有效地实现其经济价值。有些品种内在品质优,但市场不需要,也只能算是"优质的废品"。

1.2　高效增收质量观

调整结构的一个根本出发点是提高农业效益、增加农民收入。因此,必须建立在市场分析预测的基础上,发展适销对路的产品。比如,有色农产品——紫玉米、黑大米、黄皮西瓜、彩色棉、绿花菜等,在总量不大的情况下,就能取得较好效益。可见,调整结构、选用品种,必须以效益为中心。现在各级领导常提的一句话是"什么赚钱就种什么",这无疑是对传统的指令性农业计划体制的突破,已经不是"让种什么就种什么"或"种什么就卖什么",是向市场经济迈出的重要一步,但这只有在农产品短缺的市场条件下,才能获得成功,而在我国加入 WTO、全球市场趋向一体化,国内农产品过剩、市场竞争激烈的新形势下,我们就不能把一时的赚钱简单地等同于市场需求,更不能把"什么赚钱就种什么"的销售导向等同于"市场要求种什么就种什么"的市场导向,甚至以此作为结构调整的政策方针。如果这样,就可能会造成失误,因为毕竟农产品生产需要一定的周期,在新一轮生产周期中,市场变化是巨大的。比如,句容市白兔镇的大棚草莓,去

本文原载于《农业调查与研究》(2000 年第 24 期)。

年春节前后的售价达每公斤 12~16 元,而今年则降为 6~8 元。因此,这就需要综合各方面信息,对未来市场进行分析预测,从而正确引导结构调整,以期取得较好效果。

2 正确选用品种,促进农业结构调整

在农业结构调整中,既要考虑因地制宜、区域化种植,形成规模优势,又要考虑市场需求,多样化种植,最大限度地提高综合效益,还要考虑种地与养地相结合,促进农业可持续发展。

2.1 调整品种结构,发展多样化、特色化农业

必须根据资源状况,在合理利用、优化配置的基础上,优化种植布局。镇江市丘陵地区的农业生态条件和生产条件相对较差,必须将农本相对较高的多级提水田果断调下来,退粮还经、退粮还果、退粮还草(牧),要在原有传统名品的基础上,大胆引进试种新的作物种类,如当地尚无种植的人参果、樱桃、鲁梅克斯牧草等。要充分利用该地所处南北气候过渡地带的优势,丰富生物多样性,以多品种、小批量占领大市场,推进特色品种产业化,但要注重发展具有比较优势的产品,以获取比较效益。同时,也要十分重视优势作物的区域化种植,形成规模效益。比如油菜、水稻,不能仅把它们当作市内供求平衡的农产品,应将其培育成为开拓国内、国际市场的主导农产品;再比如玉米、牧草等饲料作物,可与丘陵地区发展奶牛、山羊、鹅、兔等草食畜禽相配套,农牧结合,提高农业综合经济效益。

2.2 调整品质结构,发展优质化、专用化农产品

用途不同,对品种的内在品质要求也不同,必须根据农产品用途确定种植品种。比如,解决食用问题,主要考虑优质、适口、营养、保健;解决加工问题,则需根据成品的性质确定具体品种。当前水稻主要是满足口粮和出口用粮需要,应以优质、适口为前提,可用品种有武香粳 9 号、两优培九、青林九号等;小麦以制作糕点、面条等蒸煮类专用粉为主,适合品种有扬麦 158、宁麦 8 号等;油菜则以"双低"化为目标,可选用宁杂 1 号、宁杂 3 号、苏油 1 号、镇油 2 号等品种;甘薯有烘烤型、淀粉型、果脯型等用途,目前这些品种都可提供;小杂粮也已筛选出可供更新的品种。只要增加投入,加速引进,就能加快更新。

2.3 调整作物结构,发展可持续农业

在农产品相对过剩的情况下,调整农业结构必须实行战略性调整与适应性调整相结合,重点考虑两个方面:一是稳定提高农田生产力的问题。必须实行用地与养地作物相结合,特别是利用冬春季可调整作物较少的实际,扩大种植经济绿肥,如蚕豆、豌豆等。通过选用大粒蚕豆、青皮蚕豆、荷仁豆、青皮豌豆等品种,既产生一定的经济效益,又产生生态效益;夏秋季节也可扩种、插种一些豆

科作物,如大豆、绿豆、赤豆等。同时,在水土流失严重地区及荒山、绿化率差的地区,要大力种植水土保持作物,如牧草,既为养殖服务,又保持水土。二是保持基本农田功能的问题。在结构调整中,不能轻易破坏基本农田,属于基本农田保护区的田块,在调整时,可以用于草本、藤本类经济作物种植,要防止乔木类植物进入农田。尽管加入 WTO 后,我国可以从国际市场上获得一定粮源,但作为12 亿人口大国,必须立足基本自给,注意预防连年歉收,考虑到战争状态、国际制裁、粮食禁运等复杂情况,以利于及时恢复和扩大粮食生产能力,保证粮食安全。

3 采取切实措施,加快品种更新步伐

农业结构调整的成效,关键看品种调整的幅度。加快品种更新步伐,必须采取切实有效的措施。

3.1 积极实施品种更新工程

第一,引进与选育改良相结合。对传统名品和原有优质品种,要加大提纯力度,为规模生产、增产增质增效服务;对现有品种,要加速改良,特别是对以往引进的较适合本地种植、但有明显缺陷的品种,要加快选育改良,尽快转化为现实生产力;对生产急需的优质品种和新的作物种类,要加大引进力度,并加强对引进品种的鉴定工作,评定其等级,确定其用途。第二,建设种子科技示范园区。把科技示范园建设成为种子引进、提纯、鉴定、繁殖、示范、引种栽培研究基地。大力发展种苗工程,应用组培技术,进行脱毒苗生产,对集中产区的"三茄"类蔬菜、应时鲜果、块根块茎类作物,实行统一供苗,加速品种更新。第三,加强管理与服务。一方面要加强对种子市场的管理,净化种源,发挥国有种子公司的主渠道作用;另一方面部门协作,企业配合,推行订单农业,按品种收购,依质论价,优质优价;实行区域化种植,建立基地,产销衔接。还可通过发展种子科技示范户,扩大示范效果,引导农民更新品种。

3.2 大力实施原产地品牌战略

突出开发地方特色产品,如蒋墅甜茭、陵口萝卜、袁巷山芋、春城葡萄、白兔草莓、扬中枇杷、荣炳大米等,对这些已有一定知名度的产品要采取原产地商标注册保护,并选择最佳生产区,提纯品种,规范生产,扩大规模,真正让其显现出名特优产品品质特征和地域生产的专一性,充分发挥名特优产品的市场优势。

3.3 强化技术培训与指导

在农业结构调整中,农民承受着自然、市场、技术、政策四大风险。一方面,农民整体科技素质不高,缺乏技术;另一方面,基层农技人员也不适应新形势发展需要,因此必须实行技术更新、知识更新。既要宣传结构调整的政策、意义、方向,介绍新品种的特征特性和栽培技术,又要向农民提供市场信息、营销方法;

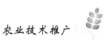

培训的形式要多层次、多形式、多渠道,实行专家讲与专业户讲相结合,集中授课与现场示范相结合,专门培训与田头指导相结合,既解决农民的观念问题,又解决农民的技术问题,促进品种加速更新。

3.4 推进国有种子公司改革

必须把产权清晰、权责明确、政企分开、管理科学的现代企业制度引入国有种子公司改革中。考虑到种子行业的特殊性,可采取股份合作、上下连锁、横向联合等办法,实行生产与科研的结合、经营与推广的衔接,使政、事、企全面分开,实现育、繁、加、销一体化,建立真正意义上的现代科技型企业。只有这样,国有种子公司才能真正发挥主渠道作用,才能适应我国加入 WTO 后形势的发展,新品种才会源源不断,种子质量才能有保障,农民也才能真正用上放心种。只有加快国有种子公司的改革,才能为农业结构调整、特别是品种结构调整提供有力保障。

浅谈信息技术在农技推广中的应用

现代农业信息技术是信息技术和农业技术相结合的边缘学科。20 世纪80 年代以来,信息技术的发展对农业的各个环节、各个层次产生了巨大的影响,促进了中国农业信息技术的迅速发展,并取得了显著的成就。近几年来,由于信息技术在农业技术推广中的广泛应用,对传统农业技术推广产生了强烈冲击,发挥了不可替代的作用。

1 信息技术对传统农业技术推广的影响

信息技术具有方便、快捷、经济、可复制等特点,将其应用于农业,对传统农业技术推广方式产生了革命性的影响。

1.1 缓解了农业技术推广专家严重缺乏的状况

农业与其他行业相比,涉及因素极其繁多复杂,且时空差异和变异性大,气象和病虫灾害频繁,生产稳定性和可控程度差。同时,农业技术本身经验性强,数量化、集成化和规范化程度较低。农业自身的这些特点,增加了生产管理的难度,这就决定了对高层次农业科技人员(专家)的极大需求和依赖。但是,由于受教育发展滞后等固有影响,高层次农业专家短缺的问题在短时间内是无法从根本上解决的。通过农业信息技术可"克隆"农业专家,集成、量化、规范农业专家的知识、经验,通过软件的复制,可从根本上解决农业专家短缺与需求的矛盾,这也就决定了对农业信息技术的极大需求和依赖。信息技术为推广体系和广大农技推广人员提供了最先进的工具和技术手段,利用其在传播信息和知识上的方便、快捷、可大量复制的特点,能将大量科技成果迅速传播到农民手中,实现大范围的应用,克服农业科技人员短缺的问题,从而大大促进农业技术成果转化和生产的发展,促进生产组织方式的科学化。

1.2 缩短了农业技术推广的周期

我国农业的发展,最终必须依靠科技。因此,如何使科学技术在广大农村得以迅速推广,关系到农业的长远发展。然而我国目前还缺少一种合适的途径来实现农业科技的快速传播和推广。传统的农业技术推广主要依赖行政推动,逐级示范,效率低下,常常是新技术已经拥有,老技术尚未普及,科技成果转化速度慢。信息技术则不会存在这方面的问题,基于信息网络和多媒体的农业成果推广系统,既形象直观生动,覆盖面又广,易被广大农

本文原载于《21 世纪中国农业推广发展研究》(中国农业科技出版社,2002 年)。戎全虎为共同作者。

户所采用,可以大大缩短农业技术的推广周期,发挥重要的作用。信息技术能够广泛集成各种农业单项技术,因地制宜地进行技术服务,提高农民生产管理和自身科技文化素质。通过信息技术及时、准确、有效地获取、处理、传播和应用农业新技术、新成果,把农业信息及时准确地传达到农民手中,如将一些科技成果、高产经验总结归纳形成软件,制作成光盘推广和普及,既贴近生产实际,又符合农民需求。在实际应用中,还能根据不同条件灵活运用而产生不同的决策结果。

1.3　促进了传统农技推广方式的变革

随着信息时代的到来,知识、技术更新的周期变短、速度加快,依靠传统的农业技术推广体系和方式已很难适应新的形势、新的变化,难以及时有效地推广各种新技术、新成果,这就必然要促使传统农业技术推广体系和方式发生变革。建立基于农业信息网络和多媒体的农业技术推广体系和方式,是利用现代信息技术手段推广农业科学技术的有效途径。农业实用技术信息多媒体数据库是集文字、声音、图像之大成的高技术和高知识密度的产品,其采用信息技术和多媒体技术,把十分复杂的农业技术以极为简单的方式表现出来,它将以一种崭新的形式,促进农业科技推广、科技咨询和农业教育的发展,其具有广阔的市场应用前景,并能产生良好的社会效益和经济效益,它既可以做成光盘、软盘、磁带,也可以储存在网络中心的磁盘阵列中,利用网络进行远距离传输。只要上网,就可随意点播主机内存储的各种多媒体节目,资源共享,方便快捷,既减少了农技推广的中间环节,又大大降低了人力、物力的消耗,从总体效益看,降低了农业成本,提高了农业综合经济效益。

2　信息技术在农业技术推广应用中存在的问题

信息技术在农业技术推广中的应用尚处于起步阶段,由于种种原因,它的作用及其重要性还远未为人们所知,推广普及农业信息技术,面临着许多困难和问题。

2.1　缺乏信息意识

我国农村长期处于封闭保守状态,对先进农业技术的接受比较被动和迟缓,对信息和知识的重要性认识不足,这必然影响信息技术在农业技术推广中的应用。尽管随着改革开放,各级领导和一些有文化并对新事物敏感的农户,开始对信息和先进农业技术的重要作用有了一些认识,希望依靠科技来改变农村面貌,但就全国广大农村和一些地区的领导来说,重视程度还相当不够,他们认为它可有可无,是"阳春白雪""超前技术",没有真正意识到信息技术对农业发展和农民致富的重要性。

2.2 组织协调不力

从目前情况看,信息技术在农业上的应用,在组织实施上还存在相当多的问题,有些是技术问题造成的,有些则是组织不力造成的。一项新技术的应用不可能一帆风顺,需要人们有一个认识和实践的过程,而认识不到位,组织实施就很难到位。计算机、农业专家系统和信息网络应用于农业技术推广是必然趋势,如果各级政府、各相关部门提高认识,超前谋划,加强协调,增加投入,形成共识,共同采取措施,将会加速这一进程。

2.3 人才严重不足

目前从事农业信息技术工作的人员多半是"半路出家",或是农技人员,对计算机专业知识掌握不够,难以结合当地实际开发软件;或是计算机专业人员,对农业知识特别是专业技术知之甚少,这样就很难将计算机知识与农业技术实施有效的结合,这种状况制约着农业信息技术开发应用的广度和深度。

2.4 效率不高

目前,发达地区的县、乡、村已购置了一些微机,有些县还设置了农业信息服务中心,但许多计算机的利用效率极低,只是当作打字机、游戏机使用,甚至只是充当"装饰品",未能在计算机中配置相应农业专家系统、建立数据库和管理信息系统、连入网络,因而很难成为指导科学种田,推广农业新技术、新成果,发展农业的有效工具。

2.5 实用性不够

近年来,农业信息技术虽有了较快发展,但远未普及和充分利用。有些地区研制开发的农业专家系统软件,但其先进性和实用性不够高;有的与农业专家或专业知识结合不够,停留于科普性知识介绍;有的难以让基层农业技术人员操作使用,不能普及;一些地区建立的农业网站,内容更新缓慢,甚至有滞后现象,内部结构杂乱,查找不便等。这些都是农业信息技术在农业技术推广中难以快速应用并取得实效的重要原因。

3 加速信息技术在农业技术推广中的应用途径探讨

随着计算机价格的不断下跌和计算机知识的普及,农业专家系统和农业信息技术必将越来越受到基层干部的重视和广泛应用,农业信息技术对农业技术推广的影响也必将越来越大,加快普及应用农业信息技术已迫在眉睫。

3.1 明确农业信息技术投资与服务主体

从一些发达国家的成功经验来看,他们采取的是政府、研究机构和地方社团多方联合集资,以企业法人形式管理项目并采取商业化方式推广实施。先期项目受益者为当地农户,农户可免费使用农业技术信息并接受技术人员指导,后期则完全导入商业运作模式,信息有偿转让,使项目滚动发展。尽管我国农业投资体制不同于发达国家,但可以从中受到启发,摸索政府投入、农户集资与公司参与的项目融资方式,充分发挥地方各方面的积极性。长期以来,由于我国农业技术实行无偿服务,农业信息服务在初始阶段也只能是公益性的,应当在政府的支持下,由农业行政部门向农民提供信息服务,农民无偿或低偿享受先进的信息技术成果,促进全社会形成应用信息技术的良好氛围,在广大农民充分认识信息技术的作用并从中受益后,再逐步实行企业化运作,有偿服务,从而促进信息技术在农技推广中发挥更大的作用。

3.2　加强农业专家系统软件的开发与应用

农业专家系统软件是农业专家与计算机专家智慧的结晶,必须加强有效组织与系统开发。在开发过程中,既要注意通用性,更要注意与当地生产实际相结合的针对性,突出强调可操作性,提高软件在生产实际中的应用效果。以专家系统代替各类农业专家长期蹲点农村,直接面向农民指导科学种田,能够培训基层干部和农技人员,必将大大改善当前农村的农业技术推广体系,提高农业技术推广水平。农业专家系统既可以配置在市、县级,通过网络传输到千家万户,也可以配置在乡、村一级,直接面向基层农技人员和农民;既可以安置在乡镇农技推广机构、乡镇政府,也可以安装在村农业合作经济组织、专业协会,甚至专业大户,并可利用多媒体系统在乡村或集市上巡回演示,以扩大信息服务覆盖面。

3.3　加强实用型农业信息服务网络建设

我国信息技术在农业技术推广中应用,应重点解决"进村入户"问题。技术上重点放在简便、实用,不必过分追求高速、先进。在初始阶段,可以应用价廉且已成熟的通信技术,如热线电话、无线传呼、广播、电视等,这些工具在农村普及面已较大,而且使用比较方便。另一方面,信息也并非越多越好,既要重视信息的推广,更要重视信息的利用,尤其是先进的农业技术信息的有效应用。让信息成为发展农业的一个重要生产力,让农民成为信息应用的主体,使他们从应用农业信息技术中得到实惠。

3.4　加强农业信息源建设

农业信息技术在农业技术推广应用中存在的一个重要问题是农业信息内容不够全面、针对性差,而且在已有的信息中,宏观信息多,微观信息少;全国性信息多,区域信息少;过时的信息多,有效的信息少;直接的表面的信息多,前瞻性、预测性信息少。农业信息也较多侧重于新品种、新技术的传播,而农产品市场价格的预测、农产品期货市场信息量相对不足。丰富、多样、有时效的信息是农业信息化的基础。加强农业信息源建设,首先要围绕农业、农村和农民信息需求多样化的实际,切实加强信息采集整理工作,要引导用户或组织专业人员开发利用信息资源;其次要切实加强信息分析、加工工作,对信息进行深层次挖掘开发,保障农业信息网络能够提供大量经过筛选的、符合农民需求的有效的信息资源。农业信息库如同大海,应当针对农民的需求,建立"傻瓜型"信息系统,将经过处理的有用信息送到农民手中。要充分利用现有信息资源,使其发挥最大的作用。

3.5 加强农业信息技术专业人才队伍建设

全面加快农业信息化进程,关键是要建立一支思想素质好、业务水平高、掌握并善于运用现代信息技术的人才队伍。目前,农业信息人才比较缺乏,人才结构不够合理,懂得农业技术推广的人多,而懂信息技术的人少,二者兼备的人更少。必须加快步伐,通过培训和在高等农业院校增设农业信息专业,培养和造就一大批适应信息时代需要的、将农业信息与农业技术推广相结合的复合型人才。通过几年的努力,使广大农技推广人员能够熟练应用现代信息技术,逐步实现农技推广人员也是农业信息员,农技专家也是农业信息专家,农技推广部门也是权威性农业信息部门的目标。从传统农业技术推广向基于农业信息技术的农技推广发展是大势所趋,也是必然选择。我们要抓住当前有利时机,找出一条适合中国国情的、效果最佳的农业信息技术与农技推广相结合的发展模式,使其在促进我国农业和农村经济的快速、协调发展中发挥更大作用。

农业生产管理

农业部门的工作既需要专业技术指导，更需要加强生产性管理。问题导向是搞好生产管理的前提，所以开展调查研究必须贯穿于生产管理的全过程。一是围绕当年生产，开展生产基础、生产动态及措施效应的调查，为正确指导生产、采取应变技术提供依据。二是围绕抗灾减灾做调查，如台风造成不同生育时期的水稻倒伏对产量的损失及其应对措施，不同时期受冻害的小麦、油菜和受淹、受旱水稻的生长特性与应变技术等，通过调查与试验，为今后遇类似灾情防灾、抗灾、减灾提供可资参考的技术经验。三是围绕农业结构调整做调查，既要根据供给侧需要进行结构调整，也要围绕农业综合生产力和综合效益的提高进行调整；既要根据国内需求进行调整，也要根据国际市场需要进行调整；既要对农业的一、二、三次产业结构进行调整，也要对农、林、牧、渔业结构进行调整；既要对种植业内部粮饲经结构进行调整，也要对不同生态农区的农田布局结构进行调整。根据农业可持续发展的原则，调查现状，分析问题，提出思路，展望愿景，为党委政府提供决策参考。四是围绕农民增收做调查，一方面采取随机抽样建立记账户和问卷调查相结合的办法，系统了解农民收入状况；另一方面，针对农民内敛不愿露富、爱面子不肯显贫的特点，采取走村串户和科学有效的方式方法，了解农民收入的真实状况，为促进农民增收提供更符合实际的政策措施。

　　我既是一名专业技术人员，也是一名农业生产管理者，不断提高农业管理水平是我的重要职责。实行目标管理，通过现场示范、开展技术培训是常用的技术推广和生产管理方法。

　　自1996年11月我任农业局副局长后，通过实施农业领导工程，推行领导挂帅指挥、部门挂钩支持、农技人员挂牌指导，合力共建丰产方，形成了市有十万亩示范区、县有万亩丰产片、乡有千亩丰产方、村有百亩连片高产田的竞赛格局，呈现出高起点规划、高强度推进、高标准实施、高水平管理、高产高效明显的特点，充分发挥了现代农业高新技术的示范辐射功能和农业现代化的导向作用，形成了全社会关心支持农业的良好氛围，"三挂"办法受到省领导赞扬，并在全省会议上做经验介绍。通过实施农业技术服务产业化，有效促进了统一供种、水稻抛秧、专业防治、平衡配套施肥技术的推广，大大缩短了新品种、新技术、新模式在农业上的应用周期，推动了农业技术成果尽快转化为现实生产力。

　　进入21世纪，重点组织农业项目化管理，突出农业科技示范园区建设，全市建立各类农业示范园区83个，既有国家级、省级园区，也有市、县级园区，其中，由我直接主持规划建设的句容天王有机农业示范园，成为由国家环保总局命名的园区，取得了稻米、水产品、茶叶、果品等一批有机认证，2003 年获省农林厅表彰为"全省农业工作亮点"；通过抓工商资本、民间资本、外商资本"三资"开发农业，大力开展农业招商，推进农业产业化经营和高效农业规模化，"三资"应用水平连年位居全省前列，2004 年被省农林厅表彰为"农林工作亮点"；突出抓农业龙头企业建设，形成了从国家级到县级的梯队，69 个市级以上农业龙头企业在带动基地建设、促进农民增收中发挥了重要作用；通过组织农产品境内外促销、外向农业基地建设、农业结构调整成果展示，大大提升了农业外向化水平，加快了农业结构调整步伐；突出抓农产品质量安全，学习贯彻《中华人民共和国农产品质量安全法》，组建了镇江市农产品质量检测中心，积极开展农资质量、农业环境质量、农产品质量抽检工作，建立了基地准出、市场准入机制和农产品质量安全媒体通报制度，组织起草并由市政府发布了《禁止使用高毒、高残留农药的意见》和《农药安全经营使用管理办法》，对农药市场进行了清理整顿和执法检查，规范了农药安全使用，降低了农产品农药残留，确保了我市农产品质量安全状况名列全省前茅。

自 2007 年 10 月我到农办工作后，通过实施"百村示范、百村帮扶"工程，实行领导挂村、部门扶村、企业援村，推动新农村建设，一大批项目得到实施，"双百"工程成为我市"三农"工作的品牌，受到省主要领导的批示肯定，经验被《人民日报》《新华日报》大篇幅宣传报道；通过依法治农、政策支农、部门协作建农，工作效率与效果得到不断提高。

自 2011 年 8 月我到供销社工作后，针对供销社精神不振、发展缓慢、工作落后、全省考核评比倒数两三位的状况，在全市供销社系统组织开展了新时期供销社精神大讨论活动，提炼出了"服务三农，奋勇争先；项目兴社，创新自强"的新时期供销社精神，在学习践行社会主义核心价值观的基础上，凝聚起"诚信、合作、民主、创新"的供销社核心价值观，提振了系统上下干事、创业、发展的精气神。通过设立"供销合作大家讲"课堂，举办系统干部能力建设轮训、农资经营服务转型升级培训班，制订重点工作交办单，推进干部双向选择、轮岗交流，致力于调动干部职工积极性，提升系统干部职工综合素质和工作效能。组织实施"以农为本、项目兴社、赶超发展"战略，打造全新供销社。在全系统组织实施基层组织建设、项目兴社、为农服务、社有企业转型升级、人才培育和形象塑造六项工程，开展"六进五真""六联六创"和"下基层、联系点、大调查、解问题""实事惠农零距离、城乡对接一家

亲"等系列主题活动,形成了一批调研成果,干成了一批实事,解决了一批历史遗留问题。每年确定重点工作推进活动,先后开展了为农服务提质增效、基层组织建设、项目建设、综合改革试点推进年等活动。在全系统唱响"放心农资惠千家、产销对接助万户"服务品牌的主旋律。通过推动农资统一配送、连锁经营,每年为农民节省农资成本 10 亿元;通过为农服务社收购农产品,领办创办农民合作社(联社)抱团闯市场,建设农产品市场、网上农产品超市,组织农产品广场集市、农产品展销会等,每年帮助农民销售农产品 50 亿元,有效促进了农民增收。2012 年,供销社被市农村工作领导小组表彰为"农业现代化建设先进单位""扶贫帮困先进集体","六进五真"党建活动成为全市党建综合类创新工作品牌;2013 年,供销社创成市级机关学习型党组织,首次进入全省系统考核评比第一方阵;2014 年,供销社又创成市级文明机关,连续多年获全国总社"农民实用技能鉴定和星火科技培训优秀单位"称号;2015 年,供销社获全国供销合作总社"行业职业能力建设工作先进单位"称号和全国"双百"评选活动特别贡献奖。

　　20 多年的农业生产管理,总体目标是促进高产、优质、高效、农民增收和改变农村面貌;手段是根据市场需要,不断调整农业结构,推广应用新品种、新技术、新模式,推进农业产业化和新农村建设;方法是建立目标引领、政策激励、情况通报、项目推进、典型示范、督查考核工作机制,通过培训,提升素质,促进科技兴农、政策惠民、民生改善。

　　农业生产管理,前提是情况明,必须注重调查研究,掌握第一手资料;重点是抓决策,必须建立在科学、民主的基础上,把看准的事情变成行动意志;核心是政策,必须符合地方实际,强调可操作性,突出激励作用;关键是落实,必须建立在形成共识的基础上,构建合力,抓示范、抓培训、抓检查,重在让基层、让农民自觉接受并应用。只有这样,管理才能出效益、出成果。

镇江粮食生产潜力与增产途径的初步探讨

粮食是事关国计民生的特殊商品,其生产能力和供求关系一直受到国际社会的广泛关注。在人增地减、生活水平提高、粮食消费量日趋增加的必然趋势下,我国粮食供应偏紧的状况将长期存在。只有依靠自己的力量,不断扩大粮食生产能力,才能满足我国社会经济发展对粮食的需求。

1 粮食生产面临的挑战

从国家"九五"规划和2010年远景目标来看,未来15年我国农产品需求将处于加速增长时期,同时,镇江增产粮食和保供增收的任务也将面临严峻的挑战。

1.1 人口的快速增长直接增加了粮食需求

按照2000年和2010年全市总人口达到280万和290万的人口发展规划,依据国务院通过的食物结构改革和发展纲要,包括动物性食物转化需要,人年均需粮420 kg的小康营养标准,加上工业用粮,人均占有粮食需要450 kg左右,粮食总产必须达到1 260万 t和1 305万 t,才能满足本市自给需要。即"九五"末和21世纪前10年因人口增长,粮食总产必须比1990—1994年的年平均1 186万t分别新增74万 t和119万 t的生产能力。

1.2 食物结构改变间接增加了粮食消费量

随着经济的发展和人均收入水平的提高,人们的食物消费结构将发生深刻变化。据报道,我国城、乡居民膳食热能中由粮食供给的份额已分别由1979年的70%和87%下降到1993年的60%和82%,而由脂肪供给的热能份额则分别由26%和13%上升为35%和15%。粮食的直接消费量已由1986年的253 kg减少至1993年的232 kg,预计到2000年还将进一步下降至230 kg。食物结构的变化不是粮食需求量减少,而是由粮食转化成的动物性食品间接消费量大幅度增加,如果2000年全市人均消费肉、蛋、奶、水产品的量达到1993年城镇居民最高收入户52.5 kg的消费水平,按照饲料报酬率折合成粮食,人均间接消费粮食就将增加30 kg以上,全市间接消费粮食总量将增加8.4万t,如果再加上日益增长的由粮食转化成的酒类消费,粮食需求量将更大。

本文系1996年作者参加江苏省农学会年会的交流论文,原载于《粮经纵横》(1997年第2期)和中共镇江市委办公室《内部参考》(1995年第22期)。

1.3 耕地资源的减少缩小了粮食增长空间

耕地尤其是粮田减少是制约粮食生产能力的最基本因素。全市 1994 年末耕地面积为 14.87 万 ha,比 1984 年减少 1.4 万 ha,年均减少 0.13 万 ha,其中大部分是生产能力高的粮田,按照 1993 年每公顷耕地年产粮食 7.6 t 计算,则 1994 年比 1984 年净减少 10.64 万 t 的粮食生产能力,而且在现有耕地减少的态势下,每年还将减少 1.02 万 t 的粮食生产能力,相当于 4 万人口每年的口粮消费量,仅仅弥补因耕地减少而损失的粮食生产能力就需要留存耕地单产年递增 0.07 t。可以预料,在未来 15 年内,由于经济的高速发展,非农产业与农业竞用耕地的矛盾将日益突出,粮田面积减少将是一个长期不可逆转的趋势,我们只能减缓、但不能遏制这种趋势。很显然,粮食生产空间愈益狭窄必然对粮食增产构成严重威胁。

1.4 粮食单产的提高受到诸多障碍的制约

在耕地减少的态势下,土地生产率的提高就成为增产粮食的主要依靠。然而,从现有的生产水平、生态环境和生产条件看,已有多种不利因素对我市粮食单产水平的提高构成了制约。第一,我市粮食单产基数较高。近年来,小麦、水稻的平均单产已分别稳定在每公顷 4.125 t 和 8.25 t 的较高水平上,如果没有新品种和新技术的突破及其推广速度的加快,提高单产水平的难度将很大。第二,农田水利设施较差。全市中低产田易旱、易涝面积仍有 7.68 万 ha,即使有灌排能力的农田,也多半因水利设施年久失修,难以及时有效地灌排水,丘陵塘坝蓄水能力严重不足,难以保证有效灌溉。第三,耕地贫瘠化趋势加重。近年来,有机肥投入比重不断减少,以氮为例,有机氮占施氮总量的比例已从 1979 年的 81% 下降到 1985 年的 64%,至 1994 年仅占 29%,土壤有机质稳中有降。虽然复合肥的大量应用普遍提高了土壤磷素含量,但大面积土壤钾素匮乏已成为限制产量提高的主要因素。据调查,在我市 25 个主要耕作土种中,有 21 个土种速效钾低于临界值,缺钾面积已占耕地总面积的 80.4%,且有进一步扩大和加重的趋势,造成地力下降和施肥经济效益降低,1994 年施 0.5 kg 标准肥只能增产 1 kg,比 1985 年减少 1.5 kg,氮肥报酬率下降了 60%。第四,环境污染影响。我市造纸、印染、化工、电镀等工业的发展对环境造成了一定范围的污染,致使句容河、大运河等部分河段不能作为农田灌溉用水,有些农田甚至直接受到污染影响。第五,为农服务削弱。农技队伍变相"断奶"、弃农经商现象较为普遍,人心涣散,素质下降,技术推广不力,严重影响科技成果转化为生产力。

1.5 增产粮食与农民增收的矛盾难以协调

要增产粮食,就必须增加投入,然而粮食价格的上涨总是赶不上农业生产资料及水电费的涨价幅度,加上在较高单产基数水平上的再增产,物质投入的边际效益将呈下降趋势,必然影响农民的种粮积极性。另一方面,我国农户的生产规模过小,在农业与国际市场接轨后,我国农业生产成本和农产品价格将会超过国际市场水平而失去竞争优势。因此,增产粮食既是我国农业发展的长期重点,也将一直是难点。

2 粮食生产潜力与增产技术途径

粮食生产既面临着挑战,也蕴藏着巨大的增产潜力。只要我们依靠科技,开发耕地资源,提高复种指数,改造中低产田,转化科研成果,调整生产结构,完善抗逆减灾技术,悉数开发这些潜力,粮食生产就一定能够再上新的台阶。

2.1 重视耕地资源的开源节流,确保粮食面积稳中有升

粮食增产能力,在很大程度上取决于粮田面积的保有量。必须依法保护耕地,尽最大可能减少因经济快速增长对耕地的非农性、特别是非粮性占用,全市要把耕地的非农占用面积严格控制在每年667 ha 以内。同时,把重点放在多途径抓耕地的开源上。

2.1.1 大力开发后备耕地资源

我市土地后备资源极为有限,可利用总面积仅 1.07 万 ha,其中宜农耕地更少,只有1 080 ha。必须着眼于"四荒"资源的全面综合利用,通过荒山、荒滩、荒水及疏林地的开发,减少林牧渔发展对耕地的占用;通过对荒地、废弃地的开发,弥补耕地资源的不足和缓解粮田面积减少的压力。

2.1.2 重视土地的复垦

要科学编制并严格实施土地利用总体规划,对河道、公路改道、废旧塘坝、旧宅基地及砖瓦厂挖废的土地要及时复垦整治为耕地,初步测算,至少有1 667 ha的潜力。要通过开发、复垦,增加耕地面积,达到稳定粮食面积的目的。

2.1.3 提高耕地利用率

增加复种指数是提高耕地利用率的重要途径。我市目前耕地复种指数平均为176% ,其中丘陵地区仅154% 。通过推广优化复合多熟制,实行多种形式的间作套种,在"九五"末到2010 年,使全市复种指数提高5 ~ 10 个百分点是有可能的。另一方面,全市丘陵地区路基在 1 m 以上的田坎占地有0.86 万 ha,通过格田成方,至少能腾出0.27 万 ha 耕地;如果全市30% 的田埂种上田埂豆,则有相当于0.67 万 ha 左右的粮田生产能力。

2.1.4 提高秧田利用率

我市常年冬春约有1.47 万 ha 水稻秧田冬闲,随着水稻轻型栽培技术的推广,秧田将大大节省,据测算,全市可节省秧田1.07 万 ha,通过调整、改造,除部分用于油菜种植外,至少能新增0.67 万 ha 的夏粮生产能力。

综上分析,通过耕地资源的开源节流,理论上,至"九五"末和2010 年能够新增2.5 万 ~3.0 万 ha 粮食播种面积,按照年单产6.0 t 计,可新增15 万 ~ 18 万 t的粮食生产能力。

2.2 大力改善生产条件,全面提高耕地质量

我市丘陵耕地占全市的 66.7%,地貌复杂,生产条件差,中低产田比例高,粮食增产的一个重要潜力就在于提高耕地的综合质量。1991 年的洪涝、1994 年的干旱,充分暴露了农田水利设施的隐患。尽管有效灌溉面积为 12.03 万 ha,旱涝保收农田为 10.8 万 ha,但因年久失修,设施老化,灌区面积实际在缩小,抗灾基础相当脆弱,水土流失问题也比较突出。随着有机肥用量的减少和连年免耕技术的推广,造成土壤养分失调,土壤耕层变浅。据土壤肥料监测资料,全市平均基础地力产量,1994 年比 1986 年净减 1.44 t/ha,下降了 11 个百分点;耕作层提高了 3 ~ 4 cm,也只有 10 ~ 11 cm,土壤养分库容减少,作物根系生长环境变差。按照全国农田土壤评级标准,我市耕地可分为 8 个等级,尤以三、四级居多。年单产 10.5 t 以上的高产田仅 4.96 万 ha,占耕地总面积的 30.38%;年单产 7.5 ~ 10.5 t 的中产田和 7.5 t 以下的低产田分别占 59.16% 和 10.46%,其中包括 3.38 万 ha 的丘陵岗坡旱地和 1.2 万 ha 的多级提水田。如果通过改善水利条件、合理作物布局、轮作换茬、秸秆还田、配方施肥等生物的、工程性措施,将中低产田提高一个等级,总产就能增加 50 万 ~ 100 万 t。因此,必须建立健全农业投入机制,科学规划、分步骤实施吨粮田建设和中低产田改造,不断增强抗灾稳产性能,逐步提高农田综合生产能力。

2.3 依靠科技进步,挖掘单产潜力

农业经济学家认为,科技是未来食物的关键。"九五"末,如果我市的农业科技进步贡献率和科技成果转化率分别由 1995 年的 45% 和 30% 均提高到 60% 以上,粮食产量一定会取得重大突破。

2.3.1 在种子产业化上搞突破

实践表明,良种是增产的内因,不同品种,生产潜力大不相同。小麦扬麦 158 比扬麦 5 号一般增产 0.225 ~ 0.375 t/ha,是小麦闯 4.5 t 大关的理想当家品种。今年全市推广 7.6 万 ha 扬麦 158,只要栽培得当,比扬麦 5 号当家的 1994 年能增产 1.7 万 t 以上。水稻早熟晚粳比中粳增产潜力更大。今年各地较大面积示范的 93 - 25、9 - 92、镇稻 524 表现出 10 t 以上的生产能力,比武育粳 3 号增产 1.0 t 以上。稻田套播麦技术的日臻完善和免耕技术的普及,为我市扩种晚粳提供了条件,稻田种植制度完全有可能由目前以中为主演化为中晚并存、以晚为主的格局。如果全市晚粳品种由近几年的不足 2 万 ha 扩大到 6.7 万 ha,则至少可增产稻谷 3 万 t。此外,中粳也涌现出 9 - 108、镇稻 88 等能取代武粳粳 3 号的新品系,且杂交粳稻也出现了泗优 422 等新组合,如果在水源相对短缺的丘陵地区更新 4 万 ha,以单产增 0.375 t 计,则可增产 1.5 万 t。即通过稻麦品种的更新换代,新增 6 万 t 的粮食生产能力是有可能的。油菜杂交"双低"品种已初露端倪,示范推广"双低"油菜,不仅能改善食油品质,而且能提供 4 万 t 以上的优质

饼粕饲料,相当于120万t大麦的饲用价值,应当作为粮食挖潜的重要组成部分来抓。

种子质量是良种的重要内涵。一般地,原种比一、二代种增产5%～10%,世代越久,混杂退化越严重。因此,必须十分重视种子产业化工程的实施,严格种子质量检测,切实把握住大田用种纯度,充分挖掘良种的增产潜力。

2.3.2 大力发展玉米生产,在优化种植结构上搞突破

有关专家预测,2000年我国粮食总需求中直接消费只占55%左右,将有45%属于以饲料的派生需求为主的间接消费,且这种间接消费的比重在2000年后还会逐渐增大。因此,粮食生产结构的安排,应当适当增加饲料作物的生产量,变以口粮为主的单元结构模式为口粮与饲料作物并重的双元结构模式,使种植结构由粮经二元结构向粮、饲、经、肥、菜多元结构转变,彻底改变长期以来以粮代饲、料肉转化效率低的状况。发展饲料作物生产的最佳选择是玉米,它不仅是饲料之王,而且是高产、高光效作物,又适宜于轮作换茬、间作套种。多年的实践证明,无论是沿江平原稻田,还是丘陵岗坡旱地,大面积种植玉米每公顷产量都能达到7.5 t以上,而且促进了种植制度多样化。现已明确经济绿肥/玉米—稻、草莓/西玉+玉米—稻、麦/瓜+玉米—稻、麦/玉米—山芋这4种方式比较适合在我市水田、旱地推广,如果在今后几年推广纯作玉米0.67万 ha(包括多熟制),在2万ha大豆、山芋、花生、西瓜等矮秆旱地作物中间作套种玉米,则我市就有1.33万 ha的玉米生产规模,即能新增0.67万 ha粮食播种面积,形成80万～100万t玉米生产量,大致能满足我市饲养130万头生猪对玉米的需求。因此,发展玉米生产不仅能确保粮食的稳定增长,而且能有效地促进畜牧业及多种经营生产的争地矛盾。

2.3.3 全面实施稻麦轻型栽培,在提高群体质量、主攻单产上搞突破

历史经验证明,没有技术的突破,就没有产量的突破。近年来,水稻肥床旱育稀植、抛秧、稻田套播麦等技术愈益显示出省工增产的独特优势,为打破粮食生产徘徊局面做出了重要贡献。大面积生产实践表明,水稻旱育稀植较常规栽培法一般增产7%～10%;抛秧则主要解决了人工栽插的劳作辛苦,提高了工效;旱育稀抛栽则能更有效地组合旱育稀植与抛秧稻的两种技术优势,增产增效十分明显,具有良好的发展前景。稻田套播麦则是实施水稻"中"改"晚"战略转移的一项全年粮食综合增产配套技术,只要共生期、基本苗适宜,严格控制草害,早施苗肥,防冻保苗,预防早衰,套播麦同样能获得5.25 t/ha以上的产量。因此,可以预料,以优化调控群体质量为共同特征的稻麦轻型栽培技术的推广,将是稻麦栽培史上的一场革命,必将促进稻麦单产和粮食总产的大幅度提高。

2.3.4 综合防治病虫草害,在减少灾变损失上搞突破

病虫草害每年给粮食生产造成的直接或间接损失达100万t以上,严格控制病虫草害,挽回损失同样是增产的重要方面。近年来,随着耕作栽培技术、品

种的更新,以及新药种的推广,病原菌种群、虫害种类及草相均发生了较大变化,必须研究病原菌种群变异动态及其机制、病菌与品种的互作关系、种传与土传病害的发生特点、虫害消长规律及杂草群落演替规律,明确测报方法、监控措施,提出控制途径和关键技术,采取作物轮作、水旱轮作、熟制轮作方法,打破病虫草的适生环境;通过轮耕措施,减轻免耕条件下的病虫草害;以增施有机肥平衡土壤养分,以配方施肥调节植株营养,增强作物抗性,减轻稻麦生理病害;筛选新型低毒高效农药,最大限度地控制病虫草危害。经过努力,挽回粮食损失40万~50万t是有希望的。

2.4 保护农业生态环境,维持粮食持续生产能力

镇江是资源约束型城市,如果肆意破坏生态环境,赖以生存的耕地将加剧减少,粮食生产就会发生大的波动。在土地负载力愈益加重的形势下,发展农业必须高度重视农业生态环境平衡,遵循资源永续利用原则。首先是土地的科学合理利用。既要避免人为地毁田养鱼、退田栽桑等不合理占用耕地现象,也要防止不适当地毁林种粮、围湖造田等不科学地用地,努力减少水土流失。其次,发展工业、特别是乡镇工业,必须尽量控制对农田、水资源污染严重的印染、造纸、制革、电镀、化工、建材等项目上马,确需上马的必须配套治污工程,坚决控制工业"三废"污染蔓延,努力减少工业污染对粮食生产的直接或间接损失。同时,要注意农用化学品对农田的污染,比如,对于高活性低剂量的磺酰脲类除草剂的残留对土壤的污染应予以密切关注;丘陵地区要大力发展节水栽培,减少水资源的浪费。再次,建立健全土壤培肥机制,把提高地力、增施有机肥作为完善家庭联产承包责任制的重要内容,研究适应千家万户、规模经营等不同生产关系和不同栽培方式下的有机培肥新技术,促使耕地不仅可持续利用,而且能稳定提高生产力。这是今后粮食持续稳定增长最根本的基础。

3 实现粮食稳定增长的保障措施

综上所述,发展粮食生产,既有潜力,任务也很艰巨,它是一项复杂的系统工程,必须精心组织,采取综合措施,才能充分挖掘。

3.1 建立健全农业法制、政策体系

要认真贯彻执行《中华人民共和国农业法》《中华人民共和国农业技术推广法》和《基本农田保护条例》,结合地方实际,制定实施办法,实行依法治农。合理确定粮食价格政策、购销政策,协调好农资与粮食价格的关系,缩小工农产品剪刀差,切实保护粮农利益,防止丰收年景谷贱伤农现象的再度发生,减少粮食生产在政策上的人为波动;认真落实科教兴农战略及其各项配套政策,完善农业环境、资源保护与利用及农业信贷、税收政策,建立健全家庭联产承包责任制与规模经营的有关政策,调动一切积极因素,为粮食生产的稳定发展创造良好的

政策氛围。

3.2 建立稳定可靠的投入机制

针对农业投入长期不足及发展粮食生产与生产条件不相适应的现状,必须从农业、特别是粮食是国民经济的基础的高度,重视调整投入政策,不能再用牺牲农业的代价换取工业的高速发展,要建立起有利于农业、特别是粮食持续稳定发展的稳定可靠的投入机制。必须在积极开拓农户、集体、外资等投入渠道的同时,确立国家是投入的重要渠道,并逐步恢复且稳定投入比例。农业基本建设投资比重应逐步恢复到"六五"期间的 10% 左右的水平,农业财政支出比重要恢复到20 世纪70 年代末的13% 左右,农业科技投资要逐步达到联合国粮农组织提出的在欠发达国家占农业总产值1% ~2% 的水平。对大规模的中低产田改造、吨粮田建设、后备资源的开发、农业生态环境保护、丘陵塘坝改造、水利设施的建立等,应当加大投资力度,使农业在相对稳定、充足的投入环境下,发挥其巨大的增产、增收潜力,支撑整个国民经济的健康、协调发展。

3.3 建立稳定、高效的农业科研、推广体系

没有稳定的科技队伍,科教兴农就是一句空话。必须从政策上、体制上彻底解决基层农技人员脱钩、"断奶"问题,要从政治上关心、业务上提高、生活上优待工作在生产一线的科研、推广人员,增强凝聚力,调动积极性;要通过建立一支稳定、高效的农业科研、推广队伍,不断优化、配套农业技术体系;按照农业现代化的要求,在乡村建立排灌、农机、种子、肥料、植保、购销、信息等全程服务体系,提高社会化服务水平;并逐步发展站办、村办规模农场,走农业集约化经营、企业化管理、产业化服务之路,把先进实用的农业新技术真正落到实处,促进科技成果转化为现实生产力,提高粮食商品率、劳动生产率和土地产出率。

3.4 建立稳定完善的农用物资保障体系

现代农业的发展速度与规模在一定程度上取决于工业的发展水平,要加强和扶持化肥、农药、农机、农膜等农用工业的发展提高,用先进的农用物资装备农业。对尿素、磷铵、高浓度复合肥等,要通过技术改造,解决其长期依赖调进、供应不稳定的被动局面;农机工业要适应农业现代化发展的需要,既要研制满足规模经营所需的大中型机械,也要研制适应兼业农户所需的小型机械,并健全维修体系;对于农业所需的电力、石油,要从政策上优供、价格上优惠,切实减轻农民负担,降低农业成本,提高粮田效益。

3.5 建设一支素质较高的新型农民队伍体系

粮食的增产最终是要由农民把增产措施落实到农田而获得,因此,重视提高农业劳动者素质是至关重要的。必须加强农村基础教育和职业技术教育,使每位青年务农者在务农前普遍接受 1 ~2 年较为系统的初级农业技术教育;通过乡镇党校和乡村成人教育学校,分期分批轮训有一定文化知识的农村党员和专

业户,实施"绿色证书"培训工程;发展多种形式的农民技术协会、研究会,以群教群,传授实用技术;充分发挥科技示范户和丰产示范方的作用,通过典型引路、现场教育,让农民接受最新技术;同时,广泛利用大众传播媒介宣传农业科普知识,讲授适用新技术,让农民较快地掌握更多、更好的技术,促进科技成果的广泛应用,发挥更大的效益。

对发展镇江特色农业的初步思考

当前,农业和农村经济结构正面临着前所未有的调整机遇,这一机遇建立在农产品买方市场的形成、人民生活水平的提高和国家对粮棉流通体制改革的深化及我国加入 WTO 进程的加快的基础之上,抓住这一机遇,对农村产业结构、农业结构、种植业结构及品种结构进行重大调整,必将促进农业产业升级,全面提高农业生产力,推进农业现代化。

调整农业结构,首先要解决观念问题:一是由传统的粮食生产观念向食物生产观念的转变,我们不能仍以粮食填饱肚子为标准,必须在膳食结构中适量增加动物性食品乃至加工性食品。二是由小农业生产观念向大农业生产观念的转变。不能提起农业就是粮棉油,必须确立大农业和持续农业的观念。三是由自给性生产观念向商品性生产观念的转变。农产品短缺和农业封闭的时代已经过去,农业必须面向国内、国际两大市场,用大流通的观念,实行规模化、商品化生产。四是由农业小生产观念向产业化大生产观念的转变。要走出买难卖难的怪圈,必须用产业化经营的观念来指导农业,把着力点放在提高农产品的市场竞争力和提高农业整体效益上。只有思想观念上的转变,才能通过结构调整的实践,真正实现农业由粗放经营向集约化经营、传统农业向现代农业的两个根本性转变。

1 镇江农业发展的优势

农业结构调整,必须充分考虑当地资源、市场、科技及经济发展水平等综合因素,充分发挥区域比较优势,形成特色和规模,没有特色就没有市场,没有规模就没有效益,要变资源优势为产业发展优势,进而形成经济优势和效益优势。

我市农业的发展优势有 5 个方面:一是自然资源优势。我市的土地资源在沪宁沿线具有相对优势,现有耕地 277.86 万亩,据测算,在坚持依法用地、用足政策的前提下,可以调整用于种植、养殖业的面积有 167.5 万亩。二是交通区位优势。其有利于镇江农产品走向国内外两大市场。三是传统名品优势。镇江已经拥有一批有一定知名度的农产品,如荣炳大米、陵口萝卜、"金山翠芽"、白兔草莓、"老方"葡萄、东乡羊肉、长江"三鱼"等,为创建名牌农产品打下了良好基础。四是农产品加工优势。目前,我市已拥有一批新老农产品加工企业,如恒顺

本文原载于《江苏农业》(2000 年第 1 期)和《镇江农村经济》(1999 年第 4 期)。

集团、丹阳腌制厂、金香花集团、恒丰醋厂、龙山集团、嘉吉饲料、健力宝饮料、东海油脂、华达食品、加力加等，为我市区域化种植、规模化生产、产业化经营创造了条件。五是科技优势。镇江农业科技人才相对较多，每万名农业人口中就有31名农业专业技术人员，而且有江苏理工大学、中国农科院蚕研所、镇江农科所、句容农校等科研校所作为科技支撑，智能温室国产化技术、大棚草莓、无土草毯等一大批农业科技成果正逐步转化为生产力，并在全省独具特色。科技为镇江特色农业的发展注入了新的活力。

2 镇江特色农业的发展思路

根据镇江农业的优势，从发展农村经济全局出发，发展具有一定规模和效益、有较强市场竞争力的特色农业，可以从以下5个方面来考虑：

2.1 优质粮油

发展优质粮油，主要是发展优质稻米和"双低"油，但优质也只是相对的，在目前全省128个水稻品种中，没有一个真正意义上的优质米。我们要发展的优质稻米也只是目前最好的品种而已。今年将种植30万亩优质稻，明年估计能发展到80万亩左右。重点建设好沿江平原、赤山湖地区优质单季晚稻商品基地，根据全市口粮和种子用粮需要，水稻面积以保持140万亩左右为宜，也就是比近两年实种面积减少22万亩左右。

油菜是油料、饲料、肥料兼用作物，也是丘陵地区种植效益相对较高的作物，是现阶段冬季农业中大面积替代小麦较为理想的品种。调整的思路是扩大面积，提高品质，产业化经营。主攻方向是油菜生产"双低"化。今年内，全市将基本实现优质油产业化开发目标。随着国家打击走私力度的加大，全省食用油缺口较大，而且优质油基本依赖进口，根据我市食用油加工能力和丘陵地区的种植优势，全市可发展到110万亩，形成区域化种植格局。

另外，发展优质粮油还要注重发展专用小麦、特用玉米和传统杂粮生产。根据我市气候生态条件，小麦种植宜发展适合制作饺子、面条、饼干的品种，除农民自用外，应当与泰兴隆、加力加等食品加工企业衔接，力求就地加工消化，种植规模宜控制在50万亩以内。玉米生产应立足于市场调节，发挥嘉吉饲料等企业的带动作用，大力发展优质蛋白玉米，重点解决本市的饲料问题，同时积极开发爆裂玉米、笋用玉米、鲜食甜玉米等专用玉米，提高种植效益，面积可由目前的近8万亩扩大到15万~20万亩。山芋、大豆、赤豆、绿豆、芝麻等传统杂粮，适合我市丘陵旱地种植，有一定的市场潜力，可以与饮料企业、豆制品、镇江麻油等企业挂钩衔接，以销定产，适当发展。

2.2 应时鲜果

本市的气候决定了大宗水果不能生产，夏季的高温高湿影响苹果生长，冬季的严寒使香蕉、荔枝不能种植,连柑橘也不能稳产,品质难以提高。但是,长期的自然选择加上城市密集的区位特点,给不耐贮运的枇杷、葡萄、草莓、桃子等应时鲜果创造了特定的生存空间,充分利用岗坡地资源发展高档应时鲜果,理所当然成为我市农业结构调整的重点项目。

发展我市的果品生产,应立足于振兴传统果品,开发新兴果品,实行区域种植,建立规模基地,依靠科技进步,配套精深加工。在传统果品中,桃、柿、枇杷是我市的主要品种,有较好的种植基础,曾经是农民庭院栽培的主要树种。当前需要做的工作是更新品种,推广水蜜桃、蟠桃、油桃新品种,实行科学种植,合理熟期搭配,推进规模植桃。柿子是一个耐粗放栽培的树种,适合于丘陵岗坡地种植。农民自发种植的多为涩柿,品质低劣,市场销售不畅。镇江农科所和润州区引进的日本甜柿产量高、品质好,可以扩大种植。扬中的枇杷有一定知名度,品质比较好,要配套优质栽培技术,在我市沿江地区大力发展。

草莓、葡萄、无花果、猕猴桃是我市20世纪80年代起步开发的新兴果品,经过10多年的培植,已形成了一定规模的生产基地,近几年来,大棚草莓、早川葡萄更为农民致富开辟了新的途径。无花果、猕猴桃由于营养丰富,具有医疗保健功能,特别是有报道称其具有防癌、治癌效果,作为保健水果开发很有前途。另外,樱桃、桑葚、刺梨、李、杏等应时鲜果也具有较好开发前景。这些鲜果由于贮运性能比较差,远处种植难以运来,农民可以在竞争对手相对较少的条件下,比较从容地占领沪宁沿线各大中城市市场,发展潜力很大。我们完全可以通过品种的熟期搭配,依靠保护地、设施栽培的调节,以地产果品满足市场周年供应。根据我市的区位特点和资源条件,可以采取一乡一业、一村一品的办法,以多品种占领大市场、小果品形成大产业的思路,促进应时鲜果成为我市的特色品种、主导产业,但是要在深加工、品牌、包装及营销等环节上予以配套,防止果贱伤农。

2.3 名优茶业

茶叶是我市丘陵地区多种经营的主导产业,现有茶园5.8万亩,已有较好基础。金山翠芽、茅山长青、宝华玉笋等茶叶品牌在全国已有一定知名度,并在集约化、反季节栽培技术上取得了进展。根据我市茶叶生产条件,综合有利因素,发展我市的茶业应当采取规模生产名优茶、大力发展反季节茶、开发研制系列茶品的策略,走集团化、系列化、名品牌之路。工作重点应放在更新改造老茶园、速生密植无性系良种茶、扩大反季节栽培茶上,要把扩种茶叶作为丘陵岗坡地农业结构调整的重要项目来抓,力争形成10万亩茶叶生产规模。另一方面,要在茶叶的精深加工上下功夫,要开发研制茶饮料系列,培育像"旭日升"那样的茶饮料品牌;引进超微粉碎设备及香气回收加入技术,开发茶叶食品添加剂,生产出像"天福"那样的系列茶品,进而发展我市真正意义上的茶产业。目前,当务之急是组建茶叶集团,没有龙头企业带动是不行的。

2.4 草业

根据镇江的实际,我市草业开发的重点主要是种草养畜、商品牧草生产、草坪草和中草药。

2.4.1 种草养畜

这在我市已有一定基础,20 世纪 80 年代中期驸马庄村就成功进行了种草饲养奶牛、养兔、养鱼的实践,90 年代以来,扬中新坝养羊、养猪大户,丹阳延陵哈白兔专业户,句容四季鹅养殖户都重视种植牧草,这些专业户在畜禽价格持续走低的情况下,仍有较好的经济效益。近年来,镇江农科所在句容磨盘、白兔等地也成功试种了国外引进的优质牧草,华阳镇还大面积种草饲养了鸵鸟、梅花鹿,开辟了南方集约农区生产优质畜产品的新途径。利用农田种草,无论是对自然资源的利用率,还是产量、效益都不比种粮食差。以种草养奶牛为例,按一头奶牛配套一亩草,比种粮多收益 1 500 元左右,每头奶牛收益在 5 000 元以上;种草养兔、养鱼也比喂精饲料节约成本 30% 以上。

2.4.2 商品牧草

就生物产量而言,1 亩牧草相当于稻麦产量的 5 ~ 10 倍,而且牧草营养全面,适口性好,是经济、高效的饲料源,发达国家草食畜禽饲料的 70% ~ 80% 来自于牧草。我国饲料目前仍以谷物为主,以粮代饲仍占相当大的比重,饲料报酬率很低。随着畜禽结构的变化,以及我国加入 WTO,商品牧草具有广阔的市场空间。据统计,仅苜蓿干草粉国内年需量就达 200 万 ~ 300 万 t,日本每年需进口干苜蓿草 220 万 t,进口总额高达 4.8 亿美元。可见,发展商品牧草生产潜力很大。我市发展牧草的方式有两种,一是对现有荒山草坡进行改造,种植多年生的牧草,建立人工草场,既可配套规模养殖场,又可生产商品牧草,同时能起到改良土壤、美化环境、减少水土流失的效果;二是将牧草作为一种作物纳入种植制度进行轮作换茬。也就是说,可以夏熟种草、秋熟种稻,或者夏熟种麦栽油菜、秋熟种草等。还可将牧草间作套种于没有封行的林桑茶果行间,既可抑制杂草生长,改良土壤,防止雨水冲刷,又可产生一定的经济效益。根据我市土地资源和城郊农业、外向农业的定位,可以建立 10 万亩人工草场,种植 10 万亩甚至更多的季节牧草。

2.4.3 草坪草

随着我国城市化进程的加快,草坪草需量越来越大。目前,我国城市人均绿地面积不足 3 m²,联合国提出的最佳居住条件是 60 m²,即使只达到绿化较好的大连市的 7.5 m² 的人均绿地面积,全国也需 15 亿 m² 的草坪。有关专家预测,中国草坪草种子每年有 25 万 ~ 30 万 t 的市场潜力,草坪业总产值将以年均 30% ~ 50% 的速度增长。我市可以依托句容农校的草坪优势,抓住小城镇建设的契机,加快草坪业的开发。

238

2.4.4 中草药

随着中医事业的发展,城乡居民对保健品需量的增加,野生中草药资源越来越难以满足中药、保健品加工业的需要。我市丘陵地区农民历来有采集野生中草药的习惯,近年来,人工栽培中草药面积也逐年扩大,可以考虑将茅山丘陵建成全省重要的中草药生产基地。

2.5 特种水产

龙山鳗业、扬中河豚在全省乃至全国已有一定的知名度,为我市建立高效特色水产业奠定了较好基础。

发展我市的特种水产,重点要抓好鳗、鳝、鲴、鳖、虾、蟹、河豚的规模养殖。发展的途径有5条:一是精养鱼池。主攻产量与品质;二是发展稻田养殖。利用沿江、沿湖圩区低洼稻田,推广虾蟹混养等养殖方式,提高农田综合效益;三是庭院养殖。重点养殖容易逃生的、经济效益高的甲鱼、黄鳝、泥鳅等,增加农民收入;四是发展网箱养殖。这实际上是一种人工养殖产品的野生化放养方式;五是设施养殖。主要是养殖河豚、鲴鱼、基围虾、细鳞鲳等名贵高档水产品。同时要配套水产品深加工,形成"长江水鲜"产业。

3 培植"龙头",延伸产业链,促进特色农业形成支柱产业

农业新技术革命和农业产业化经营是世纪之交农业发展的两大主旋律,调整农业结构,发展特色农业,必须按照产业化思路去进行,把特色农业逐步建成有产品、有市场、有效益的主导产业。推进特色农业产业化,必须注意做好五方面的工作。

3.1 优化资源配置

以提高资源利用率和利用效益为目标,实施可持续发展战略,彻底扭转不合理用地状况。实行退耕还林、还牧(草)、还渔,坚持因地制宜,充分发挥区域资源优势,把五大特色农业建成六大支柱产业:即把丘陵旱地建成应时鲜果、高效经济作物基地,形成以应时鲜果为主体的果品支柱产业;把丘陵岗坡地建成以名优茶为主的茶叶支柱产业;把荒山草坡建成绿草如茵的农区牧场,构筑以草食畜禽为主的畜牧支柱产业;将丘陵缺水田发展为以牧草制品、草坪、中草药为主的草业支柱产业;将平原、沿江圩区、丘陵低塝冲田建设成为优质粮油生产基地,形成以优质稻米、"双低"油为主体的优质粮油支柱产业;以沿江、沿湖圩区为重点,建设特种水产规模养殖基地,形成以鳗鱼、河豚、鲴鱼为主体的名贵淡水鱼支柱产业。

3.2 突出科技进步

农业结构调整的重点是调优,关键是品种,要瞄准市场,特别是国际市场,引进新品种、新技术和其他先进科技成果,引进新型生产管理方式和产品标准,提

高农业科技水平。要全面实施"品种、技术、知识"三大更新工程,大力建设各类农业科技示范园区,充分发挥驻镇科研院校、院所的技术优势,大力推进农科教、产学研结合,促进科技成果向现实生产力转化。

3.3　搞好产业链协调

农业结构调整,绝不仅仅是农业内部的事,它涉及一、二、三产业的联动,必须相互配合。要重视培育和壮大以本地农副产品为原料的龙头加工企业,既要提高农业的整体效益,更要努力促进农副产品加工业成为我市国民经济新的支柱产业。要注重改革农产品流通体制,根据区位特点和产品特色,组建专业批发市场;引导农民按市场需要组织生产,推广"订单农业";大力培育农民运销队伍和农村经纪人,提高组织化程度;加强农业信息体系建设,使之成为连接千家万户的小生产与千变万化的大市场的桥梁与纽带。要建立健全各种形式的专业协会、研究会,为农民提供产前、产中、产后一条龙服务。

3.4　制定相关政策

首先是切实落实好各级各类已有政策,充分发挥政策的导向作用。其次是建立多元化投资机制。鼓励民间资本投向高效农业,加大农业招商引资力度,大力发展外向农业;建议政府设立农业结构调整基金,对"品种、技术、知识"三大更新工程进行必要投入,对农业龙头企业和农产品市场建设贷款给予适当贴息;同时,建立农业保险机制,以减轻结构调整中的自然、市场、技术和政策风险。再次是鼓励人才流动,支持科技下乡,制定有利于充分调动农业科技人员积极性的优惠政策。

3.5　强化配套服务

各级政府在调整农业结构中,要发挥宏观调控和典型引导作用,坚持以市场为导向,实现生产结构与消费结构相适应,生产规模与加工、销售相适应,把工作着力点真正转移到依靠改革建立新型农业发展机制、依靠科技增强农业增长动力、依靠服务提高农业生产效益上来。各有关部门要积极发挥职能作用,为促进农业结构调整和产业特色的形成,提供良好的政策、技术、资金和信息服务。

浅谈农业创新

美国经济学家熊彼特认为,创新是生产要素的重新组合,其形式包括 5 种:引进一个新产品,开辟一个新市场,找到一种原料的新来源,发明一种新的生产工艺流程,采用一种新的企业组织形式。创新是社会经济进步的动力。根据这一理论,进入新阶段后的镇江农业要实现可持续发展和现代化,就必须进行结构创新、技术创新、体制创新和机制创新。同时,要消除长期计划经济的影响,适应市场经济的发展,还需进行观念创新。只有以市场经济为导向,以农民增收、农业增效为目标,加快农业结构调整,推进农业产业化经营,提高农民组织化程度,才能不断地推进农业科技进步和农村经济发展。

1 观念创新,转变农业调控方式

目前,我国社会主义市场经济体系已基本建立,农业也进入了新的发展阶段,组织、调控农业的方式,必须从思想观念上创新。要从传统的计划农业向市场农业转变,从主要依赖行政手段干预农业向主要依靠经济、法律手段宏观调控农业转变,从主要侧重于粮食、棉花、油料、生猪等大宗农产品的生产向以市场需求为目标的多样化生产转变,从就农业抓农业向促进农业、农村、农民协调发展转变,充分发挥政府部门的组织协调和服务功能。比如,在当前多数农产品处于买方市场的条件下,要避免出现结构调整的雷同现象,必须确立以销定产的观念,这就要求准确及时地获取市场信息,把握市场行情变化规律,但这是一家一户的农民所难以做到的,必须由政府部门提供信息服务等公共服务。因此,在新的形势下必须转变政府职能,主要把握以下 3 个重点:

1.1 加强市场引导

首先,要加快农业信息网络建设。既要连接政府网,以及时获悉农业政策信息,也要连接国内外农产品期货市场、大型批发市场和农业科技市场,以获取农产品需求、价格、技术信息,更要推进"信息入户"工程,有效地向农民提供各类信息服务。其次,要加快市场基础设施建设。建立农产品产地批发市场,规范市场交易行为,全面改革大宗农产品流通体制,最大限度地减轻价格扭曲,以利于农民获得市场需求的真实信息。再次,要加快农产品质量标准及检测体系建设。我国的多数农产品产量位居世界前列,但质量不高,难以出口,必须建立与国际

本文原载于《农业调查与研究》(2001 年第 12 期)。

接轨的质量标准,以增强我国农产品的国际市场竞争力,特别要加强对农产品中农药、重金属、硝酸盐等有毒物质残留量的检测,以引导农民大量生产无公害乃至绿色、有机农产品。

1.2 加强经济调控

一方面,政府应当充分发挥财政政策的作用,正确确定投资重点,带动相关主体投资,刺激经济增长。如农田水利工程、农村电网改造、乡村道路建设、农业机械化装备及农业科技等。这不仅能有效地拉动农村消费需求,而且为推动农村产业结构调整、促进农村经济持续发展创造了条件。另一方面,政府应当建立健全大宗农产品的储备制度,在备战备荒、平抑市场物价方面发挥主导作用。当市场严重供大于求时,政府应扩大储备,以减少农民廉价贱卖损失;当市场严重求大于供时,政府应适当抛售储备,以减轻城乡居民的消费支出。同时,还要逐步建立健全农产品保险体系,为农民提供农产品的产、加、储、运、销等各类保险服务,以减轻政策、技术、自然、市场给农民带来的风险。

1.3 加强依法治农

要强化农业法律法规的宣传与培训,提高基层干部和农民的法律意识;加强农业行政执法队伍建设,提高素质,健全制度,规范执法,创造有利于市场农业发展的法制环境。

2 结构创新,转变农业增长方式

以市场为导向,及时调整和优化农业结构,包括生产结构、产业结构、区域结构,是提高农产品质量和效益的根本保证。只有通过结构创新,才能适应市场变化,提高农业效益,增加农民收入,使农业生产走上市场决定结构、结构决定功能、功能决定效益的良性发展轨道。要按照自然条件和社会经济条件,把着力点放在培育优势产业、特色产品和建设商品生产基地上,构建区域特色,避免结构雷同和低水平重复。根据镇江位于南京都市圈和沪宁经济走廊中部的区位特点,应大力发展都市农业、城郊农业和外向农业。沿江圩区(包括湖区)要充分发挥资本、市场、人才等优势,发展高效设施种植、特种水产养殖和水生植物,开发特色蔬菜、长江"三鲜"、高档花卉园艺产品和杞柳编织工艺产品,加快发展农产品精深加工及高效水体农业,不求口粮自给;平原地区要根据农业生产条件好、有较好经济基础的优势,建设优质稻米、"双低"油菜、蚕桑、观赏苗木、盆景和出口蔬菜生产与加工基地,走产业化经营路子;丘陵地区要发挥生物资源多样化优势,着力于岗坡旱地的开发利用,大力发展应时鲜果、茶叶、中药材、野生蔬菜、特用粮和高规格苗木生产,积极推行农牧结合、农林结合,种草养畜,营造经济林,建设特种畜禽、林果生产与加工基地;城市郊区要紧紧围绕为城市居民服务,大力开发无公害时鲜特色蔬菜,建设观光农业园,走精品农业之路。全面压缩失去比较优势的粮食等大宗农产品,积极调整粮经作物种植结构,提高林、牧、渔业在农业结构中的比重,尽快形成品种多样化、结构多元化、产品优质化的农业生产结构。要通过发展农产品加工业,特别是食品工业,带动农业生产结构调整,增加农产品附加值,提高农业整体效益;通过农产品市场建设,培育农民经纪人队伍,促进农产品流通,进而优化农村产业结构。

3 技术创新,转变农业生产方式

技术创新是农业生产力发展的源泉,新的农业科技革命也必须以技术创新为突破口。农业进入新阶段后,不再是数量扩张型发展,而是速度与效益、数量与质量、规模与结构相统一的发展;也不再是单纯依靠土地、以劳动力为主的传统农业生产方式,而是转变为依靠知识、技术等的现代农业生产方式。因此,镇江农业的技术创新必须走引进与开发、研究与推广相结合的路子。通过与先进地区和发达国家的技术合作、交流,积极引进适应镇江需求的先进农业技术成果,结合传统农业精华,大力改造相对落后的农业生产,加快镇江农业的技术发展和技术创新。同时,根据农业技术的地域性特点进行自主开发,强化生物技术、信息技术与常规技术的结合,尽快在主要动植物优良品种的选育与改良,特别是基因工程的应用、种苗脱毒快繁、生物农药、生物肥料、动物基因工程疫苗、智能化设施农业和节水灌溉、绿色食品和有机食品、农业可持续发展技术等关键领域取得突破。"十五"期间,要重点在优质高产高效技术,节能节本增效技术,农产品精深加工及综合利用技术,农产品贮藏、保鲜、包装技术,无公害农产品标准化生产技术,旱地和设施农业微、滴灌技术,农业信息技术和农业机械化技术等方面加强研究攻关和协作推广,实行良种与良法相结合,培训与项目相结合,有机整合现有技术,促进各种要素的有效合理配置。通过农业生物、信息等高新技术的开发应用,并使之产业化,培育镇江农业发展的新的经济增长点。

4 体制创新,转变农业组织方式

农业体制创新,是建立和完善社会主义市场经济体制的重要内容,也是现阶段农业和农村经济发展的新动力。农业体制创新主要包括组织体制和经营体制两方面。就组织体制而言,既要考虑到农业的基础性与公益性,也要考虑到我国农业技术长期实行无偿服务的实际,还要考虑到我国处于发展中的经济承受能力,对农业科技体制进行必要的改革。在农业科研方面,对于基础性及难以物化的技术研究,应由政府投入予以保障;对于应用性且易于物化的技术(如农药、兽药、肥料等),可实行企业化运作,但政府对于生产中急需解决的技术难题,应投入必要经费采取招标方式解决;同时鼓励民办科研。在农业技术推广方面,应当坚持"条块结合,双重领导,合理划分职责,发挥两个积极性"的管理体制,但要体现精干高效、综合服务的原则,可以实行政府投入与自我发展壮大相结合的办法,政府主要保障管理职能和服务功能的实施,切实解决农技人员的后顾之忧;积极探索打破行政区域界限设站方式,提高政府投资使用效率;大力发展农村合作经济组织(包括各种研究会、专业协会),引导和鼓励农民在自愿的原则下,以产品和技术为纽带形成组织,将农民个人行为转化为组织行为,提高农民组织化程度;鼓励科研院校及社会力量创办农业技术服务机构,实现服务队伍的多元化;积极推行农技服务资格认证制度,实现农业技术推广服务社会化。从经营体制看,推进农业产业化经营,变革农业经营方式,是近年来被实践证明了的由传统农业向现代农业转型过程中,在不改变以家庭承包为主的责任制和统分结合的双层经营体制的前提下,一种更加符合生产力发展需求的经营方式,它弥补了家庭承包经营生产规模小、生产效率低、单位产品成本高、信息不灵风险大等缺陷,是农业增效、农民增收的有效途径。它以市场需求为导向,以资源开发和生产要素配置为基础,形成布局区域化、生产专业化、经营一体化、服务社会化相结合的新体制,它把千家万户的小生产与千变万化的大市场有机地联系起来,形成了农业一体化经营。因此,农业产业化不仅是生产经营模式的改革,而且是农村经营管理体制的创新;不仅是发展、保护农业的必然选择,而且是建设现代化农业的必由之路。在新的形势下,政府应当加强对农业产业化经营的规划与引导,积极培育具有市场开拓能力和带动农民发展商品生产的龙头企业,尤其是鼓励外商投资农产品加工出口,要有重点地支持农产品加工企业进行技术改造,并给予信贷、税收等方面的政策优惠,增强其市场竞争力。因地制宜地推行"公司+农户""龙头企业+合作经济组织"等多形式的产业化经营方式;有条件的地区可以探索建立股份合作公司制,即逐步实现由家庭承包制向股份合作公司制的嬗变,以扩大生产规模,优化资源配置,提高农业的整体效益。在推进农业产业化经营过程中,要重视土地经营体制和农业融资体制的改革。在延长土地承包期限的同时,拓展和延伸使用权的范围,以不改变承包地的用地性质为前提,应当允许农民用承包地的实物形态和经营权入股参与股份合作公司。农民既可以按股份从公司得到分红,又可以在公司内工作领取工资;也可以只取得分红,而另外从事其他工作。这可以为农民摆脱土地的束缚寻找更多创收的机会,同时又不使土地荒废,更是土地资源跨行政地域优化组合,提高土地利用率和使用效益的有效途径。农业融资方面可以推行联户担保,或者以经过论证确认有市场发展前景的经营项目的产品作为抵押物向银行或其他金融机构融资,增强农民自身的融资能力。

5 机制创新,转变农业运行方式

要盘活科技资源,更好地推动科教兴农战略的实施,机制创新势在必行。一是要逐步变农业技术无偿服务为有偿服务。既可以采取技术转让或技术承包方式获取收入,也可以技术作价入股,提高所占注册资本的份额,激励技术创新;

积极探索"市场 + 中介服务机构 + 农户"的运行机制。二是要由偏重产中服务向产前、产后服务延伸。由主要指导农业生产向生产、加工、销售一体化转变,由主要服务于粮、棉、油、猪等大宗农产品向特种种养殖等多种经营拓展;鼓励、引导基层农技推广服务机构发挥自身优势,以多种形式参与涉农项目的建设,农业基础设施、生态环境、结构调整、改良配种、农资供应等项目都可以安排基层站去实施。三是变催收催种式技术指导为兴办农业科技示范园。将农业示范园建成新品种、新技术、新机具、新机制的展示窗口,科技成果的中试基地,法人治理的科技型现代农业企业,以辐射农村,带动农业增效和农民增收。四是引入竞争机制,优化农技队伍。广泛推行全员聘用、竞争上岗、职称评聘分开等新型用人制度,真正使那些讲政治、懂业务、会管理、有开拓创新意识的人才走上农技服务主要岗位,形成"竞争目标任务→确定岗位→聘任职务→明确待遇→实现岗位目标→再去竞争任务"的良性循环的管理机制,切实贯彻按劳分配、效率优先和兼顾公平的原则,积极探索生产要素参与分配的途径和办法,逐步建立起与业绩、贡献挂钩,向优秀人才和关键岗位倾斜的分配激励机制,最大限度地调动科技人员为农服务的积极性,加速农业科技成果转化为现实生产力。

发挥区域优势　发展有机农业

镇江发展有机农业有着众多的优势。境内地形地貌多样,低山、平原、丘陵、圩区兼而有之,江中有岛、水边有滩、山中有林,全市丘陵山地占51.1%,圩区占19.7%,平原占15.5%,水面占13.7%,森林覆盖率12.08%。特别是茅山地区,工业和农业污染少,生态环境好,自然抗病虫害能力较强,且人口密度每平方公里不足200人,仅有全省平均数的30%,生态环境质量达到了一级标准。镇江其他地区的生态环境质量也都在二级以上,资源条件适宜发展有机农业、生态农业。近年来,我市立足资源特点,围绕农民增收,积极开展农业结构调整,把有机农业放在重要的位置抓紧抓实,目前,有机农业已在我市有了良好的起步,2001年9月开始,我市在宁、镇、常三市交界处的茅山腹地启动了"茅山有机农业示范园区"建设,园区规划在2002年2月通过了由省环保厅主持的专家论证。园区核心地区规划面积3.5万亩,目前完成了启动区的水、电、路基础设施建设,初步完成了园区农业生态环境因子调查,已有27个农业项目进区,总投资9 514万元,已投入资金3 149万元,协议开发面积10 844亩,有机果品、有机茶、有机稻米、有机水产品、有机禽等品种的开发已全面展开,并有有机茶、水产品、桃、柿4个项目申请有机认证,进入了有机转换期。"茅山有机农业示范园区"将为镇江有机农业的发展起到很好的示范、带动作用。我们的做法和体会主要有以下4个方面:

1　首先是科学定位,制定规划,明确目标

1.1　定位与规划

根据市委、市政府建设"生态城市"的总体要求,结合绿色有机食品越来越受消费者青睐的实际,我们把生态农业、绿色有机农业作为我市农业发展定位之一。

坚持"高起点、高标准"的原则,在做好镇江农田环境质量普查的基础上,制定全市有机农业发展的总体规划。根据我市的区域特点,有机农业的发展方向初步确定为:丘陵地区,重点发展种草养畜、经济林果,利用较好的生态环境,逐步形成有机果品、有机畜禽、有机茶叶三大产业;沿江地区,充分利用长江水资源,大力发展无公害淡水产品,逐步形成以河豚、鮰鱼等为主的"长江牌"特种有机水产品产业;平原地区,利用生产条件好的优势,大力发展以"稻

本文系作者2002年9月参加江苏省有机农业发展研讨会的发言材料。

鸭共作"、"双低"油菜为主的优质粮油,逐步形成有机稻米、有机植物油和有机食用菌产业。做到市、县、乡三级有规划,有示范园区;每个产业有实施计划,有主打品种,有核心技术,有示范基地。同时,把"茅山有机农业示范园区"作为我市有机农业的核心区,制定了更为详细的发展规划,即围绕江苏丘陵地区农业产业结构调整的重点产业类型——以稻米为主的粮油、以应时鲜果为主的经济林果、以牧草种植为前提的草食畜禽三大产业类型,开发有机农业产业项目,示范、带动茅山丘陵腹地有机农业的发展,推动全市丘陵地区农业产业结构调整,推进全市丘陵地区生态农业、有机农业的协调发展,提升全市丘陵地区农业生产档次,实现发展农村经济、增加农民收入的目的。进一步加大规划控制力度,做到因地形制宜,同一项目成片开发;严格控制污染环境、破坏生态、影响景观的项目进园,对进区项目加强审核监督,使园区建设真正达到保护自然环境、保护生物多样性,人与自然、生态与经济协调发展的有机农业示范园区的建设标准。

1.2 主要目标

根据镇江的区域优势和基础条件,我市的有机农业将首先在有机稻米、有机茶叶、有机果品、有机禽及有机水产品等方面取得突破,3 年内获得有机产品认证 10 个左右,做到市有万亩有机农业示范园区,县(市)有千亩有机农业示范方,具备条件的乡镇建立有机农业示范基地。2003 年重点以"稻鸭共作,稻田套草,种草养鹅"农作制度为载体,推广稻鸭共作、种草养畜(鹅)面积分别突破1 万亩和 5 万亩,同时,加强有机茶、有机果和有机水产品生产技术的研发力度,中试面积力争分别达到千亩以上。

2 重点是制定标准,抓好基地,打响品牌

2.1 抓标准

农业标准化是发展有机农业的重要基础。近年来,围绕我市名优产品、特色产品、出口产品,按照"统一、简化、协调、选优"的原则,加快制定农业生产产前、产中、产后全过程的标准,推广先进农业科技成果和经验,确保农产品的质量和安全。特别是在无公害农产品生产的基地选择、品种选择、施肥灌溉、病虫害防治及采收的通用技术等方面,组织力量进行了重点攻关。在此基础上,注重抓好农业标准的推广实施。

2.2 抓基地

坚持从实际出发,先易后难,循序渐进,率先搞好无公害农产品生产,分期分批落实好无公害农产品生产基地,并逐步向绿色食品和有机食品方向发展。目前全市已有 35 个农产品获得无公害及绿色食品认证,通过省级检测的无公害生产基地近 4 万亩。2003 年计划再新建一批无公害粮油、蔬菜、桑茶果、水产品等

生产基地,面积将达到40万亩。通过2~3年的努力,把其中的一部分无公害农产品基地和无公害农产品提升为有机农业基地和有机农产品。

2.3 抓品牌

我市的恒顺系列产品、江南明珠大米、"继生"葡萄、张庙茶叶、"建新"食用菌、"长江"牛奶等产品,特色明显,品质好,知名度也较高,有的已经获得了"无公害农产品"认证或"绿色食品"认证。我们将围绕这些特色农产品,按照产业化的形式,通过技术改造转型并轨,向有机农产品系列开发、精深加工方向延伸,不断提高企业、基地的规模和效益,从而培植一批具有镇江特色的有机农业品牌产品。同时,大力开拓市场,充分发挥各种媒体的功能,采取多种形式,加大对有机农产品的宣传力度,扩大我市有机农产品在国内外的知名度;通过组织、引导和服务等多种途径,大力开展各种展销、推介活动,积极开拓省内、国内、国际市场,做到巩固省内市场、扩大国内市场、抢占国际市场,形成有机农产品的销售网络;积极在大型超市开设有机农产品专销区、专销柜,实行优质优价、特产特价,充分体现有机产品的价值。

3 核心是科技创新,投入创新,管理创新

3.1 科技创新

把有机农业特有的生产要求同现代先进的科学技术有机结合起来,提高有机农产品的科技含量。我们成立了"有机农业研究开发中心",并以此为主体,充分发挥科研院所、大专院校的人才优势,集中力量,开展联合攻关。近两年的重点是充分发挥丘陵山区与资源的优势,在全面采用综合生态农业技术的基础上,整合有机农业、优质栽培技术,组装集成优质有机农业生态技术体系,形成良性循环生态系统,同步生产纯天然、无污染、高质量的有机农产品,确保经济效益和生态效益的协调统一,确保农业可持续发展。在综合生态农业技术上,突出两个层次的立体农业分布:一个层次是山顶、山腰林木茂盛,山脚、缓坡果茶成行、牧草铺地,山冲大棚连栋成片和稻浪翻滚;另一个层次是山丘缓坡地的立体农业分布,即果树地间作牧草,牧草用来饲喂畜禽,实行果草结合、农牧结合的立体综合利用。在优质栽培技术上,通过引进国内外优质品种和先进技术,经消化吸收,结合市情组装成适合本市应用的技术,确保产品达全省、全国一流水平,优质高效,确保经济效益。

3.2 投入创新

坚持以财政投入和信贷投入为导向,以龙头企业和农民投入为主体,形成多形式、多层次、多渠道的开发投入机制。一是广泛吸纳工商资本、民间资本、外商资本投入有机农业,提高生产集约化水平;二是加快土地流转,鼓励和扶持产品市场前景好、科技含量高,并已形成产业化经营的绿色有机农产品企业实行土地

规模经营,既发展当地经济,又为当地农民在技术上起示范作用;三是充分利用资本市场筹集资金,吸引一批龙头企业加入有机农产品的开发行列。

3.3 管理创新

按照高新技术开发园区的管理模式来管理有机农业园区,对项目资金实行招标实施;遵循"谁投资、谁受益"的原则,只要有利于园区健康有序发展,有利于园区增强活力,有利于园区增强技术、经济、生态综合实力,突破所有制和区域界限,大力吸引项目进区。同时,用好既定的优惠政策,以良好的硬、软环境吸引国内外客商进园投资开发,使园区尽快形成我市农业的亮点,成为农民增收和农村经济的新的增长点。

4 关键是领导保证,合力保证,环境保证

市政府成立了发展有机农业的领导小组,各辖市、区也都建立起了相应组织,明确了目标任务和具体要求。如明确农口部门与质监、科技、工商等部门要加强信息服务、产销服务、科技服务,抓好无公害农产品、绿色食品、有机食品的基地建设,推行全程农业技术、产销等各个环节的服务,指导农民按标准组织生产经营。通过市、县、乡各司其职,各有关职能部门落实责任,形成上下联动抓有机农业的良好氛围。充分利用各种新闻舆论工具,大造舆论声势,向生产者宣传当前国内外市场、特别是国际市场对无公害食品、绿色食品、有机食品需求的趋势,引导生产者大力发展安全农产品生产;向广大消费者宣传农产品安全对身体的长期影响,帮助消费者树立农产品质量安全意识、环境保护意识,引导城乡居民建立起绿色消费的习惯,为发展有机农业提供较好的舆论氛围。进一步抓好农业生态环境建设,特别是抓好无公害、绿色、有机农产品生产基地和周边地区的环境管理,禁止创办有污染的企业,保护生产区的生态环境和野生动植物,维护生态平衡,为发展有机农业提供强有力的环境保证。

明确思路抓重点　争创种植业工作新优势

1　新形势下种植业工作的艰巨性

我国加入 WTO 后,种植业面临着前所未有的挑战,随着人民生活水平的提高及膳食结构发生的根本改变,特别是随着人民健康水平的提高,广大群众迫切要求进一步提高饮食的质量安全。同时,党的十六大提出全面建设小康社会的目标,种植业作为农民收入的大头,增收压力进一步加大。面对新形势,种植业必须做到"五个转变":转变思想观念、转变工作思路、转变工作方式、转变运行机制、转变工作作风。

2　转变思想观念

发展种植业,必须发挥其比较优势,树立粮经结构、品质结构、品种结构、内外销产品结构一起调,种植业"一处五站(农业处、农技推广站、园艺站、土壤肥料站、植保站、种子站)"一起动的意识,形成发展种植业的合力,以适应新形势对种植业的新要求。

3　转变工作思路

提高新形势下种植业工作的有效性,加快培育主导产业。重点是做好区域经济这篇"文章",实施优势农产品的区域化布局,即农业生产力合理布局,发挥比较优势,将生产、生态优势转化为商品优势和经济优势。围绕提高农产品市场竞争力,提高农业效益,提高农民收入,以产业化经营思路,整合生产要素。全市确定的农业六大产业中,种植业全面负责的有两项——优质粮油和高效园艺;涉及的工作有绿食食品、生态经济林。为此,我们要培植四大优势产品,即做大做强平原圩区的优质粮油,迅速培育起高效园艺产业;做大做特丘陵经济林果,做优做多绿色产品;加强"三个集聚",即优质粮油向平原集聚,园艺、林果向丘陵集聚,绿色食品向环境优势区域集聚。

4　转变工作方式

突出重点,提高种植业在农林工作中的地位。重点要围绕提高种植业的市场竞争力,突出产业化、科技进步、农产品质量安全、标准化生产和市场信息 5 个

本文系根据 2003 年 2 月作者在农林局种植业处站目标管理责任状签订会议上的即席讲话记录整理而成的,原载于《农林工作简报》。

环节,实施项目带动战略,工作重点向优势区域、优势产业、优势产品、优势品牌,特别是有龙头企业带动的倾斜。在实际工作中,要改变过去那种催种催收的方式,切实转变职能,实现"五提高":一是以建设无公害生产基地为突破口,提高农产品质量安全水平。做到3个结合,即环境保护与环境治理相结合,优质产品与安全产品相结合,高效生产与高质生产相结合。二是以优势专用品种为突破口,提高产品的科技含量。土肥站、植保站、种子站要结合耕地净化、品种多抗化、投入品种无害化,建立起"三化"生产技术体系。三是以培育加工龙头企业、强化其辐射带动能力为突破口,提高产业化经营水平。要改变过去那种只跑田头的做法,要跑车间、跑码头,做好中介协调工作,大力发展"订单农业",推进农业结构调整。四是以发展行业、专业协会为突破口,提高农业的组织化水平。今年上半年要成立茶业协会和种植业协会,同时要积极筹备肥料协会、农药协会、果品协会等,争取下半年条件成熟一个成立一个,努力使协会在推进产业化经营中发挥应有作用。五是以建设有机农业园为突破口,提高特色农业水平。重点培植主导产业,培育龙头企业,加强技术攻关,实施有机认证,建立有机农产品协会。

5 转变运行机制

围绕提高行业竞争力和自身经济实力,突出建立三方面机制:一是以知识、品种、技术"三项更新工程"为抓手,全面提升行业技术水平和业务水平;二是以园区建设为载体,全面提高农业技术示范推广水平;三是以技术服务产业化为目标,全力提升自身经济实力。要推进项目产业化,努力做到争取一个项目,做出一项成果,形成一个产品,打造一个产业;基地要围绕效益最大化,强化市场意识、效益意识,实行产业化、市场化运作;经营性项目要实行法人负责制,做到谁经营谁负责,责、权、利挂钩。

6 转变工作作风

工作作风是事业成败的关键。一是加强调研,要及时发现生产中出现的动态问题,及时掌握苗情、肥情、病虫情,简化次数,突出灾情和农产品市场动态,超前做好预测预报;二是加强产业化服务,把握市场信息,强化"订单农业",做好产销衔接;三是加大改革力度,推进改制步伐。特别是经营性单位和基地,要大力推行股份制,实行责、权、利挂钩,促进社会、经济、生态三大效益的同步提高;四是加强内部管理,强化责任制。要加强组织性和纪律性,严格执行各项规章制度;工作中要做到有计划、有落实、有检查,增强时效性、创新性和成效性;分配上要彻底打破平均主义,实行绩效挂钩,奖罚分明,提高干部职工的积极性。

提升产业层次 科学发展农业

党的十六届三中全会明确提出,树立和落实全面、协调、可持续的科学发展观。准确把握和自觉树立科学的发展观,不断探索实现全面、协调和可持续发展的新思路、新途径,对于农业和农村经济工作同样具有重要的现实指导意义。

科学发展观赋予发展更加丰富的内涵。科学发展观突破了以往把发展简单理解为经济增长的局限,强调正确处理经济增长的数量和质量、速度和效益的关系,重视经济、政治和文化的全面发展,重视人与自然的和谐发展,重视经济效益、社会效益和生态效益相统一的可持续发展,是人类发展、经济增长、社会进步、环境和谐的系统集成。它改变了从生产和供给的角度来考虑发展问题的思维定式,立足于社会主义社会的生产目的,顺应经济增长和社会进步的发展趋势,从满足人们日益增长的物质文化需要出发来思考和认识发展问题。

牢固树立全面、协调、可持续的科学发展观,既是农业和农村经济工作必须长期坚持的指导思想,也是解决当前农业和农村经济社会发展中诸多矛盾必须遵循的基本原则,实现农民增收、提高粮食综合生产能力、增强农产品市场竞争力,同样必须坚持科学的发展观。根据我市农业实际,结合贯彻落实十六届三中全会精神、十届全国人大二次会议和 2004 年中央一号文件的精神,要实现我市农业的全面、协调、可持续发展,必须全面提升农业的产业层次,重点在 5 个方面下功夫。

1 提升农业产业层次

提升农业产业层次,简而言之,就是在巩固和提高一产的同时,将一产向二、三产提升。这就要求用产业化的思路来谋划农业,走产加销、贸工农一体化的路子。要跳出就农业抓农业的圈子,不能再沿用传统的观念抓农业,走城乡统筹、产业统筹的发展之路;跳出就生产抓生产的圈子,注重市场建设,培育龙头企业,搞好中介服务,用市场经济的杠杆来调节生产,促进农业结构调整;不断提高农业组织化程度,转移农村劳动力,规范土地流转,积极发展农业合作经济组织和专业协会,推进适度规模经营;用现代化大生产的方式改造农业,用先进的科学方法管理农业,用先进的适用技术和先进设备装备农业,以发展农业产业化,推进农业现代化。

本文原载于《农业调查与研究》(2004 年第 10 期)和《镇江党政干部论坛》(2004 年第 3 期)。

1.1 发展农产品加工业

以沿江开发为契机,充分发挥我市的区位优势、资源优势、技术优势和人才优势,围绕提高农业综合生产能力、农业市场竞争力和增加农民收入,以科技创新、机制创新为动力,以产业升级为目标,在巩固提高现有农产品加工业的基础上,突破农产品精深加工技术,精心打造六大特色主导产业,在农产品加工规模、加工深度和加工企业带动农户上下功夫,通过农产品的加工,提高农畜产品的附加值,提升农业的综合效益;通过建立健全"公司＋基地＋农户"的紧密型利益联结机制,使农民不仅得到生产环节上的利益,而且得到加工和流通环节的实惠,尽快将资源优势变为产品优势和经济优势,努力提高我市农产品在国内、国际两大市场的竞争力。

1.2 发展市场农业

适应市场经济发展要求,善于用市场手段实现生产要素的配置,促进我市农业向规模化、集约化和特色化发展。认真研究我市农产品产销特点,兴办大中型农产品批发市场和专业批发市场,以市场带动和促进农业结构调整;重点围绕长三角城市群落中的居民消费需求变化,发展符合城市消费的风味农产品、休闲农产品和安全健康农产品,以及都市休闲观光农业。特别是要认真研究上海市场,加快我市农业与上海的对接;大力发展外向型农业,加快我市农业与国际接轨的步伐。

1.3 发展外向农业

以外向农业为重点,大力发展"三资"农业,以缓解长期以来我市农业投入不足的矛盾;通过导入市场运行机制、先进的管理技术,给传统农业注入新的生机和活力;积极营造招商引资的强势氛围,采用形式多样的招商方式,"政府搭台,企业(农民)唱戏",鼓励各级农业产业化龙头企业参加农业招商,打响我市产品品牌,树立形象,扩大知名度;加强农产品出口基地建设,针对我市农产品出口的薄弱环节,积极争取外向型农产品出口基地建设基金;筹建市农产品出口行业协会,加强农产品出口信息的搜集整理,不断提高我市农产品出口水平;突出围绕我市农业六大特色主导产业,强化项目载体、科技园区载体和农产品加工企业载体建设,强势提高农业利用外资水平。

1.4 发展观光农业

随着人民生活水平的提高,旅游观光已成为重要产业。充分利用人们回归自然的心理,加快我市森林资源、长江资源、人文资源和农业生产要素的集聚整合,形成一批高质量、大规模、多形式的观光休闲农业基地,促进观光休闲农业产业的形成。近年内,要充分利用现有基础,重点建立一批旅游观光基地,如以南山、宝华山、茅山为重点的森林旅游区,江心洲的农家乐休闲旅游区,瓦屋山生态旅游观光区,扬中市现代化农村建设示范区等。

2 提升农业技术层次

科技是第一生产力。农业发展进入新阶段后,结构调整与产业优化升级成为主要任务,传统农业已不能适应社会经济发展的需要,加速传统农业向现代农业跨越已成必然,而加速这个过程的主要动力就是科学技术。加强与大专院校、科研院所的合作与交流,加快新品种、新技术的开发和引进;充分发挥农技推广网络的作用,进一步加大先进适用技术的推广力度,加快新技术的推广步伐,全面提升农业技术层次。

2.1 由传统技术向高新技术转变

传统的精耕细作技术已不能适应农业产业化的需求,加快各项高新技术在农业上的应用与推广是解决问题的关键。积极开发生物灾害防治技术、产后储运保鲜加工技术、农业资源综合利用技术、农业生物工程技术和农业信息技术,加快稻鸭共作技术、早川葡萄栽培技术、蔬菜防虫网技术、光合细菌养鱼技术和土著菌生态养猪技术等成功技术在我市的应用步伐,实现传统农业技术向高新农业技术转变。

2.2 由单一技术向复合技术转变

单一作物、单项技术已不足以有效提高劳动生产率和综合经济效益,必须实行作物复合种植,如间作套种;农牧结合,如稻鸭共作;农渔结合,如稻田养鱼;农林牧结合,如果草间作、种草养鹅等。同时,加快农业生态技术、环境保护技术、设施农业技术等复合技术的开发应用,努力提高资源利用效率,增加农业综合效益,促进农业的可持续发展。

2.3 由经验型技术向标准化技术转变

目前,大部分农民主要是凭借自己的经验来从事农业生产,农业的增产增收主要依赖于品种、化肥、农药、矿物能源、机械动力等投入的大量增加而实现,有些资源没有得到充分利用,有些措施也未必科学,这种方式显然不能适应农业持续发展的需要。运用农业标准化技术、信息技术对农作物、畜禽鱼、林果实施定位管理,根据实际需要进行定量投入等,实现农业的工业化生产,不但可以最大限度地提高农业现实生产力,而且是实现优质、高产、低耗和环保的可持续发展农业的有效途径。比如,将气候、土壤、苗情、病虫情报及管理措施应用计算机模拟,通过精确施肥、经济用药等栽培技术的优化,既能节约农本,又能获得理想产量与品质,实现效益的最大化。

3 提升农业产品层次

随着人们生活水平的日益提高,消费者对农产品的要求也越来越高,不仅要看内在质量,还要看外在包装;不仅追求口味口感,还要追求品牌特色;不仅讲究货真价实,还要讲究携带方便;不仅要求农产品具有解决温饱的功能,还要求它具有营养、保健的功能。纵观我市现有的农产品,单一加工的初级农产品多,深加工的终极产品少;大众化的农产品多,名品精品少,农产品的整体层次较低,产品转化率、附加值、经济效益都不高,难以满足消费者的消费需求和农民增收的需要。必须适应市场需要,在提升农产品层次上下功夫。

3.1 由大宗农产品向精细农产品提升

粮棉油、猪牛羊、鳊鲢鳙等俗称大宗农产品,经过 20 世纪八九十年代的努力,已基本做到供求平衡、丰年有余,而精细农产品则供求偏紧、十分俏销。我市丘陵资源和长江资源丰富,发展多元化的农产品具有较好的基础条件。要在稳定提高粮食综合生产能力的基础上,立足市场,加快农业结构调整步伐。种植业上,适当发展具有保健功能的旱杂粮,大力发展时鲜蔬菜、野生蔬菜、应时水果、名特茶叶、高档花卉苗木等;畜牧业上,加快三元杂交猪、杂交山羊的发展步伐,大力发展特色地方家禽和草食畜禽;渔业上,围绕"长江系"打响"长江牌",重点发展长江鳜鱼、黄颡鱼、河虾、河蟹、河豚等长江特色水产,从而实现农产品的多元化。不仅保障大宗农产品的有效供给,而且满足不同消费层次对精细农产品的需求。

3.2 由大众农产品向名特优产品提升

传统的农业生产重量轻质、重产轻销,而且重地产地销、轻外销外贸,因而生产出的产品多半是大路货,名特优产品较少,特别是有较高知名度的品牌产品更少,对外地、外国市场占有率较低。必须充分利用资源优势,挖掘传统产品,培育特色产业,多产像肴肉、小磨麻油之类具有传统特色的产品;通过引进新品种,推广新技术,提高农产品品质,生产出诸如以稻鸭共作为主体技术的有机产品等,以满足市场对优质产品日益增加的需求;围绕六大特色主导产业,发展加工业,培育更多的像恒顺香醋、金山翠芽、月新竹艺等知名品牌产品。通过培植更多的名特优农产品,提高附加值,增强市场竞争力。

3.3 由初级农产品向精深加工农产品提升

我市的水稻、油菜、应时鲜果、茶叶、特种水产、草食畜禽等生产已具备一定规模,但进入市场多以初级农产品形式出现,附加值低,无论是加工规模,还是加工精度,都与我市所处沿海发达地区、特别是苏南板块的地位极不相称,必须大力发展农产品加工业。一方面,要充分发挥我市已有 31 家省、市级以上农业产业化龙头企业的作用,通过发展"订单农业",建立有规模、上水平的农产品生产基地,提高加工原料的质量;通过技术引进和消化,增强其加工、保鲜、储藏能力,提高农产品的内在品质和精深加工水平;通过农产品的形象设计、产品包装、宣传创意,打造农产品的外部形象;通过加大宣传、推介力度,快速渗透市场,扩大产品知名度,提高市场占有率。另一方面,要根据我市农产品生产状况,扶持发展新型加工业,特别是应时鲜果、特种水产、畜禽产品,要尽快培植加工企业,防止鲜果烂市、养殖产品难进超市和大城市等尴尬现象的发生,以全面实现初级农产品向精深加工农产品的提升。

4 提升农产品质量层次

农业必须从片面追求数量的增长逐步向同时追求质量、安全转变,从单纯注重追求农产品自身质量的提高逐步向同时追求品牌效应、市场效应转变。质优价廉、营养安全已成为人们对食品的基本要求,提升农产品的质量层次,不仅是广大消费者的消费需求,更应成为农业发展自身的需要。

4.1 提升农产品的营养质量水平

在温饱问题解决之后,营养成为农产品的基本要素。要提升农产品的营养水平,必须从品种抓起。要加大动植物品种更新力度,引进品质优、营养元素相对全面的新品种,乃至新的动植物种类,适时淘汰落后退化的品种;同时推广先进的种养技术,实行良种良法配套,最大限度地发挥基因作用;要采用"绿色"加工技术,在不破坏或少损害农产品本身营养的前提下,对农产品进行深度加工。

4.2 提升农产品的安全质量水平

农产品质量安全是近年来人们比较关注的热点、焦点问题,它与人们的身体健康密切相关,因此,农产品生产也必须以人为本。近两年来,我市的农产品安全质量有了长足的进步,制定了一批农业标准,认证了一批无公害农产品,建立了一批无公害农产品生产基地。但这只是初步的、低层次的。广大农民的标准意识尚未确立,一些地方为认证而认证,并未从源头、从每个环节抓起,真正注重安全质量,因此,必须从提高广大农民的标准质量意识入手,认真贯彻实施已有的各项国标、行标和地方标准,同时建立健全农产品质量标准体系,使我市农业真正做到规范生产;加强农业生态环境保护,控制或消除环境污染,实行清洁生产,大规模建设无公害农产品生产基地;加大无公害农产品、绿色食品及有机食品认证力度,引导绿色消费,倡导优质优价;建立健全农产品质检体系,实施全程质量控制,加大认证产品的复查力度,全面提升农产品安全质量水平;加强动物的防疫检疫,抓好动物重大疫病的防治,确保消费者吃上"放心肉蛋奶";进一步强化市场准入制度,在超级市场、农贸市场和农产品批发市场有计划地推行无公害农产品专卖区,逐步实行凭认证标志入市,以市场行为带动农民安全质量水平的提高。

4.3 提升农产品的商品质量水平

农产品要入世,先进超市,从一定程度上反映了现行农产品生产、商品质量水平不高的现状。初级产品多、散装产品多、无标识产品多,是我市农产品入市的主流,必须加快树立品牌意识、包装意识和质量意识,在提高农产品内在质量的同时,大力发展有商标,有条形码,有质量认证,有产品使用说明,有产地、生产日期、保质期等标识的小包装、精包装,全面提高农产品的外观质量,增强农产品的商品性,提高农产品的附加值。在此基础上,借鉴上海、北京等地的做法,将城市农贸市场改建成农产品超市,全面提升农产品的商品质量水平。

5 提升农村劳动力素质层次

人是生产力中最活跃的因素,高品质的产品必须由高素质的人生产出来。农民是农业发展的主体,他们的素质高低在很大程度上决定了一个地区农业发展的命运。随着世界经济一体化进程的加快和农业产业化的发展,对农民的整体素质提出了更高更新的要求。要提升农业产业层次、技术层次、产品层次和农产品质量层次,归根到底要靠农民素质的提升,迫切需要培养一批懂管理、会科技、善营销的新一代农民。

5.1 提升务农劳动力的科技文化素质

提升务农劳动力的科技文化素质,是提高农民整体素质的基础,也是增强我市农业竞争力的基本要求。通过整合乡镇成人文化技术学校、农村职业学校、农广校等各类教育资源,开展农村青年中学后教育活动,组织农民学政策、学法律、学理论,提高农民的文化水平、政策水平和法制水平;通过开办各类农业技术培训班,发放农业技术资料,组织农业专家送科技下乡,举办广播、电视、报纸农业技术讲座等形式,提高农民的农业科技素质。通过健全农业技术推广体系,兴办科技示范园,发展科技示范户,加快适用农业技术的推广和应用,提高农民的科学技术运用能力。

5.2 提高农村转移劳动力的专业技能素质

要农民致富,必须减少农民,这已成为社会共识。农村劳动力转移,无论是就地转移,还是外出转移、出境转移,都需要有一技之长。只有具备一技之长,才能做到相对稳定的长期转移,才能获得相对较高的收入,否则只能是低收入的临时打工。因此,必须要以劳动力市场需求为导向,以适应用工岗位和技能要求为目的,以农干校和职业学校为基地,同时协调有实力的社会力量,积极开展农村劳动力的专业技能岗前培训,切实提高农村劳务输出人员的就业能力。

提升农业产业层次,科学发展农业是一项社会系统工程,需要各级政府高度重视、统筹规划、增加投入;需要全社会的关心支持,尤其是要得到城市工业、贸易、金融、旅游及科研等部门的支持;农业及涉农部门也必须提升为农服务层次,在政策落实上下功夫,在法制宣传上尽努力,在技术推广上抓到位,在信息服务上搞突破。只有全社会各方面齐心协力,农业和农村经济才能实现全面、协调、可持续的发展。

大力实施优质粮食产业工程 稳定提高粮食综合生产能力

实施优质粮食产业工程、提高粮食综合生产能力,是贯彻落实中央一号文件精神的具体措施,是新阶段保障国家粮食安全的战略选择。我市在省政府、农林厅粮食安全会议召开后,进一步统一思想,提高认识,正确把握实施优质粮食产业工程与农业结构调整、促进农民增收、促进区域经济发展的关系,正确把握稳定提高粮食综合生产能力与粮食安全、社会稳定的关系,真正把本地的粮食问题放到整个国家和全局中考虑和安排,切实把思想统一到中央精神上来,积极采取综合性政策措施,掌握主动权,千方百计地保护和提高我市粮食综合生产能力,确保粮食安全工作。

1 我市农业生产面临的严峻形势

近几年,由于经济和农村城市化建设的迅速发展,人民物质生活水平的不断提高,以及农村产业结构调整的不断深化,镇江的农业资源面临着极大的考验。

1.1 耕地数量锐减,耕地质量下降

据 1985 年统计,全市人均土地面积 2.1 亩,人均耕地面积近 1 亩,第二次土壤普查资料表明,我市当时耕地面积 276 万亩,可以开垦种植的土地已基本得到充分利用,几无后备资源。到 2003 年为止,据有关统计资料表明,我市仅有耕地240 万亩,20 年间耕地面积缩减了 36 万亩,人均耕地只有 0.828 亩,逼近联合国粮农组织确定的 0.8 亩的警戒线,人地矛盾尖锐。另外,"十五"与"八五"期间相比较,10 年间全市耕层土壤养分有机质下降 0.154 个百分点,碱解氮下降11.2 ppm,速效磷、钾分别下降 0.3 ppm 和 19 ppm;全市平均地力水平,小麦下降 2.8 个百分点,水稻下降 14.5 个百分点。全市耕地中只有 20% 属高产田,其余 80% 皆是中低产田,需培肥改土。

1.2 工业"三废"污染严重,水土流失加剧

我市是全国乡镇工业发展较早的地区之一,工业相对比较发达,对发展农村经济、缩小工农差别和城乡差别发挥了积极作用。但是,相当一部分企业设备比较简陋,工艺相对落后,技术含量不高,人员素质较低,导致了其在生产过程中大量排放"三废"。这些污染物排入河流、进入农田后,构成我市农业生态环境的主要污染源,成为农业环境的最大威胁。据不完全统计,"十五"以来,全市年废

本文系作者 2004 年参加全省优质粮食产业工程项目座谈会的交流材料。

水排放总量达 8 131.05 万 t,废气排放总量达 819.09 亿 m³,固体废物产生量 272.23 万 t,另有历年固体废物堆存量 1 197 万 t,全市平均每平方公里年接纳工业废水达 2.12 万 t,工业废气达 2 128.61 万 m³,降水酸雨出现频率达 23%。20 世纪六七十年代的碧水蓝天在多数地区已不复存在。农业生态环境被污染的事故每年都有发生,农业安全生产无疑受到严重威胁。

一方面,丘陵地形是我市的主体,国土面积占全市的 2/3,由于坡耕地较多,且多种植旱谷,种植结构不够合理,植被覆盖率较低,易造成水土流失;另一方面,矿产资源较为丰富,集体与个体采矿点较多,仅句容市就有较大规模的采石场及水泥厂 18 家,小型采石场近 200 个,弃土弃渣随意堆放,不仅其粉尘严重污染环境,而且加剧了水土流失。据有关资料,全市水土流失面积 455 km²,占全市农村陆地面积的 15.56%。可见,镇江的农业生产环境异常脆弱,必须加强保护。

1.3 农村基本农田水利设施陈旧老化

我市不同自然生态区内耕地类型多种多样,平原、岗、塝、冲、坡地兼存,且海拔高度大多不一致,部分农田需两级提水灌溉,因此农田水利设施在我市农业生产中占有很大的贡献率。但是长期以来,由于大部分基本农田水利设施陈旧、老化且年久失修,抗灾减灾能力明显减弱。全市共有 101 座水库,多为 20 世纪 80 年代前建造,涵洞封闭不实等现象也时有发生,且水库库容量偏小,汛期经常发生涨库溢洪事故。如 2002 年入梅期间,句容华阳以南 9 个乡镇因茅山地区的水库接纳能力有限,全部涨库,时年当地农民减产达三至五成。农田沟渠供水排水能力下降,渠底因长期泥沙淤积而抬高。田间过路涵闸数量偏少,农田道路缺少硬化,不便于农资运输和农田机械操作。所以,要保证我市农田高产,必须加强农村基本农田水利设施建设。

1.4 农业技术研发滞后,农技推广队伍萎缩

因财政对农业的投入资金逐年下降,我市农技推广队伍和农业科技研发能力曾受到很大影响,据有关统计资料表明,自 20 世纪 90 年代到现在,我市乡镇级农技员共减少了 1/3~1/2,部分乡镇农技站因资金困难难以"养活"所有成员,裁减农技人员的现象时有发生。农业科技人员也因缺乏资金投入而无力购买相关仪器、药品及配套设施,因此部分农业试验一度中止研究;农业科技开发应用规模受到很大的限制,以致我市农业科技储备日益匮乏,农业科技特别是生产上推广的依旧是肥床旱育、叶龄模式、直播稻、群体质量等几种栽培技术,均为 20 世纪 80—90 年代的研究成果,单产水平徘徊不前。而节水、节肥、精确施肥、省药、安全、高效的现代生态农业课题却因经济问题而无力开展。

2 提高粮食综合生产能力的战略思考

解决新时期的粮食安全问题,不能再回到"以粮为纲"的老路上去;恢复和

发展粮食生产,核心是保护和提高粮食综合生产能力。要努力提高基本农田的粮食产出能力、农业基础设施的抗灾减灾能力、粮食生产的科技进步能力、商品粮食的保障供给能力、优质专用粮食的市场竞争能力、粮食加工转化的增值能力和粮食生产的可持续发展能力。目前,当务之急是提高基本农田粮食产出能力、农业基础设施抗灾减灾能力和粮食生产科技进步能力。我市当前的工作必须突出抓好4个关键环节:

2.1 切实加强耕地保护工作

全力保护现有耕地数量不减少,提高耕地质量。坚决贯彻《中华人民共和国土地法》,实行最严格的耕地保护制度,依法加强对土地开发利用的管理和监督检查,坚决遏制乱征滥用耕地的现象,真正把"十分珍惜、合理利用土地和切实保护耕地"的基本国策落到实处。清理各类开发区、园区。改革征地制度,完善征地程序。加强土地用途管制,控制新增建设用地规模。

2.2 加强农业基础设施建设

加强农田水利化建设,进一步完善基本农田建设的配套水利设施工程。大力发展节水灌溉工程,提高水资源的利用率。加强农业生态环境建设。大力发展旱作农业。增加对农业科技体系和农村"六小工程"建设的投入。农田水利基本建设,要以基本农田的水利建设为重点。一是健全和完善农田排灌系统。逐步扩大排灌面积,真正做到有涝能排、遇旱可灌,不断增强抗灾能力,力争把灌溉农田都建成高产稳产的基本农田。对于用水困难的农田,要大力发展旱作。二是加大中低产田改造力度。要加大农业综合开发力度,通过推广灌溉、排涝治渍、农田整治和土壤改良等各种技术措施,提高中低产田质量和综合生产能力。根据不同情况,力争经过坚持不懈的努力,使大部分低产田达到现有中产田水平,大部分中产田达到现有高产田水平。三是努力增加基本农田面积。通过开展水利建设和土地整理,努力建设旱涝保收的基本农田。各辖市区都要根据实际情况,合理确定基本农田总量,不得随意调减面积和调整地块,确保人均达到一定数量的基本农田。四是严格管理基本农田。不得随意改变耕地用途,不得在基本农田挖鱼塘、栽种树木,不得破坏农田水利基础设施。对违法随意改变基本农田用途、破坏水利设施的,必须依法严肃追究责任。

2.3 加大对农业和农村的投入,提高支农资金在财政支出中的比重

突出投资重点,新增资金重点投放到优质专用良种繁育、标准粮田建设等公益性比较强的项目,同时也适当考虑种粮农户因购买力不足难以购置动力机械和配套机具等现实问题,加大对农业机械化建设的投入。在加大政府投入资金的同时,还将鼓励和引导农户、企业及社会各方增加投入。对涉农项目、农业科技进行重点扶持,对取得卓越科技成果的人员给予重奖。支农资金必须全部以农业项目建设为突破点,重点解决我市农业科技重大问题及提高科技在我市农

业中的应用率和贡献率。

2.4 不折不扣地落实好国家有关政策

落实好降低农业税税率、取消农业特产税和对农民的粮食直接补贴政策。今年我市决定京口、润州两区农业税全免,其余几个辖市(县)农业税率下调3个百分点,并将在两年内全部免除农业税。

3 大力实施优质粮食产业工程

实施优质粮食产业工程是事关国家经济发展和社会稳定的大局。对于保持和提高我国粮食综合生产能力,确保国家粮食安全,增加主产区农民收入和促进区域经济发展,提高粮食产业国际竞争力,都具有十分重要的意义。实施优质粮食产业工程,也是促进我市农民增收和区域经济协调发展的有效途径。为此,在提出增加政府投入、改善粮食生产条件的同时,必须突出高产和优质的目标。通过发展优质、高产、高抗粮食品种,推广一批先进适用技术,提高粮食品质和产量,达到降低生产成本、提高种粮效益的目的。将粮食加工与粮食生产结合,系统构建从生产到加工的粮食产业链,形成生产支撑加工、加工带动生产的良性循环,从而提高粮食产业的整体水平,增强粮食产业的整体竞争力。实施优质粮食产业工程,还是提高我国粮食产业市场竞争力的重要举措。长期以来,我国粮食加工企业规模小,加工转化能力低,产业体系尚不健全,难以实现优质优价和加工增值,不能有效拉动区域经济发展和增加农民收入。入世后,在我国粮食产业面临进口的压力下,尽快提高市场竞争力,是粮食产业发展的迫切要求,也是产业发展和农民增收的需要。通过实施国家优质粮食产业工程,支持和发展主产区粮食加工、储运和流通,做大做强主产区的粮食产业,就能提高粮食附加值和综合效益,进而增强我国粮食产业的竞争能力和可持续发展能力,从根本上提高农民的收入。我市主要从以下几个方面入手,深入解决本地区的优质粮食产业化问题:

3.1 优化粮食品种品质结构,提高粮食市场竞争能力

在不放松粮食生产、不影响粮食综合生产能力、保护粮食生产能力的前提下,继续深入推进农业结构调整,进一步提高农业的整体素质和效益。在优化种植业结构方面,切实搞好粮食生产布局和品种结构调整,要按照市场优质化、多样化、专用化的要求,大力发展优质专用粮。要切实抓好我市优质弱筋专用小麦、优质中筋小麦、优质稻米、丘陵特色优质小杂粮生产等基地建设,提高优质粮占粮食总量的比重,积极发展高效优质粮食作物,提高农业比较效益,形成我市区域特色优质粮食产业带。要继续在我市农村产业结构取得已有良好成绩的基础上,进一步巩固成果,加快优质良种引进的力度,提高种植业优质品种应用水平。在品种应用上,农业推广部门必须加大高产、优质、抗性好、商品率高的优质

良种的引进力度。采用良种补贴和良种应用相结合,非良种不补;采用优质优价的原则,保证良种推行力度,真正把优质粮食产业工程统一到农业增效和农民增收上来。

3.2 扶强粮食龙头企业,促进粮食产业化经营

增加对各辖市区粮食龙头企业的投资力度,着力培养并扩大其年粮食加工生产能力,特别是对年加工生产能力达 15 万 t 以上的粮食龙头企业要重点扶持和加强引导,使其不仅能带动本辖市区所有乡镇农户的粮食销售,而且对周边县市农民的种粮也有影响和辐射作用。对优质品种的粮食全部采用订单化生产、标准化管理、保护价收购,真正做到以企业为龙头,以地方农户为龙身,形成"公司+农户"的产、加、销一体化的农业产业链。

3.3 大力发展粮食精深加工,提高粮食综合效益

要拓宽以粮食为原料的工业加工领域,实施名牌战略,开发新产品,提升产品市场竞争力;要加大对省定重点粮食加工企业的扶持力度,通过技术改造,使这些企业形成主业突出、技术先进、市场占有份额较高的加工企业集团;要继续引进推广国内外先进粮食加工技术,重点发展萃取、提纯粮食有效成分的高科技粮食加工企业,扩大用小麦生产乙醇汽油、酒精、液体二氧化碳,用小麦提取维生素 E,用大豆提取蛋白、合成蛋白纤维等项目的生产能力,大幅度提高粮食附加值。通过发展粮食精深加工,拉长粮食产业链条,提高粮食综合效益,让农民增产又增收。发挥我市粮食主产区的资源优势,把粮食产业做大做强,把资源优势彻底转化为经济优势。

3.4 提高优质粮食产业化的科技进步和科技支撑能力

以科技的理念推进优质粮食产业工程建设,是我市在耕地资源和水资源双重约束下发展粮食产业的现实选择。我市耕地资源少,人均耕地不到 1 亩,随着工业化、城镇化的推进,耕地将继续减少。在水资源方面,我市有近 1/3 的土地是丘陵坡地,用水特别困难,对农业科技的发展提出了更高的要求。只有突破过去那种单纯追求粮食播种面积和粮食产量的观念,由单纯"藏粮于库"向"藏粮于库""藏粮于地"和"藏粮于科技"结合转变,把科技进步贯穿到优质粮食产业工程建设的各个方面,充分发挥农业科技在粮食产业中的作用,才能切实提高我市粮食的综合生产能力,促进粮食产业的持续发展。实施国家优质粮食产业工程,将紧紧依靠科技进步,推进农业增长方式的转变。通过完善和建设本地良种选育和技术创新中心,开展新品种选育、品种区试及综合配套技术的开发试验与集成应用研究,为优质粮食产业的发展提供长期的技术支撑和品种储备;通过实施病虫害防控项目,改善粮食产业植保技术装备水平和能力;通过推广科学配方施肥,提高土地肥力;通过推广喷灌滴灌、有效利用降水技术,突破水资源对粮食生产的制约;通过推广深耕深松、精量播种、化肥深施技术,提高农机作

业与先进技术应用的集成能力和应用效果;通过支持粮食加工企业的技术改造,引导企业向农产品精深加工方向发展。

3.5 加大对优质粮食产业化工程项目的财政支持力度

实施优质粮食产业工程要以政府投入为主导。从项目建设作用来看,优质粮食产业工程的大多数建设项目具有很强的公益性和外部性政府投入,并经统一协调才可以实现有效控制。从项目建设内容来看,优质粮食产业工程建设的重点是解决一些影响粮食发展的关键性问题,如优质专用良种育繁项目,重点是建设新品种配套技术研发所需的基础设施和原良种扩繁基地;标准粮田项目,重点是建设道路、林网、排灌、基础地力恢复、土壤改良、水资源及环境监测和配方施肥等基础设施。从项目投资特点来看,优质粮食产业工程的一些基础设施建设项目,投资规模大,投资周期长,资金回收慢。比如,地力培育不是一次投资就可以完成的,需要逐年进行投资改良,才能达到改善耕地质量的目标。由于这些项目具有公益性、外部性和长期性的特点,搞好工程建设必须由国家和各级政府增加投入。搞好优质粮食产业工程建设要突出投资重点。从投资渠道来看,近几年,有关部门通过一些工程项目对粮食生产已进行了一些投入,但管理主体多、使用分散、投资力度不够,造成投资重点不突出。整合现有投资,既需要一定的时间,又有较大的难度,很难在短时间内集中发挥作用,因此需要尽快增加新的投入。从项目内容来看,新增资金重点要投放到优质专用良种繁育、标准粮田建设及病虫害防控等公益性比较强的项目上,但也要适当考虑种粮农户因购买力不足,难以购置动力机械和配套机具等现实问题,加大对农业机械化建设的投入。

3.6 在加大政府投入的同时,鼓励和引导农户、企业及社会各方增加投入

优质粮食产业工程建设涉及粮食产业发展的各个环节和各个方面,仅靠中央及地方各级政府的投入是不够的,还必须采取一系列政策措施,鼓励和引导农户、企业及社会各方积极参与优质粮食产业工程建设。项目建设将始终坚持"谁投资、谁收益"的原则,调动和保护社会各方参与优质粮食产业工程建设的主动性和积极性,并进一步扩大对外开放,努力引进项目和外资。

对镇江农业综合生产能力建设的初步思考

改革开放以来,镇江的农业大致经历了4个阶段。以粮食生产为例,即1978—1986年的数量增长,1987—1996年的数量与质量并重,1997—2000年的重视质量、效益的提高和2001年至今的更加注重质量安全建设阶段。目前正逐步转变为农业特别是粮食综合生产能力建设的新阶段。加强农业综合生产能力建设,对于确保国家粮食安全,维护社会稳定,促进农民增收,具有深刻的政治意义和经济意义。

当前,农业的发展特别是粮食生产正处于一个重要战略机遇期。一是党中央、国务院高度重视农业,将加强农业基础地位,促进农民增收,特别是粮食生产作为党和经济工作的重中之重;二是以统筹城乡发展为代表的科学发展观,从根本上着手解决城乡二元结构和市民与农民待遇不平等的问题,为城乡经济一体化发展解决体制与机制上的障碍;三是在财政支出结构上,开始从以农支工向以工哺农方向转变,正在农村普遍开展的"五件实事"就是其集中体现;四是"一取消三补贴",即3年内取消农业税,给农民粮食生产直接补贴、良种补贴、农机补贴政策深得民心,这是我国五千年农业文明史上的首次,是农业经济发展上的重大历史性转折,中央采取的"多予、少取、放活"的方针,正得到有效贯彻实施,充分调动了广大农民种田特别是种粮的积极性。紧紧抓住重要战略机遇期,必须在指导思想上借鉴现代工业的理念,加快农业特别是粮食发展;运用统筹兼顾的理念,繁荣农村经济;坚持以人为本的理念,促进农民增收;坚持可持续发展的理念,切实转变农业增长方式,全面提高农业特别是粮食综合生产能力。

1 农业发展中存在的主要问题

预则立,不预则废。有效解决农业经济运行中的问题,是推进农业持续发展的最好方法。当前,农业发展中的问题主要集中于5个方面:

1.1 农业结构调整难度加大

随着国家宏观调控政策的实施,耕地保护制度的严肃,农业结构调整的资源空间相对较少,农业内部结构难以大幅度调整。

1.2 农民增收的持续、稳定、高速增长机制尚未建立

今年的农民增收预计将达两位数增长,既有农产品特别是粮食增产、提价因

本文原载于《华东农业发展研究》(2004年第4期)和《农业调查与研究》(2004年第31期)。

素和劳动力转移收入,也有"一降三补"的政策因素,这些增收因素具有很大的不确定性和局限性。即使政策稳定,市场、技术、自然三大风险也将严重制约着农民收入的稳定增长。

1.3 重大动植物疫病的威胁依然存在

今年暴发的禽流感和水稻条纹叶枯病,给农业的预警、控防机制敲响了警钟,无论是来自国际的传播,还是国内的传播,毒源基数都较大,重大动植物疫病的潜在威胁依然存在,防控形势严峻。

1.4 农业产业化经营水平不高

镇江市农业龙头企业总体上数量不够,规模不大,带动力不强,企业与基地的联结机制不紧;市场发育不完善,至今没有形成一家有影响力的大型农产品批发交易市场;农业合作经济组织数量尚少,运行欠规范,实体化运作的不多,农民和农业生产的组织化程度不高。

1.5 农业生产基础脆弱

农业生产基础脆弱主要表现在"四基"不稳:第一,基本农田减少将呈不可逆转的趋势。尽管耕地要保护,但是经济要发展,大规模的基本建设用地难以避免,就本市而言,占一补一有潜力,但难度很大。第二,基础设施薄弱。镇江耕地的2/3是丘陵,中低产田也占2/3,加上近年来大规模建设用地,农田基础设施受损严重,易旱易涝现象显现,至今多数地区难以"人定胜天"。第三,基本队伍不稳。镇江现有乡镇农技推广机构71个,1 404人,财政全额拨款占25.3%,差额拨款占56%,自收自支占18.7%,专职专心搞推广的少,蹲村打杂忙"饭"吃的多。在禽流感、水稻条纹叶枯病来袭之际,充分暴露了农技推广队伍的"弱质"性。第四,基本素质下降。其原因既有乡镇分管农业的不懂农业,也有从事农技推广的不懂农技,更有新一代农民既缺技术又缺经验,从事农业工作的队伍素质有下降趋势。凡此种种,从农业发展中出现的问题不难看出,镇江农业综合生产能力还相当薄弱。

2 农业发展战略与综合生产能力建设的主要内容

2005年乃至"十一五"期间,镇江农业的发展战略是:以粮食增产、农民增收为目标,坚持高产与优质并重、产量与效益统一,突出抓好品种、技术和知识更新三大工程,大力推进城乡统筹发展、农业结构调整、农村劳动力转移和生态农业建设,全面提高科技进步对农业发展的贡献率,全面提高农业产业化经营水平,全面提高农产品的市场竞争力,全面提高农业综合生产能力。围绕农业发展战略,逐步实现农产品质量建设向农业综合生产能力建设的转变。

2.1 基本农田产出能力

提高基本农田产出能力,主要是提高经济产量,是保障农产品有效供给的基础。

2.1.1 提高总产能力

面积是总产的基础,保护农田是保证农产品总量的根本措施。要严格执行《中华人民共和国土地管理法》和《基本农田保护条例》,实行最严格的耕地保护制度,依法加强对土地开发利用的管理与监督,坚决遏制乱征滥用耕地的现象;大力开展土地复垦开发整理,确保建设用地占补平衡;认真贯彻《国务院关于坚决制止占用基本农田进行植树等行为的紧急通知》,严格执行国家"五不准"规定,坚决制止任意改变基本农田用途的行为,确保基本农田稳定;同时,实行耕地数量与质量并举,巩固高产田,提高中产田,改造低产田,开发后备资源田;加大对基本农田的综合整治和培肥改土力度,增施有机肥,改良土壤,防止土壤退化;实行用地与养地结合,提高耕地的肥力水平,提高耕地综合产出能力。

2.1.2 提高高产能力

提高单位面积产量是提高基本农田产出能力的重要方面。提高单产的关键是科技进步。要加大新品种开发力度,加速原良种扩繁,加快品种更新;实行良种良法配套,提高技术配套集成能力;积极推广精量播种、化肥深施、秸秆还田、机械收获等机械化作业技术,推进适度规模经营,推行节本降耗、增效技术;大力推广平衡施肥、精确施肥、有机废弃物利用、保护性耕作等先进实用技术;加强自然灾害特别是病虫害综合防控能力和应急救灾能力,坚决控制突发性、暴发性、迁飞性、流行性农业生物灾害,充分发挥科技在增产增效中的作用。

2.1.3 提高稳产能力

稳产的关键在于抗灾减灾能力的提高,主要体现在农田基础设施和农机装备水平。要实施标准农田建设,大搞中小型农田水利工程,扩大有效灌溉面积,提高抗旱排涝能力;大搞地力培肥,遏制土壤退化、生态恶化趋势;强化农业服务体系建设,集成农机装备技术,提高机械化作业覆盖面;建立起病虫等有害生物预测预警体系,大搞非疫区建设,加强农资市场监管,确保病虫害不起飞、不成灾、不扩散,把灾害损失控制在经济阈值之内。

2.2 科技支撑能力

科技是核心竞争力,科技支撑的重点是在提高单位产量的同时,着力提高综合经济效益。

今后几年,重点要加强关键共性技术攻关,加快开发能够推动结构、产业、技术、产品和质量升级,促进可持续发展的关键技术和配套技术。以农产品深加工为龙头,提高产前、产中、产后的技术水平,进一步优化农业结构,提高农产品质量和效益,稳定提高农业综合生产能力。重点实施优质高产高效动植物新品种培育、动植物重大病虫害防治、节水农业、清洁生产、标准化生产、农产品深加工转化、高效设施农业、生态农业、高效畜牧业、农业信息化、农用生物药品创制、控释专用复合肥、精确农业技术及现代农业装备技术、农产品储运、保鲜技术等重大项目;加强先进适用技术的推广普及,提高信息、生物等高新技术在农业生产中的应用水平;建立队伍多元化、形式多样化的农业技术推广体系,建设综合性农业科技示范园、农业标准化示范区,培育并发挥农业科技示范户的典型示范作用,提高科技进步对农业增产、增效的贡献率。

2.3　农产品加工转化增值能力

提高农产品加工能力,特别是精深加工水平,其实质是提高农产品的市场竞争能力,提高农产品的经济价值。目前镇江市农产品的整体层次较低,初级产品多,精深加工产品少;大众化农产品多,名品精品少;产品转化率、附加值、经济效益都不高。全市农产品加工业产值与农业产值(均不含林业)的比例仅为0.058∶1,不仅与全国平均值0.6∶1有差距,与发达国家平均比例3∶1更是相距甚远。农产品加工业的落后,制约的不仅是农产品的转化、销售,还在很大程度上制约着农业结构调整、农业的持续稳定增长和农民就业与收入的增加。现在一些地方出现的一调就多、价格剧跌,一控就缺等现象,其根源就在于农产品加工转化跟不上,没有形成产业链。另一方面,农产品加工企业技术水平低、创新能力弱也是制约农产品加工业做强做大的"瓶颈"。必须充分发挥资源优势,加快专用品种规模化生产,优先发展对农业生产影响大、与农民增收关联度高、外贸出口拉动强劲的优势农产品加工业,并选择一批企业进行重点扶持,开展精深加工和综合利用,创品牌,争名牌,提高质量和附加值。今后几年,要重点在粮食、肉奶制品、饲料、果品、茶叶、林产品和特种水产品加工上,择优扶持,重点突破,把具有地方优势和特色的农产品加工业做大做强,全面提升农业产业化经营水平。

2.4　可持续发展能力

农业可持续发展就是要使农业具有长期持续发展的能力。但我市在近20年间,耕地减少近40万亩,人均耕地已逼近FAO确定的0.8亩警戒线,人地矛盾突出;平均地力水平也呈下降趋势,其中,小麦下降2.8个百分点,水稻下降14.5个百分点,耕地负载力下降;乡镇工业污染严重,平均每平方公里接纳工业废水2万t以上,酸雨出现频率达23%;水土流失面积有增无减,占农村陆地面积的15.6%;大量使用农药、化肥,加剧环境污染、生态失衡、农产品残毒超标;掠夺式生产在一些地方依然存在,严重影响农业可持续发展。因此,必须加强农业综合生产能力建设,重点在4个方面下功夫:一是农业资源利用的可持续。要对耕地实行更直接、更有力的保护,建立耕地动态管理的长效机制,实现有限耕地资源的可持续利用;加强水资源保护,推广节水农业技术;大搞农业职业教育和技术培训,提高农村劳动力素质;合理利用温、光、气等气候资源,为农业增产、增效服务;加强对物种资源的保护,保持生物多样性。二是生态环境的可持续。要遵循自然生态规律,严格控制工业污染对农业环境的破坏,减少化肥和化学农药的使用量,避免农用水体富营养化;同时,开发环境、资源修复技术,改善生态环境,保持生态平衡,促进农业的可持续发展。三是农业科技的可持续。科学技术是农业可持续发展的动力源泉,农业科技特别是农业高新技术的推广应用,能促进农业增长从单纯依靠资源环境向依靠科技进步和劳动者素质提高方面转移,必须大力开发农业后备技术,以保持农业增长的可持续。四是农业经济的可持续。必须保持农业产量持续稳定增长,农产品质量不断改善,农业生产率稳定提高,农民收入和农业经济效益可持续增长。与此同时,要控制人口数量,提高人口质量,使农村的资源、环境、人口、经济和社会相互协调,共同发展,促进农村经济和社会经济全面持续发展。

3 构筑农业综合生产能力建设的保障体系

农业综合生产能力建设是一项复杂的社会系统工程,不可能一蹴而就,必须构筑坚强的农业保障体系,才能逐步加强。

3.1 农业科技创新与应用体系

农业科技的创新与应用方面,队伍是基础。应充分发挥涉农高校和科研单位密集的优势,整合农业研发队伍;按照公益性与经营性分离、主体多元、形式多样的原则,健全农技推广网络;以加强农业职业教育为主体,建立知识型、技能型农民队伍;以提高创新能力为中心,以关键技术攻关为突破口,以科技成果转化为重点,实施科技创新、成果转化、现代农业示范、农民科技培训四大工程,推动学科向产业集聚、技术向产品集中,全面提升农业科技基础实力、创新能力和转化效力。同时,加强与国内外大专院校、科研院所的合作、交流,加快农业新品种、新技术的开发、引进,借助国外智力、技术发展本市农业,全面提升镇江农业产业层次。

3.2 农产品质量安全体系

农产品质量安全,事关人民的身体健康,事关农产品在国际市场的竞争力,事关农民的增收,必须加强农产品质量安全基础体系建设。一是农业标准体系。除积极采用国际标准、贯彻实施国家和省制定的产地环境标准和产品质量标准外,重点是加快制定具有地方特色的农产品标准、生产技术规范,以及达到国家乃至国际标准的农产品加工、包装标准等,逐步实行农业生产、加工、销售全程标准化。二是检验检测体系。以整合现有资源为基础,以完善配套现代化检测设备为手段,健全产前、产中、产后、入市检测网络,全面提升检验检测能力。三是认证体系建设。以产品认证为重点,实行产品认证与体系认证相结合,在抓好无公害农产品、绿色食品、有机食品认证的基础上,抓好投入品良好生产规范(GMP)、良好农业生产规范(GAP)和危害分析与关键点控制(HACCP)等认证工作。四是农业标准实施体系。要加大农业标准化示范区建设,建立无公害农产品示范基地、出口产品及原料基地,加大农业标准的宣传、贯彻力度,引导生产基地和农户按标准生产、按规程操作,强化监管,发挥示范带动作用。五是执法监督体系。全面建立农产品质量安全市场准入制度,从源头抓起,从投入品抓起,实行农产品从田间到餐桌的全程质量控制。

3.3 动植物保护体系

针对禽流感和水稻条纹叶枯病防控中出现的问题,必须加快建立健全动植物保护体系。以提高动植物病虫害有效预防、快速扑灭和动物卫生安全与有害生物监控为中心,以技术支持、物资保障系统、基层防控设施和非疫区(动物无规定疫病区)建设为重点,整合现有基础设施,实施植物保护、森林保护、动物保护、水生动植物保护四大工程,建设和完善重大病虫害监测预警系统和有害生物检疫隔离系统,构建起专业防治与企业、农户自防相结合,基础设施完备,扑控快速高效,监管规范有力的动植物保护体系。

3.4 农业资源与生态环境保护体系

农业可持续发展的关键,在于保护农业自然资源和生态环境。保护农业资源与环境就是保护农业生产能力。必须把农业发展、农业资源合理开发利用和资源环境保护结合起来,严格保护耕地,建立耕地质量和农业环境监测预报预警体系及其管理信息系统,尽可能减少乡镇企业和农业自身发展对农业资源环境的破坏与污染,有针对性地对污染性土壤进行修复,对障碍性土壤进行改良,对破坏性土壤进行改造,对瘠薄土壤进行培肥,推广清洁生产技术,重视农业资源的高效利用和资源替代,保护濒危生物资源和生态脆弱区资源环境,加强生态农业建设,特别是加强农村可再生能源建设,重点做好沼气、秸秆的气化、炭化、氢化和太阳能利用等工程建设,置农业发展于农业资源环境的良性循环之中。

3.5 农业社会化服务与管理体系

农业社会化服务与管理体系的建设,必须在政府的统一领导、引导、支持下,以农技推广队伍为主体,以科研、教育、涉农部门及乡村合作经济组织和企业、科技示范户为补充,形成多经济成分、多渠道、多形式、多层次的服务体系。根据农业新阶段的新情况、新要求,为农民提供产前、产中、产后的全过程综合配套服务,加强市场体系、信息体系、农业执法监督体系建设,从一家一户难做好的项目服务入手,注重实效,积极创造条件,逐步由单项服务向多项服务、系列服务乃至综合配套服务发展。要重点加强技术推广、政策法规、防疫检疫、市场信息和市场监管等公益性服务;在此基础上,结合农资供应、农机作业、储运保鲜、信贷保险等开展保本微利的经营性服务。要加强技术培训,改善农技人员的待遇,强化队伍素质,提高服务质量;要创新管理体制与运行机制,积极推行目标化的企业化管理,明确岗位职责,不断改善管理、服务条件,构建起多元化、公正、规范、高效的农业社会化服务与管理体系。

建设四大能力,构筑五大体系,离不开强有力的农业支持与保障系统。必须在各级党委、政府的高度重视下,统筹规划,增加投入;必须得到全社会的关心与支持,特别是涉农各部门的齐心协力;必须在政策上倾斜、法律上支持,全面实行城乡统筹发展,真正实现以工哺农,才能把农业综合生产能力建设搞上去。

建立三维联动机制 推进科技进村入户

20 世纪 70 年代建立的四级农科网,在农技推广工作中曾发挥过重要作用。但是,随着改革开放的深入,体制在改革,经济在转型,机构在精简,一些配套措施并未随改革跟上,导致县以下农技推广网"线断""网破"。尽管从 90 年代中期以来,省、市政府制定了健全农技推广网络的一些政策,采取了一些措施,但由于种种原因,落实不够到位,难以适应农业发展新阶段科教兴农的需要。建立新形势下纵横交错、时空覆盖的多元化农技推广新机制迫在眉睫。

1 经向五联动,疏通农技推广进村最后一公里

建立健全镇、村与农户的科技连接机制,实行市、县、镇、村、户五级联动,推行"市(农技部门)挂大镇、县挂大村、农技人员挂大户、大户带小户"的方式,让科技与农民零距离接触,切实解决农业技术进村问题。

市、县、镇三级农技推广机构必须实行公益性与经营性服务分开。公益性服务机构为全民事业单位,主要从事法律法规授权或行政机关委托的执法和行政管理,重大技术引进、试验、示范、推广,动植物病虫害及农情的监测、预报,重大动植物疫病的防疫和处置,农产品质量安全检验、监测和强制性检疫,咨询培训,农业资源、农业生态环境和农业投入品使用监测,以及农业公共信息服务等。经营性服务必须坚决从政府农技推广机构中剥离,面向市场从事物技结合的经营服务,建立具有独立法人资格的市场主体。以稳定公益性、放活经营性为原则,为农民提供政策、技术、信息和生产、生活资料等全面服务。

村级实行专兼职农技员制度。农技员主要是农林高职院校毕业生,通过市、县级农业行政部门公开招聘择优录用,其基本工资列入乡镇财政预算。同时,通过建立物技结合的村级综合服务站或专业服务站为农民提供农业生产全程服务。经济薄弱的村可以弥雾机为抓手,建立以农作物病虫害统防统治为主体的专业队伍,同时配套供应种子、农药、化肥、饲料等农业生产资料;经济基础较好的村则可以建立农村综合服务站和乡村便民超市,为农民提供耕种、管理、收获等生产服务和生产资料、生活资料的配套服务,让农民就近就地享受市民化的便利。

科技示范户和专业大户对新技术、新理念、新管理的接受能力比一般农民要

本文原载于《江苏农村经济》(2005 年第 11 期)。

强,对周边的农户有较强的辐射影响作用,对他们要进行系统的技术培训,通过他们的示范,促进科技进村入户。

2 纬向五联动,削平成果转化到田最后一道坎

农(农技推广)、科(农业科研)、教(农业教育)、企(农业龙头企业)、园(农业科技示范园)是农业科技成果转化的主要力量,有效整合资源,各有重点地做好工作,必将大大促进科技成果转化为现实生产力。

我市的农技推广体系几经改革调整,目前基本健全。必须坚持试验、示范、培训、推广的程序,改革推广内容和推广方式,变单一的技术服务为产前、产中、产后全过程系列化服务,从单一的试验示范推广模式变为技术咨询、技术培训、试验示范、技术承包、技术经营服务、引导推广等全方位立体化模式,拓宽服务领域;要建立健全农业生产预警体系,构建农业增效、农民增收的长效机制。重点建设动植物生产、农业有害生物和耕地质量监测预警体系,加强以农田水利建设为主要内容的高产稳产农田基本建设,加大农业装备和技术推广力度,全面提升农业综合生产能力。

我市的农业科研既有国家级的蚕研所、省市级的农科所,也有辖市区级的蔬菜研究所,民间的食用菌研究所、水禽研究所、茶林研究所等,科研力量较强,成果较多,但转化率不高。必须紧密围绕我市丘陵实际、沿江实际、地形复杂与生物多样性的实际进行应用研究和开发,在生产上建立自己的示范基地,让科技成果以最短的时间、最快的方式转化为实际生产力。同时,要超前研究,提高科技储备和可持续发展能力。

我市的农业教育在全省除南京外是力量比较强的。江苏大学的农机、农产品加工,江苏科技大学的生物工程,中国农科院蚕研所的优质家蚕育种,江苏农林职业技术学院的草坪与彩叶苗木在全省乃至全国都有一定的影响力;农业、农机职业教育也有自己的特点。必须充分发挥农业教育资源优势,让技术和人才与农业、农村、农民亲密接触,通过组织百名教授和科技人员进村、进企业、进园区活动,开展面对面的服务,现场解决生产中的技术难题;通过建立农业教育实验区,让高校的成果从校园走向田园、工业园;通过加强农民职业技能培训,提高农民对新技术的接受能力,进而提升农民增收的本领。

我市的农业产业化经营龙头企业已初具规模,现有2家国家级龙头企业,12家省级龙头企业,40家市级龙头企业,涉及种植业、养殖业、食品加工业及木业等领域。这些企业具有较强的科技力量,特别是一些外向型农业企业,它们从国外引进先进的品种、先进的技术、先进的管理和先进的理念,从种子供应、技术指导、农资供应到农产品回收,实行"龙头企业+基地+农户"的机制,推进了农业产业化经营,把科技和成果直接传递给基地农户,又通过基地农户带动周边农户,在推进农业科技进步中发挥着重要作用。

我市现有各类农业科技示范园近 150 个,参与示范园区建设的有农林、科技、发改委、质量技术监督、共青团、妇联、人武部等多个部门和团体,通过在园区内实施精品项目,把资金、人才、新品种、新技术、新成果引进示范园,较好地发挥了示范辐射作用;通过做给农民看、领着农民干,促进了农业结构调整,提高了农民的科技素质。有些科技示范园还建立起了专业合作经济组织,如春城葡萄、江南食用菌、希玛猪业、江心蔬菜等,形成了"园区 + 合作社(协会)+ 农户"的新型农业运行机制。农业科技示范园已经成为农业新品种、新技术的试验示范基地,新成果的孵化基地,优质种苗的繁殖供应基地,实用技术的培训基地和专业合作组织的核心基地,在农业技术进村入户中发挥着不可替代的"播种机"作用。

3 径向五联动,覆盖信息传输入户最后一盲区

有线广播网曾在我市农技推广中发挥了重要作用,但随着经济的发展,人民生活水平的提高,农民住房已全面更新,有线广播网已"线断网破",难以修复,新兴媒体取而代之且已广为覆盖。在新的形势下,必须充分整合电视、电台、电话、电脑、报纸(日报、科技报、简报)等媒体资源,开展多层面、多渠道、多方位的宣传,让科技、信息与农业、农村、农民无缝隙接触,让所有农民都能充分享受现代科技文明成果。

我市农民百户拥有彩色电视机 87 台、黑白电视机 64.3 台,普及率已较高。通过电视台,开办农业专题节目,定时为农民提供党和政府的农业政策、科技、市场等信息服务,是现阶段科技进村入户的重要途径。我市的丹阳、句容、扬中等辖市电视台都开设有农业专题节目,深受农民欢迎。

无线广播具有覆盖广、信息传输及时的特点,农民可将收音机带到田头收听。在广播电台开设农业专题讲座,让专家走进直播室,开通现场热线让专家和农民直接对话,能为农民解决生产实际问题,同时又能及时把农业新品种、新技术、新政策等信息传递到千家万户。

互联网具有信息量大的优点、实时传输的功能。目前,我市市、县两级农林部门均已建立局域网和农业网站,有 75% 的乡镇农服中心实现了上网,1/3 的乡镇建有自己的网页,农业企业、农业大户也都具备电脑上网条件。省致公党还在我市开展了"致福工程",为农民培训电脑知识和上网技能。国家和省、市的农业政策及科技信息已能通过互联网与大部分乡镇和农业企业、基地农户进行实时传输。

我市农村固定电话普及率已达 96.8%,移动电话普及率达 70.3%,通过电话开展声讯服务,亦已成为农技推广的有效途径。去年丹阳市设立"农业一线通"声讯电话,开通农业咨询电话 800 门,发布 8 000 条信息,为农民提供了"农村政策""特色产业""市场行情"等信息查询服务,并与互联网"一站通"服务相

衔接,扩大了市场价格、农产品质量等信息内容;还将开设电话农技110服务,为农民提供农情信息、技术咨询、天气预报等多方面的服务,同时开办专家热线为农民答疑解难。

报是一种信息传递灵活、形式多样的有效载体,包括日报、科技报、简报、墙报、黑板报等。在日报、科技报上可以开设农业专栏,开展科普宣传、信息发布、市场分析等服务;对于季节性强、技术性强的信息,要灵活运用简报、黑板报、墙报乃至明白纸等形式及时地广泛发布,让农民一看就懂、一学就会,迅速产生效益。

各种媒体信息还可交互使用,开展信息联播,即让同一信息通过不同媒体同时发布,达到最广泛覆盖的效果。

科技进村入户是一项面广量大的民心工程,是新时期党中央、国务院实施科教兴国战略的重要举措。做好这项工作,必须在政策上抓落实,让农民切实从国家和省、市政府的一系列政策中得实惠;在科技上抓储备,积极做好后备科技成果的研发工作,促进农业的可持续发展;在素质提高上抓培训,既要提高基层干部和农技员的素质,更要加强农民的培训工作;在成果推广上抓示范,重点抓好科技示范园区建设和科技示范户的导向作用;在财政投入上要向公益性服务倾斜,按照WTO规则,建立起新型农业支持与保护体系。当然,实施好科技进村入户工程更离不开地方各级党委和政府的关心和支持,更需要政府各部门和社会各界的全力配合,这样才能把这一惠及百姓的工程做实做好。

大力实施高效外向农业工程　充分挖掘农业内部增收潜力

实施高效外向农业工程,是农业增效的需要,是转变农业经济增长方式的需要,也是建设现代农业、促进农民增收的需要。推进高效外向农业规模化是农业结构调整的主要目标,也是充分挖掘农业内部增收潜力的有效途径。

1　农业结构调整的主要成效与启示

1.1　主要成效

自 20 世纪 90 年代后期以来,我市农业结构调整按照科技型、生态型、外向型农业的定位,实行区域化布局、规模化经营、产业化开发,取得了初步成效。

1.1.1　区域主导产业初步形成

充分发挥我市丘陵和长江资源优势,做足"山""水"文章,农产品正逐步向优势产区集中,已经初步形成优质粮油、优质肉奶、特色水产、高效园艺、生态经济林业、休闲观光农业六大特色主导产业。

1.1.2　农民组织化程度明显提高

全市共有较为规范的各类农民专业合作经济组织 133 个,吸纳社(会)员 3.5 万余人,带动农户近 15.5 万户,主要呈现大户带动型、龙头带动型、科技带动型、经纪人队伍型 4 种组织形式,成为推动农业结构调整、加速农村市场经济发展的重要力量。

1.1.3　农业产业化水平上升较快

农业产业化经营格局基本形成,全市拥有国家级农业龙头企业 2 家、省级农业龙头企业 15 家,资产达到亿元的 10 家,"三资"农业企业 50 余家。

1.1.4　外向农业开发力度加大

"十五"以来,全市"三资"投资农业的项目总数达 786 个,其中实际利用外资 3.58 亿美元;农产品出口力度加大,农产品外贸额的年均增长率达到28.5%。

1.1.5　农民收入增长较快

2005 年实现农民人均收入 5 916 元,比 2001 年的 4 191 元增长41.2%,"十五"期间,年平均增长率达到8.2%,比"九五"增速快 1.1 个百分点。

本文系作者于 2006 年 3 月 2 日参加江苏省外向农业工作座谈会的交流材料。

1.2 启示

1.2.1 调整必须坚持以市场为导向

实践证明,凡是农业结构调整搞得好的地方都是以市场为导向,从实际出发,因地制宜,走出了各具特色的农业发展道路,如句容的基地型农业、丹阳的加工型农业、丹徒的合作型农业、扬中的观光型农业。

1.2.2 调整必须坚持把农民增收放在首位

我市各地按照不同发展阶段、不同产业、不同产品的特点和要求,以农民增收为中心任务,明确农民在农业结构调整中的主体地位,调动农民参与结构调整的积极性和创造性,农民从结构调整中切实得到了实惠。

1.2.3 调整必须坚持把培育市场竞争主体作为重点

在农业结构调整中,既抓龙头企业,又抓基地、市场和中介组织,发挥各自功能,形成有机整体,促进良性发展。

1.2.4 调整必须坚持以产业化经营的理念加以推进

按照大规模、高起点、多形式、强带动的原则,培育和发展龙头企业,通过龙头企业,将先进的经营理念、管理方式、物质装备、生产技术等要素导入农业领域,提高了农业的整体素质。

1.2.5 调整必须坚持多部门协作合力推进

坚持把农业结构调整作为事关农业和农村工作大局的大事放在重要位置,在各级党委、政府的领导下,各相关部门加强配合,密切协作,搞好服务,形成了合力。

2 高效外向农业的发展重点

自 2005 年秋播起,我市按照"高效、外向、生态、观光"的农业发展定位,以丘陵山区开发和结构调整为突破口,重点推进优质粮油、名特茶叶、应时鲜果、种草养畜(禽)、彩叶苗木、食用菌、加工蔬菜、特色水产、林木产业、观光农业十项工程,明确实施主体,立足"三资"开发,力争在"十一五"期间取得显著进展。主要从以下四方面加以推进:

2.1 建立优势农产品规模基地,培植农业主导产业

充分挖掘我市资源潜力,按照区域化布局、规模化生产、形成优势农产品的要求,加大农业结构调整力度,努力打造一批优势农产品生产基地,做大做强优质粮油、优质肉奶、高效园艺、特色水产、生态经济林业等主导产业。重点建设好确保全市粮食安全的"优质稻米"基地、丹阳的国家级"专用小麦"基地、食用菌基地,句容的国家级优质油菜基地、应时鲜果基地、种草养畜基地,扬中的长江特色水产基地,丹徒的加工用蔬菜基地、酿造用稻米基地,以及满足市民多样化需求的时鲜蔬菜基地、名特茶叶基地、花卉苗木基地、有机农产品基地等,逐步做大

规模,形成三大特色产业区,即以经济林、应时鲜果、种草养畜、无公害茶叶等为主的丘陵山区特色农业区,以优质粮油、瘦肉型商品猪、特种水产、花卉苗木等为主的平原圩区特色农业区,以优质蔬菜、设施农业为主的城市郊区特色农业区。通过做大优势农产品基地规模,使经济作物产值占种植业产值的比重达到65%以上,养殖业产值占农业总产值的比重达到45%以上。

2.2　大力发展农产品加工业,提高农产品附加值

牢牢把握用发展工业的理念指导农业发展的思路,围绕我市优势农产品,依托现有农产品加工企业,推动农产品由卖原料向卖产品、由初加工向深加工、由粗加工向精加工方向发展。粮油产品突出发展专用、优质、保健、多样化的精深加工产品及其制品;肉类充分发挥我市肴肉、东乡羊肉、茅山老鹅等传统优势,进一步完善加工工艺,逐步扩大生产规模;奶业突破鲜奶的纸杯包装、保鲜等技术,打进超市;蔬菜、应时鲜果在做好分级、整理、包装、储藏的基础上,发展冻干脱水蔬菜、冷冻菜、保鲜菜、果蔬汁等;茶业融入茶文化的理念,突破包装、保鲜等技术,整合品牌,向精品、礼品方向发展;水产品通过加工、保鲜、包装向饰品、礼品、药品方向发展。总之,大力发展农产品加工业,使我市农产品加工转化率达到60%以上,从而实现由优势产品向主导产业并逐步形成支柱产业的转变,提升我市的农业产业层次。

2.3　加快外向型农业发展,提高农业综合竞争能力

一是注重出口农产品的培植。果品、蔬菜、畜禽产品、水产品是我国具有出口竞争优势的产品,而这些产品的加工却是我市的薄弱环节。为此,我市必须围绕日本、韩国及东南亚市场做大做强香醋、酱菜、速冻蔬菜、柳编品、毛刷等传统出口产品;同时,突破薄弱环节,拓展出口创汇渠道,重点培植开拓木业、花卉蔬菜种子、裘皮、肠衣、珍珠等新的出口产品。二是加强农产品出口示范基地建设。在多方争取项目、培植新基地的同时,加强现有外向型基地的质量建设,保证出口产品的品质,提高基地的经济效益。三是加大农产品出口促销力度。做好对不同类型农产品出口目标市场的研究,积极组织农产品出口企业和基地参加农产品境外促销活动,与境外客商建立起较为稳固的协作关系,畅通农产品出口渠道。四是培育出口农产品品牌。一方面,加强对我市现有农产品品牌的宣传力度,扩大我市农产品在国内外市场的知名度;另一方面,积极打造一批具有自主知识产权产品的出口品牌,培育出一批技术含量高、质量稳定、资信良好、市场前景广阔的农产品出口品牌。加快外向型农业的发展,力争使我市的农产品出口年增长率达到20%以上。

2.4　积极发展观光农业,拓展农业的产业功能

打破产业界限,一、二、三产互相渗透,实现综合效益的提高是高效外向农业的重要特征,观光农业则是这种特征的集中体现。我市优越的生态环境和丰富

的旅游资源为观光农业提供了广阔的发展空间。加速我市人文资源和农业生产要素的集聚融合,重点打造3个观光农业区,即城市周边观光农业区,以南山农业科技示范园、瑞京农业园、江苏农林科技示范园、江苏丘陵山区科技实验园为重点,突出生物科普教育功能;丘陵生态观光农业区,以南山、宝华山、茅山森林公园、茅山有机农业园、南山农庄等为重点,突出生态、休闲、观光功能,体现宗教文化、人文历史;滨水观光农业区,以长江滩涂、大中型水库、湖泊资源为重点,体现农渔风光、特色蔬菜、水边垂钓、渔事劳作等功能,促进农产品成为旅游品,农民成为旅游服务人员,提高农业的外延效益。

3 实施高效外向农业工程的保障措施

3.1 加强农业基础设施建设,提高农业综合生产能力

一是加强农田基本建设。大搞农田水利基础设施建设,着力改造中低产田,全面提高农田基本建设水平。二是积极实施新一轮"沃土工程"。加快测土配方施肥技术的推广,构建耕地质量建设与管理的长效机制,提高耕地综合生产能力和肥料利用率。三是大力推进农业机械化。推动农机装备向产前、产中、产后延伸,向农林牧副渔各领域扩展。

3.2 建立健全农技服务体系,推进科技创新

一是稳定农技推广队伍。按照"强化公益性职能,放活经营性服务"的要求,加强现有基层农技推广服务体系建设,构建一支高效、精干、稳定的公益性农技推广服务队伍。二是加强现代农业园区建设。围绕我市农业特色主导产业,按照上档次、上规模、产业特色明显、科技含量高、运行机制活、辐射带动能力强、经济效益好等要求,建设一批规模型、产业型、效益型现代农业示范园区,带动高效外向农业的发展。三是大力实施品种、技术、知识更新工程。围绕高效外向农业的要求,以实施农业三项更新工程为重点,加大与之相关的新品种、新技术的引进、消化吸收、再创新和示范、推广力度,增强科技的支撑作用。

3.3 加快构建现代农业服务平台,推进体制创新

一是加快发展农民专业合作经济组织。充分发挥农民的主导和支配作用,积极发展有组织制度、有合作手段、有较大规模、有明显效益的"四有"农民专业合作经济组织,提高农民的组织化程度。二是加快发展农资连锁经营。以推进种子种苗专业化经营服务为抓手,构建农药、化肥、种子、饲料、兽药、农机配件等农资连锁经营平台,加强物技结合,实现"购物一条龙、服务一站式"的新型农技服务。三是加强农产品现代流通。积极探索多种形式的"农改超"和"农加超",加快发展农产品连锁经营、直销配送、电子商务、网上交易等现代流通业态。四是加强农业信息服务。加快农业信息"四电一站(电视、电台、电话、电脑、网站)"的建设步伐,通过信息网络开阔视野、活跃思维,提高农民利用信息指导农

业生产经营的技能,增强服务能力。五是加强农业法律服务。加大农业法律法规的宣传力度,增强农民的法律意识;抓住农林生产关键季节,突出重点地区(市场)、重点品种和大案要案查处,积极开展农资打假专项行动,维护农民利益。

3.4 制定落实惠农政策,推进机制创新

一是落实惠农政策。认真抓好"一免三补"政策的落实,调动农民发展农业生产和开展农业结构调整的积极性。二是落实土地保护政策。完善土地承包经营流转机制,鼓励农户或集体经济组织,通过转包、转让、出租、入股、互换、委托经营等形式转让承包土地,引导土地适度集中,促进高效农业规模化。三是落实护农政策。坚持从综合执法、专业执法和依法管理 3 个层面推行依法行政,提高整体行政效能,切实保护农民的合法权益。四是落实投入政策。切实落实"三个高于"的财政政策,加大财政投入;加强农业招商,全面推行农业招商项目化管理,完善农业招商项目库,重点宣传、推介高效农业项目,改进工作方式,吸引更多的"三资"投入农业。

致力提升质量农业　着力打造品牌农业

随着人民生活水平的日益提高,人们对农产品的质量要求越来越高,对农产品的品牌意识也越来越强,因此,质量农业和品牌农业已经成为现代农业的重要内容。我们认为,质量农业主要包括农产品品质、农产品质量安全和环境质量三方面内容;品牌农业则涵盖了无公害农产品、绿色食品、有机农产品"三品"认证,环境(ISO 14000 系列)和质量(ISO 9000 系列)认证,农产品注册商标,农产品名牌认定 4 个方面。近年来,我市在质量农业和品牌农业建设中取得了重要进展,但也存在一些问题,需要我们采取更加扎实有力的措施,致力提升质量农业,着力打造品牌农业。

1　主要建设成果

纵观我市质量农业和品牌农业建设取得的成绩,主要呈现出以下 4 个特点:

1.1　农产品品质不断优化

国标 3 级以上优质水稻种植面积占水稻总面积的 70% ,小麦基本实现专用化,油菜率先在全省实现"双低化";三元杂交猪、优质地方家禽、名特水产的比例分别达到了 36% ,81% 和 55% ;名特优茶叶比例达到 40% ,优质果品率达到 85% 。

1.2　农产品质量建设稳步推进

已建立国家级农业标准化示范区 4 个,省级农业标准化示范区 6 个,市级农业标准化示范区 24 个,制定地方农产品生产标准 81 个。全市农产品"三品(无公害农产品、绿色食品、有机农产品)"认证总量达到 209 个,完成无公害农产品产地认证 146.2 万亩。农产品质量检验检测体系逐步健全,蔬菜、肉制品质量安全的常规检测步入正常轨道,并通过媒体定期向社会公布检测结果。

1.3　农业生态环境建设成效显著

农业面源污染逐步减少,化肥使用减量化工程全面实施,高毒、高残留农药的使用得到控制;农村能源建设工程不断推进,"一池三改"同步实施,较好地改善了农民的居住环境;生态农业县建设步伐加快,扬中市通过省级示范县验收,丹阳市完成"十大"工程建设,创建了句容市和丹徒区 2 个国家级生态示范区,

---

本文系作者于 2006 年 9 月 11 日参加全省农产品质量建设工作座谈会的交流材料。

句容市有机农业示范园已成为国家级示范园区。

1.4 农产品品牌影响日益扩大

全市农产品注册商标总数达到 410 件,其中 1 件被认定为中国驰名商标,9 件被认定为江苏省著名商标,6 件被认定为镇江市著名商标;4 个农产品获"江苏名牌产品"称号,8 个获"镇江市名牌农产品"称号。一批农业企业和基地通过 ISO 系列的环境和质量认证。在各类农业专项评比中,我市农产品多次获奖,在全省乃至全国产生了一定的影响。

2 值得关注的问题

我市质量农业和品牌农业建设尽管取得了重要进展,但也存在许多不容忽视的问题。社会上普遍流传的"吃鱼吃肉怕激素,吃粮吃菜怕毒素,果品饮料怕色素,能吃什么心无数",尽管有些危言耸听,但在一定程度上也反映了质量农业突出的问题。它主要有以下 5 个方面:

2.1 "三品"和无公害农产品产地认证总量规模不大

农业标准化生产水平较低,农残、药残超标时有发生,难以满足消费者对安全农产品快速增长的需求。

2.2 品牌建设尚处起步阶段

农民的品牌意识尚未建立,著名商标、名牌产品数量极少,与镇江名城地位极不相称。

2.3 品牌价值难以体现

市场流通体系和优质优价竞争机制发育相对滞后,品牌价值尚未得到充分实现。

2.4 农业生态环境脆弱

生活、生产及工业对农业的污染状况不容低估,已成为制约"三品"建设的重要瓶颈。

2.5 各辖市、区发展不平衡

目前,丹阳、句容、扬中耕地的无公害率均超过 60%,而个别地区还不足 10%,工作力度还相对薄弱。

以上这些问题,都需要我们在今后的工作中认真加以解决。

3 对策与措施

以社会主义新农村建设为契机,充分发挥我市资源、生态优势,大力建设质量农业和品牌农业,推进现代农业的发展,进一步夯实农业增效、农民增收的基础。

3.1 积极推进农业标准化建设

标准化是质量农业和品牌农业的基础。在贯彻国际标准、国家标准、行业标准的基础上,结合市情实际,加强农产品地方标准乃至企业标准的制定,并把重点放在标准的实施上。变经验生产为标准生产,改定性生产为定量生产。着力抓好生产基地建设,把创建农业标准化示范基地、示范区,建设科技示范园等建设项目,与发展无公害农产品、绿色食品和有机农产品结合起来。按照优势农产品产业带建设规划和农业标准化发展的要求,以产地认定和产品认证为依托,加快建设一批有规模、有影响、有品牌、有效益的无公害农产品、绿色食品和有机农产品示范基地,以示范基地建设带动周边生产,全面提高农产品质量安全水平。

3.2 加快调整品种结构

品种是品质的重要基础,不同消费者对品质有不同的要求,需以多品种满足多样化的需求。必须以丘陵山区农业结构调整为契机,加快品种更新换代步伐,优化品种结构。大力推广"国标"优质粮油新品种,确保粮油优质化率达到80%以上;加快无性系良种茶的发展步伐,重点培植"金山翠芽""茅山长青"等茶叶品牌,使名特茶比例提高至42%;大力发展以优质葡萄、草莓、水蜜桃等为主的应时鲜果,使优质果品率达到85%;以上海世博会为契机,大力发展大规格风景树种、珍稀花卉苗木品种、彩叶苗木、无土草坪等,不断扩大规模;加快发展三元杂交猪、优质地方家禽和奶牛,使三元杂交猪、优质地方家禽的比重分别达到40%和85%;大力发展以鲫鱼、河豚等为主的长江特种水产,使特种水产养殖面积比例达到55%以上。同时,加强良种与良法的整合配套,好的技术能更好地发挥品质的优势(如巨峰葡萄),实行优质无公害标准化生产,真正做到"良种"产出"良品"。

3.3 因地制宜发展"三品"

不同消费群体对农产品安全质量有不同要求,要按照"全面铺开、适度规模、扩大优势、整体实施"的原则,坚持"三位一体、整体推进"的发展思路,因地制宜,有目的、有计划、有重点地加快"三品"发展。在无公害农产品上,通过产地认定解决生产过程的质量控制和千家万户的生产质量管理问题,重点抓好大宗农产品(水稻、小麦、肉、蛋)生产基地认定,力争无公害农产品生产基地覆盖率达耕地面积的80%以上。在绿色食品上,围绕提升产业素质和增强农产品市场竞争力,突出抓好优势产品、优势产业的开发和认证,重点推荐有条件的大型食品加工龙头企业进行申报。在有机农产品上,按照有机农业生产方式,根据农业资源优势和国际市场需求有选择地发展,以句容有机农业园为突破口,带动全市有机农产品的发展。在加强基地认证、"三品"认证的基础上,还要加强企业认证、HACCP认证和ISO系列认证,全面提升农产品安全质量水平。

3.4　营造良好的农业生态环境

强化森林资源的培育和保护,继续实施林业绿色培增计划,努力提高我市森林覆盖率。加强对农业投入品的监管,严格种子、种苗、农药、兽药、渔药、化肥、饲料和饲料添加剂、生物激素等农业投入品的生产和经营准入条件,积极推行农业投入品的禁用、限用制度。加强农产品产地环境污染监控工作,治理工业、城市废弃物,生活污水和畜禽水产养殖等造成的污染,坚决查处农业环境污染事件,营造良好的农业生态环境。强化农村能源建设,继续实施好农村清洁能源工程,全面完成新建"一池三改"、规模养殖沼气工程,秸秆气化集中供气工程的目标任务;继续加强农业生态县建设,努力打造绿色镇江,促进农业的可持续发展。

3.5　加强农产品品牌的营销

确立品牌就是效益的观念,把农产品品牌建设与"三品"建设有机结合起来,更加重视注册商标、讲究包装、名牌认定、原产地认证,重点是建立健全农产品市场营销策略,引导消费者健康消费。充分利用媒体广告及参加博览会、招商会等,大力进行品牌的宣传,挖掘品牌内涵,学会吆喝,同时利用名人、名事、名城优势向农产品领域延伸,迅速扩大产品知名度。充分发挥我市农民专业合作经济组织的优势,围绕当地优势产业的发展壮大,实行统一生产技术、统一商标、统一销售等服务,做大做强农业品牌。重视培育现代物流新业态,广泛运用连锁经营、现代配送、期货市场、电子商务等方式,增强信息沟通,搞好产需对接,以品牌的有效运作不断提升品牌价值。积极开展农产品产销合作试点,在农贸市场、大型超市设立"三品"销售区,合理引导消费,实现生产者、消费者、销售者三赢目标。

3.6　完善农产品质监体系

突出质量就是生命的理念,立足于已初步形成的"市级农产品质检中心为龙头、县级质检站为基础、市场(企业、基地)速测点为补充"的农产品质量检验检测体系框架,进一步整合资源,积极开展政府强制性例行监测、农产品市场准入和产地准出速测,提升整体检测能力。进一步完善市、县两级农产品质量安全执法队伍体系,强化农产品源头整治、过程控制、监督管理全方位管理。加强对"三品"及品牌农产品的质量跟踪,建立健全质量追溯制度,保护农产品的技术专利、商标、原产地名称等,制止不正当竞争行为的发生,维护农产品的声誉。

低收入纯农户增收致富的实践探索

　　纯农地区由于受地域、交通、经济基础等条件限制,加上低收入纯农户生产和经营能力弱,经济增收一直缓慢。全面建设小康社会,既是重点,也是难点。近年来,镇江农村出现了令人鼓舞的可喜变化。从 2003 年到 2007 年,镇江市农民人均纯收入连续 5 年实现两位数的高速增长,特别是茅山老区的部分低收入纯农户收入增幅明显高于全市平均水平。

　　句容市天王镇戴庄村是典型的茅山老区贫困村,近年来通过发展有机农业,农民人均纯收入从 2004 年的不到 3 500 元增长到 2007 年的 7 500 元,4 年翻了一番多。镇江新区大路镇照临村 2005 年人均收入仅为 3 900 元,自 2006 年开始,先后筹建了稻鸭共作、温氏养鸡、花卉蔬菜等基地,农民人均收入当年就增加了 2 400 元,2008 年预计可达 8 600 元。句容市后白镇西冯村自然条件较差,自 2005 年以来,全力发展花草木种植,成立了句容市首家花草木专业合作社,年创销售产值 2 000 多万元,2006 年实现人均收入 11 149 元。丹阳市陵口镇城墅村走以蔬菜种植为特色的产业发展之路,去年农民人均增收近 2 000 元。

1　特色农业让农民走上致富路

　　高效农业和传统农耕的显著区别在于,前者在产业发展和经营上富于特色、效益倍增,后者囿于传统、效益低下。从镇江市纯农地区低收入农户收入快速增长的发展路径和项目选择看,充分挖掘自身优势,创新发展思路,创造特色是关键所在,凡是近年来走上富裕路的村庄和农户,无一不是农业产业富于特色的。

　　句容市天王镇戴庄村,地处茅山老区腹地,没有发展工业的基础条件,但山清水美、空气清新是他们的优势。据国家农业部农产品质量安全监督检验测试中心(南京)检测,该村及周边的土壤和水质都符合种植有机农产品的要求。这个村在镇江农科所的具体指导下,从 2003 年开始试种无公害有机大米,尝试引进青花菜、荷仁豆和青葱的种植,很快就闯进了市场、打开了销路,"越光"有机大米从 2006 年的 620 亩扩展到 2007 年的 5 000 亩,亩均收入 1 000 元以上,效益超过种植常规水稻的两倍,而且省力省时,省买农药、化肥。丹徒区江心洲是长江中的泥沙淤积小岛,长期以来,常规耕作收成不佳,但其土壤非常适合种植近水生长的芦蒿菜和乳黄瓜,而且销路很好,他们通过搞试验,大力引进新品种芦蒿菜、水芹等,并申请注册了水生蔬菜"滩八样",获得成功。镇江新区大路镇照

　　本文原载于《南京区域农村经济》(2008 年第 4 期)。朱凯生、骆树友为共同作者。

临村的土地资源相对紧缺,而劳动力富余,针对这一现状,他们发展占用土地少、劳动力密集型的项目,引进高档鲜切花卉和蔬菜种植,大幅度提高了土地产出效益,亩均收益由过去种植传统作物的 500 元一下子上升到 8 000 元。在抓好高档花卉和蔬菜项目的同时,这个村走多种经营之路,集中优良稻田 280 亩,进行稻鸭共作,仅此一项,每年净收入就高达 20 多万元。句容市后白镇西冯村在保证粮食生产的同时,充分利用岗坡地发展花木种植,形成了育苗、种植、包装、销售、运输、承包城市绿化的一条产业链,全村农户都参与进来,实现了共同富裕,更显农业产业选择的特色化。

2 合作组织让农民抱团闯市场

提高农业生产的组织化程度是现代农业的一个基本特征,对低收入纯农户而言,把他们组织起来不仅仅是现代农业的发展方向和必然,其现实意义更在于:低收入纯农户经济活动能力弱,在生产经营、抵御风险、适应市场等诸多方面都处于相对弱势状态,不把他们组织起来,仍放任于一家一户的常规耕作,很难走出困境。只有组织起来,才能使他们感到有依靠,才能使他们得到更多的帮助,才能带着他们闯市场。

丹阳市江南食用菌协会通过"公司 + 农户"的方式,带动周边 3 200 户农民种植食用菌,户均收入每年超过 1.4 万元。到目前为止,全市共有较为规范的各类农民专业合作经济组织 200 多个,吸纳社员近 8 万人,带动农户 9 万余户。这些农民专业合作经济组织活跃在种植、养殖、加工、流通各个环节,有效地促进了农业优势产业和地方特色产业的发展壮大,提高了农民进入市场的组织程度,开辟了农民闯市场、促增收的新途径。

3 政策扶持让农民增收倍添动力

多年来,各级政府从土地整理、中低产田改造、基础设施建设、产业化项目扶持等多个方面为纯农区的发展做了大量工作,大大改善了农业生产条件,有力促进了农民增收。

镇江新区照临村与广东温氏集团联合发展养鸡,一个鸡棚一次养 6 000 只鸡、3 个月出栏一次成鸡、一只鸡纯利 1 元以上,一年出栏 3 次,收入达 18 000 元以上。开始时农民对这个项目将信将疑,加上农户自己要投入 1 万多元建养鸡大棚,因而其积极性不高。新区政府对凡是参加这个项目的农户无偿补助 5 000 元建大棚,并以示范户来引导农民。2006 年年底,5 个示范户的 5 个大棚每个年收入都在 2 万元以上。村上其他农民看到实实在在的收益和政府的补助心动了,2007 年一下子建了 40 个大棚,当年年底每个大棚年收入都超过了 15 000 元,许多农户一年就脱了贫。

句容市天王镇戴庄村有机大米发展到 5 000 亩的规模后,碾米加工成了问题,急需从日本引进可进行色选、粒选、自动真空包装的先进碾米加工设备的资金,镇江市有关部门提供无息贷款200万元,促成了设备的引进到位,不但完成了从大米生产、加工到销售的产业连接,节省了相关费用,更重要的是通过先进机械设备加工,有机大米的外观和品质得到了提高,增强了市场竞争力。

近几年,镇江市率先在全省开展了"百村帮扶、百村示范"活动,建立了领导联村、部门挂村、企业援村的帮扶机制,形成了责任明确、整体联动、合力推进的良好局面,截止到2007年12月底,全市落实帮扶项目391个,项目资金7 200万元,已完成项目140个,在建项目250余个,帮扶项目的落实有力增强了农村的造血功能、促进了农民增收。句容市针对低收入农户发展项目缺资金的问题,在全省率先推出了扶贫小额贷款,每年发放扶贫小额贷款1 660万元以上,累计帮助5 300多户(其中低收入贫困户2 100多户)发展生产项目,人均增收近400元。丹阳、扬中、丹徒等市(区)在充分尊重农民意愿、遵守土地政策的前提下,以农民承包的土地为股份,迈出了适度规模经营的新步伐,使土地的股份分红成了农民增收的一道基本保障。

4 科技让农民收入插上腾飞的翅膀

低收入纯农户之所以收入增长缓慢,根本的原因还在于这一群体接受农业科技的渠道窄、能力弱,他们的生产经营能力与现代高效农业的发展要求相差甚远,既存在着投入上无经济能力的问题,同时又存在着不懂、不会、不讲科学的问题。而科技意识强的农民,即使不懂技术,只要善于学、肯出力,照样能快速致富。句容市天王镇戴庄村退伍军人彭志国,20世纪90年代中期退伍还乡后,一直在家种地,始终收成不佳,2002年外出打工,在大城市的施工工地当瓦工,干了几年也没赚到钱,深深感到没有一技之长的苦处。2005年,镇江市农科所在戴庄村搞有机农业试点,彭志国决定跟着农科所学习农业科技,种了4亩有机稻、承包了30亩桃园,边学边干,当年的净收入就达5万多元。

近年来,镇江市大力推进"科技兴农"战略,建立多渠道的农业科技推广服务体系,采取健全机构、转变机制、完善体系、优化队伍、增加投入等多种途径支持农业科技推广工作。重点扶持各类农业龙头企业积极参与农业科技的研究、开发、生产和应用;鼓励各类企业投资农业科技,加强科技与金融对接,拓宽融资渠道,扩大农业科技贷款规模;依托各类科研机构、职业技术学校和农业科技示范园区,广泛开展对农民的职业技术培训。镇江农科所是苏南丘陵地区的一家骨干农业科研和推广机构,他们发挥主力军的作用,近几年不断引进、示范、推广新品种、新技术,草莓、葡萄、水蜜桃、砂梨、无花果等优质高效鲜果更是发展到30多种,2万多户农民栽种,年收益上亿元。镇江农业科技示范园占地1 500亩,几年来已有2万人次的农民从这里学到了自己想要的技术。目前,仅以茅山老区为主体的句容市就拥有千亩以上园区28个,带动农户3万户,户均年增收1 200元。

农村政策研究

　　市级机关的工作一般不直接面对生产一线，更多的是通过政策性指导意见，通过县、乡两级贯彻落实。自 1989 年 3 月任农技推广站副站长以后，我就根据农业发展的阶段性特征和生产技术难题，开展政策性调查研究，积极探索解决方法和路径。一是围绕工作重点定措施。先后就推广轻简栽培、种子工程、增肥改土、农业园区建设、农业产业化经营、"三资"开发农业、农业结构调整、发展外向农业、耕地质量建设、蔬菜基地建设、农产品质量安全、农民增收等，在调查研究的基础上，制定了一系列激励政策，或被政府采纳，或以部门文件印发，推动这些工作的开展。二是围绕改革出政策。改革是创新性工作，很少有先例可循，因此，深入调查研究尤为重要，需要广泛听取各方面意见。如农业税制改革、农业补贴政策等，这是有农耕文明史以来第一次，2004 年开始减免农业税，实行种粮补贴、种子补贴、农资综合补贴，政策性很强，我和相关部门一道，在充分调研的基础上，采取按二轮承包面积种粮直补一卡通到户，种子、农资实行政府采购，成本价调拨供应方法，以村为单位登记造册、以村民小组公示等办法，让政策最大限度地透明，有效告别了两千多年来的皇粮国税，各种搭车收费也得到最大限度的控制，农民得到了实惠，农民收入出现爆发式增长。又如新农村建设，我和农办的同事一起，根据中央和省相关政策，在原"双清双美（清洁城镇，清洁村庄；美化环境，美化家园）"农村环境卫生综合整治活动的基础上，推动了以实施"五帮四扶（帮助贫困村发展高效规模农业、建设合作经济组织、农民自主创业、转移劳动力和建设基础设施，重在精神上、技术上、人才上、班子建设上扶持）""五争四先（抓产业强村，在发展村级经济上争当示范；抓科技兴村，在农民增收致富上争当示范；抓文明建村，在乡风文明上争当示范；抓生态美村，在村容整洁上争当示范；抓强基固村，在管理民主上争当示范。在建设更高水平的小康上勇当先进，在消灭绝对贫困、建设和谐村庄上勇当先进，在绿化美化村庄、优化生态环境上勇当先进，在增强村级党组织凝聚力、战斗力上勇当先进）"为主要内容的"双百工程（百村示范、百村帮扶）"和"三百行动（百企结百村投资 100 亿）"，促进了农业结构调整、农民收入增长和村庄面貌的改变、党群关系的改善，为 2008 年以大市为单位实现全面小康目标起到了关键作用；2009 年根据中央部署推进农村改革，在调研的基础上，组织协调起草并以市委市政府 1 号文件出台了《关于加快推进农村改革发展的实施意见》，并配套出台了土地制度、工业"千百亿"工程、城乡统筹发展、农村金融、农业专业合作、现代农业、农村服务业 7 个实施办法和农村"新五件实事"实施方案；2010 年学习借鉴天津、成都、重庆、嘉兴、苏州等地开展城乡统筹发展的经验,结合我市实际,创造性地提出了新市镇、新社区、新园区"三新"建设理念,并就农民向小城镇集中、产业向园区集中、土地向适度规模经营集中等以市委市政府名义出台了《关于加快推进新市镇建设的意见》等"1+8"系列配套文件,有效破解了土地、资金、户籍、就业等瓶颈制约问题,推动了城乡一体化发展。再如供销社的改革发展。供销社既经历了计划经济的辉煌,又经历了市场经济条件下不适应的阵痛,如何走出低谷、再展雄风,我在调研的基础上,结合贯彻国务院和省政府文件精神,制定了《镇江市人民政府关于加快供销合作社改革发展的实施意见》(镇政发〔2012〕18号);并在此基础上,根据我市供销社的实际,就为农综合服务社(中心)建设与管理、农村现代流通体系建设、农产品市场体系建设、镇级供销社建设、供销社综合改革试点等出台了具体政策性意见,这些文件都由市政府印发,有的被省供销合作总社转发全省参考,有力促进了基层供销社的恢复重建、农业社会化服务体系的建设和供销社经济实力的增强。三是围绕发展制规划。根据农业阶段性发展需要,我先后主持或主要执笔制定了镇江市"八五""九五""十五""十一五"农业(种植业、农林)发展规划,参与制定"十二五"农村发展规划;主持制定粮食单产增一成、农作物统一供种、增肥改土工程规划;主要执笔市级种子科技示范园、有机农业示范园、农产品质量检测中心建设规划;组织编制了沿江特色农业开发规划和农产品出口加工密集区、观光休闲农业、农村劳动力转移3个分规划;执笔制定了镇江市丘陵山区开发与农业结构调整规划,通过省级专家审定,得到了省农林厅主要领导的高度评价;主导制定了全市新农村"三新"建设规划,审定了全市农产品市场体系建设规划纲要。这些规划都得到了很好的执行,收效良好。

在主持或参与制定政策性文件的26年间,给我印象比较深刻的政策有5项:一是种子工程建设。为了推动统一供种,提高良种覆盖率,制定了从良种研发、基地建设、种子收购、种子加工厂建设、种子质量检测到良种推广补贴等一系列政策,有力促进了种子产业化进程。二是蔬菜基地建设。进入21世纪,随着城市化进程的加快,近郊的大量菜田和养殖基地被征用,城市"菜篮子"面临威胁,在中央"米袋子"省长负责制、"菜篮子"市长负责制的要求下,我会同蔬菜办的同事在调研的基础上,在不违背上级政策的前提下,提议建立了新菜地建设专项资金的政策方案,以市政府会议纪要形式印发并组织实施,有效解决了菜田用多补少的困局;组织起草了《市政府关于进一步加强市区菜地建设管理的意见》(镇政办发〔2007〕77号),确立了蔬菜生产基地建设方案,并成为市政府为民办实事15件之一,保障了市区蔬菜量足价稳供应。三是农业税免征与种粮直补。这是我国农业历史转折的大事,我有幸全程参与了这项伟大工程在我市的实施,从结合市情制定政策到政策实施及效果评估,我深刻感受到农民对这项政策的拥护和欢欣鼓舞,进而出现了由原来农田抛荒、弃管到争相种田、种好田的格局,有效稳定并提升了粮食生产能力。四是新农村"三新"建设。围绕城乡统筹发展,推进农村"三集中",我市积极探索了新市镇、新园区、新社区建设,有效解决了"钱从哪里来""人往哪里去""地由谁来种"等一系列问题,把城市化、工业化、农业现代化有效地整合与统一起来,收到了明显效果。中央农办、国土资源部、农业部领导在实地调研视察后均予以充分肯定。五是供销社的改革发展。镇江供销社受21世纪初"股金风波"影响很大,几乎全面瘫痪,在新时期如何从低谷中奋起,如何转型服务,这是供销社面临的生存课题,我在调研的基础上,由市政府连续出台了6份政策性意见,有力推动了供销社转型发展,年年有进步,在我任职期间,全国供销合作总社先后有科技教育、合作指导、发改规划、国际合作(台办)、监事会办公室、农协、中国农批、供销e家等部局(会、公司)领导和总社理事会副主任、监事会副主任前来调研视察,中央委员、全国供销合作总社理事会主任、党组书记王侠更是亲临镇江视察指导,对镇江供销社的改革发展给予了充分肯定,并在省供销合作总社上报的句容"戴庄经验"上做出重要批示。镇江供销社彻底摆脱了落后局面,跻身全省系统第一方阵。

20多年制定和执行政策的实践,让我感到政策的制定一定要有可行性,即符合地方实际,上级的要求再"高大上",如果不接地气是很难落地生根的,别人再好的经验做法,如果不符合本地实际,也是不足取的;政策制定一定要适当体现超前性,该做什么,不该做什么,工作指向必须十分明确;政策制定一定要有激励性,需要制定政策的工作一般具有一定的难度,所定政策必须具有较高含金量,才能体现导向性;政策制定一定要有可操作性,切忌假大空,措施要配套,让执行者经过努力能达成政策效果;政策制定还须有适当可塑性,在基本原则不变的前提下,让执行者有因地制宜创造性开展工作的空间,切忌一刀切;政策一经发布一定要兑现,不能说做两张皮、放空炮、打折扣,必须取信于民,体现政策的严肃性。

深化"双百工程" 打造"生态镇江"

2007 年镇江市围绕中央建设社会主义新农村的"二十字"方针,以"双百工程"为载体,坚持贯彻统筹城乡发展、工业反哺农业和城市支持农村、明显改善农村整体面貌、扩大公共服务覆盖农村范围"四个理念",加快了农村经济发展、社会事业发展、村镇建设、农村民主政治和精神文明建设"四个步伐",紧紧围绕增加农民收入这个中心,坚持循序渐进、务实推进,积极探索,开拓创新,促进全市农村经济、政治、文化和社会的全面协调发展。

1 全市新农村建设成绩显著

1.1 农民收入大幅度增长

2007 年全市农民人均纯收入达 8 007 元,同比增长 19.2%,7 个辖市区增幅均在 15% 以上,是 5 年来的最高增长值,以全市为单位总体上达到了全面小康目标。对 2007 年 1—9 月的数据进行分析,全市农民家庭经营性收入 2 271 元,占总收入的 35%,增加 217 元,同比增长 10.6%;全市农民人均工资性收入 3 493 元,占总收入的 55%,增加 460 元,增长 15.2%;农民人均财产性收入为 185 元,增长 83.2%,占总收入的 3%;农民人均转移性收入为 421 元,增长 30.9%,占总收入的 6.4%;政策性收入约占总收入的 0.6%。

1.2 "双百工程"成效显著

"双百工程"是我市新农村建设的一项重大创新举措,开展两年来,得到各级各部门的大力支持和积极参与。市四套班子全体领导 36 人,带领 113 个市直部门、企事业单位,结对挂钩 72 个村,开展示范、帮扶工作;其余的 128 个村,由辖市区按照市里的模式结对挂钩,各级各部门责任明确,精心指导,合力推进。市委市政府要求,所有的挂帅领导和参与结对的单位,在帮扶工作中要重点做好"五帮四扶"工作:从高效种养殖业上帮、从经济合作上帮、从全民创业上帮、从劳动力转移上帮、从基础设施建设上帮,扶精神、扶科技、扶人才、扶班子。到 2007 年年底,全市落实帮扶项目超 500 个,新完成在建项目 100 个,市级帮扶到位资金超 5 000 万元,使 200 个示范、帮扶村发生了多方面的显著变化,尤其是在增强帮扶村自身发展活力和内在动力上,加速构建其内生机制。同时,分层次推进第二轮 5 000 户"两有四缺"贫困户的结对帮扶工作,用足、用活省扶贫小额贷

本文由作者执笔,系作者参加南京区域经济农口协作会第 20 届年会(在江西省景德镇市召开)的交流论文,原载于《南京区域农村经济》(2008 年第 1 期)。

款和 50 万元市财政扶贫专项资金,加大技能培训,年底前全市完成 1 250 户贫困户脱贫任务。"双百工程"产生了巨大而广泛的积极影响,各级领导重视和关心"三农"问题的责任意识不断增强,调动了社会各界争相支持新农村建设的积极性,加快了新农村建设的进程。

1.3　高效农业规模推进

我市把加快高效农业规模化作为 2007 年全市新农村建设的一号工程。市委市政府专门出台了关于加快全市高效农业发展的意见,召开了全市高效农业规模化现场推进会,提出了发展思路和主要政策措施,制定了总体发展规划和布局。重点抓好"三大板块""七条走廊"的高效农业规模基地建设,扶持 134 个千亩以上高效农业项目,全年新增高效农业面积 15 万亩。市财政设立了 2 500 万元高效农业规模化发展引导资金,并大力开展招商引资,组织农业项目、农业基地与市内工商企业对接,吸引更多"三资"投入开发农业。134 个高效农业项目中已有 122 个落实了实施主体,近 70 个项目开工建设,引进"三资"投入 30 亿元;预计全年高效农业面积将达 41.44 万亩,占耕地面积的 17.6%;农民来自高效农业的收入预计超过千元,高效农业在增加农民收入中的作用日益显现。同时,大力推进和加快发展基地型、加工型、合作型、观光型"四型"特色农业,发挥资源、区位、技术、品牌四大优势,培大育强优质粮油、健康肉奶、特色水产等六大主导产业,做大了如温氏畜牧、正东食用菌等一批龙头企业,打造了诸如"老方"葡萄、"金山翠芽"、"白兔"草莓、"江南"食用菌等一批知名度较大、市场占有率较高的特色品牌,走出了一条富有镇江特色的现代农业发展之路。

1.4　生态环境大为改观

一年来,全市把生态环境建设作为推进科学发展、促进社会和谐的重大任务,加大投入,强势推进,把具体工作落实到新农村建设的整个过程和各个环节。一是大力开展以农村"百日环境整治"为主要内容的"双清双美"工程。在前两年开展"双清双美"工程的基础上,又在全市下大力气、花大投入,持续开展了农村垃圾处置"百日环境整治"活动,全市各级各部门齐动员,农村广大干群齐上阵,共投入资金 1.4 亿元,已建垃圾箱(房)20 330 个,建垃圾转运站 44 座,垃圾堆肥"灰塘"2 532 个,配新型垃圾运输车 81 辆,清除农村垃圾 47 万 t。全市农村环境面貌普遍发生了巨大变化,受到了农村广大干群的高度称赞。市和各辖市区还专门出台了农村垃圾处置工作意见,组建了 2 000 余个保洁小组,共有保洁员 9 600 人,每个自然村达 1.2 人,全市初步建立了一支保洁队伍和"组保洁、村收集、镇转运、县处理"的垃圾处置、卫生保洁的长效机制,在队伍建设、组织机制、管理体制等方面均有创新突破,走在了全省前列,受到省委省政府主要领导的高度评价,数次在《新华日报》《人民日报》头版头条被予以专门报道。二是大力开展农村绿化造林。针对森林覆盖率离小康指标存在的差距,市委市政府高度重视,将去年定为全市大力提升绿化水平的决战之年,并将其作为一项事关全市小康目标实现的战略性工程。全市上下广泛发动,多方设法克服资金困难,加大投入,党政主要领导率先示范,多次参加植树活动,掀起了全民植树的新高潮。一年来,全市共约有 20 多万人次参加植树,投入资金 3.96 亿元,新增造林面积 13 万多亩,全市森林覆盖率比上年增加 2.7%,基本接近小康指标。三是大力开展工业污染治理。按照省"六清六建"的要求,在 54 个村开展了农村环境综合整治试点;在乡镇推进行政一把手负责的环境目标责任制,加大农村工业污染源整治力度,关闭小化工污染企业,确保污染治理设施运行正常、达标排放污染物,大大改善了农村水土环境。四是大力开展农村河塘清淤和水环境整治。2006 年春秋两季,我市全面发动,多措并举,强力推进河塘疏浚整治工作。截至年底,全市累计完成县乡河道疏浚土方 2 145 万 m^3,疏浚整治河塘 1 800 余条(座),完成村庄河塘疏浚整治土方 1 172 万 m^3。经过一年的整治建设,尤其是去年上半年的农村垃圾百日整治大会战,全市农村环境面貌焕然一新:多年积累的垃圾清除了,熏人的臭气消失了,飞舞的苍蝇不见了,村庄河塘水清岸绿,广大农民生活环境改善了、心情舒畅了,干群的关系也变得更融洽了。

1.5 "新五件实事"加快实施

一是加快实施道路通达工程,改善农村交通条件。去年,我市农村公路建设计划项目 175 个,计划建设里程 361 公里,总投资 1.18 亿元。截至年底已全面超额完成全年目标。二是加强农村教育培训。对全市农村义务教育阶段的学生全面免收学杂费,加大对贫困家庭学生实施"两免一补"的投入,提高覆盖面;组织实施农村劳动力技能就业计划等一系列活动,去年完成劳动力转移技能培训约 4 万人次,农民实用技术培训 6 万人次,农民创业培训 1 万人次。三是农民健康工程进展顺利。去年全市参加新型农村合作医疗达到 159.47 万人,农村居民覆盖率 98.83%,共筹集新农合资金 1.25 亿元,其中财政补助 6 979.88 万元,人均筹资标准 92 元。全市有 50% 的农村卫生机构基本完成标准化建设任务,全市社区卫生服务普及率达 99.2%,农村基本公共卫生服务项目完成率达 90%。四是农村环境显著改善。去年共完成农村改厕任务 6.2 万户,占年度计划数的 124%,投入改厕资金 1 313.98 万元,建成省级卫生村 13 个;新建农村户用沼气 1 000 户,建成规模畜禽场沼气治理工程 8 处。五是强化农村文化建设,全力推进各辖市区"两馆"、镇文化站、村(社区)文化中心及"农家书屋"建设,截至年底已完成镇村文化站、文化活动室 80% 的达标任务;广泛开展"三送"活动和"共建和谐——千场电影城乡行"活动,去年送戏 280 场,送书 2.3 万册,价值 40 余万元,送电影 120 场。以我市被列入全国新农村建设信息化试点城市为契机,加快实现农村电信宽带有线"村村通";为加快有线电视"村村通",市财政安排 50 万元资金以奖代补,去年共完成了新增 260 个 20 户以上自然村、共 4 万农户通有线电视的任务。

2 推进新农村建设主要做法

2.1 坚持务实推进,重视解决农民最渴盼的问题

新农村建设必须真正把为了农民、造福农民作为出发点和归宿,不做表面文章,不搞形式主义,多为农民群众办一些实实在在的事情,让他们切身感受到新农村建设的实惠。通过实施"工业强镇富村"工程,反哺农业,支持农村,回报农民。全市重点抓好4个工业投资超10亿元、15个超5亿元的镇和15个超亿元的村,培植7个工业销售超50亿元的镇和6个超10亿元的村。扬中市新坝镇已提前一个月实现三业产值超百亿的目标,丹阳市后巷镇去年产值也超百亿。通过实施全民创业富民工程,出台鼓励全民创业的各项政策措施,积极发挥农民创业担保基金和中小企业担保基金的作用,着力在全市形成"能人创企业、干部创事业、百姓创家业"的生动局面。通过实施"双清双美"工程,农村的河水清起来了、村庄洁起来了、环境美起来了;通过实施"新五件实事"工程,更多的农民学有所教、病有所医、老有所养。这些工程都是看得见、摸得着、群众能够真正受益的实事、好事,所以深受老百姓的欢迎,深得农民的参与和支持。

2.2 坚持创新推进,重视发挥农民的主体作用

在实践中,通过创新农民参与机制,推行村务公开,让农民表达诉求,让农民参与决策,实现党委政府的意志和农民意愿的最佳结合。通过创新组织形式,提高农民组织化水平。丹阳市积极探索社区股份合作制;丹徒区出台专门政策,大力发展农民专业合作组织和土地股份合作制。全市通过广泛宣传句容市天王镇戴庄有机农业专业合作社、白兔镇张小虎葡萄合作社、后白镇西冯村花木草合作社、镇江新区照临村肉鸡养殖专业合作社等农民合作组织的致富经验,让农民在看得见、学得会的典型带动下,增强新农村建设的信心。通过创新扶农政策,进一步完善土地流转机制。在符合土地利用规划的前提下,允许农村集体建设用地使用权出让、出租、转让、转租和抵押;对在高速公路两侧实施绿化造林和高效农业项目的给予土地流转费的补贴;对发展设施农业的给予基础设施建设资助等。这些政策,让农民从中得到了实惠,从而激发了广大农民源源不断的动力。

2.3 坚持合力推进,重视调动全社会的力量广泛参与

在实际工作中,我们尝试建立了市指导、县组织、镇主抓、村实施、各级各部门各单位支持、农民群众广泛参与的工作机制,建立了领导联村、部门挂村、企业援村的帮扶机制,形成了责任明确、整体联动、合力推进的良好局面。通过实施"双百工程",调动了机关部门、企事业单位和社会各界重视、支持和参与新农村建设的积极性,营造了人人参与、全社会出力的浓厚氛围。全市很多没有被列入

"双百"挂钩的企业和单位主动要求加入"双百"活动。中国移动镇江分公司投入4 000万元,在镇江农村地区推广"农信通",用手机传播农村致富信息,目前已发展农民用户18万人,使农民在农产品销售、就业指导等方面得到更多更好的信息服务。

2.4 坚持克难推进,重视解决实践中出现的突出问题

规划到位难、资金筹集难、环境管理难等,都是新农村建设实践中经常遇到而又必须解决的实际问题。为了化解这些问题,市委市政府实施了"村庄整治"工程,一手抓规划编制,一手抓建设试点,抓住了规划与建设的结合点;在建设投入方面,认真落实财政支农资金"三个高于"政策,建立健全财政支农资金稳定增长机制,各级财政每年新增教育、卫生、文化等事业经费用于县以下的比例不低于70%和土地出让金纯收益15%用于农业土地开发等政策落实得比较到位。去年1—9月,全市各级财政安排的支农资金达到4.85亿元,比上年增长31.2%,其中,市、辖市区当年安排的支农预算3.65亿元,增长38.2%;支农预算的增量达9 463万元,比上年增长77.3%。全市各级财政用于新农村建设的资金达到1.5亿元,充实农民创业担保基金1 000万元。在实施"农村环境百日整治"活动过程中,积极克服资金不足的困难,通过抓宣传、树典型,政府主导、农民参与,在短期内使村容村貌发生了深刻变化,不仅取得了良好的整治效果,而且带来了巨大的社会效益。

转变农业发展方式　推进现代农业建设

我国现代农业是继原始农业、传统农业之后的一个农业发展新阶段,是以现代工业和科学技术为基础,充分汲取中国传统农业的精华,采用现代科学技术、运用现代工业设备、推行现代管理理念和方法的农业综合体系。建设现代农业的过程是改造传统农业、不断发展农业生产的过程,是转变农业发展方式、促进农业更好更快发展的过程。

1　镇江现代农业的发展现状

1.1　镇江现代农业发展的新进展

进入 21 世纪以来,镇江农业发展正加速转型,由传统农业向现代农业转变。

1.1.1　由粗放型农业向集约型农业转变

打破传统的种植、养殖经验,实行农业的标准化生产,制定地方农业标准170 个,建立国家级、省级、市级农业标准化示范区 51 个,推广了一批新品种、新技术,促进了农产品质量的全面提升;逐步打破一家一户分散经营的小农生产方式,向土地适度规模经营发展,全市农田规模经营面积 40 万亩左右,占耕地面积的 16.7%,涌现出以江苏农林科技示范园、万山红遍农业园、南山农业科技示范园为代表的 90 余个农业规模经营典型,其经营面积 6 万余亩,辐射面积 60 万亩,成为农业规模经营的主力军;同时,生物技术、信息技术在农业中的应用也日益显现出增产、提质、高效、安全的独特作用。

1.1.2　由产品型农业向商品型农业转变

打破传统生产模式,由注重产品数量向注重商品质量转变,坚持内在品质与安全质量并重、质量与品牌并举,一方面推广优质农畜品种,改进种养殖技术,另一方面,注重品牌建设,努力做到认证一个"三品(无公害农产品、绿色食品、有机农产品)",培植一个品牌,带动一项产业,致富一方农民,不断放大质量和品牌的综合效应。全市无公害农产品基地认定面积 152 万亩,无公害、绿色、有机农产品认证 425 个,全市农产品注册商标总数 410 个,省以上名牌产品 12 个。恒顺香醋、宴春肴肉等传统名牌农产品得到巩固和发展,"圣象"地板、"金山翠芽"茶叶、"继生"葡萄、"玉兔"草莓、"瑶池"彩色油桃、"一品梦溪"大米等新的自主创立的品牌农产品相继在国内、省内获得金奖、银奖,"农家"茅山老鹅、"滩八样"无公害蔬菜、"希玛"猪肉等新一代品牌农产品不断涌现。

本文系作者参加省委研究室 2008 年农业现代化试验区工作座谈会的交流材料。

1.1.3 由数量型农业向效益型农业转变

在保障粮食、蔬菜、肉品等大宗农产品有效供应的同时,更加注重农业效益的提高。从2006年开始,以143个高效农业项目为抓手,大力发展以高效园艺、健康肉奶、特色水产、观光农业为主的高效农业,全市高效种养面积突破58万亩,设施农业面积7.8万亩,初步形成了"三大板块、七条走廊"的区域布局,亩均效益有了显著提升。

1.1.4 由生产型农业向产业化经营型农业转变

突破单一的初级农产品种养生产,大力发展农产品加工业,建设农产品市场,拓展农业功能,拉长产业链,加速农业产业化进程,形成了由2个国家级、14个省级、67个市级龙头企业组成的农业产业化龙头企业集群,带动基地130万亩,带动农户26万户。香醋、酱菜、木业、肴肉等传统产业不断提升产业档次,焕发新的生机;温氏畜牧、农家土产、乡亲饮品、天宁香料、德大食品、天元牧业等民资、外资农副产品加工企业落户镇江,农产品加工能力不断增强。镇江农产品批发市场的建设结束了镇江无大型农产品批发市场的历史,同时一批年交易额亿元以上的专业农产品市场也正加速形成;随着南山农庄、扬中渔乐园成为国家级农业旅游示范点,一批观光农业园也正吸引着一大批国内外游客。全市现有一定规模、特色的休闲观光农业园或景点92个,建设面积约5万亩,年接待游客30万人次,直接经济收入在每年1000万元左右。

1.1.5 由自然型农业向生态型农业转变

在农业发展中,逐步改变对土地的掠夺型经营方式,更加注重生态环境的保护,注重人文资源和农业生产要素的集聚融合,促进农业的循环生产,推动农业可持续发展。2007年全市森林覆盖率达到20.08%,初步达到小康水平;测土配方施肥面积152万亩,加速商品有机肥的推广,提高了耕地质量;每年治理水土流失面积10 km²;加速推进规模畜禽养殖场和户用沼气工程建设,每年新建1000户以上;推广以秸秆还田、秸秆气化为主要内容的秸秆综合利用技术;建设江南生物科技、正东食用菌等一批有机废弃物资源化利用企业,不断改善农业生态环境。

1.2 镇江现代农业发展中的瓶颈制约

我市现代农业尽管有了较快发展,但仍处于初步阶段,还有许多问题需要认真研究和解决。当前,影响现代农业发展的制约因素主要表现为4个瓶颈:

1.2.1 土地瓶颈

现代农业的一个重要标志就是适度规模经营,但现状是土地流转难度明显加大,农民惜地思想浓厚。加快建立农民土地收益稳定增长的机制,成为当务之急。

1.2.2 资金瓶颈

现代农业是高投入、高回报的农业,靠一家一户农民自身投入不太现实,必须有工商资本的大举进入,真正实现"以工建农"。但是,工商资本投入农业的政策不明,导致工商企业主对投资高效现代农业的信心不足,旁观的多,介入的少。

1.2.3 技术瓶颈

一方面,农业科技自主创新能力薄弱,难以有效提高核心竞争力,同时对于农业科技成果转化与推广,现行农技推广体系难以胜任;另一方面,现代农业对农民的素质提出了更高的要求,其不仅要掌握高科技的种养技术,还要善经营、会管理,但是我市 32 万"职业农民"大多为初中以下文化程度,难以适应现代农业的要求。

1.2.4 组织瓶颈

千家万户的分散经营很难适应现代农业的发展需要,而农民专业合作组织发展缓慢,即便已经成立合作组织的,也存在着产品雷同、品牌多而散、带动力弱等问题,导致农业的组织化程度低,不仅要承担自然风险,还要承担市场风险。按照产业类别,组建农民专业合作联社,扩大合作组织规模,增强抵御风险的能力,是加快现代农业发展的新课题。

2 建设现代农业的基本思路

现代农业应当如何发展? 我们认为,必须立足于镇江资源、经济、区位、文化的特点,走"五化"发展之路,即农业生产集约化、农业经营产业化、农业管理企业化、农业组织合作化、农业发展生态化。

2.1 农业生产集约化

集约化生产是现代农业的发展方向。我市重点在 3 个方面推进:

2.1.1 土地集约

推行土地适度规模经营,重点是在建设高标准现代农业园区上求突破,大力发展钢架大棚、智能温室等设施规模农业。在农业园区发展中,融入工业园区的理念,实施总体规划,整体布局,高标准建设,路、沟、涵、渠、闸,供电线路和生产、储运、办公等设施,按照现代化大生产的要求建设。

2.1.2 技术集约

按照产业特点,对新品种、新技术实行有机整合,实现种养技术的高度集成,不断降低成本,提高种养效益。

2.1.3 装备集约

加快农业机械化的发展步伐,推进农机装备的更新换代,实施主要农作物生产机械化推进工程,降低劳动强度,提高劳动效率;着力研制开发、试验推广秸秆还田和综合利用机械,高效低污染的生物植保、精量施肥机械,河塘清淤、节水灌溉机械,推动农业清洁生产、节约发展。

2.2 农业经营产业化

产业化经营是现代农业发展的必由之路。农业产业化经营的关键是培植龙头企业。根据我市特点,围绕优质粮油、应时鲜果、名特茶叶、时鲜蔬菜、花卉苗木、种草养畜(禽)、特种水产、观光农业等优势产业,培植5种类型的企业龙头。

2.2.1 龙头企业带动型

依托现有的农产品加工企业群,拉长产业链,优化企业与农民的利益联结机制,实行生产、加工、销售一体化经营。重点是发展粮油、肉品、茶叶、果蔬加工,从"卖原料"向"卖产品"发展。

2.2.2 中介组织带动型

大力发展具有营销性质的农民合作经济组织,推广"五统一"的做法,在整合农产品品牌上下功夫,塑造镇江农产品的品牌优势。

2.2.3 专业市场带动型

学习山东"寿光经验",激活镇江农副产品批发市场;加快"农改超""农加超"的步伐,提高农产品在超市、便利店等新型零售业态中的比重。

2.2.4 农科教带动型

以现有农业科技示范园区为龙头,发挥园区的科技优势,推广"公司 + 基地 + 农户"的运行机制,实现产学研、农科教一体化经营,带动产业的发展。

2.2.5 经纪人、专业大户带动型

农产品经纪人和农业专业大户利用其对市场熟悉、信息灵通和掌握一技之长的优势,一头联结市场或龙头企业,一头联系千家万户,能有效地解决农产品卖难问题。重点是按照产业要求,整合经纪人、专业大户队伍,形成一定的组织群体,提高组织化程度。

2.3 农业管理企业化

针对"职业农民"老龄化、空心化等日益突出的问题,以工业理念指导农业生产、用工业方式改造传统农业方式势在必行。应该说,农业管理企业化是现代农业发展的方向,目前已有许多成功的典型。一般来说,农业的企业化是企业介入产中,直接从事农产品生产。大致有3种类型:

2.3.1 村企对接

工商企业重组乡村各类生产要素,统一经营,有的是租地,有的是将土地折价入股,直接从事农业开发,如大亚集团、正东食用菌有限公司。

2.3.2 农业产业化龙头企业扩大生产规模

既扩大核心基地规模,又提高自营种养规模,如恒顺集团、江南面粉有限公司等。

2.3.3 农技人员、返乡创业人员等成立企业

他们直接从事较大规模的种养生产,如瑞繁农业科技示范园区、圣妙农

庄等。

就我市实际而言,要在第一种模式上下功夫,从今年开始,在全市实施"百企百村百亿"行动计划,即用3年时间,组织动员本市数百家工商和民资企业,挂钩607个行政村,投资100亿元建设高效规模农业,形成"以工投农"的热潮。

2.4 农业组织合作化

要提高农业组织化程度,必须把广大农民组织起来,重组和优化配置农村各种生产要素,积极调整完善农村生产关系,进一步解放农村生产力。重点推进五大合作:

2.4.1 农民专业合作

这在我市已经有了一些成功的典型,如丹阳食用菌合作社、温氏养鸡合作社、西冯花木草合作社、张小虎葡萄合作社、迈春茶叶合作社等,都是以专业大户或者农业企业为龙头,以"五统一"的做法,把一定区域内从事同一农产品生产的农民组织起来,打"组合拳"。充分推广他们的做法,积极引导龙头企业、农民经纪人、种养大户、农技推广机构等牵头领办、创办一批"四有"农民专业合作经济组织。对于比较成熟和有批量生产的产品,如茶叶、应时鲜果等,可以积极开展农民专业合作社联社的试点,扩大合作规模,增强发展后劲。

2.4.2 土地股份合作

目前,全市土地股份合作社仅12家,入股土地仅8 000余亩,需要进一步加大力度。对目前确实难以"确权确地"的地方,实行土地股份合作制改革,通过"确权确地"方式落实农户的土地承包权;对由租赁等流转形式形成的各类农业基地,倡导内股外租的土地股份合作模式,或直接以土地作价入股,参与企业经营,分享企业发展红利;对发展二、三产业的农户承包地,引导农民以自愿入股形式建立土地股份合作社,由合作社对外招租,增加农民资产性收入。

2.4.3 农村社区股份合作

这在我市刚处于起步阶段,目前仅丹阳车站社区一家。推广这一成功做法,以盘活农村集体存量资产、壮大农村集体经济为目的,以近郊城中村、城郊村、园中村和全面小康示范村为重点,推进社区股份合作社建设。

2.4.4 农村金融合作

为解决发展农业生产信贷难的问题,必须加快农村商业银行组建步伐,按照分类指导原则,构建形式灵活、结构规范、运行科学、治理有效、适应社区性特点的公司治理模式,着力解决股东分散、股金不稳定、内部人控制及股东对经营漠不关心的问题,逐步推开农村信用社股份制改革,为发展农业生产提供金融保障。

2.4.5 生产资料与生活资料合作(消费合作)

目前,我市已成立500家为农服务合作社,及时为农民提供所需的生产资料和生活资料。认真总结为农服务合作社发展的成功经验,加以宣传和推广,加快为农服务合作社的建设步伐,为现代农业发展提供必要的物质保证。

2.5 农业发展生态化

环境友好型、资源节约型是现代农业的重要特征。发展现代农业必须坚持科学发展观,突出生态、环保、节约和资源综合循环,走可持续发展之路。

2.5.1 大力推进循环农业

通过发展循环农业,减少农业废弃物的排放量,同时在农业内部实现农业废弃物利用的最大化,这方面在我市已有较好的基础,我们将重点推广"稻鸭共作""牧—沼—菜(果)""秸秆(棉籽壳)—食用菌—有机肥"等循环农业模式,推进循环农业的发展。

2.5.2 积极推进有机农业

有机农业在我市有很好的基础,大做有机农业文章是我市现代农业的着力点,重点是在有机稻米、茶叶、水产、果品等方面取得新突破,进一步做响品牌、做大规模。

2.5.3 清洁土地、清洁水源

继续加大绿化造林力度,实施清洁土地工程,全面推广测土配方施肥,推广使用有机肥料、生物农药,减少化肥农药使用量,改善土壤,增强地力。

2.5.4 探索节约型农业发展模式

突出加强秸秆综合利用,大力实施秸秆机械化还田,开展家庭秸秆气化炉试点;鼓励扶持畜禽养殖场、农户发展大型和小型沼气。大力开展中低产田改造,大力发展节水型农业,推广灌溉新设备、新技术和旱作农业技术,培育推广抗旱节水农业新品种。

3 发展现代农业的主要措施

3.1 加强农业基础设施建设

大搞农田基本建设,加快中低产田的改造,突出农田水利基础设施建设,全面提高农田标准化建设水平。实施"沃土工程",构建耕地质量建设与管理长效机制,提高肥料利用率和耕地综合生产能力,加快建设高产稳产农田。加大力度发展设施农业,积极引进"三资"建设工厂化种苗设施、温室栽培、滴水灌溉、集约化养殖、立体种养等设备和技术,提高农业的综合效益。大力推进农业机械化,进一步推进农机装备的更新换代,提高动力机械的配套利用水平,推动农机发展向产前、产中、产后延伸,向农林牧副渔各领域扩展。

3.2 加快农业科技成果转化

一是加大科技自主创新力度。整合镇江科技资源,开发先进实用技术,发挥引智、引技优势,推动引进、消化、吸收、再创新。二是建立健全农业技术推广服务体系。按照"强化公益性职能、放活经营性服务"的要求,加大农业技术推广

服务体系改革力度,构建一支精干、高效、稳定的公益性农技推广服务队伍,以实施农业三项更新工程为抓手,加大优质、高效、高抗新品种和省工、节本、增效新技术示范推广力度,提高我市农业的科技含量。三是加快现代农业示范园区建设力度。按照上档次、上规模、产业特色明显、科技含量高、运行机制活、辐射带动能力强、经济效益好等要求,以现有农业龙头企业、科技型企业建设的园区为基础,加快现代农业示范园区建设,将其建设成为新品种、新技术示范基地,新农民培训基地,新成果孵化基地,带动周边农民积极主动调整种植、养殖业结构。

3.3　加大农业功能开发力度

随着经济的迅速发展和人民生活水平的不断提高,农业不仅更加重要地发挥其食物供应、工业原料生产功能,而且其经济、生态、观光、科教等功能将进一步凸显。在大力发展农业生产、保护生态环境的同时,充分挖掘农业文化内涵,以农业景观、农事活动、农展节庆为载体,展示现代农业、传播农耕文化、体验乡土风情、释怀农民情节,充分发挥农业的生产、生活、生态综合功能,拓展农业的发展空间,拓宽农民的增收渠道。重点是围绕"科教型、休闲型、度假型、体验型"四型观光农业的定位,加速我市人文资源和农业生产要素的集聚融合,逐步形成一批农业旅游观光基地,凸显文化、生态、科教、载体四大功能,提高农业的综合效益。

3.4　加快培育农业合作组织

一是有序推进土地股份合作。大胆探索土地股份合作制、托管制、流转金一次清等土地流转的新办法,有序推进农村土地集中流转,突破发展现代高效农业中的土地瓶颈。二是全面推进农民专业合作。加快"四有"合作经济组织的发展步伐,重点是按照产业分类,积极开展农民专业合作社联合社试点,努力把高效农业做优做强。三是稳步推进社区股份合作。结合产业布局特点,加强引导,规范管理,成熟一个成立一个。四是积极探索金融合作。在健全农民创业担保、联户担保的基础上,探索土地承包经营权资产化抵押、农民住宅抵押等农业资源资本化途径,发展村镇银行,进一步扩大农业保险范围,健全农业保险制度。五是建立健全农业生产、生活资料合作。以为农服务社为基础,建立健全农民基本生产、生活资料不出村的,与大型超市、批发企业连锁的合作机制。

3.5　加速提高农民素质

一是提高农民的文化素质。积极开展"送文化下乡"等活动,为提高农民文化素质搭建一个互相学习、互相交流的平台,增强农民感知、认知世界,接受新事物、新理念的能力。二是提高农民的科技素质。继续推进"科技入户"工程,充分发挥科技示范园区的作用,加强对农业实用技术的培训,提高农民种植养殖的水平。三是提高农民的综合素质。利用各种媒体,积极为农民开展信息服务、法律服务、市场服务、政策服务,指导农民发展现代农业,不断提高农民的综合素质,以适应现代农业对"智能型农民"的要求。

3.6 加强农村生态环境保护

全面推进"绿色镇江"建设活动,深入开展植树造林,防止水土流失,绿化美化农村家园。积极开展"双清双美"活动,彻底整治农村垃圾,净化农村环境,建立健全长效管理机制。大力治理工业污染,强化水环境管理,加快建设中心镇污水处理设施,严格控制工业、生活对农村环境的影响。积极推行清洁生产,减少农业面源污染。加大农村废弃物的综合利用力度,大力实施秸秆还田、秸秆气化、户用沼气等工程,减少污染,为现代农业发展提供有力的生态环境支撑。

镇江农村改革的实践与探索

近年来,镇江农村工作以科学发展观为指导,以改革为动力,以市场为导向,以新农村建设为中心,以农民增收为首要任务,以全面达小康为目标,坚持以产业化提升农业、工业化致富农民、城市化带动农村,走出了一条具有镇江特点的农村改革发展之路,开创了"三农"工作新局面。

1 以项目建设为抓手,推动高效农业规模化发展

1.1 坚持以项目带动农业结构调整

2009 年,我市积极实施高效农业项目竞争立项,重点实施 11 个高效农业项目建设。截至 7 月底,11 个重点农业项目已完成全年工作量的 70%,投入财政资金 660 万元,吸引社会资金 4 893 万元;新增高效农业面积 4 910 亩,平均每个项目 446 亩,促进了全市产业结构调整和规模经营的发展,成为所在乡镇的优势产业。在竞争立项项目的强势带动下,各辖市区大力推进现代高效农业项目建设,句容市、镇江新区半年内分别引进"三资"开发农业项目 60 个和 30 个。扬中市确定的 11 个重点高效农业项目,开工率达到 91%,投入进度达到 63%。此外,全市 4 个扩大内需水利项目主体工程已基本完成,累计完成投资 8 010 万元,占总投资额的 62%。

1.2 坚持以基地促动特色农业发展

全市上下牢牢把握"做大规模、做强效益"这两大目标,全力提升建设水平,形成一批各具特色的高效农业基地。以消灭高效农业千亩空白镇、百亩空白村为要求,增量扩面,连点成片,涌现出句容丁庄万亩葡萄园等一批高效设施农业基地,辐射带动作用明显。

1.3 坚持以园区推动合作组织建设

主要以"公司＋基地＋农户"为主导形式,通过发展各类专业合作经济组织,连接好市场和农户,形成农业园区产业链,建立起紧密型利益共同体,共同分担风险、开拓市场、分享利益,使园区与农户、专业合作经济组织、农业龙头企业优势互补、相互促进、共同提高。在农业园区发展的同时,农民专业合作社、土地股份合作社、社区股份合作社等合作经济组织迅速扩张,今年 1—7 月,新增农村合作经济组织 279 家,总数达到 849 家,成为推动现代高效农业发展的重要力量。

本文原载于《镇江社会科学》(2010 年第 1 期)。

2 以农村"三集中"为导向,引领农村改革不断深入

2.1 大力推进"三集中"

"工业向园区集中、农民向规划居住点集中、土地向规模经营集中"是解决农村发展土地制约、改善农村环境、推进城乡统筹发展的必由之路。今年1—7月,全市新开工农民集中居住点建设 38 个、建成面积 178.1 万 m^2,新增农业适度规模经营面积 7.58 万亩。全市形成小城镇集聚型、整村新建型、撤村改居型、项目带动型、村庄整治改造型、生态文化遗存保护型等各具特色的"三集中"类型,涌现出丹阳市界牌镇,扬中市新坝镇双新村,京口区象山镇,句容市宝华镇,丹阳市新桥镇群楼村、金桥村,丹徒区上党镇槐荫村等一批"三集中"典型。

2.2 积极试行"双置换"

对城中村和城边村,根据城市发展需要,整村拆迁、整合改造,通过"双置换",变集体土地为国有土地,变农民为市民,变村委会为居委会,变农村集体经济为城市混合经济或社区股份合作经济,变农业村庄为城市社区,实现农民身份转变,生活条件改善,城市形象改观,二、三产业快速发展。京口区象山镇京岘山村、新生村、东风村等城中、城边村,近几年来拆迁 1 600 多户,置换农民身份 4 800 多人,为城市发展提供了 300 多亩的建设用地,新增绿化面积3.4 万 m^2。

2.3 有序推进土地流转

园区能不能连片建成,主要取决于能不能解开被土地流转困难束住的手脚。我市大胆探索,积极采取"稳住活田、三权分离"的办法,有效解决了这一各地普遍遇到的难题,即在保持家庭联产承包责任制长久不变的基础上,对承包田实行所有权、承包权、经营权三权分离,农户承包田的经营权在自愿的基础上实行有偿转让,形成土地股份合作社,使零碎土地可连片形成园区并逐步走向规模化。镇江新区以"万顷良田"建设工程为契机,对 5.6 万亩土地进行整合,搬迁农民2.3 万人,通过整理复垦宅基地,新增 8 542 亩建设用地,为开发区城市建设和产业发展腾出了空间。

2.4 积极创新农村金融

在全省建立第一家小额贷款公司——丹阳市天工惠农农村小额贷款公司的基础上,又新建了 4 家小额贷款公司,年底将建成 7 家公司;农业银行发放了36 万张惠民信用卡;邮政储蓄银行全面开展了小额信贷业务;农村合作银行、农业发展银行扩大了对农村合作组织的信贷业务。上半年"三农"信贷资金达到331.75 亿元,其中种养殖业信贷资金达到 31.58 亿元,均比上年增长 30%以上。

3 以"三百"行动为载体,推动工业反哺农业、城乡统筹发展

3.1 广泛开展村企挂钩合作

截至今年 7 月底,全市参与挂钩合作的企业达 521 家,挂钩 639 个村(社区),村企结对挂钩率达到了 98%,基本实现了全覆盖;全市共实施村企挂钩合作项目 468 个,总投资 18.01 亿元,实际到位资金 8.6 亿元,均超过了去年全年的总和。合作项目涵盖基础设施、高效农业、助困帮扶、农产品加工、环境整治、农业服务业、村级经济、社会事业等诸多领域,在保障重点的同时全面开花,促进了全市农村的改革发展。

3.2 充分发挥工业企业主力军作用

建立稳定的以工投农、以工扶农的运作机制。一种形式主要是通过以工带农,即引导德才兼备的企业家担任村支书,带领全村农民发展致富。目前,丹阳市采取这种以厂带村、厂村合一的模式的村庄已占到全部行政村的 40% 以上。另一种形式主要是以工扶农,即工业强村帮扶经济薄弱村,工业企业挂钩经济薄弱村。截至 7 月底,在参与村企挂钩合作的 521 家企业中,工业企业有 403 家,占比达 77.4%,投资额 5.8 亿元,占投资总额的 32.2%,体现了工业反哺农业的强烈意愿,工业企业正通过村企挂钩合作拓展新的发展空间。

3.3 坚持依托市域经济的拉动力

着力打造长三角先进制造业的集聚区和沪宁线现代服务业的新兴区,切实增强市域经济对农村发展的拉动力。重点培植一批主业突出、有自主知识产权的大企业、大集团,创建一批在国内外有影响力的品牌产品,形成一批销售收入超百亿、50 亿的龙头企业。以大旅游、大物流、大市场为重点,着力推进南山风景区、大港港区物流、镇江国际工业品物流中心等一批项目,加快提升眼镜、汽摩、灯具等一批特色市场建设,使市域工业竞争力和城市辐射力得到全面提升。同时,鼓励各县区走特色经济之路,加快培育特色板块,实现县域经济的新腾飞;大力实施"工业强镇富村"工程,提高镇村经济对农村发展的直接推动力。

4 以民生建设为根本,实施农村"新五件实事"工程

4.1 河塘疏浚整治工程

2009 年上半年完成河塘疏浚整治 1 276 万 m^3,完成年计划的 110%;计划到 2010 年完成规划内县乡河道、村庄河塘疏浚任务,到 2012 年完成所有县乡河道、村庄河塘疏浚任务。同时,建立健全农村河道长效管理机制,推行"河长制"管理办法,切实巩固河道疏浚整治效果。

4.2 饮水安全工程

加快区域供水步伐,提高区域供水进村入户率,协调解决好丹阳与常州交

界、句容与南京交界乡镇的区域供水问题,重点解决丘陵山区安全饮水问题。

4.3 脱贫攻坚工程

开展贫困户帮扶行动,做到责任到户、项目到户、资金到户、成效到户;对经济薄弱村,市和辖市区通过给予一定建设用地指标,帮助村集体到镇工业集中区建设标准厂房,发展资产型、物业型和服务型产业,增加村集体收入。同时,积极采取措施,化解村级债务,减轻村级负担。2012 年,市财政扶贫专项资金将达到600 万元,各辖市区也要建立相应配套机制;茅山老区村集体收入将达到20 万元,其他地区力争达到 50 万元。

4.4 清洁能源工程

大力实施秸秆综合利用,支持建设大中型秸秆气化供应站、气化炉,对秸秆收集给予政策性补贴;积极发展秸秆还田机械,扩大秸秆还田面积。注重综合治理,强化管理责任,严格禁止秸秆露天焚烧。确保每年新增沼气和太阳能农户1 000 家,规模养殖场实现沼气化。

4.5 绿色家园工程

结合生态城市建设要求,大力开展植树造林,建设绿色村庄,2009 年1—7 月份完成绿化造林 9.36 万亩,占年计划的 73%;到 2010 年,新增植树造林面积达 25.5 万亩,森林覆盖率达 25.6%。巩固和完善农村垃圾处置长效管理机制,到 2009 年年底,每个镇建成污水处理设施,85% 的镇建成环境优美乡镇;到 2012 年,全市农村卫生户厕普及率达到 98% 以上。积极推广农业废弃物循环利用,普及推广发酵床养殖技术,2009 年上半年新增示范点 17 个,完成年计划的 85%;到 2012 年,再新增示范点 80 个以上,保持全省领先。

5 以制度创新为手段,建强农村基层组织

5.1 坚持选聘大学生村官制度

针对村级经济发展趋势及农村基层组织的现状,2006 年,我市在全省率先实施每年选聘 100 名优秀大学毕业生到农村任职,力争 5 年内实现村村都有大学生的目标。在实施过程中,是正式党员的,聘任为村党组织副书记,非党员的聘任为村委会主任助理,并建立和完善管理制度,制定优惠政策,提供待遇保障,让大学生村官留得住、成长得好。这既为大学毕业生提供了施展才华的舞台,又把智力优势群体与农村基层干部有机对接起来,并使之本土化、乡土化,"落地生根",不断孵化出推动农村发展的新生力量。

5.2 激励基层干部提高发展本领

在农村党组织深入开展"乡村学华西、农村干部学吴仁宝"活动,强化"本领危机"意识,使一些同志从"老办法不顶用、新办法不会用、硬办法不敢用、软办

法不管用"的困境中走出来,努力提高带领群众、发展富民的本领。鼓励和鞭策基层干部比别人用更多的心、吃更多的苦、流更多的汗,在更好更快发展的比拼中,开辟新的境界。

5.3 帮助基层组织解决实际困难

从财力上努力解决镇、村两级运转经费缺口的问题,严格按照中央确定的"三个高于"的要求,规定市、辖市区财政每年对农业投入的增长幅度要高出其财政经常性收入的增长幅度3个百分点以上,使广大基层干部始终感受到组织的信任、人民的重托和同志的温暖,始终保持干事业的激情不退、谋发展的劲头不减。同时,积极探索村级党组织设置的新形式,推行村企联合建立党组织等。

落实科学发展观 推进农村"三集中"

"工业向园区集中、农民向规划居住点集中、土地向规模经营集中"是解决农村发展土地制约、改善农村环境、推进城乡统筹发展的必由之路。近年来,镇江市不断创新实践,大力推进小城镇集聚型、整村新建型、撤村改居型、项目带动型、村庄整治改造型、生态文化遗存保护型等各种类型的农村"三集中",取得了初步成效。据对35个镇的调查,2008年年底,农民集中居住率达37%,乡镇工业集中区工业产值占农村工业总产值的53.3%,农业适度规模经营面积占耕地总面积的19.2%。2009年1—6月,全市新开工农民集中居住点建设38个、建成面积178.1万 m^2,新增农业适度规模经营面积5.27万亩,复垦整理土地0.3万亩,农村"三集中"呈加快发展态势。

推进"三集中",广泛涉及群众利益,政策法规性强,钱从哪里来、人往哪里去、地权矛盾如何化解、农田集中后如何经营、思想观念和生活方式如何改变,镇江市各地紧紧抓住这些关键性问题,解放思想、创新举措,实现了重难点问题的突破。

"政策撬动 + 市场运作",解决钱从哪里来的问题。"三集中"的基础设施建设投入巨大,平均每平方公里需投入1.5亿元以上,"钱从哪里来"是首要难题。丹阳市界牌镇采取政府主导掌控、董事会运作、引进开发商,多管齐下、环环相扣的措施,吸引1.2亿元投入,解决了启动资金问题。镇江新区通过成立公司进行实体化运作,加快项目包装,采取集团公司担保、土地质押等方式,拓宽融资渠道,通过向银行贷款、发行企业债券、BT投融资等方式,保证推进"三集中"过程中的资金链安全。

"就业 + 保障",解决人往哪里去的问题。丹阳市界牌镇在用农民土地的承包经营权换农村社会保障、用宅基地和旧房换安置房的同时,通过完善失地农民保障、企业职工养老保险、新型农村合作医疗保险、最低生活保障、商业保险、征用1亩地安排3人就业、设立爱心基金七道保障线,解决了农民的后顾之忧。镇江新区则对失地农民提供每年800元/亩的补偿,并多管齐下安排就业。丹徒区辛丰镇龙山村对"三集中"后的失地劳动力全部安排就业岗位,使其到村办企业上班,实现充分就业。同时,积极实施定期补助政策,凡是户口在龙山村的人,根据不同的年龄段,每月发给标准不同的生活补助费;对全村中小学生、大中专学生分别给予不同的奖助学金;对特困群体给予重点生活补助;对本村在职企业

本文原载于《江苏农村经济》(2010年第3期)和《镇江社会科学》(2010年第1期)。

职工,全部实行养老保险。

"流转、置换+股份合作",解决土地权属矛盾。依托农经职能部门,在辖市区建立土地流转服务中心,在镇设立土地流转交易市场,在村创办土地流转服务站,形成三级服务网络,加快土地流转步伐。每亩土地的年补偿金高于该土地前3年平均纯收入的1.2倍以上,对流转期限超过3年的,充分考虑物价变动、政策调整等因素,实行逐步递增、定期调整或以实物计价、货币兑现的办法,确定流转补偿标准。同时,以镇、辖市区为单位,根据当地土地等级、区位等状况,制定流转补偿指导价。对单宗流转300亩以上的,由财政给予农民一次性奖励;对通过土地流转,实施高效规模农业的项目主体,给予基础设施建设资金补贴,促进土地流转。截至6月底,全市流转土地41.6万亩,占农户承包面积的26%;建立土地股份合作组织135家,入股土地面积4.31万亩,占土地流转总面积的10.4%。

"租赁承包+企业化运作",解决流转土地的规模经营问题。一是成立专业化农业公司自营。扬中市新坝镇双新村把全村集中后的560亩耕地全部交由农业公司经营,聘请了14个外地种田能手来经营,每年创经济效益50余万元,农业效益比一家一户经营还要高。丹阳市界牌镇将集中后的农田交由农业公司统一经营,并负责向流出土地的农民提供口粮和蔬菜。二是转包。镇江新区将集中整理后的土地,由镇成立农业发展公司,向社会公开招租,引进"三资"企业承包,年租金250元/亩,按照800元/亩的标准对农民进行补偿,差额由财政承担。句容白兔、后白,丹阳云阳、司徒等镇则采取企业化运作的方法,引进工商资本、民间资本,以工业的理念发展农业,用工业的管理方式经营农业,建设现代农业或观光农业园区,农民在获得土地租金的同时,还能优先到园区打工,获得工资性收入。三是土地股份合作。丹徒区宝堰镇前隍村采取企业加农户"土地股份保底金+打工收入+二次分红"的办法,既实现了土地规模经营,又避免了农民的生产、市场风险,增加了农民收入,参与土地股份合作的农户普遍比未参加农户增收20%以上。丹阳市后巷镇飞达村组建了由665户参加的飞达土地股份合作社,入股土地2 300亩,计划通过发展现代高科技农业,实行公司化运作,在创业板上市。据统计,截至6月底,全市土地集中经营29万亩,占二轮承包面积的18%,规模在1 000~5 000亩的有53个,5 000亩以上的有7个。四是建设物业资产。将复垦整理后的土地,通过城乡建设用地挂钩互换,集中到土地升值空间大、资产经营效益好的城镇或工业园区,建设标准化厂房或服务业用房出租,农民通过加入社区股份合作,获取收益分红。

"宣传教育+增加收入",解决思想观念和生活方式问题。一方面,农民长期形成的农村居住模式、生活习俗及宗族观念难以一下子改变,特别是中老年农民,他们习惯了恬静安逸的庭院式农村生活方式,让他们离开世居、异地居住公寓楼,开始全新的城镇生活是一件很不容易的事;另一方面,小农经济意识、封建残余思想也使个别农户不愿搬迁或漫天要价;同时,弱势群体的安置也是动迁工作中面临的实际问题。对此,丹阳界牌、扬中新坝、镇江新区等地积累了一些有益的经验。一是营造浓厚的舆论氛围,让农民认识到集中居住的意义,参与到"三集中"的每个环节,感受到集中居住的好处,使农民成为实施"三集中"的主人和主体,让他们在实践中转变观念。二是通过土地、社区股份合作,提高农民收入;建立健全医疗、养老、失业保险,最低生活保障和困难群体慈善救助制度,让农民安居乐业。三是通过村民自治、民主决策,辅以法律法规、经济等措施,解决极少数"钉子户"问题。四是在充分考虑农民生活习惯的同时,逐步实现行政村的村民自治向城镇社区管理的转变;在传承光大乡土文化的同时,逐步实现农耕文化与市民文化的有机融合,促进农民身份的转变。

镇江市农村"三集中"态势良好给我们的启示是:必须在总结经验的基础上,采取更加有效的措施,科学规划,统筹兼顾,继续稳步、有序、扎实推进。

必须统一思想,规划先行。思想是行动的先导。要从统筹城乡发展、破解"三农"难题、推进城乡一体化的高度来认识,正确处理好城市与农村、工业与农业、就业与保障、环境与生态等各种关系;要以规划为龙头、产业发展为支撑、市场化配置资源为关键、综合配套政策为保障,兼顾推进速度、发展规模与农民可承受程度,局部利益与整体利益,眼前利益与长远利益,既积极稳妥,又能经得起历史的检验;要以土地二轮修编为契机,对全市国土进行整体性功能规划,改造城中村、整合城边村、建设中心村、合并弱小村、治理空心村、培育特色村、搬迁不宜居住村,构建中心城市、小城镇、新型农村社区三级城镇空间布局,将城市各项专业规划向农村延伸,统筹兼顾生产、生活、生态功能,科学确定城市发展区、农业发展区和生态保护区。

必须以民为本,保障农民权益。"三集中"必须让农民得实惠,保证农民失地不失利、失房不失居,既有就业,又有保障,无后顾之忧。要尽可能提高失地、拆迁、宅基地补偿标准,建设和完善城镇安居住房、养老保险、社会福利、慈善救助等社会保障体系,提升农民集中居住点公共卫生、文化教育、绿化美化、环境整治、社会治安等服务水平,不断完善服务功能,努力建成环境优美、管理一流的和谐新型社区;为失地农民创造更多的就业机会和致富途径,大力发展中小企业和个体私营企业,特别是劳动密集型的服务业,扩大就业容量,给予吸纳安置失地农民就业的企业优惠政策和适当补贴;免费对失地农民开展技能培训,使他们拥有一技之长,增强就业适应能力和竞争能力;建立城乡统一的劳动力就业市场,为农民提供菜单式就业指导服务;大力推进全民创业,倡导农民创产业、能人创企业、老板创大业,以创业促就业;以产权制度改革为核心,创新农村集体资产管理模式,让农民持股进城、按股分红,通过增加财产性收入,改善和保障民生。

必须坚持因地制宜,注重示范引导。农村"三集中"模式多样,而各地地形地貌、村庄自然条件、经济基础、乡风民俗差异很大,各地需根据自身特点,从实际出发,解放思想,科学规划,积极推进,充分吸收试点单位的经验教训,发挥主观能动性和创造性,在尊重民意的基础上,针对农民最关心、最急迫、反映最强烈的问题,因地制宜,循序渐进,量力而行,逐步实施,切忌一刀切。城中村、城郊接合部和省级经济开发区要积极推进"双置换",经济薄弱村则以发展经济为第一要务,先行推进农业适度规模经营和环境整治,新建农房一律进规划点,工业进镇集中区发展,收益分成,避免新的重复建设。

必须加大政策扶持,发挥政府行政推动力。农村"三集中"建设是一项复杂的系统工程,它涉及人们的思想观念、社会管理、生产生活等各方面,绝不是一蹴而就、一帆风顺的,必须在各级党委领导下,由政府主导,社会各方广泛参与,建立健全领导体制和工作机制,精心组织,合力作为,实行项目化管理,强化督查考核。加强政策引导,重视制定与农民利益密切相关的土地流转、宅基地补偿、社会保障、创业扶持等方面的政策,让农民自愿搬迁、自主流转土地,解除后顾之忧;重视制定与企业利益密切相关的搬迁土地置换、税收优惠、基础设施配套费减免、环保设施共用和吸纳搬迁农民工就业补贴等政策,让企业轻装上阵,主动向工业集中区搬迁,在搬迁中谋求更大的发展空间;重视制定与发展农业适度规模经营、设施农业、土地复垦为耕地和农业产业化经营有关的扶持政策,以吸引更多的"三资"投资农业,推进现代高效农业发展。

必须加快体制与机制创新。农村"三集中"是农村改革发展的重要内容,是推进城乡一体化的有效载体,无现成经验、无捷径可走,必须用创新的思维认真加以研究。一是创新土地利用制度。撤并农村居住点、废弃建设用地和"空心村"复垦成耕地后,新增耕地经验收合格后置换为建设用地指标,优先用于"三集中"建设;建立城乡统一的土地市场,在确保农民利益不受损失和符合规划的前提下,推动农村集体建设用地进入市场,与国有建设用地享有平等权益,或置换为城镇建设用地,实现土地收益的最大化,将土地的级差收益用于"三集中"建设;在土地利用规划确定的城镇建设用地范围以外的农村集体建设用地,允许以土地合作入股、保底分红等方式依法开发经营,保证农民长期收益。二是创新组织形式。推进农村土地股份合作社建设,可以单一土地入股,也可以土地作价入股并参与经营开发,还可以将承包土地与村集体资产统一量化入股,让农民获得长期的、可靠的、更多的财产性收入。三是创新投入机制。大力推进农村投融资改革,使更多工商资本、民间资本、外商资本参与农民集中居住点、工业园区建设和农业适度规模经营;积极拓展企业融资渠道,加强银企合作,引导信贷资金向园区建设流动;通过项目融资、股份投资、拍卖经营权、BT投融资等方式,推进小城镇、中心村建设。以土地集约、节约利用为核心,以"万顷良田"建设工程为契机,加大村庄整理和土地复垦力度,用足用好城乡建设用地增减挂钩政策,在符合规划的前提下,允许农村集体建设用地使用权出让、出租、转让、抵押,发挥最大效益。四是创新社会保障制度。采取财政补贴一点儿、土地收益多拿一点儿、个人出一点儿的办法,让拆迁农民用土地换城镇社保,彻底解决养老、医疗、低保和失业等后顾之忧。五是创新社区管理方法。要充分考虑到农民变市民有个过程,完善农民新型社区的配套服务,建立现代化、公益型、低收费的社区管理模式;通过村规民约,制定社区环境保护、卫生、治安、公共场所管理等制度,积极探索新型农民社区的管理方式,不断提高居民生活质量。六是创新产权制度。对用集体土地建设的农民公寓楼,应向产权人颁发集体土地使用权证和房屋所有权证(注明集体土地),确定房屋权属,建立房屋登记簿,依法进行登记;通过房屋确权,推动信贷支持,开办农村居民住宅楼按揭贷款,并给予利率优惠,从而加速农村"三集中"进程。

村企互动　合作双赢

——镇江市实施"百企百村百亿"行动做法及成效

发展现代农业,建设社会主义新农村,很重要的一条是让有人才、有技术、有品牌、有市场、有资金、会管理的工商企业到农村投资,打破一家一户分散经营的状况,把农村变成农场,把农民变为产业工人,让资本与土地、科技和劳动力联姻,实现多位一体的共赢。

为吸引工商资本投入现代农业,推动城乡统筹发展,促进新农村建设,2008年6月,镇江市紧紧抓住工商企业调整产业结构、投资现代农业的强烈愿望,因势利导,创新举措,大力开展"百企百村百亿"行动——组织全市数百家规模企业与全市605个建制村挂钩合作,力争通过3年的努力,促进"三资(工商资本、民间资本和外商资本)"投入农业农村超过100亿元,以企带村,以村促企,实现村企互动发展、村企共赢。

经过一年多的努力,到2009年7月底,全市统计上报的639个建制村(含涉农社区,下同)已有626个开展了村企结对,结对率达到98%,签订和开展的合作项目达771个,总投资额达29.68亿元,平均每个项目投资额达到384.95万元,实际到位资金13.42亿元。省委常委、副省长黄莉新视察镇江现代农业建设时,对镇江"三百"行动给予了高度评价。

1　"三百"行动的主要形式

1.1　村企合一型

以扬中市新坝镇立新村、丹阳市后巷镇飞达村为代表,企业法人代表兼任村主要负责人,直接参与村务管理,村企合建党组织,全面推进新农村建设。

1.2　村企合作型

以江苏恒顺集团、丹阳沃得集团为代表,根据村企各自实际,合作双方在宜工的地方建设企业生产基地,在宜农的地方发展设施农业、高效农业、观光农业。企业出资金、建产品配套基地,村提供土地、劳动力资源,实现企业拓展发展空间与村改变面貌、农民增加收入的共赢。

1.3　村企挂钩型

以韦岗铁矿、吉贝尔药业为代表,企业主动捐资捐物兴办村各类公益设施和

本文原载于《镇江社会科学》(2010 年第 1 期)和 2009 年中共江苏省委农工办《江苏农村要情》。

福利项目,帮助挂钩村建设水、电、路等基础设施,帮助发展社会事业,帮助贫困户发展增收项目,加快脱贫致富步伐。

2 "三百"行动的主要成效

2.1 "三百"行动已成为城乡统筹、以工促农的有效载体

实施"三百"行动,充分调动了政府部门、村级组织和工商企业三方面的积极性,实现了工商企业投入新农村建设由过去的政府推动向主动参与转变、由过去的无偿支持向互利双赢转变,农村发展由等待"输血"向积极"造血"转变。在工商资本投资项目中,基础设施项目个数列第一位,占总项目数的35.5%;农民集中居住项目投资额居第二位,占总投资额的17.7%。工商资本的投入推动了农村面貌显著改善。

2.2 "三百"行动给现代农业发展提供了新的平台

在已到位资金中,高效农业居首位,占总投资额的65.4%。在工商资本的带动下,2008年全市新增高效种植业面积20万亩,其中设施农业面积5.4万亩,高效渔业面积2.2万亩;2009年1—7月又新增高效农业面积15.86万亩,其中设施农业面积3.8万亩,高效渔业面积2.57万亩,农业结构不断优化,农业效益稳步提升;"三百"行动还推动了"三大合作"的进一步发展,全市2008年新增农村"三大合作"300多家,总量达到近600家,2009年上半年又新增入社农户2.97万户;农民收入快速增长,2008年农民人均纯收入8 703元,同比增长13.4%,增幅居全省第一,其中来自一产的收入2 401元,同比增加491元,增幅高达25.7%,增幅创近年来的新高。

2.3 "三百"行动为企业获得了更大的发展空间

丹阳大海集团几年来先后投资近1亿元,选择茶叶、林木2个项目,建成3万多亩农业基地,形成了4亿多元的农业资产;丹徒正东机械厂投资近5 000万元建设食用菌工厂化生产基地,获得了比工业更多的利润,同时带动1 000多农户种植食用菌致富;句容便民超市投资近2 000万元建设的养鸭基地,获得了企业与农户的共赢;扬中环太集团投资建设的渔乐园成为国家级农业旅游示范点。在这些企业的示范带动下,索普、天工、恒宝、万新光学等一大批企业集团相继投资建设农业,投资总量和单体规模逐年攀升,投资领域不断拓宽,经济效益稳步提高。

3 推进"三百"行动的主要做法

3.1 狠抓行政推动

为扎实推进"三百"行动,市委、市政府专题召开了全市"百企百村百亿"行动推进会和全市"三百"行动现场推进会;建立了由市委农办牵头,发改委、经贸委、国资委、农林局、外经局、国土局、扶贫办、财政局、地税局、人民银行等单位组

成的联席会议制度,就村企挂钩合作工作中遇到的问题及时协调解决；各辖市区积极作为,大力发动,引导企业和村充分发挥自身优势,制定村企合作规划；各镇、村主动对接,排出建设项目；各工商企业积极响应政府号召,主动挂钩,自主选择合作形式,拓展企业发展领域,谋求村企合作双赢。一系列强有力的行政举措,有效推动了"三百"行动不断取得新的进展。

3.2　注重政策引导

市政府制定出台了《关于"百企百村百亿"行动的实施意见》,对村企合作给予土地、税收、用电、培训就业等方面的优惠。对挂钩企业,在用地、信贷等指标优先安排；对高效农业项目的实施主体实行财政引导资金补助,鼓励农业适度规模经营；对村级道路等公益事业项目,在立项、税费、产权转换等方面予以减免建设规费；对企业捐赠的资金,按国家有关规定在税前列支；对企业捐赠投资项目达到一定规模的,允许以企业或企业家个人冠名。切实从政策上引导和鼓励各类工商企业投身现代农业,从而推动现代农业迅猛发展,推动工商企业拓展发展空间,谋求村企合作双赢。

3.3　坚持典型引路

工作中,不仅抓政策引导,更抓典型引导。对村企合作过程中涌现出的特色亮点和先进典型,及时加以总结推广,如丹阳市成功培育的一批企业和村共同建设新农村的"共建型"、企业带动村发展特色农业的"带动型"、企业和村发挥各自优势合作建设发展项目的"合作型"、企业安排村劳动力进厂务工的"吸纳型"等合作典型；句容茅山百事特鸭业有限公司带动周边1 000多农户养殖樱桃鸭,受益农户年均增收近1万元。通过加大宣传力度,在全市各新闻媒体开设专栏、专题,集中宣传"三百"行动已取得的突出成果,宣传各种先进典型,提高了"三百"行动的知晓率和支持度,营造了浓厚的工作氛围。

3.4　强化督查推进

市及各辖市区组织农办、农林、组织、纪检监察和党政办专职督查人员经常深入各镇村项目建设现场实地察看,协调矛盾,解决问题,推进面上工作,市委农办还建立了村企挂钩合作进展情况月报表、季通报制度,并将"三百"行动推进绩效纳入《镇江市2008—2010年新农村建设村级考核评价暨"双百"工程"双十佳"评比办法》一并考核。各辖市区党委、政府高度重视,切实加强领导,加大了组织推进力度。丹阳市召开专题会议进行部署,出台了专门文件,村企结对共建覆盖率达100%,合作投资总额达到17.8亿元,其中投资高效农业达9.48亿元；镇江新区两次召开"三百"行动专题推进会,出台了《关于推进全区村企挂钩工作的实施意见》,35个建制村与42个企业结对挂钩；扬中市、丹徒区村企实质性合作率达到100%,合作项目分别达到了164个和96个,平均每个村分别有合作项目1.7个和1.16个。

大多数农民增收致富的成功实践

——句容市天王镇戴庄村发展有机农业调查

戴庄村,位于句容市最南端茅山丘陵腹地的一个偏僻小山村,在镇江版图上是个不起眼的地方,全村858户,人口2 800人。长期以来,"地薄人穷"一直是戴庄的代名词,2003年戴庄人均年收入不足3 000元,村委会办公房破旧不堪,还负债10多万元。近年来,戴庄村经济和村容村貌发生了深刻变化,2007年人均纯收入为7 500元,超过了句容全市平均水平,4年翻了一番多;村集体投入30多万元修起了村级公路;新建了含农民服务中心、村党支部、有机农业合作社在内的"三位一体"办公房;总投入达500多万元的有机稻米加工厂已进入调试投产阶段,彻底改变了戴庄村无工业的历史。短短的几年时间,戴庄村由贫困村一跃成为相对富裕的村,更难能可贵的是,戴庄农民致富,不是平均数代替大多数,而是大多数农民的普遍增收致富。戴庄美了,戴庄人富了,戴庄引起了市和辖市两级党委政府及社会的高度关注。戴庄为什么发展这么快? 快速致富靠的是什么、奥秘究竟在哪里?

1 开发资源优势,发展有机农业

不仅仅只是工业能富民,农业同样也能致富。戴庄人穷则思变大力发展有机农业,闯出了一条依靠农业增收致富之路,改变了人们对于发展的"无工不富"的惯性思维。

繁荣农村经济、增加农民收入是各级党委政府长期以来着力破解的一道难题,特别是经济欠发达地区,这一问题更显得迫在眉睫。走进戴庄,我们一直在探求戴庄人增收致富的心路和轨迹。

1.1 穷则思变闯新路

过上幸福的日子是戴庄人梦寐以求的渴望。2003年,戴庄人看到,同在茅山老区,与戴庄自然条件相同的一些村有的种草莓富起来了,有的种葡萄富起来了,有的搞养殖富起来了,而自己依然过着紧紧巴巴的日子。戴庄农民急、当地政府急,而作为戴庄人主心骨的村党支部一班人更觉重任在肩。戴庄的干部群众也深知茅山老区经济落后,一点儿工业基础也没有,想发展、快致富谈何容易,戴庄人缺少的不是勤劳,而是发展门路,历史上经过不少的尝试和探索,但都没

本文原载于中共江苏省委研究室《调查与研究》(2009年第10期)和《镇江社会科学》(2010年第1期)。岳卫平、朱凯生、骆树友为共同作者。

有多大的成效。2004年初,镇江市委、市政府出台了含金量较高的、关于增加居民和农民收入的1号文件,如果说市委、市政府1号文件是外因推力的话,戴庄干部群众穷则思变的急迫心情则是内在动力。穷不失志、败不言休,村党支部决心不负重望,另辟蹊径,勇闯新路。他们通过跑市场、请专家、做监测、搞调查发现戴庄缺少资金、技术信息,没有工业发展基础条件,但农业资源丰富、自然环境优美,而且没有工业排放,空气清、水质好、污染少,正是现代城市人想得到而又没有的,发展有机农业正是宜其地、合其时。戴庄村土地资源相对丰富,具备发展有机农业最基本的条件。戴庄地处茅山丘陵腹地,南与常州市辖溧阳市相连,西与南京市辖溧水交界,内插104国道,周边大中城市环抱。现代城市居民对农副产品最大的担心是污染和公害问题,他们愿以较高价格购买优质安全的有机食品,特别是沪宁线作为全国最大的高端农产品消费地之一,有很大的高消费群体,有机农产品前景广阔。如果戴庄能生产出符合城里人需要的、品质优良的、无污染公害的有机农产品,一定能适销对路,赢得市场,戴庄完全可以成为周边大中城市的"米袋子、菜篮子、后花园"。

1.2 拼搏奋斗开新局

爱拼才会赢,好的思路更要不懈的奋斗才能有好的出路。2003年以来的实践证明,戴庄大力发展生态有机农业的路子走对了,而且是道路越走越宽广。一是高效农业面积越来越大。全村50%的水田实现了"有机水稻—蔬菜"布局,亩均效益2500元以上,1500多亩岗坡地全部种上了有机桃、有机茶,开始投产的桃园,亩均效益达2000元,部分高产地块达3000元,在桃园立体养殖的草鸡每只纯利50元以上。二是致富农户越来越多。从2006年开始,戴庄已由过去的示范户大幅度增收转变为全村大多数农民增收的新阶段,现在全村直接参与有机农业的农户已达515户,占全村总户数的60%。目前农民纷纷要求加入村有机农业合作社,今年80%的农户可望加入合作社。三是有机农业知名度越来越高。戴庄种植的"越光"水稻,品质受到普遍赞誉,在南京、上海、镇江等地的销售形势看好,引进日本先进设备建立的有机大米加工厂,将使得有机米的加工质量明显提高,市场份额将进一步扩大;水蜜桃、柿子、有机茶经过了有机认证,就地销售已供不应求;戴庄生态旅游也有了一定的知名度,吸引了更多的周边中小城市的市民游客前来吃农家饭、品农家菜、摘农家果,体验农家生活。"戴庄",已成为一种现象、一种模式、一个品牌。

1.3 长远规划更添新动力

在戴庄,我们始终被一种"想致富、要发展"的激情所感染。戴庄发展有机农业是在不断尝试探索和实践的基础上闯出一条崭新的道路,初享成功喜悦的戴庄人没有小富即安,而是有长远蓝图和不竭动力。2007年年底,在专家指导和村干部、群众共商下,2008年到2013年的有机农业发展规划已经绘就;放大

"三个"效应,建设"富裕文明"戴庄,就是放大"规模、市场、品牌"效应,把有机农业种植面积由现在的 1 500 亩扩大到 3 500 亩,参与有机农业的农户由现在的60%扩大到全部农户;把现在单一的种植模式改变成种养一体的复合模式,实现禽吃草,粪肥地,循环发展;在现有的 4 个有机农产品通过国家认证的基础上,力争再获得 6 个,达到 10 个获得国家有机农产品资格认证;以网上推销、订单销售、组织推介会等多种形式,在南京、常州、镇江、上海等地大型超市或居民区建立销售通道,扩大市场覆盖面;有序规范发展"农家乐",吸引更多的城市游客来戴庄,使戴庄成为真正的有机农业示范村、生态旅游观光点,成为周边城市人休闲度假的好去处。

"种地不赚钱,只能肚子圆。"戴庄发展有机农业不但解决了温饱,更加快了实现小康的进程。戴庄的实践证明:工业强固然是优势,但农业重不一定是弱势,只要我们善于扬长避短,因势利导,就能抢先机、争主动,使弱势变优势、优势变强势,困难再多也能打破常规干成事;发展经济、增加收入路有千条、计有万方,只要我们大力解放思想、创新思维方式、真干实干会干,就一定能选准突破口、找准切入点、开创事业发展新局面。

2 建立合作组织,推动共同致富

少数人富裕不算富,大多数致富才是真富。戴庄人按照现代企业规则和团队理念构建利益共生、风险共担机制,让大多数农民实现了快速增收致富,诠释了"共同富裕"的真谛。

"戴庄之路"无疑是一条成功之路。如果说戴庄放大自然资源效应、发展有机农业是一个正确的方向和道路选择,那么,戴庄人以其聪明智慧构建起来的、能够实现大多数人共同致富的运行机制和管理模式,则显得更为重要和可贵。

2.1 建立合作经济组织,把农民结成利益共同体

戴庄村是个地道的农业村,立足本村实际,带领广大农民共同发展致富奔小康是村党组织对村民的庄严承诺。2003 年,镇江农科所赵亚夫等几位专家决定选择戴庄村尝试发展有机农业,并宣传了浙江等地依靠专业合作社带领广大农民共同致富的做法,这让戴庄村党总支一班人为之精神振奋,感受到戴庄发展出现了重大转机,看到了实现承诺的出路。村班子认真学习研究,虚心听取专家意见,组织赴外实地考察,统一了思想认识,决定抓住机遇,充分依靠农科所专家,走有机农业发展之路,带领广大农民实现增收致富。为了克服工作的盲目性,在后来的两年多时间里,他们根据农业发展周期长、见效慢的特点,按照"选点示范、对比试验、摸索经验、组织合作"的发展思路,与农科所专家一起,从项目调查、品种选择、田间管理、现场指导、联系销售一步一步地做细做实打基础的工作。规模和条件都比较成熟后,在专家的指导下,依据《农民专业合作经济组织

条例》等有关国家法律法规,于2006年3月8日正式成立了句容市天王镇戴庄村有机农业合作社,设立社员会、理事会、监事会等组织机构,社员会由民主选举产生,理事会推选村党总支书记任理事长(社长)。合作社的成立标志着戴庄由传统农业向有机农业提升,由分户经营向联户合作闯市场提升,由少数农民致富向共同富裕提升,是戴庄历史发展的一次新的飞跃,也使戴庄村党组织职能功能和"双带"作用更加明确具体。

2.2 实行民主管财理事,让一切事务处理在阳光下

合作社运作突出了村级党组织的核心领导作用,突出了有机农业合作社是在村党组织领导下的"民办、民管、民受益"的组织原则,有机农业合作社不但有一整套的内部管理、运行等规章制度,还特别对会员进退、财务开支、农产品销售、发展有机农业项目等重大事项采取"一户一票制"进行公开、透明地理事管财,大多数农民反对的事坚决不办,大多数农民认识不统一的事照顾各方意见办,大多数农民强烈要求的事抓紧进度办。2006年初,刚成立有机农业合作社时,有少数农民不太愿意加入合作社,不太相信发展有机农业能致富,村党支部不搞强迫命令,不搞一刀切,先吸收有意愿的农户入社。合作社建立有机农业发展风险基金,需要每个社员户交300元风险基金,部分社员不愿意,村党支部和合作社一方面给社员做思想工作,广泛宣讲发展现代农业必须增强风险意识的观念,另一方面改变风险基金的建立办法,由社员户上交变为从合作社利益分配中提留,得到了社员的普遍支持。

2.3 示范引领农民共同致富,使合作社成为引路人

合作社成立之初,由于农民对村干部不够信任,对发展有机农业信心不足,农民不愿入社。针对这一问题,戴庄村党总支提出,与其千言万语,不如一户致富,入社户先富起来,才是对农民最有说服力的教育引导,这样党组织的凝聚力和合作社的吸引力自然就会增强。因此,合作社大力培育示范户,帮助他们先富起来,以增强农民对发展有机农业的信心和加入合作社的愿望。村民杜忠志是戴庄第一个"吃螃蟹"的人,从2001年在农科所示范园打工,到第一个发展有机农业并加入合作社,他种有机稻、种水蜜桃、养草鸡,加上农闲临时在外打工,2007年夫妻二人收入近10万元。杜忠志的快速致富打动了其他农户的心。2005年年底,在外打工多年的退伍军人彭志国听说家乡搞有机农业挣钱多,决定回家创业,顶着家人的压力,加入了合作社,种了4亩有机稻,承包了30亩桃园,养了5 000只鸡,仅2007年一年收入就达5万多元。合作社成员由2006初的150户仅一年时间就发展到500户,占全村总户数的60%。过去干部怕群众不愿参加合作社,现在群众闹着要加入合作社。

2.4 兜底销售保证利益最大化,让农民吃上定心丸

戴庄目前最大规模的有机农业项目是有机水稻和越冬蔬菜,对于有机水稻,

合作社对种植农户实行二次分配。首先不论有机稻产量高低，均按照每亩1 200斤产量的常规稻市场价收购，让农民吃上定心丸；第二次分配则是合作社根据有机水稻的产量、销售利润在提取公积金后进行再分配，对精耕细作的农户实行奖励，调动其积极性。合作社社员普遍反映，过去种常规稻不但成本很高、劳动强度大，而且效益低，现在种有机稻省力、省心、省成本，效益还比过去提高了一倍。2007年年底，有机农业合作社召开全体社员总结表彰暨年终分红大会，一次分配200多万元，户均8 000元，最高5万元，最低也达到4 000元，全部现场兑现，没欠社员一分钱。在经济落后的地区，一个村庄的农民都能拿到这不小的一笔钱，着实叫人感叹，农民们拿到钱，捧着实实在在的利益成果，笑在脸上，喜在心里。

在分享戴庄人致富喜悦的同时，我们也在反思另一种现象：有的村子，表面上红红火火，实际上只是几个能人和示范户富裕，大多数人并不富，而戴庄尽管还算不上真正的富裕，但却实实在在是大多数人在较短时间内实现了快速增收，它的可贵正在于此。在强调公平正义、重视民生的大环境下，我们发展现代农业，推进新农村建设，不但要把农民组织起来，更要建立使农民普惠的利益共享机制，只有这样才能真正实现农业稳、农民富、农村强。戴庄的经验值得借鉴。

3 依靠农业科技，开拓高端市场

干啥都得有学问，现代农民更应该是明白人。戴庄人把学习先进农业技术作为增收致富的"真经"念，成了耕田种地的行家里手，丰富了"科技兴农"在基层的实践。

现代农业的根本出路在于科技推动。有机农业是自然生态农业，是优良品种、高新技术、生态环保等多专业、多成果综合集成的农业，绝不是"只种不管望天收"的农业。没有科技引领和支撑，有机农业只能是一句空话。学技术、快致富，成为戴庄人的自觉选择和时尚追求。

3.1 结亲农科所，把"财神"请回家

镇江农科所是苏南丘陵地区的一所农业科技综合研究推广机构，戴庄人能致富，农科所立下了大功。2003年，农科所决定在戴庄尝试发展有机农业，村民毕中华在农科所的指导下，边学边干稻鸭共作技术，2004年，5亩水田的收益就比常规耕作翻了3倍；村民杜忠志承包了村里80亩山坡地种水蜜桃，收入一直不佳，经过农科所指导，不但缩短了水蜜桃的生长周期，而且水蜜桃口感质量好，收入每年成倍增长。农科所的尝试成功了，部分村民看到周围农户富了起来，也开始"眼红"了。戴庄人的勤劳和渴望农业科技，使农科所的科技人员深受感动，从此，戴庄与农科所"结了亲"。农科所老所长赵亚夫同志每周必有3天在戴庄，还专门安排4名科技人员常驻戴庄，并指导戴庄有机农业合作社成立科技推广组，由农科所研究员担任组长、合作社副董事长，从地位上确立了科技人员

的权力和作用。2003年以来,镇江农科所在戴庄指导推广农业科技已达60项之多,其中有机大米、水蜜桃、立体种植等技术和项目获得了突出的成果。由于大力推广农业科技,戴庄亩均效益翻了3~4倍,农民收入也是年年大幅度增长。村民们说,在戴庄有农科所,只要有地种、不偷懒,不怕富不起来。戴庄人一提到农科所、提到赵亚夫,没一个不竖大拇指,有的农民笑呵呵地说:"农科所真是我们的'财神爷'。"

3.2 学到真功夫,长远做打算

随着合作社户数的增加和有机农业规模的扩大,戴庄人认识到,仅靠镇江农科所的技术指导力量是远远不够的,必须大力培养一批戴庄自己的实用技术人才,尤其要提高合作社的服务能力,这样才能做到想发展、敢发展、会发展。为此,戴庄村有机农业合作社按产业成立了粮油、果茶、畜禽等几个实用技术学习班。入社农民根据经营项目,参加其中1个或2个班的学习活动。为方便农民学习交流,还按地域设立了白沙组、虾子塘组、庙冲组、南庄组、戴庄组5个组,定期或不定期地组织学习交流。合作社还请农科所专家指导,定期编印《合作通讯》,发到一家一户,及时传播农业信息和科技知识。开办农民夜校,对农民进行集中培训,在各个季节开展针对性技术服务,农民反映效果很好。作为中日两国合作制定的《江苏省句容市农业农村经济发展战略规划》的实施试点,戴庄村的工作还得到了日本农山渔村文化协会的大力支持,其帮助戴庄引进日本现代农业的先进理念和种植技术,并多次派专家来村指导。现在,戴庄农民不仅自己掌握了较多的农业实用技术,成为行家里手,还经常被邀请到周边村庄去传授技艺。村民刘长成搞有机大葱种植,技术提高很快,戴庄周边十里八庄的农民种大葱都找他去指导,在戴庄没一个人不知道"刘大葱"的。

3.3 "叫卖"学问大,推销也要讲科学

有机农产品是质优价高的高端农产品,定位于有特定消费能力的消费人群。发展有机农业遇到的最大问题,是如何把农产品推向市场。戴庄人提出了"农民为消费者的健康负责,消费者为农民增收担义务"的市场营销理念,运用多种手段和途径向城市消费者宣传有机农业和有机农产品。合作社连续两年参加江苏名优农产品(上海)展销会,现场让上海市民品尝有机米饭,使上海市民找到了当年"农垦57"的感觉,订单纷至沓来;他们带着有机产品走进南京、镇江的高级社区,将有机桃、有机大米、有机蔬菜等农产品的品质参数以图样的形式印刷成小册子发放,让居民明白消费、放心购买;与城市社区成立"戴庄-城市社区有机农产品朋友会",定期或不定期为他们配送系列有机农产品到户,邀请"朋友会"会员到戴庄观光旅游,现场体验和感受有机农业。为了扩大戴庄的有机农业品牌效应,戴庄还建立了戴庄有机农业网站,并与江苏农商网等重要农业网站实现了链接,及时发布有机农产品的相关信息,赢得市场、抢占先机。目前,他

们在北京、上海、苏州等地也建立了稳定的客户群,初步实现了精品农业、高端产品进入高端市场的营销目标。

戴庄人在实践中明白了一个道理,"脑袋富才能钱袋鼓",创业闯市场必须有技术。戴庄的实践经验告诉我们:破解"三农"问题,提高农民素质至关重要,各级党委政府要舍得下功夫、多投入,要从农民想什么、需什么去抓工作、建平台、搞服务,农民素质提高了,才能想创业、会创业,农民增收的压力才会减轻、化解,发展现代农业才真正有强大的基础和支撑。

镇级新城市　美好新家园

2007 年,丹阳市界牌镇率先提出建设镇级市的目标构想,计划用 5 年左右的时间,建成一个能容纳 5 万以上人口,集农民集中居住区、工业园区、农业园区和商贸区功能于一体的新型小城市。目前,城市框架已初步拉开,农民集中安置区——界牌新村已建成一期安置房 14.5 万 m²,安置农户 1 000 户;工业园区建成标准化厂房 20 万 m²,已吸纳投资 12 亿元,落户规模企业 20 家;农业产业化步伐加快推进,成立丰裕现代农业经营有限公司,全面筹划运作农业产业化发展。2009 年,界牌镇实现 GDP 34.9 亿元,财政收入 2.18 亿元,农民人均纯收入 18 500 元。

界牌的镇级市建设得到了各级领导的高度重视。2008 年 11 月,国土资源部副部长王世元到界牌视察"万顷良田"建设工程;今年 6 月 8 日,全国政协副主席张梅颖亲临界牌视察新农村建设;6 月 24 日,江苏省委书记梁保华又到界牌视察城乡一体化发展情况,对界牌镇级市的发展思路一致给予了充分肯定。

1 转变发展方式:界牌镇级市建设的基本思路

界牌镇是镇江市经济十强镇,综合实力一直居全市前列,但是产业规模小、科技含量低、资源消耗高,加上外来人口多,环境、治安等一系列问题比较突出。怎样才能突破瓶颈,走出一条又好又快、科学发展、和谐发展的新路子? 界牌镇下决心转变发展方式,加快经济转型,以镇级市建设为抓手,实现发展新突破。

1.1 变分散为集中,转变城乡布局方式

通过规划改变城乡布局散乱的状况是实现发展方式转变的第一步。2005 年,界牌镇根据新农村建设的要求,投入 1 650 万元,邀请上海同济大学对界牌镇级市建设进行全面规划。在目标理念上,围绕丹阳主城区东部新兴、新型的工业化、现代化小城市这一目标定位,做强主导产业,提升城乡环境,实现布局好、环境美、风尚新、共富裕,把界牌建设成为科学发展、转型发展的示范镇。在空间布局上,呈现"一中心四片区"的结构,"一中心",即新的行政中心;"四片区",即界牌新村、中小企业孵化园区、规模工业园区、集镇商贸区。在推进过程中,强化规划的权威性和约束性,高标准、强基础、重质量推进实施,坚决防止今日建明

本文原载于 2010 年南京区域经济农口协作会第 23 届年会专刊《南京区域农村经济》。骆树友、刘璇为共同作者。

日拆、劳民伤财的重复建设。

1.2 变小作坊为大市场,转变产业发展方式

汽车零部件和灯具是界牌的两大主导产业,工业基础条件较好,但也存在着布局分散、规模不大等不足,必须转变发展方式,加快产业升级步伐。一是做强规模。对现有零散的小作坊进行整合重组,形成完整的产业链,实现汽车零部件和灯具产业集聚、集约发展,提升规模竞争力。二是做优企业。有选择地扶持自主创新能力强、产品市场占有率高、发展前景好的企业迅速成长,鼓励企业树立品牌意识,加大研发投入,进入资本市场,迅速壮大规模。三是做大龙头。以江苏卡威第三代消防车项目为龙头,整合发展汽车零部件产业;以筹建中的"华东灯具城"为主导,做大灯具产业及与之配套的物流、配送等生产性服务业。同时,以丰裕现代农业经营有限公司为主体,做好农业经营文章,通过土地流转加快建设无公害蔬菜区、种粮区和特种养殖区,促进农业向产业化、高效化、规模化发展。

1.3 变村民自治为社区服务,转变城镇管理方式

界牌镇农民集中居住,走的是"全镇集中"的路子,小区规模大、容纳人口多,必须转变管理方式,既要立足农村实际,又要逐步与城市接轨,促进农村向城市、农民向市民的转型。一是完善社区管理。聘请南京百市物管公司加盟界牌新村的社区管理,充分发挥物业管理委员会和4个社区管理委员会的职能,通过学习培训、人才招聘等方式,推行外地先进的城市社区管理模式,并就村改社区后党建工作、村民自治等方面展开制度探索。二是充分发扬民主。在社区管理中施行"楼长制""会商制"等一系列民主制度,集体资产的管理和使用必须经过集体讨论、决策,使得民主理念深入人心。特别是针对可能出现的家族势力影响基层自治的情况,在拆迁安置时打破村民小组界限,实行分散安置,无形中分散了农村家族势力,有效化解了不稳定因素,这是对传统农村管理方式的一种创新。三是提升居民素质。大力开展"住新村、树新风"和提升界牌精神、打造"感恩界牌"主题活动,通过"文明户"授牌、评选"十佳居民"、印发"八荣八耻"画册等各种寓教于乐的方式,加强对"农民变市民"的养成教育,提升居民的文明素质。

2 两个"占补平衡":界牌镇级市建设的操作原则

建设镇级市不是大呼隆式的"造城运动",而是为了保护有限的耕地资源,改善城乡居民生活环境,为群众谋取更多的福利,为发展开拓更大的空间。在推进过程中,既要严格依法办事,规避政策风险,又要坚持以人为本,绝不能增加群众负担。界牌镇在具体操作中始终坚守"两条底线",即土地和资金两个"占补平衡"。

2.1 土地"占补平衡"

界牌镇的做法:一是坚守土地"红线"。界牌的土地"红线"为1万亩,通过镇级市建设,大大提高了土地的集约利用水平,据测算,可"增加"土地面积约6 500亩。界牌镇将其中的1 440亩纳入农用地,不但守住了土地"红线",还增加了耕地面积。二是规范土地流转。广大农户根据界牌镇新农村建设规划,在镇政府见证下,分别与所在行政村签订土地流转合同;行政村将农户流转出的土地全部交给镇农业经营公司统一经营,公司再将这些土地转包给农业承包大户经营。农民除享受农保(男60岁、女55岁以上每人每月200元,以下每人每月120元)外,年底还可参与公司土地经营收益分红。从今年开始,在坚持普惠性的土地流转收益基础上,界牌镇根据行政村流转面积的多少,按200元/亩的标准将流转土地的经营性收入返还到村,最终将流转的土地承包收益金全部返还原承包户,确保农民离地不失利。三是提高用地效能。界牌镇将全镇通过1.7万亩土地流转新增的3 000亩工业用地指标全部由镇里统筹安排使用,主要用于扶持规模企业、优势企业不断做大做强。镇里规定,对征地50亩、亩均税收6万元以上的企业,按20万元/亩的优惠价格供地;达不到这一标准的,用地价格提高到31.5万元/亩。为了防止土地征而不用、闲置浪费,界牌镇还对签约后投资迟迟不到位的企业,每年按照征地基准价格和优惠价格之间的差额征收利息,促使企业快投资、早投产。今年,界牌镇有18家征地50亩以上的规模企业将陆续上马。四是强化拆迁管理。全镇的拆迁工作严格按照动迁置换补偿方案等政策执行,政府的现金流小、花钱少,同时又最大限度地维护了群众的合法利益。为体现拆迁的公平、公正,镇政府专门从南京外请了房屋评估公司、从常州外请了拆迁公司全盘负责拆迁事务。具体操作办法是,农户旧宅经评估后统一拆迁,再以人均40 m²、588元/m²的购房标准在界牌新村置换安置房;宅基地则以27 800元/亩的价格进行置换,其中27 000元纳入镇养老医疗保险基金统筹管理使用。

2.2 资金的总体平衡

界牌镇级市建设预算总投资为39.08亿元,预计收益为37.94亿元,缺口1.14亿元将通过上级各项政策、资金扶持予以解决,以实现资金平衡,不向农民摊派一分钱。一是筹集启动资金。主要是通过丹阳市政府财政担保,向省农发行争取贷款3亿元,保证了镇级市建设的顺利启动。为解决入园企业的项目启动资金,由政府搭桥、银行唱戏,由省内最大的国信担保公司进行担保,让企业与银行进行洽谈,新入驻工业园区的18家企业以征用土地作为抵押,获得银行2万元/亩的贷款。二是强化资金运作。对建筑公司工程资金的给付方式进行调整,工程结束后付给工程总价的25%,其余75%由施工方垫付;成立丹阳市百盛达小额担保公司,筹建丹阳市誉球小额贷款公司,为镇级市建设和农民创业搭建融资平台,提供资金保障。三是确保收支平衡。在工业园区内新建 30 万 m² 标准厂房,以每月每平方米 8 元的价格租给小企业,年收入约 3 000 万元,这笔资金基本可用于界牌农民"新农保"的支出;利用丹阳市政府给予界牌镇的 6 000 万元各项资金支持,补贴教师工资及政府支出等资金缺口。同时,积极向上争取,用足用好建设规费减免、土地抵押贷款等方面的扶持政策,最大限度地发挥政策效应。

3 做强主导产业:界牌镇级市建设的有力支撑

界牌镇工业基础较好,村村都有工业园,家家都有小作坊,全民创业率高达 77%。但其汽车零部件产品大多在二级市场销售,不但对全镇的工业销售和税收造成相当大的影响,而且这些小打小敲、零碎边角的小作坊布局零散、占地较多又难以整合,没有形成完整的产业链条和配套能力,影响了一些大企业、大项目的落户。一个让界牌人至今记忆犹新的事例是,2006 年,辽宁的"黄海客车"与界牌洽谈整车项目,由于无法满足企业征地 1 000 亩的要求,最终导致项目流产,"黄海客车"尔后选择落户常州薛家镇,界牌痛失了一次大发展的机遇!痛定思痛,界牌镇提出,必须创新发展思路,加快企业转型升级,做大做强主导产业。当前,要紧抓项目投入、科技创新和载体建设 3 个关键点,以江苏卡威第三代消防车生产基地为龙头,做大整车项目,做强产业链条,力争 5～8 年内形成 1 000 亿元的工业销售,为界牌镇级市建设提供有力的产业支撑。

3.1 强化项目投入,做大优势产业

目前,江苏卡威第三代消防车项目一期征地 420 亩,新建厂房 18 万 m²,首批 10 台消防车成功下线,并赴北京参加国际消防车展。丹阳红峰塑业总投资 1.2 亿元的汽车塑件项目已竣工投产;五洲塑件、日昌汽配、瑞美福实业、江苏凯旋、江苏兆华、丹红车灯、振兴车灯等一批项目进展顺利,总投资超 20 亿元。接下来,将以卡威第三代消防车、与陕汽合作的整车项目为支撑,重点抓好新美龙航空复合材料、瑞美福尼龙二期、中靖氢能源、兆华汽车车身、凯旋汽车钣金件、振兴车灯农用车配件等项目的建设推进,使界牌的优势企业早日成为行业的"龙头老大"。

3.2 强化科技创新,尽快实现转型

鼓励和支持具备条件的企业走转型发展之路,通过转型集聚优势、赢得市场,以企业发展方式的转型推动全镇经济发展方式的转变。去年,卡威、中靖、新美龙等企业在引进高端人才上实现了较大突破,誉球、冰城、鹏飞等企业在技术研发和改造上也取得了突出成绩。界牌镇将进一步加大对企业科技创新的扶持力度,加快推进创新成果向企业集中、创新政策向企业倾斜、创新人才向企业流动。引导新美龙发挥海归人才的优势和麻毡复合材料研发中心的功能,进军航

空制造领域；鼓励卡威、中靖等企业加大自主研发能力，在消防车和氢能源项目上取得更多自主知识产权，在竞争中赢得优势；推进兆华公司与上海大众汽车车身项目、贺利氏催化器公司尾气净化控制装置项目、彤明公司飞机大灯项目等，形成自主品牌。

3.3 强化载体建设，完善配套功能

本着"不求所有，但求所在"和"谁投资、谁受益"的原则，进一步吸纳各种资本，强势推进工业园区建设，完善载体功能，提升园区承载能力，促进界牌企业的整合提升。今年将投入 2.6 亿元，新建工业园区厂房 10 万 m^2，新引进企业20 家；积极推进第三代消防车产业园的载体建设，今年新征土地 800 亩。在服务业发展上，筹建集检测中心、研发大楼、会展中心、交易市场为一体的"华东灯具城"，为界牌灯具产业的专业化、规模化发展提供有效载体，引导更多的当地企业一起做配套、做市场；扶持滨江物流、镇中物流、宏森物流等企业，做优界牌的物流产业，实现其与工业经济的相互促进、互动发展。

4 实现共同富裕：界牌镇级市建设的最终目标

界牌镇明确提出，建设镇级市，就是要让更多的界牌人民共享城市资源，实现共同富裕。一是做优人居环境。作为全镇农民集中居住的安置区，界牌新村通过高标准住宅小区的规划建设，从基本的水、电、气供给到光纤入户、智能化社区管理，率先在传统农村引入了现代生活理念。整个小区分为五期工程，预计到2013 年全面完成。目前，累计投资 3.8 亿元的一期工程已全面竣工，共建成安置房 38 幢、面积 14.5 万 m^2。2009 年 11 月，有关方面对陆续搬进安置房的农民进行随机调查，农民满意率达到 100%。二期工程开挖了 320 亩界牌湖，建设安置房 41 幢、面积 26.5 万 m^2，可安置农户 1928 户，将于今年 11 月竣工交付。包括别墅岛、超高层建筑和门市、商务用房等建设内容的三期工程，也已于今年 7月开工建设。二是扶持创业就业。保证农民离地不失地、失房不失居，既有就业又有保障。对家庭作坊企业租用标准化厂房，免收 3 年租金，扶持他们成长壮大，使部分家庭能先富起来，成为致富路上的"领头羊"。加大对动迁居民的职业技能培训，增强他们的持续就业能力。广开就业渠道，规定企业每征用 1 亩土地需安置 3 个劳动力，同时设置部分公益性岗位，妥善解决大龄人员的就业难题。三是完善保障体系。界牌镇设立了失地农民生活保障（即"界牌新农保"）、企业职工养老保险、农村合作医疗保险、农民最低生活保障、商业保险、就业保障、爱心基金"七道保障线"。从今年起，又增加了全镇群众全部参加丹阳市新农保、流转土地承包收益金全部返还原承包户"两道保障线"。且每一道保障线都有具体的实施办法，如帮扶弱势群体的"爱心基金"，目前已筹集资金 268 万元，每年还将以 30% 的幅度递增。此外，针对外来人口多的情况，界牌镇在镇级市建设中还与企业合作，规划建设 32 万 m^2 的安置房，专门用于安置外来务工人

员,使他们居有其所,真正融入界牌,成为"新界牌人"。

如今的界牌,市场更繁荣,社会更平安,生活更便捷,镇级市建设的人本理念和人文关怀得到了充分彰显。

镇级市建设是城乡一体化发展的思路创新,是触及政策制度、涉及各方面利益的系统工程。丹阳市界牌镇率先提出的建设镇级市的目标构想,正在探索中推进。我们敬佩界牌人敢于梦想、勇闯新路的探索精神,更期待分享界牌人成功的喜悦。

重整河山开新路

——关于镇江新区"万顷良田"建设工程的调查

在镇江跨越发展态势初显、周边竞争日趋激烈、转型升级步伐加快的新形势下,如何充分发挥开发区的整体优势,有效整合区域资源,拓展发展新空间,增创发展新优势,实现城乡一体发展,促进开发开放再上新台阶,走在全市科学发展、集约发展、创新发展、跨越发展的前列? 2009 年,镇江新区敏锐抢抓全省"万顷良田"建设试点机遇,率先启动、大力推进,一举打开发展新局面。

1 镇江新区"万顷良田"建设的核心理念——拓展新空间、创造新优势,促进发展方式转变

目标思路是:着眼于科学发展、转型发展、增强发展新优势,通过"万顷良田"建设工程,改善环境、拓展空间,科学配置资源,协调区域形态和产业布局,加快新兴产业发展,促进发展方式转变,加快经济转型步伐。

1.1 促进农业发展方式转变

通过"万顷良田"建设,把零星分散、传统耕作的土地连片成方,着眼于提高农业综合效益,综合考虑地形、气候、土壤条件等因素,统筹建设田间道路、沟渠和各类水利设施,因地制宜地将土地整理成 30 ~ 50 亩不等、适合大规模机械作业的高标准农田,通过科学的规划设计,以规模化促进农业产业化,建设现代农业。

1.2 促进城乡发展方式转变

将"万顷良田"建设工程纳入全区统一规划,在未来城市核心区范围内,引入新加坡"邻里中心"理念,为拆迁群众建设高标准安置区,让农民集中居住。建设集超市、菜场、餐饮、娱乐于一体的邻里中心和幼儿园,配套建设多所学校、医院及文化馆,极大改善群众生活环境。有效避免对农村水、电、气、道路、管线和各类生活配套设施的重复投入,一次性杜绝"城中村"现象,减少"过程性浪费"。

"万顷良田"建设工程是由省国土资源厅提出并组织实施的旨在通过整理开发土地,达到节省耕地占用 1 万 ha、占补平衡的目标。镇江新区的"万顷良田"建设工程项目受到国土资源部、中央农办领导的充分肯定和积极评价。作者和市委农办、研究室的同事在调查研究的基础上,起草并以市委市政府的名义出台了《关于加快推进新市镇建设的意见》。骆树友、刘璇为共同作者。

1.3 促进经济发展方式转变

按照"守土有责、护土有方、动土有据、用土有益"的原则,通过"万顷良田"工程建设,将节省的建设用地指标,一方面按城市化的要求,建设农民集中安置区,配套建立健全公共服务体系,大大压缩人均占用土地,实现土地集约利用;另一方面,以优化产业发展为方向,突出战略性新兴产业发展,逐步淘汰污染高、能耗高、产出少、效益差的项目,提高土地利用效益。

1.4 促进农民生活方式转变

通过"万顷良田"工程,把分散居住的农民集中到按城市标准建设的新型社区,在充分尊重乡土民情的同时,用城市化、现代化理念,倡导文明生活方式、改变陈旧落后的思想观念和生活习惯,培育健康向上的生活情趣,让农民真正融入城市生活、融入现代文明,真正成为城市的一员,从根本上突破城乡二元结构。

2 镇江新区"万顷良田"建设的工程实施——规划引领、突出产业、创新制度、城乡一体

在全省首批 15 个试点市县中,镇江新区"万顷良田"工程规模最大、预期效益最高,涉及所辖丁岗、大路和姚桥 3 个镇、18 个行政村,规模达 5.59 万亩,计划投资 40 亿元,3 年时间完成。工程实施后,通过农用地及未利用土地的开发整理可新增耕地 3 957 亩,通过居民点和独立工矿用地拆迁可增加用地 8 277 亩。按照"先建后拆"的要求,目前,全部 5 个地块、8 个标段、160 万 m² 拆迁安置区建设已有 30 幢多层、12 幢小高层封顶,11 月份将有 65 万 m² 安置房竣工;邻里中心、幼儿园及为安置区配套的 4 条道路已展开施工;同步跟进的拆迁农民就业创业、低保医保、土地流转补偿等各种保障机制正在逐步建立和完善。

基本操作模式是:改革土地制度,明晰农民宅基地使用权、土地承包经营权和集体土地所有权,以农民宅基地和旧房换新房、土地承包经营权换社会保障、集体资产换股权("三明晰三置换"),突出安置工程建设、农民创业就业、土地整理和流转,建立农民快速增收的长效机制,建立全覆盖的社会保障系统,完善公共事业,推进农业产业化经营,实现农民向市民转变,打破城乡二元结构,统筹城乡一体化发展。

2.1 用城市化理念,科学规划布局

百年大计、规划为先。为防止规划"败笔"、建设"缺憾",镇江新区于 2009 年重新编制了大港片区概念规划。在定位上,以"城乡一体化"为总纲,以工业产业园区、农业示范园区、生态休闲园区为骨架,以中心商贸区为核心,着力打造绿色低碳、清新亮丽、活力开放的滨江产业活力新城;在布局上,以大港中心城区—中心社区—基层社区3 个层级为架构,形成"135"格局,即"1 个中心城区、3 个中心社区、5 个基层特色社区"。

在区域概念规划的引领下,按照先建后拆的推进程序,镇江新区充分酝酿讨论和详细制定了"万顷良田"拆迁安置工程的建设规划。平昌中心社区——以"万顷良田"建设工程安置为主,是全省目前最大的单体安置区,占地 1 800 亩,总建筑面积 155 万 m^2,共有住宅楼 299 幢,其中多层住宅 174 幢,高层住宅 125 幢,可安置 5.2 万人。平昌中心社区在规划设计、环境打造方面始终注重科学性、前瞻性,坚持高起点规划、高标准实施。小区借鉴新加坡"邻里中心"模式,配套建设的中心卫生院占地 25 亩、100 个床位、总投资 4 100 万元;6 轨 36 班中心校和幼儿园占地 90 亩,总投资 8 600 万元。整个工程在明年上半年全部竣工。

2.2 做足"土地"文章,拓展发展空间

2.2.1 建立土地信息系统

对工程范围内的农村耕地、山林、建设用地与宅基地等进行详细的调查,信息精确到每家每户,建立数据库和农村土地数字化管理平台。全面掌握土地类型、水文气候、土壤肥力和生态环境,确定各类土地的功能和定位。编制土地使用规划和农业发展规划,因地制宜布局农业产业。对集体土地使用权证、房屋所有权证、林权证和集体拥有的集体土地所有权证实行重新统一颁证。

2.2.2 完善规范土地交易和流转

(1)土地交易

建立"农村产权交易所",采取公司化运作模式,成立股东大会,设立董事会和监事会,成立市场拓展、信息、财务、交易、行政和风险控制等部门,对林权、土地承包经营权、集体建设用地使用权、农业类知识产权、农村集体经济股权等农村产权进行交易,并提供农业产业化项目投融资服务。在交易过程中,注重培养农业经纪人,提高交易的质量和效率。

(2)土地流转

遵循《中华人民共和国物权法》《中华人民共和国农村土地承包法》等法律法规,坚持"依法、自愿、有偿"的原则,在充分保障农民的知情权、参与权、监督权和申诉权的情况下,以转包、出租、互换、转让、入股等方式流转农民土地承包权。

2.2.3 科学利用土地

实现集中有效性投入、减少过程性浪费。计划在 3 年内投入 40 亿元,整理农村耕地,提高农业标准化和精细化程度,大力发展节水农业、循环农业及绿色无公害农业,减少农药喷洒、秸秆露天焚烧等传统作业方式对生态环境的破坏,全面开展测土配方施肥,控制农业面源污染,修复生态链,发展有机农业;将土地挂钩指标用于扶持新能源、新材料、先进制造业等新兴产业发展,拓展新的产业发展空间;结合工程范围内的部分湿地资源,以及新区引进的国家级绿色社体家园、康体小镇、民族运动和城市运动基地,推广旅游农业、观光休闲农业和都

市农业,实现促三产的繁荣兴盛。通过对民生用地、公共服务用地、产业用地的均衡控制,将从根本上创新和改变开发区现有的建设理念,使生态、民生与经济发展得以同步考虑,经济、社会和人文效益得以同时显现。目前,新区已有3 000亩土地整理工作完成,由省滩涂公司承包经营。今年已经调出的部分建设用地指标,已安排了两个航空项目及航科复合材料、TCO玻璃等项目落户。包括上述项目,今年上半年,新区共引进新兴工业产业项目39个、总投资70.4亿元。

2.2.4 依法保障农民土地权益

第一,以村为单位成立土地股份合作社,将农民合法承包田和自留地的经营权以入股形式集中起来,统一发包给镇集体资产管理公司等专业公司经营,经营收益归农民所有,确保农民每亩800元/年的收益标准,不足部分由政府补足;补贴标准将随着土地经营收益的提高和物价上涨而不断提高。第二,对宅基地和集体建设用地整理后新增的耕地面积确权给村土地股份合作社,收益按村集体经济组织章程进行分配,确保农民能得到合理的回报。第三,将部分新增建设用地指标留存给村集体经济组织,用于建设工业集中区标准厂房,未来3年,计划建设1 000万 m² 的商业用房、标准厂房和楼宇经济,将这方面的土地收益归村土地股份合作社分配给农民。

2.3 坚持以人为本,最大限度地为民造福谋利

2.3.1 严把安置房建设质量关,力求出精品

获得满意补偿的拆迁农户,最关心的问题之一是安置房质量。镇江新区对此高度重视。在工程区建立工程督查室,以规划和建设部门为主体,组织专门的工程质量小组,每旬一次集中例会,分析解决问题;严格建筑钢材、合金钢等主材购进,对购进厂家、品牌、质地等明确标准,不符合的全数退回;适时组织拆迁农民现场检查;请市住建局定期抽检,确保了工程质量。镇江新区拆迁安置房建设成本与商品房开发建设成本持平。

2.3.2 实施充分就业工程,保证农民收入稳定

一是加强农民就业技能培训。镇江新区对"万顷良田"工程范围内所有具备劳动能力的离地农民都将免费进行一次技能培训,特别是针对新兴产业带来的新增岗位进行技能培训。二是组织专场招聘会。今年7月,专门针对"万顷良田"工程区域拆迁农民的就业招聘会,组织88家企业、提供就业岗位1 500个。三是加大政府安置力度。在城市管理、社区、物业等方面提供安置岗位,对于零就业家庭,政府负责"埋单"购买一些公益性岗位,予以保障性安置。制定创业就业鼓励政策,激发农民创业就业热情。通过实施充分就业工程,目前,镇江新区农民就业率始终保证在65%以上,凡有就业愿望的全部实现就业,且月人均收入1 300元以上,比较稳定。

2.3.3 变"小产权"为"大产权",实现农民财产增值

拆迁安置后,把原来的农村"小产权房"以宅基地换房的形式换成具有国有

土地证的"大产权房",让农民房产可进行市场流通,实现财产升值。目前,镇江新区"万顷良田"工程拆迁的农户,基本上都获得两套安置房,按市值计算,财产增值数十倍、相当可观。

2.3.4 各种保障同步跟进,让农民"轻装"进城

把离地农民的社会保障纳入城市社保体系。建立健全农民最低生活保障制度,将所有符合条件的人员纳入城镇最低生活保障范围,做到应保尽保。建立健全农民养老保险制度,以政府补贴、征地单位代缴等方式,将被征的土地补偿费和安置补助费统筹用于养老保险等问题。建立健全农民医疗保障制度,把符合条件的农民纳入城镇医疗保险制度体系。建立健全农民失业保险机制,对处在劳动年龄段、已参加养老保险的农民,办理失业保险。镇江新区已建成农民各种保障信息数据库,保障金的发放和报销实现"一揽子"管理,逐步实现"点击式"服务。

2.3.5 大力实施城市化建设,促进农民生活方式转变

2005 年 10 月 13 日,时任总书记的胡锦涛曾亲临镇江新区考察,并对农民社区建设给予较好评价和充分肯定。经过 4 年的不懈努力,2009 年新区大港街道和港南花苑分别被评为"全国和谐社区建设示范街道"和"全国和谐社区建设示范社区",新区将以此为示范和带动,广泛开展社区精神文明建设,用开放、包容、大气的开发区文化引导群众,陶冶农民,凝聚人心,激发民力。在"万顷良田"安置区周边,规划建设"工程技术创新园",引进大批高素质白领,让他们将先进的思想理念和文化习惯带进新区。

3 镇江新区"万顷良田"建设给我们的思考与启示——积极稳妥、又好又快,经得起群众和历史检验

推进城乡一体化发展是浩繁复杂的系统工程,实施"万顷良田"建设是一项探索和开拓性的工作。镇江新区"万顷良田"建设积极健康推进,呈现出良好的发展效应和社会效益,得到农民群众的普遍支持和拥护,给我们推进城乡一体发展带来许多有益的思考和启示。

3.1 必须统筹力量、大事大抓,保证组织领导坚强有力

土地是农民的根本利益所在,土地制度改革是农村各项改革的难中之难、重中之重,利益纠结多、政策要求高。镇江新区举全区之力抓推进,主要领导高层谋划运作、统筹全区力量;建立由区委领导负总责的一套班子和"发展投资公司、新农公司"两大工作平台,实行区、镇(街道)、村三级联动,明确目标任务、明确职能区分;建立健全监督考核机制,层层落实责任要求,实现源头、过程、结果"全天候"监控,让整个工程实实在在、没有水分。镇江新区的实践证明:工作成效取决于执行力度,执行力强成效就好,反之则可能事倍功半、事与愿违,甚至好事办成坏事;我们抓任何工作只要咬定目标不放松、保障要素不缺位、督查监管

不失控,就一定能保证积极稳妥、实现既定目标。

3.2　必须长远谋划、系统把握,防止短期行为、短板效应

"万顷良田"建设工程的顺利实施,需要上级部门的支持和指导,更需要基层农民的理解和配合。工程涉及国土、农业、社保、财政、规划、建设等多个领域,应从综合配套的角度来系统谋划,全方位推进,避免出现实施过程中的"短板效应"。工程直接关系农民的切身利益,必须在最大程度上赢得农民的认同、理解、支持和合作。要有针对性地开展宣传发动工作,大力开展先进文化引领,摸准群众的脉搏,力求工程实施前群众同意、实施中群众乐意、实施后群众满意,使之主动投身到"万顷良田"建设工程的洪流中来,成为真正的支持者、参与者、受益者。

3.3　必须抓住关键、创新思路,着力构建良性发展的内生机制

"万顷良田"建设投入巨大,政府以"输血式"启动是必要的,但随着工程建设的推进,必须紧紧抓住"人""地"两大资源,创新思路,着力培育并健全"万顷良田"自我良性循环的内生机制,实现"造血式"发展。镇江新区通过完善就业服务体系,加强职业技能培训,为安置农民安排好就业;通过大力实施全民创业计划,引导、扶持安置农民自主创业;通过转让、股份合作等多种方式流转土地承包经营权,探索建立以镇级农业发展公司、村土地股份合作社等为主体的经营模式;通过加强农业园区载体建设,发展现代都市农业,发展农业旅游经济,提升农业经济发展水平。这一系列的举措为现代农业发展注入了新的活力、拓展了广阔的空间。

3.4　必须民生至上、造福百姓,真正实现"发展富民、富民发展"

科学发展的本质是以人为本。发展的终极目的是为了富民,而民富又能更好地促进发展。镇江新区在"万顷良田"建设过程中明确提出,自2010年起,在3年左右的时间内实现农民人均纯收入翻一番,实现农民人均纯收入的爆发式增长,通过充分保障就业稳定工资性收入,通过土地流转、规模经营和全民创业提高农民家庭经营性收入,通过土地股份合作、集体资产股份合作和房产出租等大幅度提高农民财产性收入,通过健全最低生活保障、医疗保险、养老保险等社会保障减轻农民负担,等等。农民收入的提高将极大地增强农民参与"万顷良田"建设工程的积极性,为"万顷良田"建设工程的顺利实施奠定坚实的民意基础。

创新服务体制机制　健全乡镇供销网络

　　乡镇供销社是供销合作系统的基层组织,是健全农村现代流通网络、完善农业社会化服务体系、规范农民合作经济组织的主要承载者,在为农服务工作中发挥着重要作用。"十一五"以来,全市供销合作社系统通过开展自主经营实体、为农服务载体、合作经济联合体"三位一体"建设,出现了一批功能较全、实力增强、形象良好的基层供销社。但是,由于乡镇区划调整和改制改革等原因,全市仍有相当一部分乡镇供销社处于瘫痪、半瘫痪状态,严重制约着供销合作事业科学发展。

1　乡镇供销社现状

　　据对丹阳、句容、扬中和丹徒、润州等辖市区 14 个镇(街道)供销社的实地调查,真正做到有规范牌照、有坚强有力的班子、有办公经营场所、有自主运营的实体、有为农服务项目、与地方政府有经常联系、运行正常的只占 28.6%,基本不运转或运行质量不高的占 71.4%。全市乡镇供销社空白镇(街)仍有36.6%,空壳镇(街)占 41.5%,运行质量较高的只占 21.9%。究其原因,是因为供销社人员老化、思想僵化、功能弱化、经营传统化、地位边缘化,未能与时俱进、转型发展,一些乡镇依然背负人员包袱、债务沉重。据统计,全市基层社职工总人数 2 313 人,其中在岗在编 1 419 人,占 61.3%,35 岁以下 257 人,占 11.1%,46～55 岁 1 143 人,占 49.4%,55 岁以上 296 人,占 12.8%,离开本单位仍保留劳动关系的 516 人,占 22.3%,平均年龄近 49 岁,文化程度在高中以下的占 91.5%,其中初中以下的占 10.2%。基层社主任平均年龄更是达到 52.9 岁,大专以上学历的仅 35%。基层社平均长期负债 17.97 万元,欠付职工工资福利、社会保险等 160.91 万元。人才短缺、资金匮乏是制约基层社发展的最突出问题。

2　健全乡镇供销社体制

　　创新体制机制,推动乡镇供销社发展已成当务之急。必须坚持为农服务的宗旨,坚持因地制宜、市场取向、开放办社的原则,坚持合作制和联合合作的原则,坚持行政区划和经济区域相结合建社的原则。围绕搭建平台、综合发展、构

　　本文摘要原载于中共镇江市委办公室《创新》(2013 年第 9 期)。以此文为基础,起草印发了《关于加强全市镇供销社建设的意见》(镇政办发〔2014〕86 号),省供销合作总社向全省系统转发了该文件。

建体系、建设新型基层组织这一目标任务,结合区域特点和"三新"建设,分类推进基层供销合作社改革创新,一方面按照当前建制镇和涉农街道建设基层供销合作社,另一方面加大按经济区域建社力度,通过优化重组、创新发展等手段,打造一批布局合理、产权清晰、机制灵活、运作规范的新时期优秀基层供销合作社;发展壮大一批资产完整、功能齐全、经济效益好的大社、强社;恢复重组一批空白基层社、空壳困难基层社,使供销合作社组织体系不断修复完善,逐步形成以辖市区社为核心,以镇街供销社为基础,以社有企业为龙头,农民专业合作社、协会、综合服务社等为农服务载体完整科学的供销合作社组织体系。

2.1　做大做强一批基层供销合作社

对组织机构健全、设施完善、资产保值增值良好的基层供销合作社,要围绕建设日用品、农业生产资料、农产品、资金互助和农业社会化服务等经营服务体系,在建制村建设综合服务社,以项目为抓手,以现代经营体制和用工机制为手段,吸收经营者、职工、农民和社会资本参股,推进基层供销合作社的升级改造,将其打造成为新时期优秀基层供销合作社,力争"十二五"末1/3以上基层供销合作社达到新时期优秀基层社建设标准。

2.2　激活提升一批基层供销合作社

对目前靠资产收益能够维持的基层供销合作社,要引入市场化用人用工机制,以盘活资产为杠杆,通过恢复农业生产资料、农产品、烟花爆竹、再生资源回收利用等传统业务经营,并逐步开展日用品超市及连锁经营、资金互助、农业社会化服务等新的服务项目,实现企业经济效益、企业积累同步增长,职工收益和养老保险、医疗保险有所保障。

2.3　恢复重建一批基层供销合作社

对负资产较大、没有集体经营、长期拖欠职工养老金的基层供销合作社,主体资产已出让,靠出让金过日子,无资产、无业务、无人员的"空壳"基层供销合作社,以及全部资产出让或长期租赁给职工,名存实亡的基层供销合作社乃至空白镇,按照合作制原则,以市场化为导向,实施创新重组,重塑市场经营主体。可以吸收社会上有实力的实体参股或由系统内龙头公司控股组建;可采取投资主体多元化,职工、基层供销合作社、县级社持股改组基层供销合作社,县级社可以自筹资金,也可以用政策扶持资金作为入股,县、镇两级供销社持大股。专业合作社搞得比较好的乡镇可以由基层供销社或由在当地有影响力的合作社牵头组建农民专业合作联社,吸收专业大户、经济能人和相关的加工流通企业参加,行使供销合作社职能,服从县级社管理。

2.4　探索基层供销合作社与村级组织建设相结合的机制

按照专业化生产、社会化服务的要求,采取多种形式,在比较大的行政村、社区发展综合服务社、直营店,在中小村发展连锁店或加盟店;通过领办参办农民专业合作社,开展土地托管、农业社会化服务等工作,拓展完善服务功能,充分发挥供销合作社在村级组织建设中的经济组织功能,形成村两委、农民专业合作社、综合服务社的村级共建模式。

3　完善基层社运行机制

乡镇供销社的组织属性为企业,必须遵循经济规律加强管理。要以建立现代企业制度为目标,按照市场经济模式来构建社有企业和基层组织的运行机制,充分体现合作经济组织特色。一是采取重组、联合的方式,打造龙头企业,实行集团化经营;二是采取扶优弃劣、抓大放小、捆绑加盟的办法,组建新的企业,优化产权结构;三是采取招商引资、股份合作、股权出让、有进有退的办法,鼓励和支持农民和各类经济入社持股经营,实现社有资产结构多元化;四是采取因企施策、循序渐进的办法,深化企业的人事、用工、劳动、分配制度,进一步明晰企业能人、带头人的责、权、利,建立与其贡献相一致的薪酬、社会保险制度;五是建立健全社有资产管理、监督和运营体系,采取企业集团或资产经营公司等组织管理形式,完善法人治理结构,代表本级社行使出资人权利;六是加强人才队伍建设,建立健全供销社各类人才培训制度,提升现有人员的能力素质。以开放办社的理念大力引进各类社会人才,充实基层社经营管理人才;建立县级社与基层社年轻干部双向交流制度,鼓励引导机关干部到基层社建功立业;定期开展基层社主任和社有企业负责人交流,拓宽基层社主任的眼界、思维方式,经营管理理念,促进基层社和社有企业人才互动和业务能力的互促;利用效益较好、规模较大的社有企业,吸引招聘大学生、研究生,作为系统人才"孵化"器,建立系统后备人才培养机制;制定各类人才的岗位职责,完善人才考评机制;建立按劳分配与按生产要素分配相结合的激励机制,充分调动干部职工干事创业的积极性。

农业经营服务

　　农业经营服务,主要是开展农业生产性服务或技术服务。自1980年我市逐步实行家庭联产承包责任制以来,粮食产量连年增产,至1986年,全市人均粮食已经超过400 kg,并开始调整农业结构。当时,我在农业技术推广站主管水稻生产,提出了稻田稳粮增益的思路,主要是开发冬闲水稻秧田,种植蔬菜、青蚕豆、青豌豆、土豆等经济作物;在水稻生长期推行稻田开沟养鱼、养虾、养螃蟹等;在低洼低产稻田种植慈姑、荸荠、水芹、茭白等水生经济作物,从而在基本稳定粮食产量的同时,有效提高稻田经济效益。我们结合种植结构的调整,通过比较试验,开发了"二水早"大蒜、"大白皮""大青皮"蚕豆、食荚豌豆、青皮豌豆、早熟土豆等适合我市稻田种植的品种,并组织调运供应这些商品种子种苗,其中,"二水早"大蒜、早熟土豆成为农技推广站的主要创收品种,不仅供应本市,还供应到南通、泰州、淮安、盐城、扬州等市乃至安徽、上海、浙江等省,每年从四川、内蒙古、南通等地采购调运种子、种苗1 000~2 000 t;1988年开始,我们又结合推广水稻轻简(省力)栽培技术,为机插、抛秧配套供应育秧塑盘、除草剂,每年从浙江采购调运秧盘200多万片,从扬州、泰州调运除草剂10多t,这种技物结合的服务一直持续到20世纪90年代中后期,在全省也独树一帜。同时,我们还结合丰产方建设,参与了联产技术承包服务,均取得了不俗的成绩。

　　1996—1998年,在我任种子站长、种子公司经理期间,农业经营服务成为我的主要职责,通过整合资源、分工协作,实行统分结合,即杂交品种和原种由市统供,常规品种和生产用种由县统供,采取统一建立种子基地、统一对外采购、统一种子加工包装的办法,实行全市统一供种。该时期杂交油菜、杂交玉米、杂交水稻成为市种子公司的主要经营品种,搭配部分原种和蔬菜种子经营,很快使市种子公司扭亏为盈,不仅妥善解决了历史遗留债务,还积蓄了发展后劲,成为市种子公司发展最好的时期之一。

　　在我任农业局(农林局)副局长期间,农业经营服务主要是组织农业龙头企业、农业生产基地参与各种农产品展销会,帮助农民变产品为商品增值增收。

　　在我任供销社主任期间,供销社的职能主要是经营服务,即推进农村现代流通体系建设和农业社会化服务。具体有以下几项工作:一是大力推进基层组织建设。全市恢复重建镇级基层社38家,全市49个基层供销社实现实质运转,在全省处于先进行列;创建市级高标准为农综合服务中心45家,省级为农服务社样板社29家,农民合作社达到407家,农民合作社联合社28家,推动农作物病虫害"统防统治",面积突破百万亩次大关,为农服务水平全省领先,荣获省供销合作系统创新工作和为农服务社提升工程优胜单位称号。二是大力推进项目建设。2012—2015年全系统确立投资额500万元以上重点项目50个,总投资达22.38亿元,实际投资18.02亿元;成功申报国家、省"新网工程"项目26个,国家农业综合开发项目15个,争取各类财政资金及补贴近5 000万元;建成了丹阳农商批发大市场、扬中月星家居广场、丹徒农村现代流通服务中心、句容郭庄便民超市、下蜀滨江农产品市场、润州金莲麻油厂搬迁技改等20多项为农服务大项目,有效提升了农村日用生活用品、农业生产资料、农产品的统一配送、连锁经营服务能力。三是大力推进农业社会化服务平台创建。根据农业规模化生产发展需要,由供销社领办、为农服务社合办、合作社主办农业生产服务实体,为农民提供合作式互助、菜单式点供、保姆式托管服务,推动农业种植、管理、收获、烘干、加工、销售全程社会化服务,推进农业服务型规模经营;为农民合作社、供销社企业和家庭农场提供"银社对接"平台,破解融资难问题;参股创建"亚夫在线"农业电商平台;2015年在镇江还首次组织并成功举办"海峡两岸(江苏)名优农产品展销会","2014年度全国百强农产品经纪人综合排名暨百佳农产品品牌评选活动"授牌仪式,有效提升了供销社的社会影响力、系统经济实力和为农服务能力。2015年,全系统商品销售总收入、利润、资产总额分别比我就任前的2010年增长3.06倍、2.66倍和2.41倍,年均增长26.69%,25.86%和19.82%。四是大力推进供销社综合改革试点。经过2014—2015年的努力,全市实现了涉农镇级供销社全覆盖,建成农业社会化综合服务平台39个。指导句容市供销社开展省级综合改革试点,以"中心社"管理体制的基层供销社重组改造在全省形成特色,农业社会化服务格局初步建立;推进扬中市供销合作社组建集团总公司,体制创新迈出坚实步伐,农民资金互助合作社顺利挂牌,开始了农村合作金融的有益探索;推动丹阳市社有企业"科技兴社",推广稻麦新品种、新肥种、新技术富有成效;指导丹徒区高桥镇供销社建立服务农民生产生活的综合平台取得实质性进展;推动润州区七里中心供销社转型发展,城市社区"邻里中心"商业服务新模式取得明显进展。市供销社荣获2013—2014年"全国供销合作社行业职业能力建设工作先进单位"称号和全国"双百"评选活动特别贡献奖;2013—2015年连续3年荣获省供销合作社系统综合业绩考评特等奖,从2011年前全省倒数2~3位一举进入前5位;丹阳、句容、扬中市供销社跻身全国百强供销社、全省20强供销社。

　　农业的经营服务不同于普通商品的买卖,它需要懂技术、会管理、善经营、能服务。其特点是:用量少、影响大、利润薄。一不小心就会造成大面积减产、农民绝收、损失惨重；一不留神就会让经营主体亏损、破产、倒闭。根据多年的实践工作经验，我的深刻体会是：思路决定出路，技术产生效益。在 20 世纪 80 年代末 90 年代初，农技推广经费严重不足，而且从事作物栽培不像搞土肥、植保、种子那样有先天物资优势，我们紧贴推广业务，依托推广体系，发挥自身优势，走农技服务产业化、服务组织实体化的路子，通过围绕服务搞经营，搞好经营促推广，经营与农业结构调整、技术推广密切相关且其他专业部门不搞的经济作物小品种、育秧物资、生化制剂，通过小批量、多品种、广覆盖，既缓解了与其他专业部门的矛盾，又有效破解了技术推广难的问题，还获得了较好的经济效益。在市种子公司（站）期间，如果延续以前与县级公司站在同一平台上争市场的方法，必然增加市与县的矛盾，而且价格战也会导致两败俱伤、效益不佳，我通过采取市、县以杂交种与常规种、原种与良种分工协作，以全市"统一市场"对外集中采购降低种子成本，以规模求效益等措施，有效获得市、县双赢，共同发展，市公司由我接任时的亏损状态一举扭亏为盈，进入良性循环。供销社如何摆脱困境，延续传统经营方式显然不符合新时代的新形势、新要求，唯"以农为本、项目兴社、转型发展"才是出路，通过建立健全基层组织解决市场问题，通过项目建设解决服务实体问题，通过农业社会化服务解决经营项目问题，通过经营新业态解决市场占有率问题，通过服务规模化、产业化解决经营效益问题，通过提升素质解决经营服务能力问题，通过展示展销解决系统凝聚力和影响力问题，把发展动力、经营活力、服务能力和经济实力有效地结合在一起，从而整体提升供销社的社会地位。

农业服务业是现代农业的重要组成部分，与农业现代化进程相伴而生，相随细分而不断发达。农业服务业既传统又新兴，是一个朝阳产业，推进农业服务规模化、产业化是农民的需要、农村发展的需要，更是现代服务业发展的需要，农业服务业前景广阔，大有可为。

浅议市场经济条件下的统一供种机制问题

随着农村经济体制改革和粮食流通体制改革的深化,我市原来采取的统一供种方法和措施已不能适应新的形势和要求,必须在充分尊重农民意愿的基础上,按照市场机制寻求符合经济规律的农作物统一供种新方法。

1 坚持统一供种,完善供种机制

农业的发展历史表明,农业生产的每一次飞跃,都源于农业科技的重大突破。而良种则是农业科技进步的基础,是优化农业结构的关键,也是推进农业产业化经营的基本条件。各级政府必须把统一供种作为科教兴农的重要措施认真抓紧抓好。为此,要加强组织领导,进一步加大工作力度,落实目标责任制,通过提高统一供种率,全面提高良种覆盖率,让农民用上放心种;要认真吸取"以粮换种、随征入库"工作中的经验教训,防止宣传不到位、工作不细致、服务态度粗暴等不良现象再度发生,深入做好宣传发动、教育工作,提高农民使用良种的自觉性;要从维护改革、稳定的大局出发,以发展农村经济、致富农民为目的,以市场需求为导向,以新品种、新技术为依托,以健全网络、完善服务为重点,改进和规范供种方法,实行统一繁育、统一收购、统一加工、统一包装、统一供应,切实把统一供种工作提高到一个新的水平。

2 加强农作物新品种选育、引进、示范工作,大力实施农作物新品种更新工程

以推进新一轮农业科技革命为契机,围绕提高农产品质量和种植业效益,集中农业科研、教育、推广的优势力量,加强新品种选育、引进、筛选、试验、示范、推广的联合协作;积极实施农作物品种更新工程,重点突破水稻、小麦和油菜的品质,加快推广一批高产优质品种;密切与粮食、纺织及食品加工等部门、企业合作,努力按市场及农民的需求优化和更新品种,并尽快解决农产品收购中的优质优价问题,鼓励农民种植优质品种;加强技术培训,普及种子科技知识,提高农民对良种的认识水平;以各级科技示范园、丰产方、示范田为基地,加大新品种、新技术宣传、示范、引导力度,组织基层干群现场观摩,激发农民采用良种的积极性,推动良种商品化进程。

本文原载于《种子科技》(1999 年第 4 期)。

3 建立健全良种繁育体系,提高良种专业化生产水平

良种繁育实行分级分工负责制,严格按种子生产程序,有计划地生产高质量种子。杂交作物亲本种子直接关系到种性纯度和杂种优势,影响深远,必须由省级种子部门(包括科研育种部门)提纯繁殖;杂交作物一代种子及棉花种子科技含量高、用量小、增产作用显著、影响范围广,必须由市级农业种子部门组织特约制种、繁殖;常规作物原种生产技术要求严、质量标准高,直接影响生产用种质量,原则上应由市级农业部门指定专业单位提纯繁殖;常规作物大田用种由县(市)级农业种子部门组织建立专业种子基地繁殖生产。乡镇农技站由于技术力量薄弱,思想、业务素质有一个提高过程,原则上不再实行种子自繁自用。种子生产要重点建设好"三圃田",切实做到基地落实、面积配套、技术措施到位、质量管理规范,以确保优良品种的种性。县(市)级要充分利用原(良)种场及乡、镇站办农场的优势,建立由县(市)统一管理的专业化种子生产基地,有条件的县(市)可建立直属规模种子农场。凡需要在乡村建立的种子生产基地,农业部门要按照用种计划确定作物、品种、数量、面积和地点,报经县(市)级人民政府批准,由农业种子部门按预约生产合同直接统一收购,保证种子生产的计划性。严格执行《中华人民共和国种子管理条例》,任何部门、单位和个人都不得到种子基地收购种子。

种子生产基地应按照种子生产的程序和技术要求,统一布局,统一技术措施,严格去杂保纯。农业种子部门要加强技术指导,严格质量检验。乡镇供应的种子质量必须经县(市)级种子部门检验认定,县繁县供的种子质量必须经市级种子部门检验认定,市繁市供的种子质量须经省级种子部门或市级技术监督种子产品质量检验站检验认定,决不允许劣质种子流向市场。要充分发挥种子加工中心的作用,统一精选加工。尚无种子加工中心的县(市)要在抓紧建设的同时,暂用单机精选,未经加工的种子不得销售。种子部门供应的种子实行统一包装,严格执行包装标识的有关规定,推行包装标识标准化。凡是包装不规范、标识内容不符合规定的,一律视为不合格种子。要大力示范、推广种子包衣技术,重点提高水稻、小麦种子的包衣供种率。

4 改进供种办法,完善供种网络,提高供种服务水平

充分发挥县、乡农技服务队伍的作用,建立健全统一供种网络,积极探索统一供种的多种实现形式。市、县种子部门可以寻求联繁联供、股份合作等多种联合供种形式,逐步建立全市统一的种子集团;县(市)乡可实行种子供应连锁制;村级合作经济组织可以在农民自愿的基础上,通过"签订协议、交纳定金(或者是农民愿意接受的其他订种办法)、预约生产、合同供种"的形式,实行供种代理制。可以把乡农技站建成连锁供种站,由乡农技站统一向县(市)级以上种子部

门订购,由县级以上种子公司统一配送、统一价格、统一核算,乡、村两级的服务费与销售实绩挂钩。有条件的县(市)种子公司还可以试行以资产为纽带,吸纳乡(镇)农技站、原(良)种场等单位入股,组建有限责任公司,实行统一生产、统一销售,按股份和销售实绩分红。供种价格实行订种优惠价、零售市场价,鼓励农民预订种子,以保证种子生产的计划性。同时,积极改善服务,通过科技"三下乡"等活动送种上门,送技术下乡,良种良法配套推广。大力推广统一机播、统一供秧,拓展统一供种的外延,要强化售后服务,建立供种档案,对供应的良种要进行跟踪了解,向农民提供技术咨询和系列服务,及时指导农民因种栽培,帮助解决有关生产技术问题。市、县两级要建立种子风险金制度和备荒种子储备制度,以保证抗灾救灾和灾后正常供种。

5 强化管理队伍,提高依法治种水平

种子是一种特殊商品,必须严格种子市场管理。首先,要加强种子法律、法规的宣传,让基层干群了解种子工作,有法可依;其次,是加强对种子生产、经营和质量的全面管理。各级农业部门要会同工商、物价、技术监督等部门加大执法力度,严厉打击制售假冒伪劣种子的坑农害农行为,保障统一供种的顺利实施。在品种管理上,要建立引进新品种申报制度,坚持引种试验、中间试验和品种审定制度。严禁经营推广未经审定或审定未通过的品种,杜绝乱引、乱繁、乱制现象。在质量管理上,要坚持质量第一的观点,严把种子质量关。各级种子生产、经营单位要实行全面质量管理,在种子繁育、收购、加工、包衣、包装和销售等各个环节落实岗位责任制,建立和完善内检制度,所有供应的种子都要经过严格检验,建立质量档案,杜绝不合格种子流向市场。市、县两级种子管理部门要建立健全质量监测网络,加大监督管理力度。市级在配合省做好杂交种子纯度及其亲本种子质量监测的同时,重点做好常规作物纯度及杂交作物播种品质的监测;县(市)级重点做好常规作物种子播种品质检验。要通过新闻媒体公开质量检测结果,引导农民使用"放心种"。在"三证"管理上,要进一步规范"种子生产许可证""种子经营许可证"和"种子质量合格证"的管理,严格审批发放程序和条件,坚决打击无证生产、无证经营的违法行为。种子管理部门要建立公示制度,公布举报电话,对违法案件及时处理。积极开展"供优打假"活动,维护正常的种子生产、经营秩序。在执法队伍建设上,要建立一支素质高、业务强的种子管理队伍,加强法律、法规培训,提高执法水平,严格依法行政。

现代农业服务业方兴未艾

现代农业服务业,是指在传统农业服务业基础上发展起来的,与市场机制、高新技术和信息平台相适应的新型农业服务业。一般来说,主要包括现代农产品营销体系、农产品加工贸易体系、农业和农村经济信息体系、农业技术服务体系、农产品质量安全保障体系和农村公共设施体系6个方面。

1 我市现代农业服务业发展的特点

1.1 农技服务有新的突破

在认真落实省、市相关文件精神,稳定农技推广队伍的基础上,多元化农技服务格局已初步形成。

1.1.1 坚持物技结合,大力开展以种子、种苗、化肥、农药为主要内容的农资服务

积极推广测土配方施肥、生物病虫害防治等新技术,开展水稻、小麦超高产竞赛活动,调动农民发展粮食生产的积极性。

1.1.2 建立农业科技示范园区,示范推广"三新"农业技术

坚持引技与引智相结合,引进、消化、推广了一大批新品种和新技术,草莓、桃、梨、水稻、蔬菜等一批国外新品种与稻鸭共作、双轨制奶牛饲养、土著菌养猪、早川葡萄、桃整枝、设施花卉等一批国外技术,通过试验示范、完善提高,形成了具有本市特色、在全省乃至全国都有影响的农业新技术;全市建成各类科技示范园近84个,经营面积达6万余亩,辐射面积超过60万亩,推广新品种355个、新技术172项。

1.1.3 积极培育农民专业合作经济组织,打造服务新平台

全市共有较为规范的各类农民专业合作经济组织200个,吸纳社(会)员近8万人,带动农户9万余户。这些农民专业合作经济组织活跃在种植、养殖、加工、流通各个环节,有效地促进了我市农业优势产业和地方特色产业的发展壮大,提高了农民进入市场的组织化程度,开辟了农民闯市场促增收的新途径。

1.1.4 整合科技资源,多渠道推广农业技术

充分发挥农业科研、教育资源优势,调动发改、科技、科协、共青团、妇联等涉农科技力量,兴办科技示范园,发展农业企业,引进国外智力与技术,组建农林讲

本文系作者于2007年9月12日参加全省现代农业服务业工作会议的交流材料。

346

师团,开展"双学双帮"等活动,有效促进了农业技术的普及。

1.2 政策法律服务取得新进展

全面落实"一免四补"政策,调动农民发展粮食生产的积极性,粮食面积、单产、总产稳步提高,2007年收获夏粮126.33万亩、亩产301 kg、总产37.97万t,分别比上年增长7.84%,9.06%,17.27%,创近3年来的新高,确保了粮食生产的安全。抓住与农业相关的法律法规修订、颁布、实施的有利时机,采取送法下乡、送法到企、送"放心"农资入户、专项法律宣传周等灵活多样的形式,加大对农林法律、法规的宣传力度,增强了广大农民和农业企业的法律意识。针对春耕备耕、"三夏"、秋收秋播等季节农资使用的高峰期,积极开展以农药、化肥、种子为重点的农资市场专项整治活动,确保广大农民用上"放心"农资。积极开展野生动物保护、长江违法捕捞等专项行动,打击非法违法行为,为农业的健康发展保驾护航。

1.3 农产品流通有了良好开端

大力培育农民经纪人,开展农民经纪人职业道德和技能培训,提高经纪人的综合素质,目前全市农民经纪人数量达到2万余人,为买卖双方架起一座互通信息的桥梁。加大农产品的营销力度,每年都组织我市农业企业参加中国(北京)农产品交易会、江苏名特优农产品(上海)交易会、境外农产品促销等活动,丹阳市还在市民广场组织了农产品销售活动,隆重推出我市名特优农副产品,扩大我市农产品在市场上的知名度。大力发展"订单农业",积极引导农业企业、大型超市与农业规模生产基地对接,实行订单生产,解决农民的卖难问题。据统计,今年上半年,69家农业龙头企业带动基地种植面积412万亩,同比增长11.6%,其中,带动市内基地面积132万亩,同比增长20%,基地农民从龙头企业获得收入9.6亿元,同比增加1.2亿元。

1.4 农业信息服务平台初步构建

以农林信息网、致福农村信息网为龙头,初步构建了市、县、乡三级农业信息服务网络,积极为广大农民、农业企业、合作经济组织等市场主体开展网上农业种养技术、农产品网上交易、农业政策咨询、农业标准化、地方名特优农产品展示等服务,并与镇江电信等部门紧密合作,在全市开通"农信通"短信服务平台,为农民提供更直接的信息服务。与此同时,注重培植农业特色网站,近两年来就建设了镇江茶叶网、江南食用菌网、老方葡萄网、扬中江鲜网、句容应时鲜果网等一批在全省具有一定知名度、具有镇江地方特色的农业网站,我市农业网站的影响力不断扩大。仅去年一年,通过镇江农林网发布各类农林信息4 000多条,向省农林厅报送信息2 000多条,被采用1 197条,名列苏南第二、全省第四。

1.5 农产品质量安全建设步伐加快

已建立国家级农业标准化示范区4个、省级示范区10个、市级农业标准化示范区37个,制定地方农产品生产标准110个。全市农产品"三品(无公害农产品、绿色食品、有机农产品)"认证总量达到287个,完成无公害农产品产地认证146.2万亩。培育出一批名牌农产品,恒顺香醋、宴春肴肉等传统名牌农产品得到巩固和发展,"圣象"地板、"金山翠芽"茶叶、"继生"葡萄、"银兔"草莓、"瑶池"彩色油桃、"一品梦溪"大米等自主创立的新品牌农产品相继在国内、省内获得金奖、银奖,"农家"茅山老鹅、"滩八样"无公害蔬菜、"希玛"猪肉等新一代品牌农产品不断涌现。农产品质量检验检测中心通过省级"双认证",具备了常规检测能力。

1.6 观光农业有了良好起步

把观光休闲农业作为现代农业服务业的重要内容,于2006年9月编制完成《镇江市休闲观光农业暨乡村旅游建设规划》及各辖市区分规划,确立了"一带一圈二区"的全市休闲观光农业总体发展格局。加快典型的培植,组织各农业观光园参加江苏省休闲观光农业示范点评比活动,句容南山农庄成为国家级农业旅游示范点,镇江市南山农业科技示范观光园、镇江市瑞京农业科技示范园、江苏季子农业观光园3家观光农业点被评定为首届省级观光农业示范点。目前,我市有一定规模的观光农业点92个,主要有农家乐型、休闲农场型、休闲山庄型、企业经营型、农业基地型、科普教育型6种开发模式,建设面积约10万亩,年接待游客在30万人次,直接经济收入每年1000万元左右。

2 我市现代农业服务业发展存在的主要问题

2.1 农产品营销与周边城市相比严重滞后

我市虽于去年建设了一个农产品专业批发市场,但由于机制等方面的原因,至今没有人气,有场无市的矛盾比较突出。

2.2 农产品加工企业与我市特色农业主导产业的关联度不高

茶叶加工企业多而散,没有形成合力;肴肉加工能力有限,难以带动我市养猪业的发展;应时鲜果有种植规模,但缺少相应的加工企业,无法提高产品的附加值;长江特种水产是我市一大特色,但水产品加工一直是我市的"短腿"。

2.3 农村劳动力转移培训和中介服务较为薄弱

虽然这几年实施了农民创业培训工程,促进了农村劳动力的转移,但是组织不健全、手段单一、渠道狭窄等问题较为突出。

2.4 现代农业服务业的组织建设有待加强

目前,全市农林系统内部农业服务业从业人员不足2000人,且机构分散、基础设施老化,无法满足农业发展对农资连锁经营的需求。

3 加快发展现代农业服务业的主要措施

现代农业服务业是建设现代农业的一个重要切入点,我们要按照新农村建设的总体要求,从以下几方面推进农业服务业的快速发展:

3.1 大力发展农资经营连锁业

农资连锁经营是净化农资市场、保证农民用上放心农资的有效途径。针对我市实际,重点是充分整合现有的农资经营网络资源,在全市大力发展以统一标志、统一采购、统一配送、统一核算、统一价格和统一服务为主要内容的农资连锁经营,以凸显高效、畅通、有序的农资经营新体系的优势。

3.2 大力发展农产品现代流通业

农产品现代物流是农业现代服务业的重点。结合我市实际,在激活现有农产品批发市场的基础上,探索多种形式的"农改超"和"农加超",走农贸市场超市化之路。推广万方超市"衔接基地、连锁配送、全程控制、保险承诺"模式,加快发展连锁经营、直销配送、电子商务、拍卖交易等现代流通业态,支持农业产业化龙头企业到城市开办农产品超市或专卖店,引导和鼓励连锁经营企业与农产品生产基地建立长期的产销联盟。

3.3 大力发展观光休闲农业

观光农业满足了城市居民回归自然、休闲娱乐和体验农耕文化的需求,是农业现代服务业的重要内容。加速我市人文资源和农业生产要素的集聚融合,重点打造3个观光农业区,即城市周边观光农业区,以南山农业科技示范园、瑞京农业园、江苏农林科技示范园、江苏丘陵山区科技实验园为重点,突出生物科普教育功能;丘陵生态观光农业区,以南山、宝华山、茅山森林公园、茅山有机农业园、南山农庄、龙山双目湖等为重点,突出生态、休闲、观光功能,凸显宗教文化、人文历史内涵;滨水观光农业区,以长江滩涂、大中型水库、湖泊资源为重点,体现农渔风光、特色蔬菜、水边垂钓、渔事劳作等功能,促进农产品成为旅游品、农民成为旅游服务人员,提高农业的外延效益。

3.4 大力发展新型农技服务业

按照"强化公益性职能,放活经营性服务"的要求,改革现有基层农技推广服务体系,构建一支高效、精干、稳定的公益性农技推广服务队伍,提高服务水平;扶持农业企业、农民专业技术协会、经济合作组织,开展技物结合型的技术推广活动及产后的加工、运销、信息等经营性服务,拓宽服务领域;充分发挥农业科研院所的人才与技术优势,加强对农业发展有重大影响的关键技术攻关,加快技术成果转化应用,走产学研相结合的路子,从而形成以公益性农技推广服务体系为主导,以农业科研院所、农业企业、农民专业性服务组织、各类农民中介组织为补充的新型农技服务体系。

3.5 大力发展现代农业信息服务业

以实施农业信息服务工程为载体,加快"四站一电"建设,构建现代农业信息服务平台。积极引导农业龙头企业、农民专业合作经济组织和种养大户等各类市场竞争主体发展农业电子商务,强化为农服务,促进农产品流通与销售。加强网上信息中介服务,加大电话、电视、电台等传统信息资源整合,形成与网络互为补充的信息传播新模式,实现农业信息载体多元化、手段多样化、服务产业化。充分整合我市信息网络资源和农业教育培训资源,积极开展农村劳动力转移中介服务,为农民提供有效的劳务信息,确保农村劳动力流得出、稳得住、不回流。

3.6 大力发展农业保险业

农业保险是增强农业防范和抵御风险能力、提高农业可持续发展水平的一种有效手段,是现代农业服务业的重要内容。与其他保险业相比,农业因是弱质产业而导致农业保险相对滞后,处于起步阶段。农业保险业大有文章可做。一是加大宣传力度,增强广大农民的保险意识,增强他们参保的自觉性和主动性,变"要我保险"为"我要保险"。二是建立健全农业保险体系,形成政府引导,农户、龙头企业和农村经济组织自愿参加,由各级财政和农户、龙头企业及农村合作经济组织共同负担农业保险费用的多元化的市场运作保险体系。三是不断扩大农业保险的服务范围,将农业保险贯穿于产前、产中、产后的全过程,降低农民发展农业生产的风险。四是形成农业保险合力。财政、农林、保监等部门和保险公司要建立资源互享、人员互通、信息互用的联系工作机制,共同制定和完善有关制度、协议、技术规范和标准,不断优化实施方案,推进农村保险业的发展。

3.7 大力发展农民合作社

农民合作社是现代农业服务业的新载体,必须加大发展力度。一是积极引导,加快农民专业合作社的发展。围绕我市的农业产业优势和特色产品优势,积极引导、鼓励有能力的各类主体积极牵头兴办、领办和合办专业合作社,引导组建农民专业合作社,努力把主导产业和特色产品做优做强。二是加强指导,积极推进农民专业合作社规范化建设。按照"四有"合作经济组织的要求,积极指导和帮助农民专业合作社规范内部管理制度,健全合作社的服务体系,培植一批示范性农民专业合作社,进一步提高示范带动能力。三是注重实践,充分发挥农民专业合作社的作用。充分发挥合作社的载体作用,引导农民实行农业结构调整,推动产业发展;培育、扶持有较强开发加工能力和市场拓展能力的农民专业合作社,推进品牌化发展,开展商标注册,加强品牌宣传、保护和推广,提高农民专业合作社的信誉度和知名度,不断提升农民专业合作社的竞争力。

3.8 大力发展培育新型农民的教育业

以实施农民培训工程为抓手,大力开展农民实用技术培训和创业培训,全面提高农民的综合素质。进一步完善农业技术人员与专业户的挂钩联系制度,实行专家与农户的面对面指导服务,培养一批懂科技、用科技的新型农民,发挥他们典型示范的作用。积极组建农业专家讲师团,深入农业生产一线,调查研究,技术指导,解决农民生产、生活中的实际困难。依托农业科技示范园区,积极开展农业实用技术培训,把农科园办成农民学技术的大课堂,做给农民看、带着农民干、帮助农民富。强化农林、劳动等部门的合作,充分发挥农广校、工业企业等的作用,有组织、有针对性地强化农民的就业技能培训,提高他们的就业能力。

3.9 建立健全农业法制保障体系

一是提高全民法制意识的普及体系。在农林系统和广大群众中,采取多种形式,有针对性、有重点地开展农林法制宣传教育,提高农业系统工作人员依法管理、依法决策和依法行政水平,增强广大群众遵纪守法、权利义务对等的观念和依法维护自身合法权益的能力。二是农业发展的法制保障体系。继续建立健全执法培训制度,严格考核,不培训和培训不合格人员一律不予办证和年检;开展文明执法创建活动,提高广大群众对农业行政部门的认知度和信任感,努力建立一支高素质的农业行政执法队伍。三是打假护农的农业执法体系。各级农林部门要按照法律法规赋予的职责,以农资质量监督管理和保护农产品质量安全为重点,明确执法任务,强化执法责任,规范执法行为,以典型案件和大案要案为突破口,实行严格执法、文明执法、公正执法,进一步加大执法力度,促进农业的健康发展。

奋力打造全新供销合作社

供销合作社作为党委、政府"三农"工作的重要部门，面对新形势、新任务，必须进一步解放思想、凝聚合力，确立以"服务三农，奋勇争先；项目兴社，创新自强"为主要内容的新时期供销合作社精神，以强大的精神动力，推进改革、创新、发展，为镇江农业基本实现现代化做出积极贡献。

1 树立新时期供销合作社精神，确立供销合作社的核心价值观

供销合作社是为农服务的合作组织，是推动农村经济发展和社会进步的重要力量。其主要职能是流通、合作、服务，核心价值观应是诚信、民主、合作、创新。树立新时期供销合作社精神，就是要把干部职工的思想凝聚到服务"三农"、赶超发展上来，推进行业诚信建设，加强系统内外全方位合作，实现供销合作事业创新发展。

创新发展，精神力量不可或缺。毛泽东有句名言：人是要有点精神的。人无精神不立，国无精神不强。

一个民族要有点精神，否则就不能自强自立。改革开放"中国奇迹"的诞生，"两弹一星"、抗震救灾、奥运会、载人航天、探月工程等一系列成就的取得，离不开党的领导和中国人民自强不息的民族精神。

一个人要有点精神，否则生命就失去了存在的价值和意义。从雷锋到张雅琴，无一不是这种精神的楷模。人是要有点精神的。最重要的是要有自信、自强、自立的精神品格；最难得的是要有不怕困难、不怕挫折、不怕风险的英雄气概；最可贵的是要有团结和谐、宽容友爱的精神境界；最关键的是要有一个明确的奋斗目标。精神是人的内心世界的外在表现，人生就是用精神去书写历史，展现灿烂多彩的画卷。

一个单位要有点精神。供销合作社如果没有精神力量的支撑，没有执着的追求、超常的毅力、使命般的激情，就不可能取得创新发展的良好业绩。事在人为，人在精神。只要树立新时期供销合作社精神，强化供销合作社人的进取意识、使命意识、大局意识、拼搏意识，始终保持旺盛的发展原动力，就一定能在思路上创新，为农服务求率先；在工作上创优，项目建设求领先；在发展上创业，社直经济求争先，开创镇江供销合作社二次创业新篇章。

本文原载于中共镇江市委办公室《创新》(2012 年第 5 期)。

2 树立新时期供销合作社精神，凝聚赶超发展的共识

供销合作社是为农服务的合作经济组织，发展是她的生命线，没有发展，就谈不上为农服务，就失去了存在意义。树立新时期供销合作社精神，就是要把干部职工的思想认识统一到加快发展上来，凝聚发展共识，抢抓发展机遇，推动供销合作事业再上新台阶。重点凝聚"三个共识"：

2.1 在围绕中心、服务大局上凝聚共识

始终坚持为农服务宗旨不动摇，将推进自身发展与强化为农服务紧密结合，在促进农业农村繁荣中发挥积极作用，千方百计为党委政府分忧，竭尽全力为农业农村服务、为城乡人民服务。

2.2 在坚持组织属性定位上凝聚共识

立足经济组织定位，坚持面向市场，在竞争中求生存、谋发展，真正成为农民的合作经济组织。

2.3 在提升效益上凝聚共识

既要为民谋利，又要把社有企业做强，做到经济效益和社会效益两手抓，企业经济实力增长和职工利益增加两手硬，在两个效益协调统一中实现供销合作社更好更快发展。

发展供销合作事业，必须牢牢把握中央稳中求进的总基调，科学分析供销合作社服务"三农"的新机遇、新挑战，全面认识在工业化、城镇化深入发展中，同步推进农业现代化的新形势、新任务，深刻把握镇江城乡统筹发展面临的新课题、新矛盾，紧紧抓住扩大内需这一战略基点，抢抓"三个机遇"。一是抢抓"十二五"国家强农惠农富农政策、加快发展现代农业的机遇，发挥组织体系完整的优势，积极参与构建新型农业社会化服务体系，推进农业产业化经营，提高农民组织化程度；二是抢抓国家加快推进新农村建设、加快形成城乡发展一体化的机遇，发挥扎根基层的优势，广泛凝聚各类社会资源，大力开展农村社区综合服务，不断提高农民的生活质量；三是抢抓国家扩大内需、刺激消费、大力改善农产品流通的机遇，发挥流通网络覆盖城乡的优势，加快推进新农村现代流通服务网络建设，改善农村消费环境，开拓农村市场，促进城乡统筹发展。

当前，供销合作社必须更加积极地走加快发展、科学发展的道路。始终坚持发展是硬道理，以发展破解难题，以发展凝聚共识，以发展汇聚力量，以发展赢得地位。通过加快发展，解决前进道路上面临的困难和问题，壮大为农服务实力和市场竞争能力，积累建设新农村的力量，努力成为党委政府推进"三农"工作的重要平台和抓手。

3　树立新时期供销合作社精神,齐心协力打造全新供销合作社

供销合作社还面临着发展不足、为农服务基础相对薄弱等问题。树立新时期供销合作社精神,就是要以科学发展观为统领,开拓创新,真抓实干,齐心协力,奋力打造全新供销合作社。

重点围绕"五个坚持"原则,明确发展方向、完善发展思路、突出发展重点,建设实力强、服务优、机制活、网络全、形象好的"五新"供销合作社。

① 必须坚持科学发展主题,以打造全新供销合作社为主线,以赶超发展为战略,实现供销合作事业新跨越。

② 必须坚持为农服务宗旨,以建设"四个力量(农产品市场建设的中坚力量、农业社会化服务体系建设的骨干力量、农村现代流通的主导力量、农民合作社的带动力量)"为重点,实现为农服务质量与水平的新提升。

③ 必须坚持合作制原则,坚持经济组织属性,遵循市场规律,以建立健全现代经营服务体系为目标,实现经济实力和效益的新增长。

④ 必须坚持深化改革,大力推进经营创新、组织创新、服务创新,实现体制机制改革的新突破。

⑤ 必须坚持求真务实、真抓实干,进一步改进作风、树立形象,实现干部队伍建设的新气象。

社有企业是为农服务的重要依托,是供销合作社经济属性的集中体现,是供销合作社市场经济条件下生存发展的重要支撑。没有社有企业的发展壮大,就没有供销合作事业的全面振兴;没有社有企业的现代化,就没有供销合作事业的现代化。推进社有企业发展,对发展供销合作事业至关重要。要加快建立现代产权制度,严格内部管理,完善激励约束机制,充分调动人的积极性;要以项目为抓手,推进联合合作,结合国家产业政策和镇江经济社会发展规划,建设一批产业关联度大、辐射带动力强的项目,做大经济规模、提升产业层次、增强发展后劲;要大力推动产业转型升级,在满足城乡居民多种需求的同时,实现结构优化和效益提升;要着力参与农业产业化经营,进一步密切与农民的利益联结,为农民提供产前、产中、产后全方位服务。

改革创新聚实力,壮大社企兴事业。供销合作社必须抓住当前"三农"问题倍受关注和"十二五"良好开局的有利时机,把社有企业推向新的发展高度,以效益和服务取信于民,赢得广大农民的支持和信赖,开创有镇江特点的供销合作事业新局面。

组织实施"六大工程" 提升为农服务能力

作为直接服务全市"三农"发展的职能部门,镇江市供销合作社坚持以服务"三农"为己任,以"对标找差、创先争优"活动为动力,围绕大局、紧贴中心、攻坚克难、创新作为,有效发挥了"服务惠农、流通活农、合作兴农、发展强农"的职能作用,成功实现了从单纯的流通组织向综合的服务组织转变,从传统的经营业态向现代的连锁经营转变,从被动的难有作为向积极的大有作为转变。

在全面加快镇江现代化进程中,市供销合作社把学习贯彻落实十八大精神作为当前和今后一个时期的首要政治任务,切实增强机遇意识、责任意识和紧迫意识,努力增创新优势,拓展新空间,争取新作为。具体来说,就是围绕"打造全新供销合作社"这个总目标,深化"以农为本、项目兴社、赶超发展"战略,突出健全农村现代流通体系、完善农业社会化服务体系和规范提升农民专业合作组织建设三项重点,组织实施好具有镇江供销合作社特色的"六大工程"。

1 基层组织建设工程

完善供销合作社组织体系,加快构建以县级社为核心,以基层社为基础,以专业合作社、社区综合服务社等各类为农服务组织互为补充、全面协调发展的基层组织体系,确保明年全市农资连锁配送率达80%,日用品连锁配送率达40%。建立健全市、辖市区、镇农村合作经济组织联合会,使供销社真正成为农民的合作组织。加大农民专业合作社规范化组建力度,实现专业合作社创办力度与发展质量同步提升。加强对基层工作的指导,建立科学有效的工作机制。到2015年,全系统基本构建起运转高效、功能完备、城乡并举、工贸并重的农村现代经营服务新体系。

2 项目兴社工程

进一步强化项目库建设,打造项目载体,为争取国家和省级项目支持奠定基础。加大培育龙头企业的力度,打造一批主业突出、充满活力、有较强行业影响力和市场控制力的龙头企业。健全项目建设责任制,加大督查力度,做到建设一个项目,激活一个企业,创造一批就业增收机会,稳定一方社会。突出抓好社直项目建设,推进社直经济新的发展。从现在到"十二五"末,全系统年度投资增长50%以上。

本文原载于中共镇江市委办公室《创新》(2012年第11期)。

3　为农服务工程

加强社有农资龙头企业建设,创新农资经营服务模式,开展化肥直供、农药集中采购零差率销售,夯实供销合作社农资经营主渠道的地位。充分发挥供销合作社系统在促进农产品流通中的重要作用,确保2013年农副产品收购额和农副产品市场交易额分别增长25%和30%。大力推行技物结合的经营服务模式,探索农业生产全程保姆式服务路径,明年新建专业合作社15个、联合社4个,“统防统治”专业服务覆盖面积突破100万亩,培训鉴定农产品经纪人1 000人。突出农资销售合作、植保专业服务合作、农产品销售合作、资金互助合作和社区服务合作、消费合作等特色合作社建设,为农民提供专业化、社会化的服务。

4　企业转型升级工程

加强鲜活农产品流通基础设施建设,创新鲜活农产品流通模式,促进企业的技术改造和经营创新。坚持以再生资源综合利用为主业,以科技为先导,以工贸实业为基础,走科、工、贸一体化发展的道路,积极配合市商务局做好全国再生资源综合利用试点城市申报工作,组织好相关重点项目的实施。大力推动资本和生产要素向优势、重点企业集中,继续推进市、辖市区、镇、村、农民经纪人5个层次的“111”工程。加强社有资产的监管和运营,积极探索、实践社有资产监管与运营的成功体制机制和运作模式,实现调动企业经营者积极性、提高经济效益和社有资产保值增值三者的有机统一。

5　人才培育工程

积极争取辖市区社机关参公管理,创造人才能进能出的宽松环境,激活机关队伍活力。大力组织实施干部能力素质、企业经营管理、合作社科技创新与技能推广、农产品经纪人市场营销能力的培训,打造学习型供销合作社,大幅度提升干部职工的业务素质和履职能力。坚持开放办社原则,大胆聘用、积极引进各类人才,让社会人才为我所用,造就一支懂技术、善经营、会管理的干部职工队伍。

6　形象塑造工程

进一步提振供销合作社工作的精气神,深入开展“对标找差、创先争优”活动,树立良好的社会形象,进一步提高系统的知名度和凝聚力。大力开展名品、名企、名人建设,抓住机遇,推进联合合作,打造企业品牌和企业文化,形成企业核心竞争力。大力推动中国供销合作社标识的规范使用,提升供销合作社整体形象,扩大供销合作社的社会影响力。以争创省级基层社标杆社、专业合作社示范社和为农服务社样板社为抓手,进一步提升供销合作社基层组织形象。进一步加强党建创新工作,不断提高供销合作社系统党的建设科学化水平,为系统经济发展、和谐稳定建设、社会形象的提升提供坚强的政治保障。完善考核激励措施,进一步加强系统信息宣传工作,提高信息宣传工作质量,办好《镇江合作经济》杂志,为提升供销合作社社会形象做贡献。

加强"三社"能力建设 提升为农服务水平

据对句容、丹阳两市 6 个乡镇供销社、5 个村级为农服务社和 11 个农民专业合作社(简称"三社")的调研及座谈,我们认为"三社"的总体现状是:乡镇供销社经营艰难,与蓬勃发展的农村经济形势严重不适应;为农服务水平不高,与现代农业发展和农民日益增长的物质文化需要严重不适应;农村合作经济组织运行不够规范,与生产关系和生产力的发展水平严重不适应。

1 乡镇供销社尚未完全转型,必须走"三位一体"的路子

多数乡镇供销社人员老化、观念老化、知识老化、资产老化,转型困难,并未完全摆脱困境。有的乡镇资产卖了,人员留下了,生计无法解决;留有资产的,地点偏僻,权属不明,低廉的租金也难以维持生计。全市基层社大致呈自营盈利、靠租金艰难度日、入不敷出 3 种经营现状,上述情况比例各占 1/3。像丹阳市云阳镇这样的城关镇供销社都困难重重。应该说他们占有地利优势,比如拥有房产 3 800 m²,但在职职工 140 人,退休职工 90 人,仅 9 人上班运营资产管理,负债银行贷款、社员股金等 536 万元,欠缴养老保险金、民资借贷、银行利息 501 万元,可谓债务沉重,但年租金仅有 256 万元,在维持职工最低生活费每月 400 余元的情况下,刚性支出 300 万元,年亏损近 50 万元。而欠缴养老保险导致到龄职工退休不了,成为影响社会稳定的隐患。一些乡镇供销社主任平均工资仅 900 元,未达到企业职工最低工资标准,还要县级总社补贴。基层社的现状总体不容乐观,在有的县市大多还处于瘫痪或半瘫痪状态。

在实施农业现代化工程和建设社会主义新农村的新形势下,基层社必须创新思路,转型发展。

1.1 创新组织体制

根据资源禀赋、产业特色、农产品优势,由基层社领办创办专业合作社,或根据当地合作社建设状况,组建合作联社;从为农服务出发,为合作社提供农业生产资料、资金、技术、信息、培训和农产品营销等服务,实行公司化经营、企业化运作,进而把基层社办成自主经营的实体、为农服务的有效载体和合作经济的联合体,通过"三位一体"把经济实力搞上去。

本文原载于《江苏农村经济》(2013 年第 3 期)。

1.2 创新运行机制

以项目兴社,通过盘活资产存量、完善流通网络、对接新市镇新社区建设、创办农产品加工流通企业,以项目建设办实体,以项目化管理求实效。

1.3 创新分配机制

要形成竞争上岗机制,实行绩效考核,奖勤罚懒,调动基层干部职工积极性,用好要素资源,促进基层社办实事、办实体、办出实效。

2 为农服务社尚未实至名归,必须在连锁配送提升控制力上下功夫

为农服务社是农户足不出村就可享受到质优价廉的生产生活资料服务的自负盈亏经营实体。从数量上说,已经构建起覆盖所有建制村的为农服务网络。其中三星级以上为农服务社占41.8%。由于为农服务社的建立主要是依靠村、民资、个体等社会力量,供销社很少参股,历年来各级财政提供的奖补资金仅用于标识推广、店名挂牌和店面粉饰出新,辖市区社由于配送中心不健全、配送能力有限,对为农服务社也不能实行真正有效的控制,因而或多或少会出现货源不规范、质量难保证、性价比不合理、服务不到位等问题。

为农服务社是供销社为农服务的终端载体。实践证明,搞好为农服务社,辖市区社要有龙头企业、配送中心,建立起立足城市、覆盖镇村、连锁配送、上下贯通的现代经营服务网络体系。中心镇社要盘活资产存量,合理布局服务网点。按照"多元化投入、规范化管理、市场化运作"的原则,建设区域性为农服务中心,形成"辖市区龙头企业 + 镇为农服务中心(兼具中心超市和配送功能) + 村级综合服务社(便利店)"的连锁配送经营体系。村级综合服务社(包括被撤乡镇的基层社)要坚持因地制宜、合理布局、开放办社、形式多样、民主管理、规范运作原则,作为中心社的分支机构和终端网络,实行统一标志标识、统一服务公约、统一缴纳税费、统一业务培训和统一连锁经营。

3 农民专业合作社尚不规范,必须走互利合作联合发展新路径

早在20世纪90年代,句容就成立了全省首家农民合作经济组织——句容市春城葡萄协会。2007年7月《中华人民共和国农民专业合作社法》实施以后,我市农民合作经济组织发展步伐大大加快,年均新增450家左右。截至2011年年底,全市已达1 962家,其中农民专业合作社1 529家,占77.9%。工商登记1 630家,占83.1%。合作社统一销售农产品16.9亿元,统一供应农资6.5亿元,返还盈利1.67亿元。农民合作经济组织虽然发展较快,也涌现出了一批典型,但总体上仍处于初级阶段,存在一些不足:合作层次较低,实力有待提高;生产要素缺乏,服务水平不高;组织方式单一,收益分配不尽合理;组织

制度不全,运作不够规范。

加快发展农民合作经济组织,对于推动农村生产关系深刻变革、解放和发展农村生产力具有重要意义。从各地实践看,需要强化5个方面:

3.1 推进资本合作,实现利益共享

由松散的生产合作向紧密型资本合作转变。句容戴庄有机农业专业合作社启示我们,提升合作层次,必须在生产合作的基础上,推进资本成为农户之间相互合作、相互联结的纽带,使合作社真正成为农户的利益共同体。对经济欠发达的农户而言,最重要的资本是土地。发展资本合作,可以鼓励农民自愿以土地入股,实行共同生产、共同销售、共同分红,发展具有股份合作性质的合作经济组织,增加农民收入。对于拥有较多集体净资产和集体经营收入的村、组而言,可以在量化集体资产的基础上吸收农民资金、资产入股,发展富民合作,从而更大范围地盘活农村资源,更大幅度地促进农民增收。

3.2 拓展合作领域,增强带动能力

要引导合作经济组织向农业龙头企业方向发展,发展农产品深加工、提升农产品附加值;培育农产品经纪人队伍,推进农超、农校、农企、农军对接,建设农产品流通体系,把农产品的生产、加工、销售有机结合起来,形成完整的产业链,让农民从加工流通中获得更多的效益。要把当地特色产品,通过做大规模、做深加工,形成优势产业,以产业优势提升合作组织的整体竞争力。要提升产业层次,整合优势资源,发展乡村旅游,开发适销对路的乡村旅游产品,提高产业叠加效应。

3.3 发展联合合作,搭建服务平台

不同专业合作社,通过优势互补,以资本为纽带,可以组建合作联社,有助于在联社内部提供各种不同的有效服务,有助于抵御自然风险和市场风险,增强市场竞争力。合作联社可以成为农技推广、信息服务、质量安全等公益性服务的有效载体和中介组织,可以更有效地开展农资供应、农机作业、仓储运输、市场营销、互助保险、金融担保等社会化服务。

3.4 加大扶持力度,推进有效运转

在税收、土地等方面要给予农民合作经济组织优惠政策措施;对达标示范的合作社,要给予重点扶持。要创新金融服务,加大信贷支持力度,解决农民合作经济组织贷款难的问题。鼓励大中专毕业生、大学生村官、农业科技人员、基层供销社负责人到合作社入股任职,增强发展后劲。要通过合作社的发展,推进现代农民的职业化进程,培养一支有志于从事现代农业的懂技术、善经营、会管理的新型职业农民队伍。要深入推进科技兴农,解决好农村合作经济组织的技术要素,不断提高农产品的科技含量,增加农产品的附加值。

3.5　强化指导服务,规范运作机制

要将合作经济组织的民主决策机制、各项规章制度,尤其是财务制度、利益分配机制健全落实到位,使合作经济组织的各项功能充分发挥。既可以实行像句容戴庄有机农业专业合作社那样的"党总支 + 合作社"组织模式,也可以像丁庄葡萄合作社那样,将支部建在合作社,实行"合作社 + 党支部"组织模式,这种"合二为一"既加强了党对合作社的领导,确保了合作社为村民共同富裕服务的办社方向,又解决了一家一户不能办、办不了的事,促进了集体公益事业的发展,是集体经济新的有效实现形式,有利于增进党群、干群关系。

深化农作物病虫害统防统治　推进农业社会化服务

1　基本情况

2008 年,在市政府的大力支持下,我们由市供销社牵头,以基层社、为农服务社(中心)为平台,在全市开展了农作物病虫害统防统治工作。这种方便、快捷、高效、安全的专业化服务,深受农民尤其是缺劳力农户的欢迎。防治范围从单一水稻扩大到所有农作物,服务抓手从服务队向植保服务专业合作社转变,出现了阶段承包式、全程保姆式等多形式服务。据监测统计,参与"统防统治"的水稻每亩每季能减少用药 2 次左右,降低成本 20 元左右。至 2013 年年底,全系统共建成植保服务专业合作社 54 家,其中植保联社 4 家,成立"统防统治"服务队 221 个,服务全市 40 个乡镇 226 个行政村。2013 年"统防统治"服务面积突破百万大关,达到 103.9 万亩次。

2　工作成效

农作物病虫害统防统治工作的开展,拓展了供销合作社农业社会化服务内容,连接了供销合作社的相关为农服务工作,展示了新时期供销合作社的新功能、新形象,主要成效有:

2.1　提高了防治效率与效果

"统防统治"采用的担架式喷雾器和背负式机动喷雾器每天的防治面积分别是手动式喷雾器的 15 倍和 5 倍,"统防统治"服务有效缓解了农村青壮年大量外出务工、劳动力短缺和劳动力老龄化、女性化比例上升的矛盾,减轻了农民的劳动强度。

2.2　减少了防治成本和污染

器械效率的提升,有效降低了人工成本;专业合作社和服务队从生产厂家统一采购优质农药,减少了中间环节,降低了农药成本;器械出水流量大、射程远,防治效果好,降低了整体防治成本;也避免了乱用药、错用药、配重方、施重药的现象发生,减少了农业面源污染,保护了农业生态安全。

2.3　保障了农产品质量安全

"统防统治"实行"统一病虫测报、统一时间防治、统一购药渠道、统一用药

本文原载于《江苏合作经济》(2014 年第 1 期)。

品种、统一药品价格、统一服务收费标准"的"六统一"专业化、规范化服务,确保农作物防病治虫方便、快捷、安全、高效。这从源头上控制了假冒伪劣农药,杜绝了高毒高残留农药的使用,降低了农药使用量和残留量,有效保障了农产品无公害生产。

3 主要做法

我们以建办植保服务专业合作社为载体,强化机制建设,有力推动了"统防统治"工作深入开展。

3.1 积极争取党委政府支持

在市委、市政府大力支持下,我们牵头成立了"统防统治"工作协调小组,具体负责"统防统治"组织推进工作。市财政安排了专项资金,为植保服务专业合作社(联社)、服务队配发了 1 000 多台高效喷雾器等防治器械,确保了"统防统治"工作顺利开展。2012 年 7 月,市政府还在句容市专题召开了全市农作物病虫害"统防统治"工作现场推进会,有力推动了"统防统治"工作的深入开展。

3.2 加强部门合作

2008 年农林、农机、供销合作社三部门联合发文开启了联合"统防统治"工作。农林部门提供病虫害信息并对防治工作提供指导,农机部门提供设备保障,供销合作社保障高效低毒农药供应并组织具体实施,有效推进了"统防统治"工作。2012 年的现场推进会上,供销合作社、农委、农机局、农科所四单位签订了"统防统治"战略合作协议,进一步明确工作职责、完善配套措施,建立联合工作机制,使农作物病虫害防治工作有了更加科学、更加专业的协作。

3.3 强化队伍建设

"统防统治"工作初期,我们依托为农服务社(中心),会同村委会、镇农服中心、农机站,从村农机员、村干部、为农服务社(中心)中选拔机防手,建立服务队。2011 年以来,我们大力发展植保服务专业合作社,结合特色合作社创建年活动,把植保服务专业合作社作为特色专业合作社建设的重要内容列入年度目标管理,同时加强了植保服务专业合作联社的组建工作,不断完善"统防统治"工作服务体系。

3.4 抓好技能培训

为提高植保服务专业合作社、服务队的"统防统治"业务水平,我们把机防手培训作为重点工作,每年都开展形式多样的培训活动,并邀请厂家现场演示,不断提升机防手的器械保养技术、操作熟练程度。充分发挥职业技能鉴定优势,积极开展庄稼医生培训,完善专业知识,增强业务能力,先后有 110 多名机防手获得国家职业资格证书。

3.5 建立推进机制

在病虫害多发期,我们对"统防统治"工作实行周报制度,及时掌握"统防统治"防治进展、防治效果、器械使用和服务农户情况,并及时处理"统防统治"工作中的突发情况。在农业生产的关键时期,我们通过现场指导、推进会议、信息专报等形式,及时将农业部门的技术意见传达至各植保服务专业合作社和服务队,确保"统防统治"工作及时有效、有针对性。

经过5年多的运行,"统防统治"工作取得了一些成绩,但也存在亟待完善的方面。今后,我们将在规模服务、品牌效应、农药集中采购、服务创新和农田托管等方面寻求突破,在农业社会化服务中抢抓机遇,努力开创为农服务工作新局面!

农业教育培训

从严格意义上来说，我没有专职从事过农业教育，但兼职开展过农业知识教育、农业技术培训、农业市情介绍，主要有四方面：一是面对农民的知识与技术培训。早在1975—1979年，高中毕业后上大学之前，我就参与了大队（村）的扫盲教育，帮助农民识字，普及文化知识；大学毕业参加工作后，我在驻点农村和生产现场，面对农民开展农业基础知识和农业技术培训，身体力行搞现场，做给农民看，带着农民干，手把手地教农民操作技能；对农产品流通经纪人和农资经营法人代表组织开展市场营销、质量安全、技术服务、政策法规等知识的培训。二是面对基层业务干部的知识更新、素质提升培训。我在农业局（农林局）工作期间，针对农事主要环节对条线技术人员进行技术分析，结合国内外最新研究进展，开展知识、技术、模式更新培训；在农办工作期间，围绕新农村建设，组织系统干部、镇村领导开展政策培训、现场观摩，提升他们的政策把握能力；在供销社工作期间，致力于提升系统干部职工素质，组织开展了干部知识更新轮训、社有企业经营管理培训、合作社带头人科技培训和农资经营转型服务培训。三是面对援助对象的培训。我在坦桑尼亚工作期间，每年都对农场的主要管理者和技术人员用斯瓦希里语或英语开展生产技术培训；在农业（农林）局、农办工作期间，对从我市对口支援的连云港、新疆生产建设兵团农四师、西藏达孜县等来我市培训的人员介绍农业市情，特别是在2000—2002年间，我市作为第一批江苏省南北挂钩结对城市对口支持连云港市，我兼任连云港市农业局副局长，经常往返于镇江、连云港之间，将我市农业发展的先进理念和经验介绍给连云港，也从连云港农业发展的先进经验中汲取营养，为我市所用、取长补短；2003—2005年，先后有西藏拉萨市农牧局和安徽蚌埠市农业局副局长到我局挂职锻炼，领导都安排他们与我同室办公，让我多与他们交流，将我市有特色的农业生产技术、管理方法介绍给他们，并带领他们到辖市区观摩农业典型，使他们学有所获。四是面对各级领导干部的培训。我作为市委党校的兼职教师，先后对县处级后备干部、妇女干部、乡科级干部、村级干部、大学生村官和县处级干部开展了现代农业、农业现代化建设、农村改革、新农村建设的知识培训或情况介绍；还多次受邀到辖市区、镇为基层领导授课培训。通过参与教育培训，在备课中更新自身知识，系统归纳总结我市农业农村发展的先进经验与理念，发现存在的主要问题，研究探索解决对策，宣传了农业农村工作成果，凝聚了进一步发展农业农村的共识，争取全社会对"三农"工作的更广泛的重视、关心和支持。

农业教育培训任重而道远。实现农业现代化需要一批懂农业、肯吃苦、

能担当、不断更新知识、与时俱进的管理人才；需要一批知识面宽、技术全面、适应信息社会发展的技术人才；需要一批懂经济、善经营、会管理、适应WTO规则的农业企业经营人才；需要大量有知识、懂技术、会管理、善经营的新型职业农民。只有不断加强农业教育培训，才能培育出适应社会主义新农村建设的有用人才。

大力发展现代农业　推进社会主义新农村建设

1　基本情况

镇江市下辖丹徒区、京口区、润州区和镇江新区,丹阳市、句容市、扬中市3个县级市,辖46个镇。全市土地总面积3 847 km²,其中丘陵山地占51.1%,圩区占19.7%,平原占15.5%,水面占13.7%。全市总人口267万人,其中农村人口172万人;劳动力97万人,其中农业从业人员36万人。2005全市实现国内生产总值905亿元,人均4 150美元,财政收入118.4亿元。2005年农民人均纯收入5 916元,比上年增长11.5%。

我市的农业资源相对丰富。我市属北亚热带季风气候,温、光、水比较协调,十分有利于农业生产,是历史上有名的江南鱼米之乡,盛产水稻、小麦、油菜、蚕桑、茶叶、多种瓜果蔬菜及各种淡水产品和畜牧产品,其中恒顺香醋、镇江肴肉、东乡羊肉、扬中河豚等在历史上就享有盛名。全市丘陵山区面积2 651 km²,耕地面积240万亩,林地面积80万亩,水域面积123万亩。目前,主要农产品年产量分别达到:粮食100万t,油菜籽8.5万t,蔬菜72万t,名特茶叶1.2万t,应时鲜果1.9万t,肉类8.7万t,水产品7.4万t。

"十五"期间,镇江农业以市场为导向,充分发挥资源优势,坚持城郊型农业总体定位,发展高效、外向和生态观光农业,走出了一条具有镇江特色的现代农业发展之路。

1.1　特色主导产业初步建立

优质粮油、健康肉奶、特色水产、高效园艺、生态经济林业和观光休闲农业六大特色产业初步形成;一大批特色农产品生产基地已初具规模,主要有80万亩稻鸭共作无公害稻米基地、70万亩"双低"油菜基地、35万亩蔬菜基地、30万亩商品鱼基地、6万亩茶叶种植基地及4万亩应时鲜果生产基地;区域优势逐步显现,初步形成了以经济林、应时鲜果、种草养畜、无公害茶叶等为主的丘陵地区农业,以优质粮油、特种水产、花卉苗木等为主的平原圩区农业,以时鲜蔬菜、设施农业和观光农业等为主的城市郊区农业。

1.2　农业产业化经营格局初步形成

全市拥有大亚、恒顺2个国家级重点农业产业化经营龙头企业,13家省级

本文原载于《县域经济发展研究与实践——建设社会主义新农村方略》(人民日报出版社,2006年9月),也是作者讲授现代农业的基础资料。尤恒为共同作者。

龙头企业,37 家市级龙头企业,其中资产达到亿元的农业产业化龙头企业 10 家。国家、集体、个人、外资多方投入农业产业化经营的局面已经形成,全市 52 家农业产业化重点龙头企业中有 45 家是非公有制企业,占企业总数的 86.5%,其中,8 家是合资合作企业,占 15.4%;20 家是股份制企业,占 38.5%。农业组织化程度进一步提高,全市共有农民专业合作组织 145 个,吸引会员 3.1 万人,带动农户 9.1 万户。

1.3 农产品质量逐步提高

全市已建立国家级农业标准化示范区 4 个、省级标准化示范区 6 个,市级农业标准化示范区 24 个,制定地方农产品生产标准 81 个。全市农产品"三品(无公害农产品、绿色食品、有机农产品)"总量达到 209 个,完成无公害农产品产地认证 146.2 万亩。培育出一批名牌农产品,恒顺香醋、宴春肴肉等传统名牌农产品得到巩固和发展,"圣象"地板、"金山翠芽"茶叶、"继生"葡萄、"玉兔"草莓、"瑶池"彩色油桃、"一品梦溪"大米等自主创立的新品牌农产品相继在国内、省内获得金奖、银奖,"农家"茅山老鹅、"滩八样"无公害蔬菜、"希玛"猪肉等新一代品牌农产品不断涌现。

1.4 观光农业初具雏形

全市现有一定规模、特色的休闲观光农业园或景点 34 个,建设面积约 5 万亩,年接待游客 30 万人次,直接经济收入每年 1 000 万元左右。初步形成了以农产品采摘为重点的农事体验模式、以花卉苗木或植物园为依托的观光休闲模式、以人文景观为重点的旅游观光模式、以现代农业园为依托的度假休闲模式 4 种观光农业的模式。

2 主要做法和体会

在发展现代农业、推进农业产业化经营过程中,我们的主要做法是:

2.1 发挥比较优势,积极推进农业结构调整

立足"科技型、生态型、外向型"农业的定位,充分发挥我市丘陵和长江资源优势,立足做足"山""水"文章,积极开展农业产业结构战略性调整。一是优化产业结构。到 2005 年年底,粮食作物与经济作物的产值比为 42∶58,养殖业产值占农业总产值的 35%。二是优化品种结构。国标 3 级以上优质水稻种植面积占水稻总面积的 70%,小麦基本实现专用化,油菜率先在全省实现"双低化";三元杂交猪、优质地方家禽、名特水产的比例分别达到了 31%,42%,30%;名特优茶比例达到 40%,优质果品率达到 85%。三是优化区域结构。句容的基地型农业、丹阳的加工型农业、丹徒的合作型农业、扬中的观光型农业等产业区域特色逐步形成。

2.2　坚持扶优扶强，培植壮大龙头企业

坚持以工业的理念抓农业，加速推进龙头企业建设，形成产业集聚效应。

2.2.1　立足资源优势建龙头

充分利用我市地方名、优、特农产品丰富的优势，围绕主导产业，大力发展龙头企业，摸索出了温氏畜牧、正东食用菌、花王花卉等一批"公司＋协会＋农户"的合作模式，建立起紧密型利益共同体。

2.2.2　培育骨干企业促龙头

积极创造条件，扶持培育发展前景好、实力较强的骨干加工企业，以发挥示范带动作用，辐射带动一批生产、加工、销售相同或相关产品的企业形成出口产品企业群。"十五"期间，分别培育出恒顺醋业和大亚木业2个国家级龙头企业及13家省级龙头企业。这些企业成为我市骨干龙头企业以来，发展步伐明显加大，规模不断扩大，特别是出口力度进一步加大，2005年，15家省级以上重点农业龙头企业实现出口创汇1.28亿美元，同比增长了92%。

2.2.3　优化利益机制推龙头

做大做强生产基地，强化龙头企业与农民的利益联结，夯实龙头企业的发展基石。全市52家市级以上龙头企业基地种植面积达260余万亩，农户从龙头企业获得收入11亿元；直接与农户签订订单合同的企业有32家，实行合作制的企业有7家，以其他方式实行利益联结的企业有13家，其中对农民实现返利的有9家。

2.3　强化科技支撑，不断提高农业的科技含量

一是坚持智力引进。一方面，发挥驻镇涉农科研院所相对较多的优势，借用他们的智慧，推动科技示范、科普教育、农产品加工；另一方面，引进市外、国外智力，借鉴国内、国际先进的农业经营管理经验，推动我市农业的发展。二是坚持技术创新。实施"三项更新"工程，将技术引进与消化吸收相结合，开发农业新技术。近年来，草莓、桃、梨、水稻、蔬菜等一批国外新品种与稻鸭共作、双轨制奶牛饲养、土著菌养猪、早川葡萄、桃整枝、设施花卉等一批国外技术，通过试验示范、完善提高，形成了具有本市特色、在全省乃至全国都有影响的农业新技术，为农业增效、产品增质、农民增收做出了积极贡献。三是坚持园区建设。全市建成各类科技示范园近84个，经营面积达6万余亩，辐射面积超过60万亩，推广新品种355个、新技术172项。"十五"期间，农业科技贡献率达到54.86%，居全省第四位，比全国平均水平高出近10个百分点。

2.4　建立多元化投入机制，增添农业发展后劲

近年来，我市把"三资（民间资本、工商资本、外商资本）"开发农业作为推动农村先进生产力发展的切入点，采取多种形式，利用多种渠道，开展招商引资，农业的投资方式已从习惯依赖于政府投入向投资主体多元化方向转化，为农业发

展注入了新的活力。"十五"期间,全市"三资"投资农业的项目总数达 786 个,其中投资在 1 000 万元以上的项目有 20 余个。投资的客商已由起步时的以台商、港商为主拓展到日本、东南亚等国家和地区;投资的领域已由初期单一创办农产品加工企业发展到创办生产基地、加工企业、休闲观光等涉农各个领域。农产品出口力度加大,"十五"期间,农产品外贸额的年均增长率达到 28.5%,经过5 年的努力,农产品外贸额在全省的位次前移了两位。

2.5 整合山水组合优势,促进农业可持续发展

坚持生态与效益并重,将生态保护与发展观光农业有机结合,促进农业的可持续发展。在生态保护上,实施"林业绿色倍增"工程,"十五"期间,全市共新造林 19.58 万亩,森林面积达到 80 万亩,森林覆盖率由 12.08% 上升至 14%。"长江豚类自然保护区"建设开始启动,为保护长江生物的多样性奠定了基础;生态农业县建设步伐加快,通过了扬中市首批省级生态农业县达标验收,规划启动了丹阳市第二批省级生态农业示范县建设;创建了句容市和丹徒区 2 个国家级生态示范区;句容市有机农业科技园区已成为国家级示范园区。在观光农业发展上,依托我市丰富的山水资源,政府搭台,旅游为媒,农业唱戏,或打"生态牌",或亮"乡土牌",或推"农教牌",扬中的"中国·扬中江鲜美食文化节"、丹阳的"名特优新农产品展示展销会"、句容的瓦屋山原始生态自驾游、丹徒区推出的江心洲"农家乐"等,都带有浓郁的地方特色,不仅扩大了我市的知名度,而且进一步提升了农业的产业层次。

近年来现代农业发展的实践,让我们深深体会到,发展现代农业必须做到"五个坚持":

一是坚持农业结构调整不动摇。实践证明,凡是农业发展成效显著的地方,都是以市场为导向,从实际出发,因地制宜,积极开发农业结构调整,走出了各具特色的农业发展道路。

二是坚持把农民增收放在首位。我市各地按照不同发展阶段、不同产业、不同产品的特点和要求,以农民增收为中心任务,明确农民在高效外向农业中的主体地位,调动农民参与农业结构调整的积极性和创造性,农民从结构调整中切实得到了实惠。

三是坚持把培育市场竞争主体作为重点。在现代农业发展进程中,既抓龙头企业,又抓基地、市场和中介组织,发挥各自功能,形成有机整体,促进良性发展。

四是坚持以产业化经营的理念加以推进。按照大规模、高起点、多形式、强带动的原则,培育和发展龙头企业,通过龙头企业,将先进的经营理念、管理方式、物质装备、生产技术等要素导入农业领域,提高了农业的整体素质。

五是坚持多部门协作合力推进。各地进一步明确农业的基础地位,特别是把发展现代农业作为事关农业和农村工作大局的大事放在重要位置,在各级党委、政府的领导下,各相关部门加强配合,密切协作,搞好服务,形成了合力。

3 进一步推动现代农业发展的工作思路

我市现代农业将按照"高效、外向、生态、观光"都市型农业的发展定位,以高效外向农业为重点,以丘陵山区农业开发和结构调整为突破口,重点推进优质粮油、名特茶叶、应时鲜果、种草养畜(禽)、彩叶苗木、食用菌、加工蔬菜、特色水产、林木产业、观光农业十项农业工程,明确实施主体,立足"三资"开发,力争在"十一五"期间取得显著进展。主要从以下四方面加以推进:

3.1 建立优势农产品规模基地,培植农业主导产业

充分挖掘我市资源潜力,按照区域化布局、规模化生产、形成优势农产品的要求,加大农业结构调整力度,努力打造一批优势农产品生产基地,做大做强优质粮油、健康肉奶、高效园艺、特色水产、生态经济林业等主导产业。重点建设好确保全市粮食安全的"优质稻米"基地,丹阳的国家级"专用小麦"基地、食用菌基地,句容的国家级优质油菜基地、应时鲜果基地、种草养畜基地,扬中的长江特色水产基地,丹徒的加工用蔬菜基地、酿造用稻米基地,以及满足市民多样化需求的时鲜蔬菜基地、名特茶叶基地、花卉苗木基地、有机农产品基地等,逐步做大规模,形成三大特色产业区,即以经济林、应时鲜果、种草养畜、无公害茶叶等为主的丘陵山区特色农业区,以优质粮油、瘦肉型商品猪、特种水产、花卉苗木等为主的平原圩区特色农业区,以精细蔬菜、设施农业、观光农业为主的城市郊区特色农业区。通过做大优势农产品基地规模,使经济作物产值占种植业产值的比重达到65%以上,养殖业产值占农业总产值的比重达到45%以上。

3.2 大力发展农产品加工业,提高农产品附加值

牢牢把握用发展工业的理念指导农业发展的思路,围绕我市优势农产品,依托现有农产品加工企业,推动农产品由卖原料向卖产品、由初加工向深加工、由粗加工向精加工方向发展。粮油产品突出发展专用、优质、保健、多样化的精深加工产品及其制品;肉类充分发挥我市肴肉、东乡羊肉、茅山老鹅等传统优势,进一步完善加工工艺,逐步扩大生产规模;奶业突破鲜奶的纸杯包装、保鲜等技术打进超市;蔬菜、应时鲜果在做好分级、整理、包装、储藏的基础上,发展冻干脱水蔬菜、冷冻菜、保鲜菜、果蔬汁等;茶业融入茶文化的理念,突破包装、保鲜等技术,整合品牌,向精品、礼品方向发展;水产品通过加工、保鲜、包装向饰品、礼品、药品方向发展。通过大力发展农产品加工业,使我市农产品加工转化率达到60%以上,从而实现由优势产品向主导产业并逐步形成支柱产业的转变,提升我市的农业产业层次。力争在"十一五"期间,形成一县(辖市、区)1~2个在全省乃至全国有影响力的优势产业,如丹阳的林木产业、面粉加工业,丹徒的醋业,句容的禽肉加工业,扬中的竹柳编织业,京口的粮油加工业,润州的奶业、肴肉加工和镇江新区的饲料加工业等,通过做大做强,将其逐步培育成我市在全省

有特色、全国有知名度的农字号支柱产业。

3.3　加快外向型农业发展,提高农业综合竞争能力

一是注重出口农产品的培植。果品、蔬菜、畜禽产品、水产品是我国具有出口竞争优势的产品,而这些产品的加工却是我市的薄弱环节。为此,我市将围绕日本、韩国及东南亚市场,做大做强香醋、酱菜、速冻蔬菜、柳编品、毛刷等传统出口产品;同时,突破薄弱环节,拓展出口创汇渠道,重点培植开拓木业、专用面粉、禽肉制品、花卉蔬菜种子、裘皮、肠衣、珍珠等新的出口产品。二是加强农产品出口示范基地建设。在多方争取项目、培植新基地的同时,加强现有外向型农业基地的质量建设,保证出口产品的品质,提高基地的经济效益。三是加大农产品出口促销力度。做好对不同类型农产品出口目标市场的研究,积极组织农产品出口企业和基地参加农产品境外促销活动,与境外客商建立起较为稳固的协作关系,畅通农产品出口渠道。四是培育出口农产品品牌。一方面,加强对我市现有农产品品牌的宣传力度,扩大我市农产品在国内外市场的知名度;另一方面,积极打造一批具有自主知识产权产品的出口品牌,培育出一批技术含量高、质量稳定、资信良好、市场前景广阔的农产品出口品牌。通过加快外向型农业的发展,力争使我市的农产品出口年增长率达到20%以上。

3.4　积极发展观光农业,拓展农业的产业功能

打破产业界限,一、二、三产互相渗透,实现综合效益的提高是高效外向农业的重要特征,观光农业则是这种特征的集中体现。我市优越的生态环境和丰富的旅游资源为观光农业提供了广阔的发展空间。加速我市人文资源和农业生产要素的集聚融合,重点打造3个观光农业区,即城市郊区观光农业区,以南山农业科技示范园、瑞京农业园、江苏农林科技示范园、江苏丘陵山区科技实验园为重点,突出生物科普教育功能;丘陵生态观光农业区,以南山、宝华山、茅山森林公园、茅山有机农业园、南山农庄、龙山双目湖等为重点,突出生态、休闲、观光功能,凸显宗教文化、人文历史内涵;滨水观光农业区,以长江滩涂(如扬中渔业科技示范园)、大中型水库(如仑山水库、泰山水库)、湖泊(如横塘湖、赤山湖)资源为重点,体现农渔风光、特色蔬菜、水边垂钓、渔事劳作等功能,促进农产品成为旅游品,农民成为旅游服务人员,提高农业的外延效益。

深化农村改革 推进跨越发展

波澜壮阔的中国改革事业,发端于农村。改革开放 30 年,围绕农业、农村、农民问题,中央出台了一系列重要政策文件,包括几个中央全会决定和 11 个中央一号文件。在不同历史阶段,中央农村工作文件准确把握保护农民物质利益、尊重农民民主权利、不断解放和发展社会生产力的改革主线,加速了城乡协调发展的历史进程。

1 农村改革的历程和主要成效

1.1 改革历程

我市和全国大多数城市一样,农村改革主要经历了 3 个大的阶段。第一个阶段,是改革过去人民公社的经营体制,标志是实行家庭联产承包经营,给农民充分的自主权,让农民可以按照自己的意愿、按照市场的需求去发展生产,去选择自己愿意干的职业。这一阶段大概是从 1978 年到 20 世纪 80 年代初。第二个阶段,主要是改革农产品流通体制,标志是寻求、培育市场机制。农产品供给丰富之后,不需要像以前那样再实行计划收购和销售,这个阶段让市场发挥配置资源的基础性作用,时间跨度为 20 世纪 80 年代中后期至 21 世纪初。第三个阶段,是统筹城乡经济社会发展的新阶段,标志是党的十六大江泽民总书记提出"统筹城乡经济社会发展"的方略,这样就使农村和城市的改革紧密地融合起来。这个阶段的改革就是要逐步改变城乡二元结构,建立新的统筹城乡发展的体制。

1.2 主要成效

农村改革给农村带来的影响是巨大而深刻的,主要表现在 6 个方面:

1.2.1 农业综合生产能力大幅度提高,从根本上解决了温饱问题

主要农产品从长期短缺到品种丰富、供应充足,农副产品商品率大幅度提高。在耕地面积从 1978 年的 247.6 万亩下降为 2008 年的 226 万亩的前提下,粮食总产由 1978 年的 9.89 亿 kg 增至 2008 年的 11.24 亿 kg,增长了 13.65%。尤其是油料,从 1978 年的 901 万 kg 猛增到 2008 年的 6 270 万 kg。农业总产值从 1978 年的 10.39 亿元提高到 2008 年的 92.1 亿元,其中种植业产值占 58%。同时,彻底改变了农副产品自给不足、不能上市的状况,特别是近 10 年来,各种农产品品种丰富、供应充足、质量不断提高,农林牧渔的综合商品率已高达

本文系作者 2009 年在市委党校县处级领导干部进修班上的培训讲稿。

90%,农产品供给得到有效保障。

1.2.2 农村经济结构日趋合理,工业化、城镇化水平不断提升

经过多年的战略性调整,农村经济结构不断优化、日趋合理。在稳定粮食种植面积的同时,优质高效经济作物比重逐年增加,2008年,经济作物产值高出粮食产值20%以上。农村劳动力实现了大规模转移,从事第一产业劳力与从事第二、三产业劳力的结构比由1978年的85.86∶14.14调整到2008年的31∶69,2008年年底,全市共转移劳动力78.2万人。乡镇企业异军突起,成为农村经济的重要支柱。全市乡镇工业总产值从1978年的不到5亿元提高到2008年的1 992亿元(现行价),占农村经济总量的95%以上,在全市国民经济总量中占据了"三分天下有其二"的地位。小城镇建设发展迅速,已成为农村经济健康、快速发展的重要载体。全市41个镇,集镇的建成区面积平均达到2.9 km²,人口平均为12 000人。各镇都修编了集镇总体建设规划和镇村布局规划,全市7 379个自然村规划为1 606个新居民点,拆迁合并率高达78.2%。目前全市的城镇化率已达60%。

1.2.3 农村基础设施建设取得了新突破,基本生产条件得到了极大改善

农业生产机械化水平有了大的飞跃。农机总动力和农业机械总值分别由1978年的46.32万kW、1 575.25万元增加到2007年的131.71万kW、6.8亿元,分别增长了1.09倍和42.17倍,平均每亩拥有农机动力58 kW。长江整治和江堤达标建设从零星治理走向系统治理,全市江堤100%达到抗御1954年洪水的标准,为抗御从1995年至1998年连续4年的长江洪水奠定了坚实的基础。最近5年,全市又全面进行了农村河塘清淤改造和病险水库的除险加固,美化了环境,增加了容量,提高了水库安全等级。全市605个行政村和所有的自然村通上了公路,不同等级的农村公路总里程2 186 km,其中98%以上为混凝土和沥青路面,公路通畅率达100%,99%的农村通上了客运班车。41个镇全部完成了农村电网改造,98%的行政村用上了集中供水。89%的镇有垃圾处理站,55%的行政村实施垃圾集中处理,40%的农村主干道有路灯。

1.2.4 农村各项社会事业取得了明显进步,城乡统筹方略全面启动

至2007年年底,农村义务教育已全面纳入财政保障范围,对农村义务教育阶段学生全部免除学杂费、全部免费提供教科书,对家庭经济困难的寄宿生提供生活补助,农村义务教育经费保障机制得到完善。全市农村卫生服务体系健全率达99.1%,新型合作医疗参保覆盖率达98.8%;养老保险参保率达41.5%;所有的镇实施集中供水,98%以上的行政村用上了自来水,农村改厕超过80%;80%以上的镇、村建成了设施比较齐全的文化站、文化室。100%的行政村建有标准体育场地,并配备了相关设施,41个镇605个行政村和85%的自然村都通了有线电视。我市成为全省两个"国家首批农村信息化试点市"之一,全市农村信息化建设工作走在全省前列。

1.2.5 农民生活水平有了巨大提高,以辖市区为单位实现了全面小康

随着农业和农村经济的全面发展,农民收入不断增加,2008 年农民人均纯收入达 8 703 元(现行价),是 1978 年 145 元(当年价)的 60 倍。2008 年农民住宅楼房占 75%,人均住房面积 46 m²,其中钢筋混凝土结构占 87%。全市农村每百户拥有彩色电视机 147 台、接入有线电视的 129 台,有固定电话 99 部、移动电话 153 部、电脑 22 台,有电冰箱 75 台、洗衣机 85 台、空调 86 台、热水器 79 个。农民出行的代步工具已从 20 世纪 90 年代的自行车为主到现在的电动自行车或摩托车为主,每百户有电动自行车和摩托车 107 辆,有生活用汽车的农户已达 5% 以上,并呈逐年增加趋势。到 2008 年年底,全市实现了以辖市区为单位的全面小康。

1.2.6 农村党群干群关系取得重大改善,基层组织凝聚力、战斗力显著增强

党和政府的惠农政策含金量高、覆盖面广,实行了公平的税负,对农民在农业生产方面的税收(农业税、农业特产税、牧业税、屠宰税,每年 1 335 亿元)已经全部免除;加大了对农业的支持保护,对农民必要的生产性补贴;国家明确把基础设施建设的重点转到农村,从政策上明确要求财政支农资金、国家对农村的基础设施建设投入和政府土地出让金用于农村的增量都要明显高于上年;调整耕地占用税、城市维护建设费的使用方向,主要是加强农村的水、电、路、气等基础设施建设;国家明确要求新增加的教育、卫生、文化等事业性经费主要用于农村,特别是近 5 年实施的两个"五件实事",让农村面貌焕然一新;不断改善进城务工农民的权益保障,主要是实行城乡用工和待遇的平等化,深受亿万农民拥护。农村基层组织建设得到加强,村民自治机制进一步完善。农村社会治安有所好转,群体事件和恶性案件明显减少。全市 95% 的乡村集体财务公开化、规范化、制度化;农村法制建设得到增强,农民法律意识明显提高。

2 农村改革发展面临的挑战

近几年农村发展虽然较快,但与城市相比还是相对滞后的,目前的城乡差距仍然很大,进一步深化农村改革、推动农村发展的任务还相当艰巨。突出矛盾可用 7 个字概括,即钱、粮、人、地、技、污、权。

2.1 钱

"钱",主要是指农民收入、农业投入的持续增长机制尚未建立和农业效益不高的问题。从农民收入来看,尽管近年来增长较快,但城乡居民收入差距仍在明显拉大。2007 年,全国城镇居民人均可支配收入与农民人均纯收入之比达到 3.33 : 1,为改革以来城乡居民收入差距之最。镇江城乡居民收入之比是 2.1 : 1(16 775 : 8 007),有关经济学家称,如果算上社会福利,差距则会拉大至 5 ~ 6 倍以上。在农民收入中,工资性收入占 59.5%,家庭经营纯收入占 32.8%,

转移性收入511元,占5.9%,财产性收入161元,占1.8%。由于农民就业的不稳定决定了其工资性收入具有不稳定性,而家庭经营收入主要来自于农业,农业又受自然、市场的影响,收入也不够稳定,这就是说,农民收入的92%以上具有不确定性,因而农民持续增收的难度很大。从农业效益看,我市亩均农业产值1 715元,比福建平均低1 261元,比广东和浙江分别低322元和368元,而且高效农业的面积只占20%,在全省处于倒数三位的行列。从农业投入来看,政府投入不足,就镇江而言,这几年城建投入(2008年140亿元)与农村建设投入(5.6亿元)之比大致是25∶1;工业投入(680亿元)与农业投入(含"三资"开发农业实际到位资金,约15亿元)之比大体是50∶1,工商资本投入农业还未成气候;信贷投入城乡倒流,去年农村储蓄约210亿元,涉农贷款165亿元,存贷差45亿元。可见,镇江尚未真正进入以城带乡、以工促农的新阶段。

2.2 粮

"粮",狭义的是指粮食,广义的是指食物的供给和安全。尽管我国粮食连续4年增产,产量达到10 000亿斤,但仍然低于消费需求,产需之间存在明显缺口。去年以来,在农业生产成本大幅度提高、部分农产品供给不足等因素的影响下,我国农产品价格大幅度上涨。2007年农产品生产价格指数达到118.49%,其中畜产品达到131.36%,食品消费价格上涨12.3%。粮食安全之所以面临严峻挑战,根本原因是种粮收益低,农民没有积极性。更重要的是,在这几年工业化、城镇化加速推进的过程中,耕地大量流失。1996—2006年10年间,耕地净减少1.24亿亩,人均耕地水平降到了1.38亩,只相当于世界平均水平的40%。而且减少的多是城镇近郊的好地,补充的是条件较差的地。由于我国工业化还没有完成,城镇化还没有过半,耕地继续减少的趋势短期内还难以扭转,守住18亿亩耕地的红线、确保16亿亩基本农田数量和质量的任务极其艰巨。就我市而言,这几年粮食稳定在20亿斤左右,自给略有余。但随着农业结构调整和工业化、城镇化步伐的加快,粮地减少是必然趋势,全市耕地面积已经从最多时的308.8万亩下降到2007年的242.6万亩(目前实际在220万亩左右),粮食供应也将趋紧。从食物角度来看,我市的饲料、肉品、大宗水果、耐运蔬菜2/3以上靠外调,如果将食物总量折算成粮食当量,我市已经成为食物净销区。所以,我市实际上既存在粮食结构性短缺问题,又存在食物结构性短缺问题,有待进一步提高农业综合生产能力。

2.3 人

"人",指的是农民自身发展问题。包括农民素质和为农民提供公共服务的农村社会事业的发展。首先是农民素质远不适应跨越发展需要。据第二次农业普查资料显示,目前在我市28.95万农业从业人员中,54.2%的人文化程度为小学、文盲和半文盲,具有高中以上文化程度的只有5%。而在农业从业人员中,女性占 62.5%,57% 的人年龄在 51 岁以上。这充分表明我市 95% 的农村劳动者文化程度还比较低,接受新知识的能力也比较弱。可以想象,以这样素质的群体去推进农业跨越发展是十分困难的。其次是以人为本的公共服务滞后。应该说,城乡之间的社会发展差距远大于城乡之间的经济发展差距。2006 年,全国中学生生均经费,农村约 250 元,城市约 1 070 元,农村仅为城市的 1/4;小学生生均经费,农村 190 元,城市约 500 元,农村不足城市的 40%。2005 年,城市人均卫生总费用为 1 122.8 元,农村为 318.5 元,城市是农村的 3.53 倍。2006 年,每千人拥有卫生技术人员,市级为 5.15 人,县级仅 2.18 人,市级是县级的 2.36 倍;每千人拥有医院(卫生院)床位,市级为 3.69 张,县级仅 1.50 张,市级是县级的 2.46 倍。农民的孩子如果没有平等的受教育权,农民如果没有平等地享受医疗保健的权利,农村的社会发展滞后则是必然的,农民的全面发展也是相当困难的。在科技、文化方面,城乡差距更大。镇江的农村社会事业发展尽管比全国平均数要高得多,但城乡差距大也是客观存在的。

2.4 地

"地",就是农村土地制度问题。农村的土地问题存在着 3 种情况。一是土地承包经营权长久不变问题。党中央、国务院的政策,国家的法律反复强调,以家庭承包经营为基础的统分结合的体制是我国农村的基本经营制度。《中华人民共和国农村土地承包法》(以下简称《土地承包法》)有两个非常关键的条款,第二十六条规定在承包期内发包方不得收回承包地,第二十七条规定在承包期内发包方不得调整承包地。但是有关农村土地的法律和政策,既有规定得很具体的部分,也有很模糊的地方。比如说,宪法规定我国农村土地属于农民集体所有,那么每一个农民的权利是什么?可以代表农民的那个人的权利又是什么?这都没有具体的法律规定,所以往往是在各个村、各个乡谁当了干部,谁就认为可以代表农民,可以支配这些土地。再比如说,《土地承包法》规定,本集体经济组织的成员可以承包本集体经济组织的土地,但集体经济组织成员的身份如何取得及变更,并没有法律规定。因此,虽然中央三令五申要保持农村土地承包关系的稳定,但真正能做到 30 年不变的不多,不少地方三五年就变一次。二是土地流转问题。由于农业补贴政策的实施,农民惜地,农村劳动力不能稳定转移,以地作为生活保障,土地流转价格偏低,加上资本投农不足等多种因素的影响,我市土地流转比例偏低,约占耕地的 22%,制约了农业适度规模经营的发展。三是征地制度即土地农转非的问题。我国现行的做法是土地变为非农建设用地要通过征用变为国有土地。由于补偿力度不够,农民的社保、就业等问题没有很好地解决,留下的问题较多,导致越来越多的农民种田无地、就业无岗、社保无份。近年来,对被征地农民的补偿水平在不断提高,从原来的年土地收益的 6~10 倍,到后来的 16 倍、30 倍,现在是 30 倍还不止,可以在土地出让收益中再增加对农民的补偿。但总体来说,目前仍未建立彻底解决矛盾的长效机制,由此导致耕地大量流失。这一局面继续发展下去,既影响到粮食安全,又影响到农民的收益,更影响到农村社会的稳定。

2.5 技

"技",是指科技创新与应用。我市农业科技力量比较雄厚,但农业品种特别是园艺作物、畜禽养殖具有自主知识产权的品种及原创性技术不多;农业科技成果转化效率不高;农技推广服务能力也不适应现代农业发展要求,公益性农业服务体系亟待加强。

2.6 污

"污",是指污染给农业生态环境造成巨大压力。农业面源污染不容忽视,化肥、农药、农膜对生态环境和农产品质量安全造成一定压力;农业副产品和废弃物利用不够充分,畜禽粪便、作物秸秆综合利用率不足65%,成为新的重要污染源;农村生活污染压力依然较大,生活垃圾、污水成为重要污染源;农村工业环保设施落后,重视程度不够,是农村生态环境的主要威胁。

2.7 权

"权",是指保障农民权利和巩固农村基层政权问题。十一届三中全会推动农村改革,讲了两句最重要的话:第一句话是经济上要保障农民的物质利益,第二句话是政治上要保障农民的民主权利,这是改革的基本原则。但从实际情况来看,村民自治制度还有很多没有理顺的东西,农民的民主权利还需要大大加强。如何保障农民的民主政治权利,真正在农村基层实现民主选举、民主管理、民主监督,让农民群众在村民自治机制中真正当家做主,确实需要进一步探索和完善有关制度和办法。"权"的第二个方面就是国家在农村的基层政权。现在的问题是乡镇政府的管理体制还明显不适应农村经济社会发展的要求,为农服务能力不足的问题相当突出,有些地方甚至形成了"生之者寡、食之者众"的局面。解决这一问题,关键在于在精简机构和人员的基础上,切实转变农村基层政府职能,加强公共、公益服务能力。要合理划分农村基层政府的财权和事权,降低基层行政管理的运行成本,更有效地为农业和农民提供公共、公益性服务。

以上诸方面问题,都需要通过统筹城乡经济社会发展、深化农村改革才能逐步解决。农村经济社会发展滞后的局面是长期形成的,改变这种局面也必然是一个长期的过程。

3 深化农村改革,推进跨越发展的总体思路

党的十七届三中全会通过了《中共中央关于推进农村改革发展若干重大问题的决定》,提出了"三个最需要"的重要论断,即"农业基础仍然薄弱,最需要加强;农村发展仍然滞后,最需要扶持;农民增收仍然困难,最需要加快"。做出了"三个进入"的基本判断,即"我国总体上已进入以工促农、以城带乡的发展阶

段,进入加快改造传统农业、走中国特色农业现代化道路的关键时刻,进入着力破除城乡二元结构、形成城乡经济社会发展一体化新格局的重要时期"。明确了"三个作为"的总体思路,即"把建设社会主义新农村作为战略任务,把走中国特色农业现代化道路作为基本方向,把加快形成城乡经济社会发展一体化新格局作为根本要求"。该决定为加快农村改革发展指明了方向。

当前,镇江的农村改革已经进入了新的阶段,正站在新的历史起点上。镇江经济社会发展比较快,"三农"工作基础比较好,推进农村改革发展,应当与"两率先、两步走"相协调,与苏南地位相适应,目标定位要更高一点儿,创新力度要更大一点儿,发展步子要更快一点儿(也就是市委、市政府提出的跨越发展),实际成效要更好一点儿。市委 2009 年 1 号文件对今后 4 年的农业农村工作进行了全面部署,明确了"一个领先、两个赶超、三个突破"的目标任务,即农民增收力争保持全省领先。全市农民人均纯收入年均增幅达 12% 以上,到 2015 年达到 1.7 万元,在 2008 年的基础上,比全省提前 2 年、比全国提前 5 年翻一番。高效规模设施农业和农村合作经济组织建设赶超全省平均水平。到 2012 年,全市高效农业面积占耕地面积达 40% 以上,比全省平均水平高 5 个百分点以上。全市参加农村合作经济组织的农户比例达 45% 以上,比全省平均水平高 5 个百分点以上。在统筹城乡发展、农村制度改革创新和农村和谐社会建设上取得新突破。到 2012 年,全市城市化率达 62.5% ,比 2008 年提高 2.4 个百分点。重点推进土地制度改革、农村金融制度改革和农业支持保护制度改革。农村基层组织建设进一步加强,农民合法权益得到有效保障,农村生态环境和人居环境显著改善,可持续发展能力不断增强。提出了"四个坚持"的指导思想,即坚持以科学发展观为指导,坚持工业反哺农业、城市支持农村和多予少取放活方针,坚持以产业化提升农业、工业化致富农民、城市化带动农村,坚持以发展农村经济、增加农民收入为中心任务,统筹城乡发展,创新体制机制,加强农业基础,保障农民权益,促进农村和谐,努力开创镇江农村改革发展新局面。

3.1 以破除城乡二元结构为重点,推进城乡统筹,加快形成城乡经济社会发展一体化新格局

十七届三中全会围绕破除城乡二元结构,重点部署了"六大制度"建设,镇江市根据省委省政府的要求,在推进城乡经济社会发展一体化方面,提出了"五个统筹"的具体措施。

3.1.1 统筹城乡发展规划

要通盘考虑、同步实施城乡建设、土地利用、产业发展、公共事业、生态保护等各项规划。强化镇村规划管理职能,加强村镇建设性规划编制工作,加快 1 609 个农民集中居住点建设。市政府已经出台了以推进集中居住点建设为主要内容的关于推进农村"三集中"的实施办法,提出从 2009 年开始,全市省级经济开发区、经济十强镇、辖市区人民政府驻地镇、省级重点中心镇和营业收入超

亿元的村全面启动集中居住工程,各辖市区每年至少重点建设一个镇,到2012年实现10个镇、35个示范村分别有45%和55%以上的农民向城镇和新型社区集中。严格执行规划要求,凡农村新建住宅房必须进入已规划的集中居住点。积极开展"双置换"改革试点,从2009年起,全市经济开发区和城中村、城市规划区内城郊村农户建设新房的,全面推行以土地承包经营权换城市(城镇)社会保障、以宅基地和农民住房换城市(城镇)安置房,实行农民身份向市民身份的转换。

3.1.2 统筹城乡基础设施建设

推进城乡道路、供电、供水、供气、通信、环境等基础设施共建共享。扶持发展中心镇建设。完善农村路网,将农村公路通达到规划集中居住点,到2012年,农村公交逐步延伸到规划集中居住点和800人以上的自然村。加大农村电网建设力度,继续搞好国家级农业信息化试点工作,推进广电网、电信网、互联网"三网融合",充分发挥信息化为农服务作用。

3.1.3 统筹城乡产业发展

明确产业定位,完善产业规划;加大基础投入,提升配套功能,促进企业集群、产业集聚。发挥工业"千百亿"工程对农村经济的带动作用,加快城乡对接。到2012年形成10个营业收入达100亿元的镇工业集中区,全市镇工业集中区营业收入占农村工业总量的70%以上。推进"百企百村百亿"行动,引导城市工商企业资本、技术、人才、管理等要素向农业农村流动。到2012年,全市每个村至少和一个规模企业结对,实现"百企结百村、合作超百亿"的目标。加大农业招商引资力度,形成多元化投农机制,农业利用"三资"年均增幅达15%以上。

3.1.4 统筹城乡社会事业发展

建立城乡中小学挂钩支持制度,实施"送优质教学资源下乡工程",逐步实行农村中等职业教育免费,加强农村社区成人教育。深入开展文明村镇、文明户等群众性精神文明创建活动,提升农民素质。开展"送书、送戏、送电影下乡"活动。加强农村文化基础设施建设,完善和提升镇文化站和村文化室功能。加强农村卫生和计划生育工作。到2010年,农村基本公共卫生服务人均筹资标准不低于10元;全面完成镇卫生院基本建设和村卫生室设备配备任务,新型农村合作医疗筹资标准不低于农民人均纯收入的2%,医疗费用实际补偿40%以上,参合率确保稳定在98%以上。

3.1.5 统筹城乡就业创业和社会保障

建立城乡就业和社会保障统一平台,到2010年,所有村建立劳动保障服务站。每年各类农民培训经费达到1 000万元,确保完成农村劳动力转移技能培训、农民实用技术培训、农民创业培训、农民经纪人培训共约10万人次的任务。将就业再就业资金使用范围扩大到农村,对农村零转移贫困家庭劳动力发给"再就业优惠证",凭证享受城镇就业再就业扶持政策。大力扶持农民创业,为创业农民提供税费减免、贷款贴息及用地、用电、用水等方面的政策支持。充实农民创业担保基金,到 2012 年,全市农民创业担保基金扩大到 5 000 万元。放宽贷款担保条件和倍数,优化信贷流程,完善利益补偿和责任分担机制。大力推进新型农村保险,逐步实现农村养老保险与城镇企业职工养老保险制度的有序转接,完善残疾人、"五保户"等农村弱势群体的保障制度,到 2010 年,基本实现"人人享有社会保障"的目标。

3.2 以体制机制创新为核心,推进农村改革,加快社会主义新农村建设

市委、市政府贯彻落实十七届三中全会精神,根据镇江实际,提出了土地制度、合作组织、农村金融和财政投入四方面的改革创新举措。

3.2.1 深化土地制度改革

一是加快土地权属的确权登记发证。2012 年前,完成对农村土地承包经营权、集体土地所有权、宅基地使用权的确权、登记、颁证。其中 2009 年年底前,完成"农村土地承包经营权证"的补发工作,逐步实现土地承包档案管理信息化。严格宅基地管理,控制新批宅基地标准,明确农民对宅基地的用益物权。市政府已经印发了《镇江市农村宅基地管理暂行办法》(镇政发〔2009〕22 号),对农村宅基地的使用管理等做出了明确规定。二是建立土地流转三级市场体系。2009年 6 月底前,各辖市区建立土地承包经营权流转服务中心,2009 年年底前,各镇建立土地承包经营权流转交易市场,50% 的村建立土地承包经营权流转服务站。2012 年年底前,全面建立健全土地承包经营权流转市场体系和土地承包纠纷仲裁机构。有效衔接土地流转供求。规范流转主体,按照"依法、自愿、有偿"的原则,土地流转应由承包农户与受让方签订流转合同,协商确定流转价格。如果承包农户委托基层组织代为流转,应签订"土地流转委托书"。规范流转价格。各辖市区要以镇为单位,制定流转补偿指导价或最低保护价,并采取实物计价、货币兑现。要建立流转价格自然增长机制,维护农民的长期利益。推行"土地股金 + 劳务收入 + 分红"的分配方式。对单宗流转 300 亩以上、未获省财政补助的土地流转,市和辖市区一次性各给予每亩 25 元的奖励。三是建立城乡统一的土地市场。在确保农民利益不受损失和符合规划的前提下,推动农村集体建设用地进入市场,与国有建设用地享有平等权益;在土地利用规划确定的城镇建设用地范围以外的农村集体建设用地,允许以土地合作入股、保底分红等方式依法开发经营,保证农民长期获益。四是创新城乡建设用地增减挂钩方式。加大土地整理力度,将撤并的农村居住点、废弃建设用地复垦成耕地,加强对规划需撤并的零星村庄用地的改造,新增耕地经验收合格后置换为建设用地指标,优先用于新农村建设。挂钩项目经核定批准后,地方政府可预先启用不超过当年拆旧复垦项目面积 30% 的周转指标,先期用于农民安置房建设。五是加快实施集体林权制度改革。这是继农村土地承包经营制度实施以来的又一次重大改革。对原划定的自留山维持不变,按实际林地面积确权发证到户。对未承包到户的集

体林地,实行林地权、林木权和收益权"三分离",以均股、均利的方式落实到户。

3.2.2　大力发展农村合作经济组织

推进"三大合作",实质在于调整农村生产关系,解放和促进农村生产力,推动农村实现继家庭联产承包责任制后的第二次飞跃。它是对农村生产经营体制的创新,是建立新型农村集体经济、推进农业产业化经营的重要载体,是增强农民民主管理意识、推动基层民主建设的有效举措,是推进农业现代化、构建农村和谐社会的必然要求。坚持多渠道、多形式、多层次推进农村合作经济组织创建,全力实施"三千"计划:到 2010 年,全市农村合作经济组织总数超过 1 000家,社员平均增收 1 000 元以上,农民专业合作社带动面积平均达 1 000 亩以上。坚持全面发展农民专业合作、重点突破农村土地股份合作、有序推进农村社区股份合作、鼓励发展农民专业合作联社的原则,提高合作经济组织的带动力和影响力,并在税收、用地、用电、信贷、环评、注册和项目等方面予以优惠、优先扶持。

3.2.3　完善农村现代金融制度

一是加快发展辖市区、镇银行业金融机构。2012 年,实现农村信用社、农业银行和邮政储蓄银行、村镇银行和小额贷款公司金融业务对全市各镇的"三个全覆盖"。允许有条件的农民专业合作社开展信用合作,允许农村小型金融组织从金融机构融入资金。2010 年前,有条件的农村信用社改制为规范的银行类机构。支持符合条件的农村合作银行逐步发展成为以服务农村为主的地区性中小银行。二是建立健全农村信贷担保体系。到 2010 年,各辖市和丹徒区均要组建或确定一家农业贷款担保机构,市建立再担保机构。扩大农村有效抵质押物范围,积极开展农村集体建设用地使用权抵质押贷款方式,尝试农民林地、水面承包经营权、合作组织股权、农业机械等抵质押贷款方式,积极推行农户联保、农户互保、专业合作组织为成员担保等多种信用保证方式。对各银行业金融机构的"三农"贷款,实行单独统计、单独考核、单独奖励,确保"三农"贷款增长高于各项贷款增长水平,确保各地区域内金融机构吸收存款主要用于当地发放贷款。三是建立健全农业保险制度。大力发展主要种植业保险,积极推进经济作物、养殖项目、高效设施农业和农机具保险。坚持政策性和商业性保险并举,扩大农业保险覆盖面。

3.2.4　建立健全财政支农支出稳定增长机制

保证各级财政对农业投入的增长幅度高出财政一般预算收入增长幅度 3 个百分点以上,保证土地出让金、耕地占用税、新增建设用地有偿使用费等土地收益用于农业农村部分真正落实到位。认真落实各级财政每年新增教育、卫生、文化等事业经费用于县以下的比例不低于 70% 和土地出让平均纯收益 15% 用于农业土地开发、耕地质量、小型农田水利等政策。积极调整土地收益分配使用结构,在国家规定政策的基础上,再从地方土地收益中拿出 40% 以上用于新农村建设。

3.3　以促进农民增收为中心,发展农村经济,加快镇江特色的农业现代化建设

农业现代化没有统一的模式,是一个相对概念。从历史角度看,它是具有阶段性的,不同社会发展阶段现代化的标准不同;从不同国家看,由于自然和经济社会条件不同,特别是农业资源结构不同,所选择的农业现代化道路也不尽相同,大致可分为3种类型:一是以美国、加拿大等为代表的人少地多、劳动力短缺国家,主要以提高农业劳动生产率为目标,以推进生产手段现代化为主,改善农业生产条件和提高农业生产能力,农业现代化用机械设备替代人力畜力,用资本替代劳动,扩大农场经营规模,实现农产品生产的增加。二是以日本、韩国等为代表的人多地少、土地短缺国家,主要以提高土地生产率为目标,以推进生产技术现代化为主,改善农业生产条件和提高农业生产能力,农业现代化从良种、肥料、栽培、灌溉等生物技术措施现代化入手,用资本替代土地,提高土地集约经营水平,实现农产品生产的增加。三是以法国、德国等为代表的人地比率相对适中的国家,以提高劳动生产率和提高土地生产率目标并重,把生产手段现代化和生产技术现代化放在同等重要的位置,农业现代化采取生产专业化、经营合作化的方式。近年来,我国对农业现代化的概念也有了比较统一的认识,是指具有发达的基础设施、先进的科学技术、现代的物质装备、高效的组织方式和完善的服务体系,拥有较高土地产出率、劳动生产率和资源利用率的现代农业发展形态。实现农业现代化的过程,就是推进传统农业向现代农业转变的过程。中央明确提出,加快建设现代农业,推进农业现代化,要用现代物质条件装备农业,用现代科学技术改造农业,用现代产业体系提升农业,用现代经营形式推进农业,用现代发展理念引领农业,用培养新型农民发展农业。这是推进农业现代化建设总的指导方针。

3.3.1　镇江农业现代化建设的主要成效

进入21世纪以来,镇江农业发展正加速转型,由传统农业向现代农业转变。什么是现代农业? 现代农业是继原始农业、传统农业之后的一个农业发展新阶段,是以现代工业和科学技术为基础,充分汲取中国传统农业的精华,根据国内外市场需要和WTO规则,建立起采用现代科学技术、运用现代工业设备、推行现代管理理念和方法的农业综合体系。现代农业与农业现代化的概念是相近的,既有联系又有区别。其主要区别在于一个相对宏观,指的是社会发展形态;一个相对微观,指的是农业综合体系,侧重于技术层面。这几年镇江主要在6个方面发生了明显转变:

一是由粗放型农业向集约型农业转变。打破传统的种植、养殖方式,实行农业的标准化生产,制定了一批地方农业标准,建立了一批国家、省、市级农业标准化示范区,使农民的标准化生产意识得到明显提高;逐步打破一家一户分散经营的小农生产方式,向土地适度规模经营发展,全市农田规模经营面积占耕地面

积的比重达到 1/5；逐步打破依靠传统经验生产的习惯,积极采用先进适用的农业技术,建立了上百个农业科技示范园区。

二是由产品型农业向商品型农业转变。计划经济只顾产品生产,市场经济则重视商品生产,农业品牌、农产品品质、农产品质量安全日益受到广大农民的重视。

三是由数量型农业向效益型农业转变。在产品短缺时代,农业工作的主要目标是产量,主攻方向是高产；温饱问题解决后,强调的是农业效益,近3年来,市委、市政府把推进高效农业规模化作为农业现代化的首要工程,抓出了成效,高效农业面积已经达到耕地面积的1/4。什么是高效农业？高效农业是以市场为导向,运用现代科学技术,充分合理利用资源环境,实现各种生产要素的最优组合,最终实现经济、社会、生态综合效益最佳的农业生产经营模式。江苏省目前在统计上将亩均效益2 000元以上的农田作为高效农业。

四是由生产型农业向产业化经营型农业转变。农业正由产中生产向产前、产后延伸,形成产加销一条龙,全市已有市级以上农业产业化龙头企业70多家；农业的功能也正由供应食物向着供应能源产品和精神产品拓展,比如,我市已建有生物柴油、秸秆气化企业,建立了一大批观光农业园等。

五是由自然型农业向生态型农业转变。这几年,我市高度重视绿化造林,森林覆盖率达到22%左右；生物措施与工程措施相结合,水土流失得到有效治理；大力推广测土配方施肥和农业综合防治技术,农药化肥的利用率得到提高；秸秆、畜禽粪便实施了能源、资源化利用,农业生态条件正得到逐步改善。

六是由分散型农村向集中型农村转变。农村的土地承包经营解决了温饱问题,但在提高农业效益、促进农民增收方面又制约了农业生产力的进一步提高,因而随着农村劳动力的转移,农业规模经营开始兴起；20世纪70年代末开始的乡镇工业崛起,为农村经济发展做出了巨大贡献,但乡乡点火、村村冒烟也导致了环境污染,难以集中处理,随着工业园区和集中区的建设,正逐步扭转这一局面；由于自然和历史的原因,农民住房相当分散,全市现有7 000多个自然村落,导致公共基础设施建设难,农民难以充分享受现代文明成果,近年来,新农村建设加强了规划,控制了农民建房的随意性,居住正逐步向居民点集中。

3.3.2 镇江农业现代化建设的工作重点

今后相当长一个时期,上述"六个转变"还将继续,需要做的工作还很多,市委1号文件明确了今后4年的4项主要工作:

第一,加快发展农村工业经济。以实施"工业强镇富村"工程为抓手,大力发展农村中小企业和民营经济。加快推进镇工业集中区建设,加大基础设施投入,增加投资强度,提升产业集聚水平,做大做强镇村工业。引导新建项目、新办企业一律进入集中区,存量企业分批逐步搬入集中区。

关于发展村级集体经济问题,市两办专门印发了《关于发展壮大村级集体经济的实施办法》,要求各地拓展发展村级集体经济的途径。一是发挥资源优势。通过土地承包经营权的合理流转,实施连片开发,建设农业园区;积极探索村级集体以土地使用权与社会资本、技术等生产要素合作,创办新型合作经济组织;利用山林荒地、果园、鱼塘等资源,积极参与以设施农业为重点的现代高效农林牧副渔项目开发;投资建设农业龙头企业,通过农产品加工所产生的收益,形成村级集体经济的来源;拥有矿产资源的村,要依法兴办相关经济实体,增加集体收入。二是盘活集体资产。整合村集体所有的闲置厂房、办公用房和村组合并、学校撤并后的闲置资产等资产及企业经营权,通过招标出租,盘活存量。对村集体所有的机动地及整理后新增耕地等,在不破坏耕作层的前提下,可通过招商引资等途径,发展效益农业和其他实业,增加租金收入。对使用原集体投入的基础设施,视情况可收取使用费或折旧费。三是创造物业收入。鼓励村级组织以独立、联合或股份合作的形式到工业集中区、商贸区等功能区建设或购置物业用房,发展物业经济。四是发展现代服务业。采取集体投资、农民入股和吸引工商资本投资等方式,大力发展农业专业化和社会化服务、劳务中介服务、农业生产及生活资料连锁经营,发展经营性文体活动设施,便民利民设施,绿化、物业管理等公共服务设施及发展物流、商贸、房地产和信息服务等现代服务业。五是推进村企合作。对发展壮大村级集体经济明确了鼓励政策,加大对发展村级集体经济的扶持力度。首先是财政支持。村级发展经济新增税收镇留成部分,各辖市区可根据村级经济实际情况按照50%以上的比例返回给村,也可对村投资建设自有产权标准化厂房给予适当补助。其次是土地支持。对土地征用面积较多、拆村并组的村(涉农社区),可给村(涉农社区)留下5%~10%的用地指标,由村(涉农社区)按照统一规划开发经营。鼓励整治、开发利用好老宅基地、应拆未拆房屋、废弃塘等闲散地,有效增加村集体耕地数量及挂钩建设用地指标。村级盘活存量集体资产用于工业项目的,其土地出让金按政策足额征收后,地方收益部分可补助50%给村(集体收入薄弱村补助80%)用于农业基础设施建设。各辖市区安排一定比例的用地指标,在镇工业集中区或其他功能规划区内给村集体建设标准化厂房等物业增收项目。由各镇区整体规划、科学布局、统筹安排、分步实施,在镇级工业集中区内设立富民工业园,专门用于村集体建设标准化厂房。实行农村集体土地租赁(工业用地)最低保护价政策,最低保护价由各辖市区根据本地地价制定。再次是专项奖励。各地可以按村级定报工业纳税销售额,建立村级经济发展奖励资金,用于激励村级经济增长和扶持集体收入薄弱村。到2012年,全市形成一批销售超亿元、5亿元和10亿元的工业强村,培育一批销售超50亿元、100亿元的工业强镇。

第二,加快发展现代农业。我市今后4年重点在5个方面发展:

一是发展集约农业。包括土地集约,就是推行土地适度规模经营,加快农业结构调整和丘陵资源综合开发,重点发展优质粮油、应时鲜果、名特茶叶、食用菌、特种水产等特色产业,努力打造一村一品、一镇一业、一县一特的产业格局。

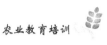

到2012年,全市大宗农产品生产农业专业化服务覆盖率达50%,农业适度规模经营面积占耕地面积比重达50%以上,建成10个万亩以上高效农业规模化生产基地。

二是技术集约。就是按照产业特点,对新品种、新技术实行有机整合,实现种养技术的高度集成,不断降低成本,提高种养效益。即依靠科技,发展效益农业。加大农业科技自主创新、成果转化和新品种、新技术推广力度,深化农技人员与高效规模农业基地结对挂钩活动,推进农业科研单位"挂县强农"、农业科技专家"驻村富农"工程建设。到2012年,省、市级农业科技示范园达50个。重点抓好"三大板块""七条走廊"高效农业基地建设,每年新增高效农业面积20万亩,力争2009年全市消除高效农业千亩连片空白镇、百亩连片空白村。大力发展农产品精深加工,扶持农业龙头企业做大做强,增强龙头企业对农产品基地、农民专业合作组织及农户的带动作用,拉长产业链,提高附加值。到2012年,各辖市和丹徒区各形成超10亿元的农业产业1个以上。辖市财政每年用于高效农业的引导资金不低于3 000万元,辖区不低于1 000万元。

三是装备集约。就是加快农业机械化的发展步伐,推进农机装备的更新换代,发展设施农业。加强优良品种、动植物防疫、市场流通、农田水利及农机装备等基础建设,发展设施园艺、设施畜牧、设施渔业,每年新增设施农业面积5万亩。到2012年,各辖市区和镇江新区分别建成1~2个以设施农业为主要内容、工厂化生产为主要形式的现代农业产业园区,建成5个千亩以上设施园艺基地、5个高标准畜禽养殖基地,全市设施农业面积超过25万亩。

四是发展品牌农业。实施农产品品牌战略,提高农产品质量安全水平。重点打造应时鲜果、名特茶叶、时鲜蔬菜、彩叶苗木、优质肉奶、长江水产、优质稻米等特色品牌。到2012年,70%以上的规模上市农产品拥有注册商标,新培植20个省级、1~2个国家级名牌农产品,无公害农产品、绿色食品、有机食品种植面积占农业种植面积的70%。

五是发展生态农业。积极推广稻鸭共作、秸秆气化、发酵床养殖、防虫网覆盖等生态农业技术,促进农业良性循环和资源高效利用。按照"减量化、再利用、资源化"要求,大力推广生态农业生产技术、生态健康养殖技术和农牧结合技术,改善农业生态环境。2010年,测土配方施肥面积达到95%以上,化肥施用量(折纯)减少到每公顷250 kg,达到生态市创建标准,秸秆综合利用率达到95%,规模化畜禽养殖粪便综合利用率达到95%以上。

第三,加快发展农村服务业。现代农业服务业的重点包括良种服务业、农资连锁经营、农产品流通、新型农技服务、农机跨区作业、农村劳动力转移培训和中介服务、农业信息服务、农业保险9个方面。建立农产品的现代营销体系。实行农产品进超市的"绿色通道"制度,做大镇江农副产品批发市场和镇江名特优农产品展示中心,建设优质农产品城乡直通车和网上销售平台。发展农业新型业态,支持农业中介、农业技术咨询服务等行业的发展。积极推进"万村千乡"市场工程和新农村现代流通网络工程。到 2012 年,在全市基本形成以大型商场、超市、物流企业为龙头,以物流配送、连锁经营为纽带,以镇、村两级农家店为基本单位的新型农村连锁经营网络。大力发展乡村旅游、农家乐等新兴服务业,到 2012 年,全市国家级农业旅游示范点和省级观光农业点达 10 个。

第四,加快组织实施农村"五件实事工程"。江苏省在兴办前两轮"五件实事"的基础上,提出今后 4 年实施新一轮农村"六大实事工程",即农村人才工程、农民健康工程、为农服务工程、农村文化工程、农村环境工程、脱贫攻坚工程。镇江市委、市政府根据自身实际,在全面实施好省"六大实事工程"的基础上,进一步明确了我市实施新一轮农村"五件实事工程":

一是河塘疏浚整治工程。到 2010 年,完成规划内县乡河道、村庄河塘疏浚任务;到 2012 年,完成所有县乡河道、村庄河塘疏浚任务。建立健全农村河道长效管理机制,推行"河长制"管理办法。县乡骨干河道落实专门管护经费和管护人员,一般河道和村庄河塘明确所在镇、村管理责任人,切实巩固河道疏浚整治效果,重现水清岸绿的河道景观。

二是饮水安全工程。加快区域供水步伐,尽早实现自来水进村入户。加强农村自来水管网建设和改造,改善农民饮水质量,确保 2010 年解决农村饮水不安全问题。

三是脱贫攻坚工程。加大对贫困户的帮扶力度,做到责任到户、项目到户、资金到户、成效到户。对经济薄弱村,市和辖市区可给予一定的建设用地指标,帮助村集体到镇工业集中区建设标准厂房,通过发展资产型、物业型和服务型产业来增加村集体收入。积极采取措施,化解村级债务,减轻村级负担。实行领导挂钩、机关部门和企事业单位结对、党员干部挂户帮扶、项目支持等办法,确保 2009 年全面消除农民人均纯收入不足 2 500 元的绝对贫困人口、消除集体收入 15 万元以下的经济薄弱村。2012 年,市财政扶贫专项资金要达到 600 万元,各辖市区也要建立相应配套机制;茅山老区村集体收入要达到 20 万元,其他地区要力争达到 50 万元。

四是清洁能源工程。大力实施"百村万户"秸秆利用项目,支持建设大中型秸秆气化供应站、气化炉,对秸秆收集给予政策性补贴;积极发展秸秆还田机械,提高秸秆还田面积。注重综合治理,强化管理责任,严格禁止秸秆露天焚烧。每年新增沼气和太阳能农户 1 000 家,规模养殖场实现沼气化。

五是绿色家园工程。结合生态城市建设要求,大力开展植树造林,建设绿色村庄,到 2010 年,新增植树造林面积达 25.5 万亩,森林覆盖率达 25.6%。巩固和完善农村垃圾处置长效管理机制,2009 年,每个镇建成污水处理设施,85% 的镇建成环境优美乡镇。到 2012 年,全市农村卫生户厕普及率达到 98% 以上。积极推广农业废弃物循环利用,普及推广发酵床养殖技术,到 2012 年,再新增示范点 80 个以上,保持全省领先位置。

3.4 以调动积极因素为关键,强化组织保障,加快构建为农服务体系

为保障农村改革发展的顺利进行,市委 1 号文件在充分发挥各级组织作用、调动农村基层干部积极性、建立健全农业服务体系建设方面采取了一系列重要举措,深受基层欢迎。

3.4.1 强化党领导农村工作的体制机制

各级党委、政府在政策制定、工作部署、财力投放、干部配备等方面要突出"三农"工作重中之重的地位。党政主要领导要亲自抓农村工作,辖市区和镇党委明确一名副书记分管农村工作。市和辖市区党委设立农村工作办公室,作为独立设置的党委农村综合工作机构,强化职能和力量配备,更好地发挥政策指导、综合协调、组织实施、督查考核作用。

3.4.2 加强农村基层组织和干部队伍建设

全面推进各级机关、社区、企事业单位、新经济社会组织等领域党的基层组织与农村党组织开展统筹共建,整合组织资源,构建城乡基层党组织互帮互助工作机制和城乡一体党建工作新格局。积极创新农村党组织设置,把党组织建到农村经济产业链和农民集中居住区上。大力鼓励村村、村企联合建立党组织,积极推进镇村主要领导"公推直选"。深化"镇村学华西、农村干部学吴仁宝、农技人员学赵亚夫"活动,大力培养政治素质强、发展能力强的村干部。到 2011 年前,每个行政村至少配备一名大学生村官。建立农村基层干部激励机制,自今年 7 月起,村定额干部月基本报酬要高于当地职工最低工资标准,由辖市区和镇财政统筹发放,具体标准由各辖市区制定,基本养老和医疗保险参照城镇职工标准执行。各辖市区根据镇领导班子建设需要,有计划地将德才兼备、条件成熟的优秀村党组织书记选拔进镇领导班子。加大对优秀镇党委书记提级不离岗的工作力度。到 2012 年底,安排 20 个镇公务员编制用于考录大专以上学历、任村"两委"主要负责人 5 年以上、工作业绩突出的优秀年轻村党组织书记,安排 80 个镇事业编制用于招聘任村"两委"主要负责人 10 年以上、有突出贡献的村党组织书记。完善离任村干部生活困难补贴办法。

3.4.3 加大农村基层机构改革和为农服务力度

积极改革镇村管理体制,对经济总量和人口达到一定规模的镇,赋予更大的行政和经济管理权限。强化镇级为农服务力量,做到镇农口部门编制人岗匹配。健全镇村农业和农经服务体系,力争 3 年内在全市普遍建设具有农业技术推广、农经服务管理、动植物疫病防控、农产品质量监管等功能的镇农技推广综合服务中心和兽医站,力争每个村配备一名农技员和兼职防疫员。

3.4.4 加强农村基层民主制和党风廉政建设

加强农村政法工作,深入开展"五五"普法和平安创建活动,搞好社会治安综合治理,推进民主法制村(社区)创建活动。加强农村社会管理,做好信访工

作，及时化解和消除农村基层不和谐因素，保持农村社会稳定。健全村民自治机制，全面实行村委会换届"直选"制度，推行党群议事会和听证会制度，规范村级重要事务决策程序。全面深化农村党务、村务和财务公开，强化村民理财小组的职能，提高公开的质量和实效。坚持教育、制度、监督、改革、纠风、惩治相结合，推进农村惩治和预防腐败体系建设。深入开展反腐倡廉教育，健全农村集体资金、资产、资源管理制度，严肃查处涉农违纪违法案件。

3.4.5 形成推进农村改革发展的强大合力

加大宣传力度，发挥典型作用，浓厚发展氛围。市已经以两办名义研究出台了与实施意见相配套的6个实施办法和"五件实事工程"的实施方案，市委、市政府将加大督查考核力度，确保文件精神落到实处，发挥最大效应。

请各位领导多关注农村，关心农业，关爱农民，为建设我们共同的美好家园做出应有的贡献。我们相信，只要全市上下团结奋斗，坚决落实好市委1号文件确定的各项改革发展目标任务，镇江农业农村就一定能够实现跨越式发展。

探索统筹新路径　促进城乡一体化

——镇江市统筹城乡发展的初步实践

统筹城乡发展是建设更高水平小康社会的根本任务,是实现农业农村基本现代化的必然选择。近年来,镇江市坚持从实际出发,解放思想,勇于实践,在统筹城乡发展、推进城乡一体化上进行了有益探索,取得了阶段性成效。

1　近年来镇江市推进城乡统筹的主要探索

统筹城乡发展没有现成的模式和路径可供借鉴,镇江市坚持在实践中探索,在探索中推进。

1.1　构建城乡一体的规划新格局

统筹城乡发展必须规划先行,坚持宏观把握,以市域整体规划,避免农村基础设施建设过程性浪费。2002 年和 2005 年,两次乡镇机构改革,乡镇总数由 20 世纪 90 年代的 97 个乡镇合并为现在的 41 个镇和 7 个开发区(或管委会),乡镇机构减少了一半;同时,开展了撤村并组,行政村由 20 世纪末的 1 408 个合并为目前的 602 个,撤并率达 57.2%。2007 年全市完成村庄建设规划编制,把过去的 7 379 个自然村规划为现在的 1 609 个农民集中居住点,基本完成了重点中心镇、一般镇、中心村、农民集中居住点的框架体系,城乡一体化的基础建设进程加快推进。

1.2　改革农业经营体制和机制

积极顺应农业农村发展转型,不断提高农民生产经营组织化程度。截至 2009 年年底,全市农民专业合作组织达到 1 101 家,入社农户 11.8 万户,占全市农户的 21.1%,普遍建立土地流转服务市场,镇建立交易中心,50% 的村建立起服务站,三级土地流转市场体系基本形成。截至 2009 年年底,全市累计流转土地 47.7 万亩,占全市耕地面积的 21.6%。

1.3　改革农村金融体制

确保"三农"贷款增长高于各项贷款增长水平,确保各地区域内金融机构吸收存款主要用于当地发放贷款。2008 年以来,加快发展了辖市区、镇银行业金融机构,农业银行、农业发展银行等国有商业银行,加强了"三农"融资服务,特

本文原载于中共江苏省委研究室《调查与研究》(2010 年第 11 期)和《南京区域农村经济》(2010 年第 5 期),也是作者讲授城乡统筹发展,推进新农村建设的基础资料。

别是加大了为农业龙头企业、农村基础设施建设服务的力度；农村信用社、邮政储蓄银行充分发挥直接与农民接触的优势，强化了小额信贷服务；新建立 8 家小额贷款公司，重点对农户和农业中小企业开展金融业务。市和辖市区普遍建立了农村信贷担保体系，积极推行农户联保、农户互保、专业合作组织为成员担保等多种信用保证方式，探索扩大农村有效抵质押物范围。

1.4 推进公共服务基本均等化

全市所有村建成了集农村党员活动、农村卫生室、农家书屋、法律咨询、农业信息技术服务、农民健身休闲、文化娱乐、生活生产资料连锁超市等多位一体的农村综合服务中心；建立城乡中小学师资挂钩支持制度，实施"送优质教育资源下乡"工程，加强农村社区成人教育；全面完成镇卫生院基本建设和村卫生室设备配备任务，建立城乡医院挂钩支持制度，新型农村合作医疗筹资标准不低于农民人均纯收入的 2%，医疗费用实际补偿 40% 以上，新农合参合率达到 99% 以上。全面建立最低生活保障制度，应保尽保。建立新型农民养老制度，2009 年年底，全市新农保参与率达到 66%。建立城乡就业和社会保障统一平台，50%的村建立起了农民创业就业指导站，每年各类农民培训经费达到 1 000 万元，完成农村劳动力转移技能、农民实用技术、农民创业、农民经纪人等各类培训 10 万人次。

1.5 推进城市基础设施向农村延伸

通过两轮农村实事工程，实施"城建下乡、生态进城"战略，对农村河道、塘坝清淤，农村水环境明显改观；积极推进农村区域供水、供气、电网改造、信息化建设，农民生活条件明显改善；全市区域供水主输水管道已实现乡镇全覆盖，区域供水总面积达到 450 km²；农村垃圾全面实行组收集、村集中、镇运转、县区集中处理，建起了农村保洁员队伍，实行长效管理；80% 以上的农村道路硬质化，实现了村村通、户户通；通过实施健康、文化、人才工程，农民素质有所提高。

1.6 探索以工辅农的实现形式

2006 年开始，先后实施了以村企挂钩合作为主要内容的"双百"工程和"三百"行动，采取村企合一、村企合作、村企挂钩等多种形式，致力于"百企挂百村、投入超百亿"，仅 2009 年，全市村企结对数就达 661 个，实现了全覆盖，村企挂钩合作项目总数 581 个，总投资 23.7 亿元，实际到位资金 17.02 亿元。实施消除年收入低于 15 万元的村、年收入低于 2 500 元的贫困户的脱贫攻坚工程，从书记、市长到各级各部门的领导干部和党员实行包村包户，年底全面实现了"双消除"目标。

1.7 稳步推进"三集中"

采取政策引导、市场运作、开展"双置换"等办法，较好地解决了农村"三集中"钱从哪里来、人往哪里去、土地权属矛盾、土地规模经营、新型社区管理等问题。据对 35 个镇的调查,农民集中居住率达到 37%,乡镇工业集中区工业产值占农村工业总产值的 53.3%,农业适度规模经营面积占耕地总面积的 19.2%。目前,全市已经形成比较成熟的 6 种"三集中"类型:扬中、镇江新区以辖市区为单位整体推进"三集中",丹阳界牌小城镇集聚型,新桥整村新建型,市区的城中村改造撤村改居型,开发区的大项目带动型,句容茅山生态文化遗存保护型。2009 年,全市新开工农民集中居住点建设 69 个、建成面积 297 万 m^2,新增农业适度规模经营面积 16.3 万亩,复垦整理土地 0.67 万亩,农村"三集中"呈加快发展态势。丹阳市界牌镇 2006 年开始对全镇 23.5 万 km^2 进行规划,将全镇规划为农民集中居住区、规模工业园区、高效农业区、集镇商贸区、陵园区"五大功能区域",计划投入 20 亿元,用 5~6 年时间,建设一座能容纳 5 万人口、功能设施齐全的新市镇。目前已完成 28 幢 650 套 8.5 万 m^2 的农民集中居住区,今年将加大建设力度,再完成 40 万 m^2。整个界牌镇"三集中"建设可新增耕地8 200 亩。镇江新区从去年开始,按照江苏省"万顷良田"建设工程试点的总体部署,进行大规模的土地整理,计划用 3~5 年时间,将辖区内的 3 个镇、18 个行政村、7 339 户,约 2.4 万人整体搬迁,建设 2 个新市镇,建设面积 158 万 m^2。目前,新市镇区域内的农民集中居住区工程已全面启动,预计第一批 580 家农户将在今年年底迁入基础设施良好、配套功能完善的新市镇。实施"万顷良田"工程使镇江新区新增土地 6 800 亩。

2 存在的主要问题

2.1 现有规划不符合城乡一体化要求

必须对全市域,至少是按辖市区对国土功能、空间布局重新规划,进一步减少镇村设置数量,使之形成规模,明确工业、农业、商贸、居住、生态分布,以减少重复建设和不必要的浪费。

2.2 农民增收长效机制尚未建立

虽然镇江市工资性收入占农民收入的比重超过 60%,但受宏观形势影响,工资性收入很不稳定,加上农民科技文化素质总体偏低,就业竞争力不强,转移就业难度加大,使农民持续增收面临较大压力。

2.3 土地制度亟待创新

土地是经济社会发展的重要瓶颈,农村集体建设用地上市及与国有土地同等待遇问题、土地收益分享机制问题、农民集中居住用地置换问题、整村整组拆迁后农村建设用地留用问题、高效设施农业用地问题、土地规范流转及其收益稳定增长机制问题等,都需要制定规范性文件和鼓励性政策。

2.4 "三农"投入机制尚不健全

目前,镇江市"三农"发展仍以财政投入为主,农民自身投入积极性不高,工商企业大胆投资、规模经营的不多;新市镇、新社区建设资金需求量大,一方面各级财政要支持,特别是启动资金要保证,另一方面,要建立合法高效运转的投融资平台,更重要的是搞好资金平衡预算。

2.5 社会保障需健全

农民不仅要大量转移就业,而且要有稳定的社会保障,只有消除农民的后顾之忧,才能从根本上削弱农民对土地的依赖,也才能有效地推进新市镇、新社区建设。

2.6 以城带乡、以工促农长效机制尚未形成

城乡差距仍然存在,体制机制障碍尚未完全破除,人力、土地、资金、农产品价格等要素以乡支城、以农支工现象客观存在,使构建城乡一体化发展格局面临较大压力。

3 在更高的目标上推进城乡统筹发展

总体思路是"五个转变"、推进"六化":转变农业增长动力,由主要依靠资源消耗的粗放农业向注重依靠科技和资本驱动的集约农业转型升级;转变农业生产方式,由主要依赖自然生产向注重依靠农业设施装备转型升级;转变农业经营方式,由兼业分散的小农户经营向注重专业化的高素质职业农民适度规模经营转型升级;转变农业发展功能,由以农产品生产为主向注重生产、生活、生态、生物质能源多功能并重转型升级;转变农业产业内涵,由单纯种植、养殖业生产向注重农产品生产、加工、流通等产业相互融合发展转型升级。统筹规划,推动城乡国土功能规划一体化;以城带乡,推动基础设施一体化;以工促农,推动产业发展一体化;优化资源配置,推动公共服务均等化;制度创新,推动就业创业、社会保障一体化。

3.1 突出打造新市镇、新社区,统筹城乡规划建设

完善城乡结构布局,加快构建中心城市(市主城区)、副中心城市(县城)、重点镇、中心村城乡一体化发展的空间布局,科学安排城乡建设、基本农田、产业集聚、生活居住、生态保护等功能区划分。强化主城区与各辖市区的无缝对接和辐射带动,辖市全面启动建设2个以上、辖区建设1个以上新市镇建设示范点;全市建设重点中心村集中型新社区30个以上,完成旧村改造、村庄整治项目300个以上。着力抓好"一改两换三集中"试点示范。实施"1+6"模式农村综合配套改革,以深化农村土地制度为突破口,实行土地利用和城乡规划、创业就业、社会保障、户籍制度、涉农体制、金融体系七项改革的同步联动;在有条件的地方,开展以承包地换股份、租金和保障,推进农业集约经营和生

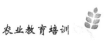

产方式转变,以宅基地换资金、住房和地点,推进农民集中居住和生活方式转变;加快农民居住向新型社区集中、农业向规模经营集中、工业向产业园区集中。鼓励在城镇有稳定就业和住所、自愿放弃宅基地使用权和土地承包经营权的农民有序转为城镇居民。在一些农民非农产业比重高且稳定性好、职工参与城镇社会保险比例大、农民集中居住推进快的地方,就地就近实行"城镇化",让农民有序转变为市民。2010 年全市新开工 60 个农民集中居住点建设,建成面积 200 万 m² 以上。

3.2 突出构建长效机制,统筹城乡居民收入增长

每个辖市区建设 1 个高标准的综合性、示范性强的创业孵化基地,新增民营企业 4 000 家,乡镇工业付给劳动者报酬 1 155 亿元,加强技能培训,确保完成各类培训 10 万人次,各类农民培训经费达到 1 000 万元,不断提高农民工资性收入。挖掘农业内部增收潜力,加快发展乡村旅游业、休闲观光农业,拓宽农民就业空间,全年打造 10 条农业旅游精品线路;做大做强农机跨区作业,力争跨区作业创收 1.2 亿元,不断提高农民经营性收入。规范农村合作经济组织分配制度,提高二次分配、股份分红比例,不断提高农民财产性收入。加快建设农村养保、医保、最低生活保障等保障体系,做到应保尽保,切实增加农民保障性收入。确保财政转移支付、农业补贴、征地补偿等各项政策落实到位,切实增加农民转移性收入。巩固脱贫攻坚"两消除"行动成果,按照"脱贫不脱钩、巩固再提高、共同谋发展"的要求,切实增加农村低收入群体的收入。

3.3 突出现代农业园区载体建设,统筹城乡产业发展

着眼实现"低效向高效,传统向科技,产品向商品,一产向二、三产,生产功能向生态功能"的快速转型,突出抓好现代高效农业示范园区、农产品加工集中区、农产品物流园区(批发市场)和休闲观光农业(乡村旅游)园区建设。全市建成核心区域面积万亩或营业收入亿元以上现代农业园区 3~5 个。通过园区建设,促进高标准农田建设和高效规模农业发展,新建投资 1 000 万元以上的高效农业规模基地 50 个,高效设施农业占耕地比重超全省平均水平;促进农村合作经济组织规范发展,量质并举,全市新增 300 家以上,农村合作组织规范化水平达 60% 以上,新增入社农户数占比 25% 以上,每个镇建成 2 个以上市级示范合作社,每个村建成 1 个以上农民专业服务合作社。加大土地流转力度,新增土地流转面积 12 万亩,农业适度规模经营 15 万亩。加快推进丹阳市水稻生产全程机械化试点工作;促进农业"新品种、新技术、新模式"的推广应用,切实提高科技进步对"三农"发展的引领和支撑能力;促进农业龙头企业培育壮大,全市市级及以上农业龙头企业总数突破 100 家,销售突破 150 亿元,带动市内基地面积占耕地面积 70% 以上;促进农产品质量建设,新增无公害、绿色、有机农产品 40 个,争创省级以上名牌农产品 5 个。与此同

时,加快发展二、三产业,不断壮大农村经济实力。大力实施"工业强镇富村"工程,在镇开展以"经济总量力争超百亿、财政收入力争进百强、村镇建设力争全国重点中心镇"为内容的"三争"活动;在村开展以"提升党员干部科技文化素质和发展致富能力,确保班子增活力、集体增资产、农民增收入"为内容的"两提三增"活动,有重点地扶持和培植销售超 1 亿元、5 亿元和 10 亿元的工业强村,销售额超 30 亿元、50 亿元和 100 亿元的工业强镇。规划建设好镇工业集中区,完成基础设施投资 30 亿元,工业集中区产出占乡镇工业比重、占全市工业集中区比重分别提高 5 个百分点。做大镇江农副产品批发市场和镇江名特优农产品展示中心,加快农贸市场的改造升级,建设优质农产品城乡直通车和网上销售平台,积极推进"万村千乡"市场工程和新农村现代流通网络工程。

3.4 突出办好农村实事,统筹城乡公共资源配置

一是创新公共服务运行机制。推进城乡道路、供电、供水、供气、通信、环境等资源共建共享,加快建立以科技、教育、文化、卫生、体育和食品安全等为主要内容的公共资源服务体系。二是大力实施农村新实事工程。继续抓好河塘疏浚整治、饮水安全、脱贫攻坚、清洁能源、绿色家园等农村新实事工程。三是加强农业基础设施建设。全市新增耕地量达 6 200 亩,实现全市农业综合开发总投入 1.57 亿元,基本完成小型水库加固改造任务。

3.5 突出改革创新,统筹建立农民利益保障机制

3.5.1 土地制度改革

重点完善土地承包经营权制度,在农村集体土地所有权、土地承包经营权、宅基地使用权的确权、登记、发证上取得重大进展;规范县、镇两级土地交易市场运作,全面建成村级土地流转服务站;规范设施农业及其附属设施用地;落实整村拆迁留用地发展村级集体经济政策;大力推进"万顷良田"建设工程,撤并农村居住点、废弃建设用地和"空心村"复垦成耕地后,新增耕地经验收合格后置换为建设用地指标,优先用于"三集中"建设;建立城乡统一的土地市场,在确保农民利益不受损失和符合规划的前提下,推动农村集体建设用地进入市场,与国有建设用地享有平等权益,或置换为城镇建设用地,实现土地收益的最大化,将土地的级差收益用于"三集中"建设;在土地利用规划确定的城镇建设用地范围以外的农村集体建设用地,允许以土地合作入股、保底分红等方式依法开发经营,保证农民长期收益。

3.5.2 农村产权制度改革

大力推进土地股份、社区股份合作,使农民真正成为集体资源、资产、资金的主人,明晰产权,量化到人,收益分红,可以单一土地入股,也可以土地作价入股并参与经营开发,让农民获得长期的、可靠的、更多的财产性收入。对用集体土

地建设的农民公寓楼,应向产权人颁发集体土地使用权证和房屋所有权证(注明集体土地),确定房屋权属,依法进行登记;通过房屋确权,推动信贷支持,开办农村居民住宅楼按揭贷款,并给予利率优惠,从而加速农村"三集中"进程。

3.5.3 集体林权制度改革

因地制宜开展林权制度改革,做到林地权、林木权、收益权三明确,2010 年全面推进并完成改革任务,确保实现改革见成效、资源有增长、生态受保护、林农得实惠的综合目标。

3.5.4 农村金融改革

进一步引导金融机构加大涉农信贷投放,加快发展对农民专业合作组织的直接贷款,推动小额贷款公司健康发展,力争今年再新增 5 家小额贷款公司;积极创造条件在组建村镇银行上取得突破;大力推进农业银行、邮储银行对农民的小额贷款,提高惠农卡的激活率;大力推进农村投融资改革,支持建立新农村建设投融资平台,以政府为主导,广泛吸纳社会资本组建新市镇投资开发公司,使更多工商资本、民间资本、外商资本参与农民集中居住点、工业园区建设和农业适度规模经营;积极拓展企业融资渠道,加强银企合作,引导信贷资金向园区建设流动;通过项目融资、股份投资、拍卖经营权、BT 投融资等方式,推进小城镇、中心村建设。以土地集约、节约利用为核心,以"万顷良田"建设工程为契机,加大村庄整理和土地复垦力度,用足用好城乡建设用地增减挂钩政策,在符合规划的前提下,允许农村集体建设用地使用权出让、出租、转让、抵押,以发挥最大效益。积极推进农民资金互助合作和高效设施农业保险试点,切实化解农业发展资金瓶颈和农民收入风险。

3.5.5 社会保障制度改革

在保留农民土地承包经营权的地区全面实行新农保;在实行"双置换"的地区,采取财政补贴一点儿、土地收益多拿一点儿、个人出一点儿的办法,让拆迁农民用土地换城镇社保,彻底解决养老、医疗、低保和失业等后顾之忧。

3.5.6 户籍制度改革

积极探索"以证管人、以房管人、以业管人"的流动认可服务管理新机制,放宽新市镇落户条件,实行暂住证向居住证、居民户过渡的户籍制度改革,促进符合条件的农业人口、暂住人口在城镇落户并享有当地城镇居民同等权益。

3.6 突出组织保障,统筹协调城乡管理体制

3.6.1 组织领导体制

各级党委、政府要高度重视统筹城乡发展、夯实农业基础这项工作,充分发挥党委农村工作综合部门职能作用,明确统筹城乡发展牵头部门,承担统筹协调规划实施、政策制定、制度设计、措施落实等职能。

3.6.2 多元投入体制

建立健全财政投农稳定增长机制和土地增值收益农民分享机制,加大招商

引资力度,深入推进"百企百村百亿"活动,积极引导和鼓励各类资本投入农业农村,逐步形成政府持续加大投入、农民自主增加投入、社会力量广泛参与的多元化投入机制。有条件的地方,要积极组建农业农村发展投融资公司。

3.6.3 统筹共建机制

深入开展第三批学习实践科学发展观活动,深化和丰富"城乡基层党组织统筹联建""村企党组织联建、助推新农村建设"等活动载体,建立城乡基层党建资源开放共享、优势互助互补的新型合作关系。创新村级经济发展方式,大力发展资产型、物业型、合作型、服务型集体经济。广辟渠道、创新办法,积极化解村级债务。强化农村社会管理,完善村民自治机制,深入开展平安创建和民主法制村(社区)活动,及时化解和消除农村基层不和谐因素,确保农村社会和谐稳定。加强农村党风廉政建设,严肃查处涉农违纪违法案件。

3.6.4 督查考核机制

建立科学的"三农"工作考核评价体系,将粮食生产、高效设施农业发展、农民增收、"三农"投入、农村"三集中"、农村和谐稳定作为考核辖市区领导班子绩效的重要内容。按照"谁主管、谁实施、谁负责"的原则,明确责任主体,严格检查考核。

农业议政建言

2013年，我被增选为市政协委员，是全市供销合作社在市人大、政协的唯一代表，我非常珍惜这一荣誉，重视这一平台。一方面，通过政协宣传供销社在新时期的新职能、新作用、新成就，借助政协的力量，更加关心、重视、支持处于低谷爬坡奋进中的供销社，通过争取，市政协专题视察了供销社基层组织建设工作，市政协主席会议全体人员参加，无一缺席，这在历次政协主席会议中也不多见，通过视察，让与会者对供销社系统有了全新认识；市政协还对与供销社职能密切相关的农民合作社提质增效、农业社会化服务、农业电子商务进行了专题调研与审议，市政协相关领导和委员到供销社的基层单位、企业、合作社进行了现场调研座谈，不仅增进了对供销社工作的了解与支持，更有效促进了供销社工作的开展。另一方面，积极履行委员义务，议政建言。除了每年在政协年会期间积极撰写提案外，我还先后以"以服务规模化助推农业现代化"为题在政协全体会议（年会）上发言（我是以委员个人名义发言的唯一代表），以"顺应新趋势，搭建新平台，推动农业服务规模化社会化产业化""规范运行，提质增效，推动农民专业合作社健康发展"为题在政协主席会议上发言，以建言"十三五"规划、农业电商的发展、精准扶贫、转基因作物品种的农产品质量安全、农业供给侧结构改革、农业综合改革等议题分别在政协专题调研会、重点提案督办座谈会、市委市政府征求意见座谈会和农业农村与民族宗教小组会上发言，以一个农业专家的视角资政建言，发挥了政协委员在参政议政上的应有作用。

　　政协汇聚了各方面人才，可以说是人才荟萃、群贤毕至，在这里民主气息较为浓厚，委员们畅所欲言、无所不包、直言相谏，参加政协会议和活动能长知识、增见识、拓视野、交诤友，我感觉很有意义、很有收获，对个人、对单位、对相关工作都有促进作用。

以服务规模化助推农业现代化

农业服务业作为现代农业的重要组成部分,贯穿于农业的产前、产中、产后等多个领域,有着丰富的内涵,主要包括农业科技服务、生产服务、基础设施服务、教育培训服务、休闲旅游服务、农村经营管理服务、商品与农产品流通服务、金融保险服务、信息服务、农产品质量安全服务 10 个方面。农业社会化服务体系作为政府农业支持保护体系的重要组成部分,是实施科教兴农的重要载体,在推动农业和农村经济结构战略性调整、提高农业综合生产能力、增加农民收入等方面发挥着重要作用。加强和完善农业社会化服务体系,是当前和今后一个时期实施农业现代化工程的一项重要任务。

1 我市农业社会化服务的现状

据初步调查,我市现有的农业社会化服务是一个由政府主导、市场引导、社会参与、农民需求形成的综合体。大致有 3 种类型:

1.1 公益性服务

由政府农、林、牧、渔、农经、水利、农机、气象、农业资源开发、粮食等部门及其所属事业单位延伸至乡镇"七站八所",属于行政部门或全额拨款事业单位,为"三农"提供农村管理、政策宣传、技术推广、项目支持、基础设施建设、疫病防控、病虫害预测、测土配方、气象预报、质量认证、生态保护等公共服务。

1.2 准公益性服务

1.2.1 由政府或部门兴办的经营性服务组织

如供销社、农业科研院所、农业院校、种子公司、植保服务公司、农化技术服务公司、农机公司、农业服务公司、农经公司、粮管所等,这些机构有的已经改制,有的仍是由政府部门或下属事业单位所领办,享受政府财政定额补助或差额拨款,拥有部分政策资源,如良种补贴、农资补贴乃至财政补贴的商品有机肥、农药、抗灾救灾肥料,大田作物和母猪、奶牛、设施农业等政策性保险等,为农民提供农业生产资料、政策咨询、农业保险、项目包装、品牌申报等服务,实行低偿微利收费。比如,丹阳市供销合作总社与镇江农科院"科技联姻",共同推广高产优质小麦品种镇麦 9 号,由供销社下属的春宝农作物有限公司组织种田大户进行示范推广,去年秋播应用面积达到 4 万多亩,平均亩产达 450 多 kg。

本文系作者 2015 年 1 月在市政协全体会议上的发言材料,原载于《镇江政协》(2014 年第 2 期)、《江苏合作经济》(2015 年第 1 期)和《镇江社会科学》(2014 年第 4 期)。

1.2.2 由政府或村集体提供的保本微利甚至免费服务

这主要在经济发达地区和经济强村实施,比如,由市、县、镇政府投资建设的农贸市场,为自产自销农民提供免费或平价摊位;扬中市八桥镇红光村等地为农民提供免费的农业保险、环境清洁、河道清淤,组建农机服务队为农民提供成本价的机耕、机插秧、农作物病虫害统防统治,对无劳动力户或年老农户的农田作业实行托管等。

1.3 经营性服务

由农业龙头企业、合作经济组织、专业大户、农民经纪人兴办的经营性服务企业,主要为农民提供农业生产资料,耕翻、播种、插秧、病虫害防治、灌溉、收获、烘干等农业生产性服务,收购、销售、加工、储运、冷藏、包装农副产品,以市场需求为导向,与农民双向选择、签订合同、按质论价。比如,丹阳市嘉贤米业、句容爱农葡萄、扬中绿箭苦瓜等企业或合作社以高于市场价收购农民的稻谷、葡萄、苦瓜、秧草,年终利润还根据农户销量实行二次分配;句容郭庄镇杰旺机插秧合作社理事长陈小勇,在种好1 200亩家庭农场的基础上,还为周边农户托管式服务1 500亩,异地"菜单式"服务近万亩,收购合作社成员编织的草绳,促进秸秆综合利用,增收每亩700元以上,帮助农民就业30多人,自身获得综合服务收入30多万元;句容茅山人家生态农业有限公司总经理吕素琴,建立茶果基地200亩,在南京、镇江、江阴等地开设连锁店,去年帮助农民销售农产品9 000多万元。

综上说明,我市已初步形成了一套农技推广、生产服务、农资供应、农产品营销、加工包装与现行农业管理体制和经营机制相对应的农业社会化服务基本格局,农业服务也逐渐由政府主导的"七站八所"走向社会、走向市场。其基本特点是服务主体多元化,服务规模小型化,服务内容多样化,服务质量初级化,在一定程度上促进了农民就业和收入水平的提高。

2 农业社会化服务存在的主要问题

从调查中发现,当前和今后一段时间我市农业社会化服务面临的主要问题是农业服务供给不足,包括服务项目、服务质量和数量都不适应现代农业发展的需要。

2.1 产前服务满足不了需求

由于农村市场的多元化,出现化肥、农药、种子、添加剂等农业生产资料质量不高、价格不稳定,农民经常买到的是高价格、低质量的农资,因而出现"爆炸瓜"、药害田、缺素症、绝收田、瘦肉精猪、含有孔雀石绿的水产品。

2.2 产中服务不适应

随着城镇化的发展,农村劳动力大量转移,即使像丹阳、句容这样的农业大市,有的村也已出现务农后继无人的尴尬局面。据句容市郭庄镇东方红村植保服务队长傅世祥介绍,该村目前主要由 50 岁以上老人种田,60% 的农田已经流转,90% 以上的年轻人外出打工,即使农忙也不回村,事实上他们也不会种田,再过 15 年就无人会种田了;丹徒区宝堰镇徐巷村书记徐双根反映,即使土地流转在 200 亩左右的大户,特别是外来承包户,不可能将各类农机全部配套,也依赖于社会化服务;扬中市八桥镇红光村党委书记傅德利介绍,该村人均土地半亩,年老农民体力不支,同时受知识结构的局限,对新品种、新技术难以运用,年轻农民不懂技术,也不愿种田,但为了口粮和附着于土地的潜在利益又不愿流转,需要全程托管或主要农事托管,而目前秸秆还田、病虫防治、粮食烘干等技术性强、投入大的生产环节满足不了农民托管需求。另一方面,随着农业生产现代化、专业化的发展,服务能力与服务需求也不相适应。据农业部门反映,农业技术人才主要集中在市、县两级,真正面向一线农民指导的乡镇农技推广站受编制和现有人员年龄、知识结构的限制,很难适应现代高效农业对多品种、高技术指导的需要。

2.3 产后服务跟不上

农民难以应对市场的波动,时而出现农产品卖难。这既与产品结构和质量有关,也与缺乏相关有效的信息引导、技术指导有关,更重要的是与加工、储藏、运销服务跟不上直接相关。特别是我市的应时鲜果和畜禽养殖,由于品种和品质结构的市场需求变化快,经常出现供需不平衡状况,造成价格大起大落。句容茅山镇种植葡萄万余亩,丁庄葡萄合作社实行农超对接、电子商务,其"老方"葡萄供不应求,价格在 10 元/kg 以上,经冷藏反季节销售的更达到 30 元/kg 以上;而没加入合作社的农户由于品种、技术、质量及品牌等原因,丰产不丰收,销售困难,价格仅 3 ~ 5 元/kg。

2.4 农业支持服务缺位

由于农业比较效益低下,在二、三产业预期投资效益和投资机会激增的情况下,农用资金被大量挪用挤占,收购农产品不能兑现,出现"白条"现象。即使有些高效设施农业,由于合作社有效抵押物不足,农民也不能获得贷款扩大再生产。农业保险由于宣传不到位、理赔标准不完全符合农业实际,还没有成为农民的自觉行动,一些村为农户垫支已成为村级新增债务的重要因素。

2.5 信息服务严重滞后

随着农村市场经济的深入发展,政府对农业生产的计划干预大幅度减少,农民被推向市场后,对"种什么""怎么种"等信息需求增大,而政府和服务组织在这方面的供给又跟不上,使农民在调整种养结构时有一种茫然之感。丹徒区江心洲 2011 年发生的 40 万 kg 莴苣滞销就是实证,由于农民盲目跟风种植,莴苣价格仅 0.20 元/kg,比正常年景低 0.80 元/kg,连成本都难收回,结果形成大小年现象,农民无所适从。

3 完善农业社会化服务体系的思考

从现阶段的农业实践看,健全农业社会化服务体系的总体要求是,充分发挥公共服务机构的作用,加快构建公益性服务与经营性服务相结合、专项服务与综合服务相协调的新型农业社会化服务体系。发展方向是主体多元化、服务专业化、运行市场化。服务组织形式是以农民合作经济组织或村集体组织为基础,以政府涉农部门、农业科研教育单位为依托,以农业龙头企业、民办服务实体为补充,建立覆盖全程、综合配套、便捷高效的服务体系,形成多层次、多形式、多主体、多经济成分、多样化的农业社会化服务格局。

3.1 转变政府服务组织的职能

以政府为主导的农业服务体系,主体是自市到镇乃至村的农业技术推广体系;主要职能是对农业实行宏观调控,规划布局,提供公益性服务;重点是落实国家农业政策、农业科技创新与推广、农业基础设施建设、农村生态环境保护、农村金融支持、农村市场体系的培育与规范等。如维护农产品价格和市场秩序,保障农产品质量安全,引导调整农业生产结构等。虽点多面广,但由于要直接面向广大农户,推广人员少,经费不足,效果不佳。传统的农业服务体系按县、乡、村行政等级层层传递,公共服务依托“一级抓一级、层层抓落实”的指令机制,缺乏与农民实际需求的对接。要转变观念,改变计划经济体制条件下以行政手段提供服务的方式及服务组织集政治职能、经济职能、社会职能于一体的现状。引导和鼓励集体经济组织、合作社、农业企业和专业大户发展经营服务实体,以政府购买服务的方式多渠道参与农业服务活动。在充分发挥市场机制的基础上,通过财政支农、涉农部门便农及政策惠农扶持服务体系的建设,从而推动农业市场化、服务社会化体系的完善。

3.2 强化村级集体服务组织的作用

村级集体服务组织是具有中国特色的农业社会化服务体系的基础,它起着外联政府部门和社会上各种服务实体、内联广大农户的纽带作用,也是解决高度分散的小规模经营在生产领域所遇到的问题的重要渠道。像扬中八桥镇红光村等地村集体组织提供的服务往往是无偿服务或者只收成本的“福利服务”,其实质是“以工补农”的服务形式。因此,壮大村集体经济实力是搞好服务的根本,集体经济发展了,不仅有了建设服务体系的力量,而且有利于增强集体经济组织的凝聚力。在工业经济欠发达地区,要积极发展以句容“戴庄模式”为代表的“村社合作”,或以供销社与村合作的句容“丁庄模式”,通过发展农业生产服务壮大集体经济,因地制宜地为农民提供农资服务、农产品加工、包装、营销等保本微利服务。

3.3　大力发展新型合作服务组织

在市场经济条件下,农业社会化服务仅仅依靠政府部门和村集体经济组织是不够的。在加强国家公益性农业技术、动植物疾病防控、农产品质量监管服务体系的同时,要鼓励和支持经济实力雄厚、带动能力强、经营机制灵活、有市场竞争力的农民专业合作社创办的社会化服务组织的发展。发达国家和地区农业社会化服务体系的主导力量同样借助于合作组织。如日本的农协、中国台湾地区的农会、法德的合作社、美国的农业服务公司和各种农业合作社等,为农民提供贯穿农业生产全过程的各项服务。农民合作社成为连接政府部门和广大农民的桥梁。以农民合作经济组织为主体接受政府农技推广部门、农业院校的技术培训,与科研院所对接,引进新品种、新技术、新设施,建立试验示范点,再由合作组织传授、推广给农民,则有助于使技术传播更快,也更易于降低农民获取先进适用技术的成本。丹阳江南食用菌合作社、吟春碧芽茶叶合作社、扬中绿野秧草合作社甚至还建立了院士工作站,成为科技创新的主体。合作社作为资本的“集聚者”和技术的“推广者”,通过为农户提供技术、资金、供销、加工、储运等服务,实行科学的生产管理,改善农业的基础设施、资源状况和环境质量,提高科技含量、装备水平,增加了产品产出,改善了产品品质,有助于增强农业的综合生产能力和市场竞争力。特别是随着农业分工分业的持续推进,农业服务需求日趋多样化,单纯由政府提供的公益性服务已不能满足农业服务的多元化、多样化需求。而面向广大农户,适应现代农业发展需要而产生的各类农村专业合作组织则恰恰填补了这一空白。供销社作为最大的农民合作经济组织,应当在完善网络、健全机制的基础上,真正把农民有效地组织起来,成为农民合作社的联合社,与农民建立利益共同体,为农民提供质优价廉的生活资料、农业生产资料、农产品流通、农田托管、资金互助、冷藏储运、加工包装、信息咨询、技术培训等专业化、个性化服务,成为农业社会化服务的综合平台。根据我市农业发展现状,应当把农业社会化服务体系的建设重点放在发展壮大农民合作社和包括乡镇供销社在内的集体所有制涉农企业上,通过它们使农民有组织地进入市场,以期在此基础上逐步形成一个以合作社为主体的农业社会化服务体系。

3.4　充分发挥农业龙头企业的为农服务功能

龙头企业要树立服务意识,对农业产业链的每一个环节进行指导和监控,扩大服务内涵、范围和规模,可以吸收农民入股企业,建立更紧密的利益关系,也可以围绕拳头产品搞产供销一条龙服务,在企业与集体经济组织、合作社、农户之间通过合同方式,规定各自的责任和义务,形成稳定的供求服务关系;政府部门应明确扶持方向,落实相关政策;金融部门在信贷规模和利率等方面要给予优惠和扶持;不断完善龙头企业和农民的利益联结机制,使企业与农户成为责、权、利相一致的共同体。

3.5 积极扶持发展民营规模经营型服务实体

民办民营服务实体作为农业社会化服务体系的一支新生力量,以其服务内容具体、范围广泛、方式灵活、效率较高颇受农民欢迎,弥补了其他服务组织的服务盲点。

3.5.1 多元化发展规模服务型企业

可以是单项服务的规模化,也可以是综合服务的规模化,即为农民提供产前、产中和产后的全过程综合配套服务,形成一个既综合又有规模的生产经营服务实体,根据农民的不同需要,提供合作式、菜单式、托管式农业服务。

3.5.2 充分发挥农产品经纪人的作用

加大政策扶持力度,为经纪人合法经营、文明经营创造公开、公平的竞争环境;农产品经纪人协会要提高经纪人的组织化水平,做好组织、协调工作,发挥自律作用;加强对经纪人的培训,提高其业务素质,帮助他们掌握必要的法律、农产品营销和经纪业务知识,增强守法诚信经营意识,从而提高其综合服务能力,有效地解决小生产与大市场的矛盾,更好地协调产供销的关系,并实现技术、资金、物资服务与生产的有机结合。但民营企业及经纪人的逐利性,导致其在发生自身利益与农户利益冲突时,容易产生坑农、损农行为,政府相关部门应当加强管理,同时,通过成立农业服务业协会等方式,建立起自律约束机制。

3.6 加快农业服务业支持保护体系建设

为了确保农业社会化服务体系的构建和科学运行,必须在遵守《中华人民共和国农业法》《中华人民共和国农业技术推广法》《中华人民共和国农民专业合作社法》等涉农法律法规的基础上,制定扶持农业社会化服务体系建设的优惠政策,从财政、税收、土地、信贷等方面予以倾斜支持,严格规范农业收费行为,禁止向农业企业乱收费、乱罚款和各种摊派,维护服务主体的合法权益;整顿和规范市场经济秩序,特别是要加强种子、化肥、农药等农资及农产品流通市场管理,杜绝坑农害农现象的发生。加强对农业服务人员的岗位培训,逐步实行执业资格准入制度,引入市场竞争机制,建立健全监督考核机制,建设一支高素质的农业服务队伍,以保证各项农业社会化服务的有效实施,确保农民得到质优价廉的服务。

规范运行 提质增效 推动我市农民专业合作社健康发展

1 国内外合作社发展概况

合作社的发展,至今已有 160 多年的历史,它是一种独特的商业模式,遵循自助、自主、民主、平等、公平和团结的价值观,在世界各国展现出坚韧的生命力,承担了广泛的社会责任,被列为国有经济、私有经济之外的第三种经济,它强调民主管理、大众参与,在很多方面比私有的民营经济表现更加突出,更适合这个时代。

合作社在世界各国发展大致有 3 种类型:一是以法、德为代表的专业合作社,主要特征是专业性强,即以某一产品或某种功能为对象组成合作社,规模一般比较大;二是以日本为代表的综合性农业组织,日本的合作社称为“日本农业协同组合”,简称农协,由于农业规模小,主要特点是以综合性为主,功能涵盖生产、销售等多种业务,韩国、以色列、泰国、印度和我国台湾地区也属于这一类型;三是以美、加为代表的跨区域合作社,主要特征是跨区域合作与联合,以共同销售为主。虽然各国合作社形式不同,但共同特点是政府主导推动,为合作社提供优惠政策,给予财政补贴,配套相关法律法规,组织体系完整,参与市场竞争,注重教育培训。

我国农民专业合作社是在农村家庭承包经营的基础上,同类农产品的生产经营者或是同类农业生产经营服务的提供者、利用者,自愿联合、民主管理的互助性经济组织。进入 21 世纪以来,特别是 2007 年《中华人民共和国农民专业合作社法》正式实施后,我国农民专业合作社呈现快速发展态势。其特点是:以种养殖业为主,行业分布广泛;以产品销售和生产服务为主,服务领域日益拓宽;以“合作社 + 农户”类型居多,运作模式多元化;合作联社不断涌现,跨区域跨行业发展势头明显,有形成产、加、销一体化经营联合体的趋势;但整体实力不强,运行欠规范。

2 我市农民专业合作社的发展现状

近年来,我市农民专业合作社发展迅猛,在促进农产品生产和流通方面发挥着越来越重要的作用。截至去年年底,全市已有各类农村合作经济组织 2 855

本文系作者 2014 年在市政协主席会议专题审议“关于农民专业合作社提质增效”重要提案时的发言材料,原载于《江苏合作经济》(2014 年第 4 期)和镇江市委办公室《创新》(2014 年第 5 期)。

个,覆盖全市所有镇村,参合农民成员65.62万户,农民入社率达112.5%。以供销合作社系统领办、参办、创办的326家专业合作社为例,2013年销售农产品39.7亿元,助农增收8.9亿元,有近25%的专业合作社实行了盈余返还二次分配,整体发展水平良好。

但从发展质量上看,我市农民专业合作社的发展仍处于起步阶段,存在着以下六方面的不足:一是合作社规模普遍偏小,整体实力仍显薄弱;二是合作社服务层次偏低,市场竞争力弱;三是合作社融资难,高素质管理和技术人才匮乏,最缺乏的是带头人、财务、经纪人、营销、经营管理5种类型的人才;四是合作社制度尚不健全,管理运行有待规范;五是对合作社的扶持政策有待配套完善;六是合作社组织体系不健全,缺乏应有的话语权。因此,加快农民专业合作社规范运行、提质增效是推动我市农民专业合作社健康发展的迫切任务。

3 推动我市农民专业合作社提质增效

针对我市农民合作社发展中的问题,借鉴国内外合作社发展的先进经验,推进我市农民合作社规范运行、提质增效,需重点做好以下六方面的工作:

3.1 完善政策规范,落实优惠措施

《中华人民共和国农民专业合作社法》的颁布实施,使农民专业合作社的注册、运行、利润分配等有了具体的规范,推进了我国农民专业合作社的快速发展,但同时我们也应该认识到,面对农民专业合作社的快速发展规模,法律法规还不能全部覆盖,专业合作社发展过程中出现的许多问题,在现有法律法规上还是空白。为此,需要结合我市实际,在现行法律法规框架内,配套制定具体的政策规范,对农民专业合作社在专项财政资金支持、税收减免、技术指导、土地使用等方面给予优惠政策;通过贷款贴息、以奖代补等方式扶持合作社的项目建设;积极搭建信息服务、人才培养、农产品认证等平台,减少合作社经营成本;同时切实将国家、省和我市的各项涉农优惠政策落到实处,以提高合作社的竞争力。

3.2 规范专业合作,强化利益联结

在坚持市场经济原则的基础上,推进农民专业合作社规范化发展,将规范化建设作为获取政策支持的基本条件。规范化建设主要包括以下三方面:

3.2.1 独立、民主管理

合作社遵循"一人一票"和附加表决权制,同时要与龙头企业等领办主体保持独立,独立开展经营活动。

3.2.2 规范执行财务制度

严格执行《农民专业合作社财务会计制度(试行)》,建立健全成员个人账户,定期公开财务报表,实行盈利二次分配机制。

3.2.3　完善服务功能

统一制定生产技术规范、统一申请注册商标、统一建设基础设施,推进标准化生产,统一入社社员的产品质量,拓展合作社统一销售能力,提高社员产品通过合作社销售的比重。

3.3　拓宽合作内涵,推动产业升级

在合作社内部,既提供生产、技术、信息服务,又提供农资、加工、产品销售服务,努力形成覆盖农业生产经营各领域的全方位、一体化的合作,解决农户生产中的各项难题;同时,根据我市农业生产结构,通过政策引导,鼓励各类市场经营主体发展农产品加工、流通、观光旅游、循环农业、生物技术等,建立新兴农业产业合作社,延长产业链条,提升农业产业层次,推动农业转型升级,共同打造镇江农业品牌,提升农产品附加值,提高镇江农产品知名度,强化农产品市场竞争力,增加农业效益,让农户充分享受农产品加工、流通等环节的利润,提高合作社和农户的整体经济效益。

3.4　推进联合合作,健全组织体系

农民专业合作联社是行业相同、相近或者配套的农民专业合作社间的再联合,是农民专业合作社深入发展的新阶段,是农民专业合作社发展的新需要。一方面,要根据我市的优势产业,积极组建农民专业合作联社,进一步提高农民的组织化程度,提升规模优势,抱团闯市场,克服专业合作社产品季节性、产量少等劣势,更好地与大型连锁超市、农业龙头企业对接;打造特色品牌,统一注册商标,统一质量认证,统一宣传推介,提高专业合作社农产品的知名度。另一方面,要在县区、镇街、村等不同层级组建农民合作社联合社,也可以跨行政区域组建合作联社,既可以是相同、相近专业或以产业链条组建合作联社,也可以是不同专业以互补方式组建合作联社,完善农民合作社组织结构;在联社层面积极开展技术培训、信息咨询、生产资料服务、资金互助、品牌打造、农产品加工、产品营销等深层次服务,集生产合作、专业合作、营销合作、信用合作乃至消费合作于一体,提升市场竞争力和谈判地位。

3.5　加强人才培训,提升管理水平

合作社与企业有许多相似之处,以至于外界把合作社与企业相等同,因此,必须加强合作社的宣传和理念教育,包括合作社的宗旨、原则和绩效等,加深社会对合作社的了解。更重要的是要加强合作社的人才培训,对合作社带头人要进行政策法规、创新发展等方面的培训;对经营人员要进行市场开拓、新型营销模式等方面的培训;对生产管理人员要进行标准化生产、农产品质量安全等方面的培训。努力培养造就一支懂技术、会经营、能管理的农民专业合作社建设的人才队伍。

3.6　推行合作金融，拓展融资渠道

"贷款难"是农民专业合作社普遍存在的问题，并由此引发了合作社抗风险能力弱、扩大再生产能力不足等问题。为此，根据中共中央、国务院《关于全面深化农村改革加快推进农业现代化的若干意见》精神，一是试点农村合作金融，学习借鉴各地在农民资金互助合作社上的经验教训，在管理民主、运行规范、带动力强的农民合作社和供销合作社的基础上，培育发展农村合作金融，不断丰富农村地区金融机构类型。坚持社员制、封闭性原则，在不对外吸储放贷、不支付固定回报的前提下，推动社区性农村资金互助组织发展。二是广泛开展"银社对接"活动，针对农民专业合作社的特点，加大与金融机构特别是农商行、农业银行、农发行等涉农银行的沟通合作，创新贷款业务方式，在严格把关、确保信用的基础上，做大"惠农贷""助农贷"，满足农民专业合作社的融资需求。

顺应新趋势　搭建新平台
推动农业服务规模化社会化产业化

农业服务规模化是相对农业生产规模经营而言的,现行的农村土地承包经营制度与我市人多地少的现实状况,决定了走以服务规模化为主的现代农业发展路子更为可行,其市场广阔、潜力巨大,必将成为我市服务业发展新的增长点。推进农业服务规模化、产业化,能有效地解决现行经营体制中统分结合不到位和生产规模小带来的诸多弊端,对于巩固农业基础地位、稳定农村基本经营制度、深化农村改革、转变农业发展方式、完善现代服务业具有重要的现实意义。

目前,我市农技推广、动植物疫病防控、农产品质量监管、农业信息、农机服务、农资供应、农村金融等服务体系已基本形成,并发挥着积极作用。但是,随着农村经济的发展、农村劳动力的转移、农业生产力水平的提高和新型农业经营主体的兴起,现行的农业服务体系越来越不适应农业现代化发展的需要,农民对农业社会化服务的需求,不仅对耕、种、管、收等生产环节的服务提出更高要求,而且对资金、技术、信息、加工、储运、烘干、销售、管理等提出更多的综合性服务要求,而现有的服务主体仍然主要集中在产前与产中,产后服务依然相当薄弱,内容单一,形式比较简单。同时,农民对农业社会化服务质量的要求也越来越高。由于服务收益较低、自身积累不足、基础设施较差、装备水平较低、服务手段简单等原因,经营性服务往往力不从心;公益性服务又不能适应农村生产关系和农业结构调整的需要,发展相对滞后,无法提供高效优质的服务,依靠行政体制服务的机制已基本无效。农业社会化服务面临着行政和市场双重失灵的尴尬境地。

因此,加快构建适应市场经济发展、适应农业现代化建设需要、适应城乡发展一体化要求,覆盖全程、综合配套、便捷高效的农业社会化服务体系已成当务之急。

1　优化基层农业公共服务平台建设

据调查,现行农业公共服务仍是按县、镇、村三级,"一级抓一级、层层抓落实"的指令机制,而镇级农业推广机构普遍存在村级书记多、老龄人员多、传统

本文系作者在市政协七届三十五次主席会议专题协商"推进农业社会化服务体系建设"重要提案时的发言材料,原载于《镇江政协》(2015年第5期)。

技术人员多、行政事务多的现象,村级则多为兼职,服务对象是千家万户,因而不仅政府的农业决策特别是新技术推广得不到有效落实,而且农民的实际需求也得不到满足。所以,必须深化农业公共服务机构改革,建立起与现行农业结构和农村劳动力结构相适应的农业公共服务管理体制。建议实行农业行政、技术推广、经营服务三分离,即行政管理按照县、镇、村一级抓一级,主要负责政策落实、规划布局、结构调整、园区建设、集体经济发展等,人员配备少而精;技术推广按照生态区域或流域设置区域站,坚持公益性定位,以满足农民的科技需求为出发点,按照一业(区域特色主导产业)为主、综合设站(包括水利、农机、畜牧、水产、气象等),作为县级农业推广机构的派出机构,主要围绕区域需求制订农业技术推广计划,做好新品种、新技术、新模式、新机具的引进、试验、示范和推广工作,发布动植物疫情预报,制定防控措施,加强农业标准化推广和质量安全监测及农业资源、农业生态环境、农业投入品质量监管,配合做好农业灾害的应急处置,开展农业公共信息的采集与发布,抓好农民教育培训和科技示范户培育等工作,全面推行以农技人员对接新型农业经营主体为主要模式的工作责任制度,建立通过新型农业经营主体辐射千家万户的农业技术推广工作新机制;使其有完善的管理体制,有规范的运行机制,有精干的专业队伍,有稳定的经费保障,有试验示范基地,有必要的工作条件。切实解决目前乡镇农技人员服务缺位和不到位等问题。

2 强化村级集体服务平台建设

村级集体服务组织起着联结政府部门、服务实体和广大农户的作用,也是解决高度分散的小规模经营在生产领域所遇到的问题的重要渠道。在村集体经济较好的地区,要积极推广扬中八桥镇红光村、三茅街道指南村建立村集体农机服务队,为农户提供免费或成本价的农事托管、半托管服务的模式;在村集体经济相对薄弱的地区,推广句容"党支部 + 合作社 + 农户"的"戴庄模式"和"供销社 + 村两委 + 合作社"的"丁庄模式",通过发展农业生产服务,壮大集体经济,因地制宜地为农民提供保本微利的农资供应、农机作业、农产品加工、营销等服务。

3 重点扶持新型农业服务平台建设

3.1 鼓励乡镇"七站八所"转型发展

按照政事企分开的原则,将现行乡镇站所人员按其身份性质分流,企业和农民身份人员应当发挥技术优势,创办农业生产性服务实体。如丹徒区荣炳水利农机站发起成立的荣兴农机服务合作社,现有各类农机具 127 台套,去年为1 260 户农民机械作业 3.74 万亩次,服务收入 220 万元。

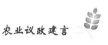

3.2 积极培育农业龙头企业

支持农业龙头企业围绕产前、产中、产后各环节,为基地农户提供农资供应、农机作业、技术指导、疫病防治、市场信息、产品营销等各类服务。如丹徒区"温氏养鸡模式"。

3.3 积极引导农民专业合作社开展联合合作

实行合作社间服务互补或农民合作社与相关市场主体间的合作发展,规范提升有规模、有品牌、有竞争力的示范性农民专业合作社。如句容华甸农产品专业合作社,实行种苗、技术、农资、品牌、营销"五统一",利润二次分配,同时帮助其他经营主体销售农产品,并谋求与深圳中兴公司合作,以扩大规模,稳定市场,提升产业层次。

3.4 培育发展服务型规模经营实体

重点发展生产作业环节外包、农资供应、仓储物流、农产品加工、循环农业等现代农业生产性服务业,推动农业服务产业化;大力引导和支持供销社、工商资本、农业企业发展种子种苗、农资农机、农产品加工流通,健全完善"服务型企业 + 合作社 + 农户""服务型企业 + 农户""家庭农场 + 农户""专业大户 + 农户"利益联结机制,为农户提供菜单式点供或保姆式托管服务。如镇江新区种粮大户周胜利和富农农机合作社分别积累了包产和不包产的农业生产全程规模化托管服务经验。

4 加强农业信息、物流平台建设

充分发挥涉农部门信息网、12316、农信通等信息服务平台作用,强化信息服务平台对农产品市场行情、农业科技成果、涉农扶持政策等农业信息的甄别筛选和发布能力,加快构建市、县、镇、村、新型农业经营主体联动的信息服务体系,实现信息资源有效共享。完善农资物流平台建设,推动农资企业"合作化、一体化、个性化"发展,合理配置好农资配送中心、供应网点,办好庄稼医院,农业、供销部门合作开展农药"零差率"集中配送,强化农资质量安全可追溯管理;推进技物结合,集农资供应与统防统治、测土配方施肥、农田托管等于一体,为农民提供一条龙个性化服务。突出农产品物流平台建设。重点培育镇江农批、丹阳农商批发大市场等综合性农产品交易市场,有目的地建设"茅山人家"等专业性、特色农产品销售市场;完善农超、农企、农批、农校对接机制,加快农产品流通;大力发展以"亚夫在线"为龙头的农业电子商务,实现农产品"小生产"与"大市场"的无缝对接;办好"亚夫在线"实体店,支持骨干农业龙头企业、有条件的农民合作社参加国际、国内的农产品、食品博览会,促进农产品出口。

5　重视金融支农服务平台建设

农村商业银行、村镇银行、农村小额贷款公司等金融机构要本着"服务三农"的宗旨,发展农业信用担保机构,增加注册资金,财政应当给予贴息,支持农业信用担保公司开展担保业务,简化审贷手续,共享诚信管理系统资源,提供企业、农民合作社负债情况和抵押物资登记等方面信息的查询服务,增加年担保额度,促进农业信用担保公司良性发展。鼓励农村商业银行等金融机构发展农村信用贷款和联保贷款,进一步推进银农、银社对接,金融机构要面向农业生产实施金融服务与金融产品创新,提高金融服务的灵活性和便利性,将管理能力较强、投资项目较好、盈利水平较高的规模服务企业、新型农业经营主体列为优先支持对象,降低准入门槛,积极扶持农业信用贷款投放大的金融机构发展,增加贷款投放。建立健全农民合作社内部信用合作机制,切实解决农民贷款难问题。推动创建"信用镇""信用村"。完善农业保险制度,依照"政府主导、财政扶持、市场运作、自愿参保"的原则,发展多种形式、多种渠道的农业保险,鼓励农业生产经营主体参加,积极扩大农业政策性保险范围。政策性农业保险机构要优化保险服务,引导农业经营主体投保参保。鼓励商业保险机构研究推出面向各类农业生产经营主体的新险种,探索产量指数保险、天气指数保险等险种,构建农业生产全方位的"保护伞"。大力发展多种形式的农村保险组织,加快农业保险实施步伐,降低农业生产风险。

6　推进农村产权交易服务平台建设

加强对土地流转工作的管理和服务,建立健全辖市区、镇、村三级土地流转服务平台,强化信息沟通、政策咨询、合同签订、价格协调、纠纷调处等流转服务,引导农民依法、自愿、有偿、平稳地流转土地,推进整村、整组、整流域集中流转,切实保障土地流转当事人的合法权益,推进农业规模化生产。总结丹阳农村产权交易平台建设的试点经验,规范产权交易管理方式,在其他辖市区依托县、镇两级土地流转服务机构,积极探索构建包括农村土地承包经营权、农村集体资源资产经营权、农村闲置宅基地使用权、集体工程项目招投标、农业科技创新成果等交易内容的农村产权交易服务平台,积极拓展和有效提升农村资源、资产、资金管理效益与服务功能。

7　突出科技支撑平台建设

鼓励支持镇江新区、句容市、京口区等与高校、科研院所合作建设新农村发展研究院、现代农业示范园、农博园等,推进产学研结合,建立农业科技成果转化基地;支持丹阳江南食用菌、吟春碧芽、扬中绿野秧草等新型农业经营主体兴办院士工作站、博士后流动站,加大农业企业、农民合作社与科研院所对接力度,促

进新型经营主体成为科技孵化器；加强高等职业院校、公益性培训机构与生产基地、经营服务主体对接，培育一批教学实训基地和农技推广示范基地。鼓励兴办民间科技创新机构，加强农业科技人才队伍建设，培育现代农业技术创新团队。整合培训教育资源，改善教育条件，实施农技人员知识更新工程和农民素质提升工程，加大农村实用人才培训力度，制订落实培训计划，建立农村实用人才培养和使用激励机制，提升农技人员的服务能力。建立农业专家派驻制度，培育更多的"亚夫团队"和"亚夫精神"践行者，健全长效服务机制；引导和鼓励农技人员根据其业务专长，通过技术承包、技术入股等形式与农业生产经营主体开展多种形式的联合合作，实行利益共享、风险共担。鼓励农民合作社、农业企业聘用大学生担任技术骨干，引导大学生下乡创业，领办农业试验示范基地，成为新型职业农民。

8　扎实做好农业服务支持保障平台建设

各级政府要加强组织协调，建立健全推进机制、考核约束机制；各级涉农部门要加强配合、主动支持、通力协作，合力推进新型农业规模化服务平台建设。要加大财政投入力度，完善现有财政扶持政策，整合扶持资金，进一步推进新型农业规模化服务平台建设；要把建立健全农业规模化服务平台作为发展现代农业的基础性工作来抓，把农业规模化服务纳入各级农业生产性、建设性、产业化项目实施范围，集中用于农业规模化服务项目建设。对从事农业生产性服务取得的收入，免征营业税。要通过政策支持、特许经营、合同外包、政府采购等方式，鼓励支持各类经营性服务组织参与公益性、区域性、市场化的农业规模化服务平台建设。积极引导高等院校、科研院所、集体经济组织、农业龙头企业、农民合作社、家庭农场等市场主体共同参与农业规模化服务。鼓励创新服务机制，推广互助式、订单式、承包式、代理式、融合式、保姆式等服务方式，总结推广作业对接、产销对接、银农对接、农企对接、人才对接、科技对接等新模式，择优推广适用性强、农民欢迎的服务模式与机制，提高服务的针对性、有效性和到位率。开展服务示范创建，制定服务示范标准，规范服务行为，开展农业规模化服务示范镇、示范村、示范企业、示范社创建活动，不断提升农业规模化服务能力。加快构建以公共服务机构为依托、农民合作社和村级集体服务组织为基础、农业龙头企业和其他社会力量为补充，公益性服务和经营性服务相结合、专业服务和综合服务相协调的新型农业社会化服务体系，为加快实现农业现代化提供有力的服务保障。

附　录

论文(规划、调研、农经学术成果)获奖目录

(1) 镇江丘陵农牧结合种植制度研究

  ——1989 年度镇江市农村经济学会农业经济优秀成果三等奖

(2) 镇江市农业(种植业)"八五"科技发展规划

  ——1991 年度镇江市科学技术委员会优秀规划奖

(3) 苏南丘陵稻田分层优化作物布局的初步探讨

  ——1991 年度江苏省水稻栽培专业论文三等奖

(4) 水稻后期叶面喷施生化制剂增产机理的研究

  ——1991 年度江苏省水稻栽培专业论文优秀奖

(5) 镇江丘陵地区农牧结合种植制度研究初探

  ——1992 年度江苏省农经优秀学术成果二等奖

(6) 水稻裂纹米的成因与防止对策研究

  ——1995 年镇江市科学技术委员会学术技术带头人后备人员论文评比优秀奖

(7) 镇江粮食生产现状与增产技术途径的探讨

  ——1996 年镇江市农业局中青年论文评比二等奖

(8) 浅析镇江种子产业化现状及发展思路

  ——1997 年江苏省种子产业化学术论文评比一等奖

  ——1996—1997 年度镇江市优秀调研成果优秀奖

(9) 镇江粮食生产潜力与增产途径的初步探讨

  ——1998 年镇江市第五届优秀科技论文三等奖

(10) 浅谈信息技术在农技推广中的应用

  ——2001 年第三届中国农业推广研究优秀论文三等奖

(11) 对镇江农业综合生产能力建设的思考

  ——2003—2004 年度全市优秀调研成果二等奖

(12) 大力发展现代农业　推进社会主义新农村建设

  ——2005—2006 年度全市政府系统优秀调研成果优秀奖

(13) 转变农业发展方式　推进现代农业建设

  ——2008 年江苏省农业经济学会纪念农村改革 30 年论文二等奖

(14) 万顷良田建设的"镇江新区模式"

  ——2010 年度江苏省农业经济学会二等奖

（15）提升"三社"建设水平　增强服务"三农"能力

　　　　——2012 年度全市政府系统优秀调研成果二等奖

（16）创新服务体制机制　健全乡镇供销网络

　　　　——2013 年度全市政府系统优秀调研成果三等奖

（17）以服务规模化助推农业现代化

　　　　——2014 年度全市政府系统优秀调研成果三等奖

（18）社村共建为农综合服务社的实践与探索

　　　　——2015 年度全市政府系统优秀调研成果三等奖

农业科技成果获奖目录

（1）杂交新组合汕优 63 的繁殖与推广
　　　　——1985 年度江苏省农业技术改进三等奖

（2）水稻省力栽培技术研究
　　　　——1987 年度镇江市科技进步三等奖

（3）稻田亩产"双千"综合配套技术研究
　　　　——1988 年度镇江市科技进步三等奖

（4）水稻秧田的综合利用技术
　　　　——1989 年度江苏省农业科技进步四等奖

（5）多效唑调节水稻生长的机理及应用技术
　　　　——1990 年度江苏省科技进步二等奖（参加）

（6）稻麦连续少（免）耕及高产配套技术的研究与应用
　　　　——1990 年度江苏省农业科技进步四等奖

（7）镇江丘陵地区驸马庄村资源综合利用单元模式
　　　　——1991 年度镇江市科技进步一等奖

（8）南方丘陵区土地-生物资源综合利用的单元模式
　　　　——1991 年度江苏省科技进步四等奖

（9）苏南、川西高产稻区区域农业发展关键技术途径
　　　　——1991 年度农业部科技进步二等奖（参加）

（10）武育粳三号在水稻高产优质高效栽培中的研究应用
　　　　——1992 年度镇江市科技进步二等奖
　　　　——1993 年度江苏省科技进步三等奖

（11）新型耕作栽培技术及其应用研究
　　　　——1992 年度江苏省科技进步二等奖（参加）
　　　　——1993 年度国家科技进步二等奖（参加）

（12）农业生化制剂配套技术研究
　　　　——1994 年度江苏省农业科技进步三等奖

（13）丘陵地区提高复种指数的种植制度及其配套栽培技术
　　　　——1996 年度江苏省农业科技进步三等奖
　　　　——1996 年度镇江市科技进步三等奖

（14）江苏沿江经济区高产高效持续多熟种植制度
　　　　——1996 年度江苏省科技进步四等奖（参加）

（15）长江流域稻麦高产区多元多熟及稻麦两熟高产高效种植新技术

　　　　——1996 年度农业部科技进步三等奖（参加）

（16）小麦品种扬麦 5 号的转化及其应用

　　　　——1998 年第二届江苏省农业科技成果转化三等奖

（17）晚粳稻套播麦综合配套高产栽培技术

　　　　——2000 年度镇江市科技进步三等奖

（18）蔬菜防虫网覆盖技术

　　　　——2006 年江苏省农业技术推广奖三等奖

（19）制醋糟渣农用资源化技术开发

　　　　——2007 年度中国轻工业联合会科技进步二等奖

＊注明"参加"的系受主要完成者名额所限，未获授奖单位一级获奖证书，由获奖项目主持单位印发二级获奖证书。

荣誉表彰目录

(1) 1987 年度杂交稻"丰收杯"高产竞赛第二名
　　　　——江苏省农林厅

(2) 1987 年度吨粮田"丰收杯"高产竞赛第三名
　　　　——江苏省农林厅

(3) 1987 年度常规稻"丰收杯"高产竞赛达标奖
　　　　——江苏省农林厅

(4) 1989 年度杂交稻"丰收杯"高产竞赛二等奖
　　　　——江苏省农林厅

(5) 1989 年度先进工作者
　　　　——镇江市农业局

(6) 1991 年镇江市大中专优秀毕业生
　　　　——中共镇江市委组织部、镇江市计划委员会、镇江市科学技术
　　　　委员会、镇江市人事局

(7) 1994 年度嘉奖
　　　　——镇江市农业局

(8) 1994 年度援外先进工作者
　　　　——中国驻坦桑尼亚经济商务代表处

(9) 1995 年度嘉奖
　　　　——镇江市农业局

(10) 1995 年度镇江市有突出贡献的中青年专家
　　　　——镇江市人民政府

(11) 1996 年度江苏省有突出贡献的中青年专家
　　　　——江苏省人民政府

(12) 1997 年度"双结双帮"活动先进个人
　　　　——中共镇江市委

(13) 2000 年环境保护工作先进个人
　　　　——镇江市人民政府

(14) 2001 年江苏省创建清洁文明生产企业、环境与经济协调发展示范镇、
　　　百佳生态村先进个人
　　　　——江苏省环保厅、江苏省乡镇企业管理局、江苏省农林厅

（15）2000—2002 年度外事工作先进个人

　　　　——镇江市人民政府

（16）2002 年中共江苏省委党校优秀研究生

　　　　——中共江苏省委党校

（17）2003 年"三资"开发农业先进个人

　　　　——中共镇江市委、镇江市人民政府

（18）2003 年抗洪抢险工作先进个人

　　　　——镇江市人民政府

（19）2004 年农业农村工作先进个人

　　　　——中共镇江市委、镇江市人民政府

（20）2004 年全省农业科技推广先进个人

　　　　——江苏省农林厅

（21）2005 年农业农村工作先进个人

　　　　——中共镇江市委、镇江市人民政府

（22）2006 年全省农业会展工作先进个人

　　　　——江苏省农林厅

（23）2008 年度嘉奖

　　　　——镇江市年度考核委员会办公室

（24）2009 年江苏省农村现代化试验区先进工作者

　　　　——江苏省农村现代化试验区领导小组办公室

（25）2009 年度嘉奖

　　　　——镇江市年度考核委员会办公室

（26）2010 年度三等功

　　　　——镇江市年度考核委员会办公室

成 长 历

1958 年 10 月 28 日	出生于江苏省泰兴县城西区港北公社李家垡生产队
1963 年	开始协助料理家务(烧饭、打草、切草、煮食、喂猪等)
1965 年 9 月—1971 年 1 月	在泰兴县港北公社李家垡小学读书
1967 年	开始学习农活(栽秧、收割稻麦、脱粒等),暑假、寒假参加生产队劳动挣工分
1970 年前后	在泰兴县天星公社洋思五七学校(原李家垡小学)勤工俭学(放学后、夜间在校办厂绕线圈、装配舌簧喇叭)
1971 年 2 月—1973 年 1 月	在泰兴县天星公社洋思五七学校读初中(暑假、寒假参加生产队劳动挣工分)
1973 年 2 月—1975 年 6 月	在泰兴县大生中学读高中(暑假、寒假参加生产队劳动挣工分)
1975 年 7 月—1976 年 2 月	在泰兴县天星公社洋思大队李家垡生产队养猪场养猪
1976 年 3 月—1979 年 8 月	任泰兴县天星乡洋思大队农科队记工员 在洋思五七学校断续代课 4 学期(教授一、四年级和初一);兼天星乡广播站广播线路维护员;兼大队政治干事,参与扫盲等
1978 年 7 月	参加高考被预录取,因国家原因推迟到 1979 年 9 月入学
1979 年 9 月—1982 年 6 月	在江苏农学院农学系农学专修科读书
1982 年 7 月—1983 年 10 月	在镇江地区农业科学研究所耕作栽培研究室从事稻麦栽培技术研究
1983 年 11 月—1984 年 2 月	在镇江市农业局粮油科从事水稻栽培
1984 年 3 月—1985 年 1 月	参加江苏省高教局、江苏省科技干部局联合举办的出国留学预备人员日语(英语)培训班(南京师范大学承办)
1985 年	参加国家教委、国家科委联合举办的出国留学预备人员外语水平测试,获得通过
1985 年 3 月—1989 年 3 月	在镇江市农业技术推广站从事水稻栽培
1986—1988 年	先后成为镇江市农学会、江苏省农学会、中国作

物学会、中国农学会会员

1988 年 1 月	被评聘为农艺师(1983—1986 年国家暂停评聘技术职称)
1989 年 4 月—1992 年 11 月	任镇江市农业技术推广站副站长,从事粮食栽培
1990 年前后	兼任第二届镇江市科技进步奖评审委员会委员
1992 年 4 月 23 日	成为中国共产党预备党员
1992 年 12 月—1995 年 1 月	在中国援坦桑尼亚农业技术组从事水稻栽培
1993 年 4 月 23 日	在中国援坦桑尼亚农业技术组转正为中国共产党党员(经中国驻坦桑尼亚大使馆党委批准)
1993 年 9 月—1994 年 12 月	任中国援坦桑尼亚农业技术组生产组组长
1995 年 2 月—1996 年 7 月	先后任镇江市农业技术推广站副站长、站长,被评聘为高级农艺师
1995—2011 年	兼任江苏省农作物品种审定委员会委员
1996 年 8 月—1996 年 10 月	任镇江市种子管理站站长、镇江市种子公司经理
1996 年 11 月—1998 年 12 月	任镇江市农业局副局长、党组成员,兼任镇江市种子管理站站长、镇江市种子公司经理
1996—2009 年	兼任江苏省作物学会副理事长
1999 年 1 月—2001 年 5 月	任镇江市农业局副局长、党组成员
1999—2007 年	兼任镇江市农业科技示范园专家小组成员
2000—2010 年	兼任江苏省农业技术高级职称评审委员会委员
2000—2002 年	兼任连云港市农业局副局长(苏南与苏北结对挂钩帮扶)
2001 年 6 月—2007 年 9 月	任镇江市农林局副局长、党组成员
2007 年 10 月—2011 年 7 月	任中共镇江市委农村工作领导小组办公室副主任(负责处理日常事务)
2007 年 12 月—2011 年 7 月	兼任中共镇江市委研究室副主任
2007—2011 年	兼任《南京区域农村经济》编委会委员
2008 年 6 月	任农业技术推广研究员(2000—2006 年国家暂停对公务员评定技术职务)
2011 年 8 月—2013 年 2 月	任镇江市供销合作总社党委书记、理事会副主任(主持全面工作)
2013 年 3 月—2015 年 12 月	任镇江市供销合作总社党委书记、理事会主任
2011 年 9 月—2016 年 1 月	兼任江苏省供销合作总社理事会理事
2011—2015 年	兼任《江苏合作经济》编委会委员
2013—2016 年	任镇江市政协七届委员会委员

1981 年摄于江苏农学院

1982 年 6 月摄于扬州的毕业照

1983 年 8 月在镇江农科所参加杂交稻超高产栽培技术研究时在田间观察记载长势情况

1990 年组织各县区农业局负责人在句容县后白良种场现场考察水稻新品种高产栽培试验

1993 年 1 月在坦桑尼亚坦
赞铁路姆贝亚省会火车站广场

1994 年 5 月农业部国际司
合作处负责人在坦桑尼亚现场
检查我技术合作项目

1994 年在坦桑尼亚 Mbarali Rice
Farms LTD 执行技术合作项目

1998年在中国台湾参观考察台一农业教育园

1999年5月组织农技人员在扬中新坝镇考察小麦平衡配套施肥试验

2003年11月参加英国农业食品博览会(考文垂市),图为中国展馆

2003年11月参加英国农业食品博览会(考文垂市)期间举行农业招商活动时与部分客商合影

2004 年 4 月陪同德国客商考察我市的设施农业

2004 年参加市委党校县处级领导干部进修班赴西柏坡接受革命传统教育

2004 年在上海举行农业招商和农产品推介活动

2004 年在镇江国际饭店与以色列专家洽谈农业技术合作

2012 年 5 月在镇江大市口城市客厅举办国际合作社年暨农产品广场集市活动

2014 年 3 月 6 日,副市长胡宗元调研供销合作社工作

2014年4月在句容郭庄镇东方红村植保专业合作社调研

2015 年 5 月 31 日参访台湾
佛光山拜会星云大师时的合影

2015 年 6 月 5 日于台北在镇江
市市长朱晓明的见证下与台湾农产
品流通经纪人协会会长林瑞民签订
农业合作交流框架协议

2015年7月21日在北京人民大会堂出席中华全国供销合作社第六次代表大会

2015 年 9 月在句容茅山人家生态农业有限公司调研座谈

2015年10月在镇江接受中国农产品流通经纪人协会授予的全国百强农产品经纪人暨百佳农产品品牌表彰活动"突出贡献大奖"

后 记

　　回望学习、工作历程,收获颇多,感慨良多,需要感恩感谢的良师益友太多太多。

　　中小学阶段虽处"文革"时期,但小学校长侯德华对我的纪律约束让我记忆深刻。初中的语文老师曹扬武、数学老师樊长友对我的学习要求严格,让我在特殊时期打下了较好的学习基础。高中校长兼政治老师严裕贤和班主任兼数学老师黄国柱不苟言笑,对学生严格管理,让我在困难时期学到了尽可能多的知识。洋思五七学校校长曹扬武在国家恢复高考后三番五次登门劝说,做我父母的思想工作,才让我有机会参加了高考,改变了人生发展方向。大学阶段的系总支书记梁隆圣对学生管理严格又关爱有加,以至于在我毕业 30 年后回校时,他虽然已经从扬州大学党委书记的职位上退休,但还一眼认出我并叫出我的名字,还记得当初我的家庭窘困,让我很是感佩。时任作物栽培学老师、现中国工程院院士张洪程教授治学严谨、科研一丝不苟、工作勤奋,给我树立了榜样,从暑假留校协助科研到毕业实习,他都是我的指导老师,毕业后我又在他主持的课题内承担过试验任务,受益匪浅。

　　1982 年 7 月参加工作后,第一个工作单位是镇江农科所,所长赵亚夫为人亲和,亲自为我审校译文,指导水稻"稀、少、平"栽培;副所长杨图南严肃认真,亲自跟我谈话,指导工作方法;室主任印继勤基层工作经验丰富,课题组长王全洪工作勤奋,研究员王良泉对水稻机械化栽培有较高造诣,劳动模范宦祥宝对杂交稻高产栽培有独到见解,他们对我很快进入工作状态、掌握科研、生产方法都有重要帮助。

　　1983 年 11 月到农业局(农林局)工作后,局长耿禾兴、秦双林、章壮金关心我的工作、生活和进步,张发寿、戴洪庚、杨金龙等领导言传身教,对我的工作直接指导,刘鹏副局长对我的农机与农艺结合研究给予指导与支持,农机科、农机研究所给予大力帮助;我的县区同行——丹阳的胡国强、符怀焕、符卫国,句容的李仁昌、朱建明、纪先荣,扬中的薛广爱、周鹤军、仲纪跃,丹徒的张连华、胡敖成、郭祥明、傅金平等,以及京口、润州、镇江新区的同行全力支持我的试验研究、示范推广工作;我先后分管的农业处、农技推广站、土肥站、种子站、植保站、办公室、生态处、综合处、园艺站、蔬菜办、蚕桑站、农产品质量检测中心等处室、站,对我的工作全力支持;各辖市区农业局(农林局、农经局、农村发展局)对我所分管的条线工作都给予鼎力支持;镇江市农科所(江苏丘陵地区镇江农业科学研究所)、句容农校(江苏农林职业技术学院)、镇江市农业气象研究所积极支持、指导我的试验、示范、推广项目;江苏省农科院袁从祎、赵强基、郑建初、冷和荣、白淑娟和镇江市润州区多种经营管理局的缪振鸿等专家在农牧结合研究项目上给予了具体指导与支持;江苏大学副校长李萍萍教授(原南京农业大学教授,现南京林业大学副校长、教授)在生态农业项目上给予了技术指导并共同研究;盐城市农业局叶荣芳,仪征市科技局陈长林,扬州市农业局袁汉根,盐城市盐都区农业局吴彩全,江苏省农林厅陈志龙、顾鲁同,北京外国语大学沈志英、冯玉培等同志在援坦农业技术项目上给予了大力支持与帮助;镇江市委农工办何培树、卢晓扣、郭丹平、翟胜勇、石铁流和镇江市委研究室岳卫平、施正中、朱凯生、骆树友、刘璇等同志给予我农村政策研究的支持和帮助;镇江市供销合作总社及其全系统的全体同事给予我工作的全力支持;还有先后分管农业农村工作的市领导陈文湘、张学东、郭礼荣、张庆生、李国忠、张洪水、陈杰、戚中立、张甫雄、李茂川、曹当凌、胡宗元等许多领导、同行对我的工作给予关心、指导,在此不一一列出,谨一并表示诚挚的谢意!对已经去世的先辈、同事、同行表示深切的怀念。

《农缘》在成书过程中,为保持全书体例的协调一致性,对部分原文做了重新编辑,更正错别字和漏字,加了小标题;为尊重历史,对原文一般未做修改;但限于篇幅,原文中的参考文献、相关参与工作者、共同作者多数予以省略,未逐个列出,在此谨对论文中观念被引用者和相关人员深表歉意和感谢。该书得到了中国工程院院士、扬州大学教授、我大学时期的老师张洪程先生和全国道德模范、优秀共产党员、时代楷模、CCTV"三农"科技人物、原镇江市人大常委会副主任、江苏丘陵地区镇江农科所所长、研究员,也是我参加工作后的第一位领导、导师赵亚夫先生的悉心指导并由他们两位作序,还得到江苏大学出版社董国军、常钰、孙文婷同志的大力支持与帮助,在此一并表示崇高的敬意和衷心的感谢。由于理论和实践能力所限,水平不高,疏漏难免,敬请谅解。

屈振国
2016 年 8 月于江苏镇江